"十二五" 普通高等教育本科国家级规划教材

大学物理 下册

第 3 版

许瑞珍　贾谊明　陈志华　编著

机械工业出版社

本教材是福建师范大学教材建设基金资助项目,分上、下两册,本书是下册。

本书是在深入调研了理工科类大学物理教材情况、教改情况、培养模式、现代教学需求的基础上,融入编著者长期从事大学物理教学的经验和体会编写而成的。本书充分考虑到学生理解和掌握物理基本概念和定律的实际需要,以及目前普通高校生源知识层次各不相同的实际情况,尽量采用较基础的数学语言与基础理论来分析、推导物理原理、定理和引入物理定律,注重加强基本现象、概念、原理的阐述,讲述深入浅出;为了增强经典物理中的现代观点和气息,书中适度介绍了近代物理学的成就和新技术。为达到立德树人的目的,本书在阐述基础物理内容的同时,渗透了以物理知识为原理的大量应用。精选的例题既注意避免应用到较繁、较深的数学理论,又能较好地配合理解核心内容。本书内容包括流体力学、热力学基础、气体动理论、振动、波动、电磁振荡和电磁波、光的干涉、光的衍射、光的偏振、狭义相对论基础、量子物理基础等。每章设有思考题和习题、阅读材料以及相关著名物理学家简介。

本书是普通高校理工科各专业的大学物理教材,也可作为文科和高等职业学校相关专业学生的教材或中学物理教师的教学参考书。

图书在版编目(CIP)数据

大学物理. 下册/许瑞珍,贾谊明,陈志华编著. —3 版. —北京:机械工业出版社,2023.12

“十二五”普通高等教育本科国家级规划教材

ISBN 978-7-111-73731-5

Ⅰ.①大… Ⅱ.①许… ②贾… ③陈… Ⅲ.①物理学–高等学校–教材 Ⅳ.①O4

中国国家版本馆 CIP 数据核字(2023)第 159471 号

机械工业出版社(北京市百万庄大街 22 号 邮政编码 100037)

策划编辑:张金奎 责任编辑:张金奎 汤 嘉
责任校对:郑 婕 张 征 封面设计:王 旭
责任印制:任维东

北京富博印刷有限公司印刷

2023 年 12 月第 3 版第 1 次印刷

184mm×260mm・20.25 印张・499 千字

标准书号:ISBN 978-7-111-73731-5

定价:59.80 元

电话服务 网络服务

客服电话:010-88361066 机 工 官 网:www.cmpbook.com

010-88379833 机 工 官 博:weibo.com/cmp1952

010-68326294 金 书 网:www.golden-book.com

封底无防伪标均为盗版 机工教育服务网:www.cmpedu.com

前　言

本书根据教育部的《高等学校课程思政建设指导纲要》及高等学校物理基础课程教学指导分委员会制定的《理工科类大学物理课程教学基本要求》编写。

教育是国之大计、党之大计。党的二十大报告指出："教育、科技、人才是全面建设社会主义现代化国家的基础性、战略性支撑。"立德树人是教育的根本任务，是高校的立身之本。落实立德树人根本任务，必须将价值塑造、知识传授和能力培养三者融为一体，不可割裂。在这套教材第3版的编写过程中，我们努力将显性教育和隐性教育相统一，形成协同效应，构建全员全程全方位育人大格局。

为达到立德树人的目的，本书在阐述基础物理内容的同时，渗透了以物理原理为基础的大量应用，如我国传统技术的发展、现代高新技术的应用以及国家的最新科技进展等，以落实能力与素质培养的要求。书中突出强调了"物理模型"的地位和作用，并相应安排了较多的相关插图，还在每章后面提供了适量的、与教材内容相关的阅读材料和相应著名物理学家的简介，以利于学生掌握科学方法，培养他们的创新精神，提高其综合素质和思维能力。

书中带"＊"号的内容可根据各专业的实际课时酌情安排选用。

本书由福建师范大学许瑞珍、贾谊明、陈志华编著。具体编写分工：第10~14、20章由贾谊明、陈志华编著；第15~19章由许瑞珍、陈志华编著。全书由许瑞珍统稿。

本书由吕团孙教授主审。同时，福建师范大学物理与光电信息科技学院吕团孙、黄志高、李述华等多位教授，李山东、林秀敏等多位博士和老师们通过会议的形式对本书进行了讨论审阅，其间提出了许多宝贵的意见和建议，特在此表示衷心的感谢。

本书的编写得到了中国地质大学陈刚教授的大力支持和热心指导，也在此表示由衷的谢意。

本次修订还得到了陈志高、陈翔、叶晴莹、黄志平、李晓静、林秀、王素云、杨榕灿、张瑞丹等老师的大力支持，在此一并表示衷心的感谢。

由于编者水平有限，书中的缺点和不妥之处在所难免，衷心希望使用本书的教师、同学多提宝贵意见和建议。

编　者

目　录

* 第 10 章 流 体 力 学

流体是液体和气体的统称，它们最鲜明的特征是流动性。什么是"流动性"？就是各层流体之间容易产生相对滑移。气体流动很容易；水可以流动，油也可以流动，而后者的流动性不如前者；蜂蜜虽然也可以流动，但其流动性就更差了，这是流体的黏滞性问题。气体很容易被压缩，而液体则不易被压缩，这是流体的压缩性问题。

10.1 流体静力学

10.1.1 静止流体内的压强

流体内一点的压强 p 可这样得到：在流体内任作一小面元 ΔS，作用在此面元上的力一定与面元相垂直，即所谓正压力 ΔF，小面元上一点的压强定义为

$$p = \frac{\Delta F}{\Delta S} \tag{10-1}$$

可以证明，流体内一点的压强 p 与面元 ΔS 的取向完全无关，它是各向同性的。因而流体内一点的压强就是过该点的单位面积上所受的正压力。

10.1.2 静止流体中压强的分布

1. 等高处的压强相等

如图 10-1a 所示，设 A、B 两点等高，且压强分别为 p_A、p_B，作以 AB 连线为轴、底面积为 ΔS 的小柱体，该柱体水平方向的平衡条件为

$$p_A \Delta S - p_B \Delta S = 0$$

即

$$p_A = p_B \tag{10-2}$$

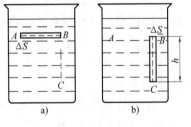

图 10-1　静止流体中的压强分布

此式说明静止流体中所有等高的地方压强都相等。

2. 高度差为 h 的两点间的压强差为 $\rho g h$

如图 10-1b 所示，设 B、C 两点在同一铅垂线上，且压强分别为 p_B、p_C，作以 BC 连线为轴、底面积为 ΔS 的小柱体，该柱体铅直方向的平衡条件为

$$p_C \Delta S - p_B \Delta S = \rho g h \Delta S$$

即

$$p_C - p_B = \rho g h \qquad (10\text{-}3)$$

此式对于不在同一铅直线上的两点（例如点 A、C）也成立。

【例 10-1】 1643 年，意大利的托里拆利（Torricelli）用他发明的水银气压计测量了大气压。他先将一端封闭的长玻璃管充满水银，然后倒放于盛水银的槽中，放手后管内水银面下降到一定程度后停止（见图 10-2）。在常温下水银蒸气压可忽略，管顶留下的空间可认为是真空，量得水银柱高为 76cm，求大气压。

【解】 如图 10-2 所示，在管内与槽内水银面等高的点 2 处压强 $p_2 = p_0$（大气压），而 $p_2 - p_1 = \rho g h$，又因 $p_1 \approx 0$，故大气压强

$$p_0 \approx \rho g h = 1.36 \times 10^4 \text{kg/m}^3 \times 9.81 \text{m/s}^2 \times 0.76\text{m}$$
$$= 1.014 \times 10^5 \text{Pa}$$

大气的压强随高度和天气而变，在科学技术中规定：

$$1 \text{ 标准大气压}(1\text{atm}) = 101\,325\text{Pa} = 760\text{mmHg} \qquad (10\text{-}4)$$

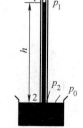

图 10-2 例 10-1 图

【例 10-2】 如图 10-3 所示，水坝长 1.0km，水深 5.0m，坡度角为 60°，求水对坝身的总压力。

【解】 如图 10-3 所示，以水坝的底部为 z 坐标原点，z 轴铅直向上。在高度 z 处的压强为

$$p(z) = p_0 + \rho g(H - z)$$

式中，p_0 为大气压强；H 为水深。作用在水坝坡面上的总压力为

$$F = \int_0^H [p_0 + \rho g(H - z)] L \mathrm{d}z / \sin\theta = \left(p_0 H + \frac{1}{2}\rho g H^2\right)\frac{L}{\sin\theta}$$

式中，L 为坝长；θ 为坝的坡度角。把 $p_0 = 1.013 \times 10^5 \text{Pa}$，$\rho = 10^3 \text{kg/m}^3$，$L = 1.0\text{km}$，$H = 5.0\text{m}$，$\theta = 60°$ 等数据代入，可求出

$$F = 7.263 \times 10^8 \text{N}$$

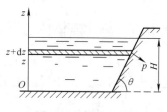

图 10-3 例 10-2 图

10.1.3 帕斯卡原理

17 世纪法国的帕斯卡（Pascal）提出帕斯卡原理，通常表述如下：**作用在密闭容器中流体上的压强等值地传到流体各处和器壁上去。**

前已证明，静止流体内两点之间的压强差仅由流体密度和两点之间的高度差决定。当流体中某处压强增大了 Δp 时，必然导致流体中每点的压强都增大 Δp，才能保持任意两点间的压强差不变。

液压机等设备在工作时，活塞加在液体上的压强是很大的，相比之下，因高度不同引起的压强差 $\rho g h$ 可以忽略。帕斯卡原理表现为密闭容器内流体各点的压强和作用于器壁的压强相等，各种油压或水压机械都是根据这个道理制成的。油压机或水压机的基本原理如图 10-4 所示，根据帕斯卡原理，大活塞和小活塞下面的压强均为 p，若小活塞横截面积为 S_1，大活塞横截面积为 S_2，则小活塞对流体的作用仅有 pS_1，而流体对大活塞的作用力却能达到 pS_2，S_2 与 S_1 之比相差越大，二者受力之比也相差越大。液压机在起重、锻压等多方面有许多重要应用。

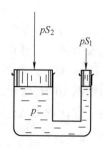

图 10-4 水压机原理

10.1.4　阿基米德原理

公元前 3 世纪，古希腊的阿基米德（Archimedes）提出了阿基米德原理，其内容为：物体在流体中所受的浮力等于该物体排开的那部分流体的重力（见图 10-5）。

10.1.5　液体的表面现象

1. 液体的表面张力

实验表明，液体的表面像一张绷紧的弹性薄膜，有收缩的趋势，在液体的表面层上存在着一种沿着液体表面的应力——表面张力。为研究液体表面张力的大小，我们在液体表面上画一条假想的线元 Δl，把液面分割为两部分（见图 10-6），表面张力就是这两部分液面之间的拉力 $\Delta \boldsymbol{F}$，它们是一对作用力和反作用力。拉力 $\Delta \boldsymbol{F}$ 的大小正比于 Δl 的长度，即

图 10-5　阿基米德原理

$$\Delta F = \alpha \Delta l \tag{10-5}$$

比例系数 α 叫作表面张力系数，它表示单位长度上的表面张力。表 10-1 给出了几种液体的表面张力系数。

图 10-7 给出一种测量表面张力系数的简单装置。用金属丝弯成一矩形框架，它的下边可以沿框架滑动。在框架内形成液膜后，将它竖起来，下边挂一砝码。设砝码的重量 W 与液面的表面张力平衡，金属框下边长为 l，则 $W = 2\alpha l$，这里出现因子2，是因为液膜有前、后两个表面，因而 $\alpha = W/(2l)$。

图 10-6　液体表面张力

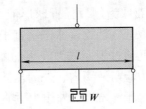

图 10-7　测量表面张力系数

又设想在上述装置里，用一个与液膜表面张力大小相等的外力 $\boldsymbol{F}$ 拉金属框的下边，使之向下移动距离 Δx，则此力做的功为

$$\Delta A = F \Delta x = 2\alpha l \Delta x = \alpha \Delta S$$

式中，$\Delta S = 2l\Delta x$ 为在此过程中增加的液面面积。于是，液体的表面张力系数又可定义为每增大单位表面积外界做的功，即

$$\alpha = \frac{\Delta A}{\Delta S} \tag{10-6}$$

又由于外力 $\boldsymbol{F}$ 所做的功 ΔA 转化为液膜的表面能增量 ΔE，故有

$$\alpha = \frac{\Delta E}{\Delta S} \tag{10-7}$$

所以表面张力系数 α 也可看作是每增大单位表面积液面上表面能的增量。

表 10-1 几种液体的表面张力系数

物质	$t/℃$	$\alpha/(10^{-3}\,\mathrm{N/m})$	物质	$t/℃$	$\alpha/(10^{-3}\,\mathrm{N/m})$
水	10	74.2	水银	20	540
	18	73.0	酒精	20	22
	30	71.2	甘油	20	65
	50	67.9	苯	18	29

【例 10-3】 已知水和油边界的表面张力系数为 α，为使半径为 R 的一个大油滴在水中散布成多个半径为 r 的小油滴，问外界要做多少功？

【解】 在一个大油滴在水中散布成 N 个小油滴的过程中，液体表面积增大为

$$\Delta S = 4\pi(Nr^2 - R^2)$$

因油滴总体积不变，故有

$$\frac{4}{3}\pi R^3 = N\frac{4}{3}\pi r^3 \quad 即 \quad N = \left(\frac{R}{r}\right)^3$$

于是，外界做功

$$\Delta A = \alpha\Delta S = \frac{4\pi\alpha R^2(R - r)}{r}$$

2. 球形液面内外的压强差

由于存在表面张力，当液面弯曲时会造成液面两边有压强差。我们以一个球形液珠为例，分析球形液面内、外的压差。如图 10-8 所示，通过球心取任一轴线，并作垂直于此轴线的假想大圆把液滴分成两半，它们之间通过表面张力产生的相互拉力为 $2\pi R\alpha$，这里 R 是球的半径。此拉力应与液滴内、外的压差平衡。内压力作用在半球的大圆面上，数值等于 $p_内\pi R^2$；外压力垂直作用在半球面上，其沿轴的分量相当于 $p_外$ 均匀作用在投影面积 πR^2 上。故半球的平衡条件为

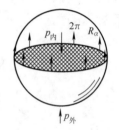

图 10-8 球形液面内外压强差

$$(p_内 - p_外)\pi R^2 = 2\pi R\alpha$$

即

$$\Delta p = p_内 - p_外 = \frac{2\alpha}{R} \tag{10-8}$$

上式表明：液滴越小，内外压强差越大。若用肥皂泡代替液滴，则上式中的因子 2 要换为 4，因为肥皂泡有内外两个表面。

有一个很直观的实验可以演示上述结论：吹出一大一小的两个肥皂泡，并让它们相互接触，两个泡的外边都是大气压，由于小泡内的压强比大泡内的大，结果小泡将不断收缩，最后消失，而大的泡将越来越大。

3. 液-固表面的润湿与不润湿

液体与固体接触时，在接触处液面与固体表面切线之间成一定的角度，称为接触角。接触角 θ 的大小只与固体和液体的性质及表面张力有关。若 θ 为锐角，我们说液体润湿固体

（见图 10-9a）；若 θ 为钝角，我们说液体不润湿固体（见图 10-9b）。$\theta = 0$ 为完全润湿情况；$\theta = \pi$ 为完全不润湿情况。水几乎能完全润湿干净的玻璃表面，但不能润湿石蜡；水银不能润湿玻璃，但能润湿干净的铜、铁等。

4. 毛细现象

将一细玻璃管插入水中时，管中的液面会比管外的高；而将此玻璃管插入水银中时，管中的液面却会下降，这种现象称为**毛细现象**。毛细现象由弯曲液面的附加压强和润湿与不润湿所决定。

如图 10-10 所示，令大气压为 p_0，毛细管的半径为 r，水的密度和表面张力系数分别为 ρ 和 α，接触角为 θ，则液面的曲率半径为 $R = r/\cos\theta$。按式（10-8），紧靠液面下方的 A 点的压强比其上方的大气压低，即

$$p_A = p_0 - \frac{2\alpha}{R}$$

而按流体静力学原理，图 10-10 中 B 点的压强为

$$p_B = p_A + \rho g h = p_C = p_0$$

由此可得毛细管内水柱的高度为

$$h = \frac{2\alpha}{\rho g R} = \frac{2\alpha\cos\theta}{\rho g r} \tag{10-9}$$

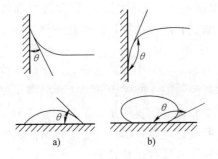

图 10-9　润湿与不润湿

a) 润湿情形　b) 不润湿情形

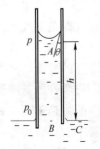

图 10-10　毛细现象

【例 10-4】　如图 10-11 所示的 U 形管，两臂 A、B 的内直径分别为 1.0mm 和 3.0mm。若水与管壁完全润湿，求两臂的水面高度差。已知常温下水的表面张力系数 $\alpha = 73 \times 10^{-3}$ N/m。

【解】　以 p_A 表示细管内凹状水面下的压强，以 p_B 表示粗管内凹状水面下的压强。压强 p_B 应等于细管中与 B 同深度的 C 点的压强 p_C，设液面上方的气压为 p_0，应有

$$p_B = p_C = p_A + \rho g h$$

即

$$p_0 - \frac{2\alpha}{r_B} = p_0 - \frac{2\alpha}{r_A} + \rho g h$$

式中，r_A 和 r_B 分别为细管和粗管的内半径。由上式可以解出两管水面的高度差为

$$h = \frac{2\alpha}{\rho g}\left(\frac{1}{r_A} - \frac{1}{r_B}\right) = \frac{4\alpha}{\rho g}\left(\frac{1}{d_A} - \frac{1}{d_B}\right)$$

将 $\alpha = 73 \times 10^{-3}$ N/m、内直径 $d_A = 1.0$ mm 和 $d_B = 3.0$ mm 代入上式，可求得

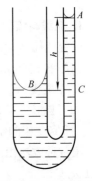

图 10-11　例 10-4 图

$$h = \frac{4 \times 73 \times 10^{-3}}{1\,000 \times 9.8}\left(\frac{1}{1.0 \times 10^{-3}} - \frac{1}{3.0 \times 10^{-3}}\right) \text{m} = 2.0 \times 10^{-2}\text{m}$$

10.2 流体运动学

10.2.1 理想流体

流体流动时，描述流体状态的量较多，有压强 p、密度 ρ、温度 T、流速 v 等，它们之间满足的方程叫物态方程。严格说来，解决流体力学问题需要知道物态方程。从理论上建立物态方程，需要先选定理论模型，然后通过统计物理学的原理来推导。在实际问题中需要较精确的物态方程时，往往又通过实验方法来确定。可见，流体力学问题是相当复杂的。然而，并不是在所有的场合都需要把全部复杂性考虑进去，可以针对不同的情况做适当的简化。

第一个简化是假设流体的密度 ρ＝常量，即认为流体不可压缩。液体不易压缩，气体虽较易压缩，但可以论证，当流体的流速远小于该媒质中的声速时，流体密度 ρ 可看成常量。此时不需用物态方程，使问题大大简化。第二个简化是假设流体没有黏滞性。气体的黏滞性都很小，当液体很"稀"时，其黏滞性也较小。人们把完全不可压缩的无黏滞流体叫作理想流体。

1937 年，苏联的卡皮查（Kapitza）发现在温度低至 2.17K 时，液态氦的黏滞性几乎完全消失，它只有低温下气态氢黏度的万分之一。通过和超导性类比，卡皮查认为处于 2.17K 以下的液氦（称为氦Ⅱ）是一种超流体。随后的三年，卡皮查通过一系列实验发现了这种氦Ⅱ的许多奇怪的性质。如氦Ⅱ能神秘地从一个容器向另一个容器运动：两个盛有氦Ⅱ的容器互相接触，一个容器氦的液面高于另一个容器氦的液面，两者之间并未连通，一段时间以后，它们的液面将趋于同一高度；当氦Ⅱ通过一个非常窄的狭缝从一个容器流向另一个容器时，接收容器中的氦显得冷一些，另一个容器里的氦显得热一些；氦Ⅱ还具有向温度高的区域流动的特性，等等。经典物理学定律无法解释氦Ⅱ的这些奇特行为。

20 世纪 40 年代，苏联物理学家朗道（Landau）提出了一个量子液体的模型，成功地解释了上述的超流体现象。朗道、卡皮查二人也因此分别于 1962 年和 1978 年获得诺贝尔物理学奖。

10.2.2 流线、流管、稳定流动

1. 流线与流管

研究流体运动的方法有两种：

（1）拉格朗日（Lagrange）法 将流体分成许多无穷小的微元，求出它们各自的运动轨迹（称作迹线）。这实际上是用质点组动力学的方法来讨论流体的运动。

（2）欧拉（Euler）法 把注意力集中到各空间点，观察流体微元经过每个空间点的流速 v，研究流速的空间分布和随时间的变化规律。

第一种方法由于流体微元的数目众多而十分困难，因而在流体力学中得到广泛应用的是欧拉法。

在有流体的空间里，每点 (x, y, z) 上都有一个流速矢量 $v(x, y, z)$，它们构成一个流速

场。为了直观地描述流体的运动状况，在流速场中画出许多曲线，其上每一点的切线方向就是该点的流速方向，如图 10-12a 所示。这种曲线称为**流线**。因为每点都有确定的流速方向，所以任意两条流线都不会相交。在流体内由多条流线所围成的细管，叫作**流管**（见图 10-12b）。由于流线不会相交，流管内、外的流体都不会穿过流管壁，就如同真的存在着一条管子一样。

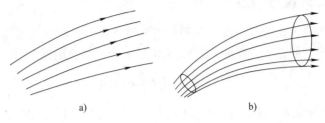

图 10-12 流线与流管

a）流线 b）流管

2. 稳定流动

一般说来，流速在空间的分布是会随时间而变化的，即 $v = v(x, y, z, t)$。若流速场的空间分布不随时间改变，即 $v = v(x, y, z)$，则称之为**稳定流动**。理想流体作稳定流动时，迹线与流线相同。

10.2.3 连续性方程

1. 流量

在流体中取一面元 $\mathrm{d}S$，定义：在单位时间内通过该面元的流体体积（或质量），称为体积流量（或质量流量）。过面元 $\mathrm{d}S$ 的边界作一长度为 l 的流管（见图 10-13），在单位时间内，该流管内的流体都会通过面元 $\mathrm{d}S$。依以上定义，有

$$\mathrm{d}Q_V = l\cos\theta \mathrm{d}S, \qquad \mathrm{d}Q_m = \rho l\cos\theta \mathrm{d}S \qquad (10\text{-}10\mathrm{a})$$

现引进面元矢量的概念：面元矢量 $\mathrm{d}S$ 沿其法向，这样一来，流量可以写为 $\mathrm{d}Q_V = v \cdot \mathrm{d}S$，$\mathrm{d}Q_m = \rho v \cdot \mathrm{d}S$。通过有限曲面 S 的流量为（见图 10-13）

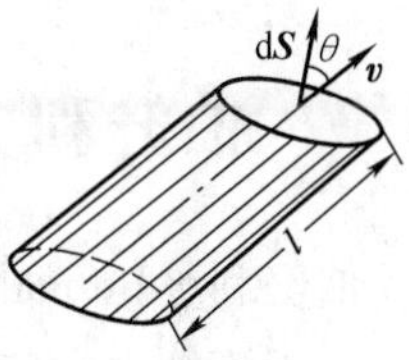

图 10-13 流量

$$Q_V = \int_S v \cdot \mathrm{d}S, \qquad Q_m = \int_S \rho v \cdot \mathrm{d}S \qquad (10\text{-}10\mathrm{b})$$

2. 连续性方程（流量守恒方程）

设理想流体做稳定流动，在流体中取任意一段流管，设其两端的横截面积分别为 ΔS_1 和 ΔS_2，流速分别为 v_1 和 v_2（见图 10-14）。在稳定流动中流体内各点的密度 ρ 也不随时间而改变，故这段流管内的流体质量为常量，因而从一端流进去的流量 $\mathrm{d}Q_{m1}$ 与从另一端流出来的流量 $\mathrm{d}Q_{m2}$ 总是相等的，即

$$\rho_1 v_1 \cdot \Delta S_1 = \rho_2 v_2 \cdot \Delta S_2 \qquad (10\text{-}11\mathrm{a})$$

图 10-14 流量守恒

由于理想流体不可压缩，则它的密度不变，故有 $\rho_1 = \rho_2$，从而

$$v_1 \cdot \Delta S_1 = v_2 \cdot \Delta S_2 \qquad (10\text{-}11\mathrm{b})$$

或者说，沿任意流管

$$\boldsymbol{v} \cdot \Delta \boldsymbol{S} = 常量 \qquad (10\text{-}11\text{c})$$

以上各方程称为流体的**连续性方程**，它体现了流体在流动中的**流量守恒**。

10.2.4　理想流体环量守恒定律

通常人们把流体的流动分成有旋流和无旋流两种类型，在数学上用环量表示有旋流。设想在流体中作任一闭合回路 C，环量 Γ_C 定义为流速 $\boldsymbol{v}$ 沿此回路的线积分

$$\Gamma_C = \oint_C \boldsymbol{v} \cdot \mathrm{d}\boldsymbol{l} = \oint_C v\cos\theta \mathrm{d}l \qquad (10\text{-}12)$$

式中，θ 是 $\boldsymbol{v}$ 与回路线元 $\mathrm{d}\boldsymbol{l}$ 之间的夹角。环量 Γ_C 与回路面积 S_C 之比叫作**涡度**，即

$$\Omega = \lim_{S_C \to 0} \frac{\Gamma_C}{S_C} \qquad (10\text{-}13)$$

环量或涡度不恒为 0 的流动叫作有旋流。最直观的有旋流是涡旋，但也不是所有的有旋流都表现为涡旋。例如，各层流速大小不等的流动叫作剪切流（见图 10-15），它是有旋流，但这种有旋流没有明显的涡旋。

在理想流体中有一条环量守恒定律。形象地说，如果我们能够用墨水在理想流体中画上一个闭合回路 C 而墨水又不会扩散开的话，则无论这回路随流体流到什么地方，其上的环量 Γ_C 总是不变的。这个定理是开尔文证明的，叫作开尔文涡定理。它是角动量守恒的直接结果。

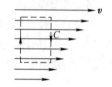

图 10-15　剪切流

10.3　伯努利方程及其应用

伯努利（Bernoulli）方程是 1738 年首先由丹尼耳·伯努利提出的，它把功能原理表述成适合于流体力学应用的形式，是理想流体稳定流动的动力学基本方程。

10.3.1　方程的推导

如图 10-16 所示，在做稳定流动的理想流体中任取一根流线由 1 点到达 2 点，两点的状态用压强、流速、距地面高度描述，即 1 (p_1, v_1, h_1)、2 (p_2, v_2, h_2)，以 1-2 为轴取一段细流管，其两端截面分别为 S_1 和 S_2。在 Δt 时间内，左端面从位置 a_1 移到 b_1，右端面从位置 a_2 移到 b_2。在同一时间内流入和流出的流体体积分别为 ΔV_1、ΔV_2。对理想流体，因不可压缩，有 $\Delta V_1 = \Delta V_2 = \Delta V$。

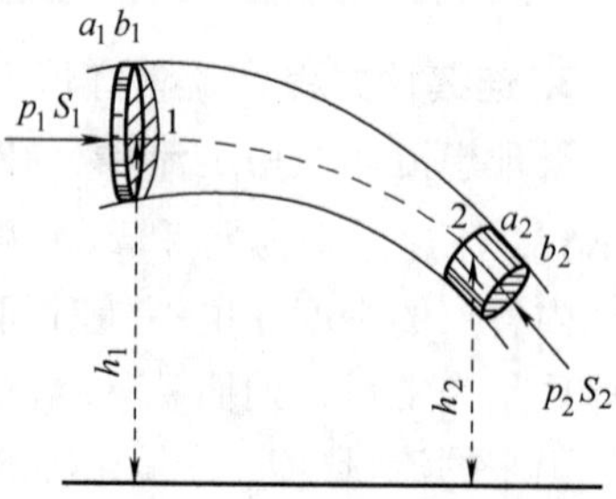

现在看外力对这段流管内流体所做的功。已知左端的压强为 p_1，外力做功为 $A_1 = p_1 \Delta V$；右端的压强为 p_2，外力做功为 $A_2 = -p_2 \Delta V$。外力做的总功为

$$A = A_1 + A_2 = (p_1 - p_2)\Delta V$$

图 10-16　推导伯努利方程用图

再来看机械能的改变。注意到在 b_1 到 a_2 这一段内虽然流体更换了，但由于流动是稳定

的，其中流体的运动状态未变，从而动能和势能都没有改变。故考查能量的变化时只需计算两端体元 ΔV_2 与 ΔV_1 之间的能量差。其中动能的改变为

$$\Delta E_k = \frac{1}{2}\rho \Delta V v_2^2 - \frac{1}{2}\rho \Delta V v_1^2$$

而重力势能改变为

$$\Delta E_p = \rho \Delta V g(h_2 - h_1)$$

因而由功能原理有

$$(p_1 - p_2)\Delta V = \frac{1}{2}\rho \Delta V(v_2^2 - v_1^2) + \rho \Delta V g(h_2 - h_1)$$

或

$$p_1 + \frac{1}{2}\rho v_1^2 + \rho g h_1 = p_2 + \frac{1}{2}\rho v_2^2 + \rho g h_2 \tag{10-14}$$

上式给出了同一流管内的任意两点处的压强、流速和高度间的关系。因流管可大可小，所以上式也可表达为在同一条流线上，

$$p + \frac{1}{2}\rho v^2 + \rho g h = 常量 \tag{10-15}$$

式（10-14）或式（10-15）即是伯努利方程，它在水利、造船、化工、航空等领域有着广泛的应用。

10.3.2 方程的应用

1. 小孔流速问题

如图 10-17 所示，大桶侧壁上有一小孔，桶内盛满了水，求水从小孔流出的速度和流量。取一条从水面到小孔的流线，在水面上的流速几乎是 0（因桶的横截面积比小孔大得多），水面到小孔的高度差为 h，此流线两端的压强皆为 p_0（大气压），故由伯努利方程有

$$p_0 + \rho g h = p_0 + \frac{1}{2}\rho v^2$$

由此得小孔流速为

$$v = \sqrt{2gh} \tag{10-16}$$

再乘以小孔的面积 S，就是流量。实际上，水柱从小孔流出时截面略有收缩。用有效截面 S' 来代替 S，则实际流量为

$$Q_V = \sqrt{2gh}\, S' \tag{10-17}$$

2. 流量计与流速计

文丘里流量计如图 10-18 所示，通过用 U 形管水银压差计测量出流管粗细处的压差 Δp 来推算流量。密度为 ρ 的流体水平流过流量计，U 形管两边水银面高度差为 h。对图中一条水平流线上 1、2 两点，应用伯努利方程有

$$p_1 + \frac{1}{2}\rho v_1^2 = p_2 + \frac{1}{2}\rho v_2^2$$

其中 1、2 两点的压差为

$$\Delta p = p_1 - p_2 = (\rho_{\text{汞}} - \rho)gh$$

再由连续性方程

$$v_1 S_1 = v_2 S_2$$

求出流量

$$Q_V = v_1 S_1 = S_1 S_2 \sqrt{\frac{2\Delta p}{\rho(S_1^2 - S_2^2)}} \tag{10-18}$$

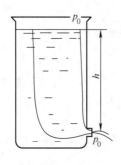

图 10-17 小孔流速

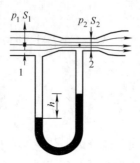

图 10-18 文丘里流量计

皮托管是一种测气体流速的装置，如图 10-19 所示，开口 A 迎向气流，是个驻点（流速 $v_A = 0$）；开口 B 在侧壁，其外流速 v_B 差不多就是待测的流速 v。

从 U 形管压差计测得的压差 $\Delta p = p_A - p_B = \rho_{\text{液}} gh$，其中 $\rho_{\text{液}}$ 为管内液体的密度。对图 10-19 中水平流线 O、A 两点，及很靠近的另一条流线上 O'、B 两点，分别应用伯努利方程有

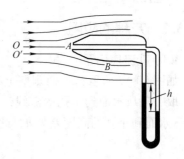

$$p + \frac{1}{2}\rho v^2 = p_A$$

$$p + \frac{1}{2}\rho v^2 + \rho g h_{O'} = p_B + \frac{1}{2}\rho v_B^2 + \rho g h_B$$

式中，ρ 为气体的密度。又由于 O'、B 两点的高度差不大，可忽略，求出气体流速

图 10-19 皮托管测速计

$$v \approx v_B = \sqrt{\frac{2\rho_{\text{液}} gh}{\rho}} \tag{10-19}$$

3. 压强与流速

把伯努利方程运用于水平流管，有

$$p + \frac{1}{2}\rho v^2 = \text{常量} \tag{10-20}$$

上式说明流管细的地方流速大，压强小。喷雾器、水流抽气机、内燃机中用的化油器等，都是利用截面小处流速大、压强小的原理制成的。再看几个简单的演示实验。将两张纸平行放置，用嘴向它们中间吹气，两张纸就会贴在一起；将一个乒乓球放在倒置的漏斗中间，用嘴向漏斗嘴里吹气，乒乓球可以贴在漏斗上不坠落（见图 10-20）。这些都是气流通

过狭窄通道时速度加快、压强减少的结果。同理，当两艘同向行驶的船靠近时，就有相撞的危险。两船之间的水流快，压强低，水面也比远处和外缘低，外缘水的巨大压力可以把两船挤压到一起。历史上这样的事故曾发生过多次（见图 10-21）。

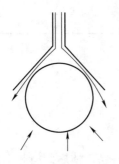

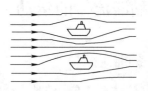

图 10-20　伯努利原理演示　　　　　图 10-21　两船并行的危险

4. 虹吸管

如图 10-22 所示，将一软管装满水后一端插入大水池 A 中，另一端在水池外，则水将通过软管 C 不断从大水池中流出。由于软管弯曲形状类似彩虹，故称之为虹吸管。现要求出虹吸管出水口②点处的流速和管中最高点③处高出水面的最大高度 h。

选择一条流线从水面上的①点开始经软管最后到出水口②点。对①、②两点应用伯努利方程有

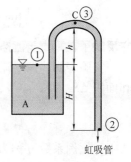

$$p_0 + \rho g H = p_0 + \frac{1}{2}\rho v^2$$

式中，p_0 为大气压；H 为①、②两点的高度差；v 为②点处的流速，有

$$v = \sqrt{2gH}$$

注意到②、③两点处的流速相同，对流管上②、③两点应用伯努利方程有

图 10-22　虹吸管

$$p_3 + \rho g(H + h) = p_0$$

③点最高时 $p_3 = 0$，于是有

$$h_{\max} = \frac{p_0}{\rho g} - H \tag{10-21}$$

【例 10-5】　用一内径为 1cm 的细水管将地面上内径为 2cm 的粗水管中的水引到 5m 高的楼上。已知粗水管中的水压为 4.0×10^5 Pa，流速为 4.0m/s。问楼上细水管中的流速和压强分别为多少？

【解】　由连续性原理可得，细水管处的流速为

$$v_2 = \frac{S_1}{S_2}v_1 = \frac{4}{1} \times 4\text{m/s} = 16\text{m/s}$$

楼上细水管处的压强可由伯努利方程得到（以地面为 $h = 0$）

$$p_1 + \frac{1}{2}\rho v_1^2 = p_2 + \frac{1}{2}\rho v_2^2 + \rho g h_2$$

所以

$$p_2 = p_1 + \frac{1}{2}\rho v_1^2 - \frac{1}{2}\rho v_2^2 - \rho g h_2$$

$$= 4 \times 10^5 Pa + \frac{1}{2} \times \left[10^3 \times (4^2 - 16^2) \right] Pa - (10^3 \times 9.8 \times 5) Pa$$

$$\approx 2.3 \times 10^5 Pa$$

10.4 黏滞流体的运动

10.4.1 黏滞定律

实际的流体总是有一定黏滞性的。由于黏滞性,当各层流体之间有相对滑动时,流速较大的层将拉动流速较小的层,反之流速较小的层会阻碍流速较大的层流动,因而在它们之间存在着内摩擦力,也叫黏滞力。

如图 10-23 所示,设流体沿 x 轴方向流动,但在 y 轴方向上流速有变化。设相距 Δy 的两个平面上流体的流速分别为 v 和 $v+\Delta v$,定义流速梯度为

$$\lim_{\Delta y \to 0} \frac{(v + \Delta v) - v}{\Delta y} = \frac{dv}{dy} \qquad (10\text{-}22)$$

它反映了在垂直于流速方向上,流速的空间变化率。

实验表明,两层流体之间的黏滞力 F 正比于流速梯度和面积 ΔS,即

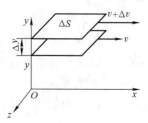

图 10-23 流速梯度图示

$$F = \eta \frac{dv}{dy} \Delta S \qquad (10\text{-}23)$$

式中,比例系数 η 称为流体的动力黏度,在国际单位制中,动力黏度的单位为牛·秒/米^2($N \cdot s/m^2$),即帕斯卡·秒($Pa \cdot s$),量纲为 $L^{-1}MT^{-1}$。动力黏度 η 除了因材料而异外,还比较敏感地依赖于温度。通常液体的动力黏度随温度升高而减小,气体则相反,η 大体上正比于 $\sqrt{T}$(T 为气体的温度)。几种液体和气体的动力黏度如表 10-2 所示。

表 10-2 几种液体和气体的动力黏度

液体	$t/℃$	$\eta/10^{-3}Pa \cdot s$	气体	$t/℃$	$\eta/10^{-5}Pa \cdot s$
水	0	1.79	空气	20	1.82
	20	1.01		671	4.2
	50	0.55	水蒸气	0	0.9
	100	0.28		100	1.27
水银	0	1.69	CO_2	20	1.47
	20	1.55		302	2.7
酒精	0	1.84	氢	20	0.89
	20	1.20		251	1.3
轻机油	15	11.3	氦	20	1.96
重机油	15	66	CH_4	20	1.10

10.4.2　泊肃叶公式

由于存在黏滞性，附着于浸在流体中的固体壁上的那一层流体总是相对固体表面静止的。此时要保持水平管道中流体作稳定流动，管道两端一定要有压力差。

考虑半径为 R、长为 l 的一段水平管子 ab，流体在管中沿轴流动（见图 10-24）。如前所述，由于有黏滞性，附着在管壁上的流体的流速为 0。在压差给定的情况下，流速沿径向有一个分布，在中央管轴上流速 v 最大，并随 $r \to R$ 而递减到 0。

理论计算可得到管中流速的径向分布为

$$v(r) = \frac{p_a - p_b}{4\eta l}(R^2 - r^2) \tag{10-24}$$

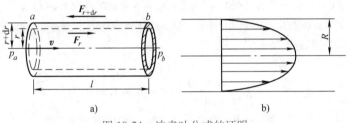

图 10-24　泊肃叶公式的证明

它的形式是旋转抛物面（见图 10-24b）。现在计算流量。通过小圆环面积 $2\pi r dr$ 的流量为 $dQ_V = 2\pi v r dr$，故管中的总流量为

$$Q_V = 2\pi \int_0^R v(r) r dr = \frac{\pi(p_a - p_b)}{2\eta l} \int_0^R (R^2 - r^2) r dr = \frac{\pi R^4}{8\eta l}(p_a - p_b) \tag{10-25}$$

此式称为泊肃叶（Poiseuille）公式，是泊肃叶于 1840 年导出的。此前，哈根于 1839 年用实验方法确立了 Q_V 与压差 $p_a - p_b$ 和 R^4 的正比关系。

利用泊肃叶公式可以测量液体的动力黏度。如图 10-25 所示，让液体从接在容器器壁上的水平细管中流出，R 和 l 是已知量，压强差由竖直细管中液面的高度差 h 计算出：$p_a - p_b = \rho g h$，有了这些数据，即可从泊肃叶公式计算出动力黏度 η 来。

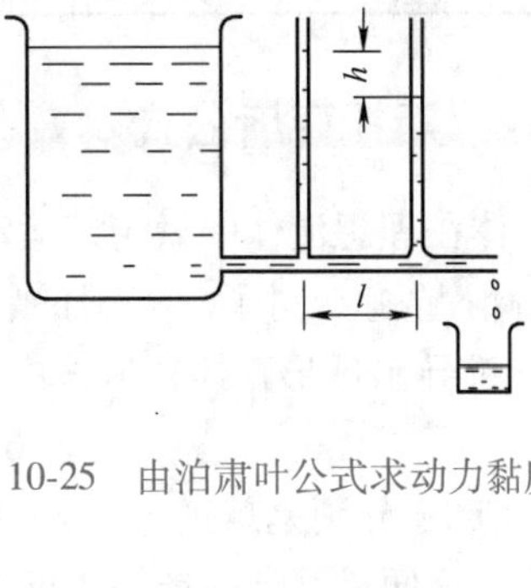

图 10-25　由泊肃叶公式求动力黏度

10.4.3　黏性流体稳定流动的功能关系

由伯努利方程知，理想流体做稳定流动时，量 $p + \frac{1}{2}\rho v^2 + \rho g h$ 沿流线守恒。考虑流体的黏滞性后则应计入黏滞力做负功而造成的能量损失。若用 w_{12} 表示单位体积的流体沿流管从 1 点运动到 2 点时的能量损失（见图 10-26），则应将伯努利方程修改为

$$p_1 + \frac{1}{2}\rho v_1^2 + \rho g h_1 = p_2 + \frac{1}{2}\rho v_2^2 + \rho g h_2 + w_{12} \tag{10-26}$$

此即不可压缩黏性流体稳定流动的功能关系式。

当黏性流体沿水平放置的圆管道做稳定流动时，因 $h_1 = h_2$，$v_1 = v_2$，得出

$$w_{12} = p_1 - p_2 \tag{10-27}$$

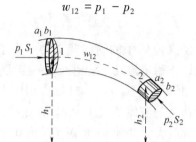

图 10-26　推导黏性流体的伯努利方程用图

【例 10-6】　一动脉血管的内半径为 4.0×10^{-3} m，流过该血管的流量为 1.0×10^{-6} m³ · s⁻¹，血液的动力黏度为 3.5×10^{-3} Pa · s。求：（1）血液的平均流速；（2）血管中心的最大流速；（3）如果血管长度为 0.1m，维持这段血管中血液流动的功率为多大？

【解】　（1）血液的平均流速为

$$\bar{v} = \frac{Q_V}{\pi R^2} = \frac{1.0 \times 10^{-6}}{3.14 \times (4 \times 10^{-3})^2} \text{m/s} = 1.99 \times 10^{-2} \text{m/s}$$

（2）由式（10-24）、式（10-25）可知，在血管中心，血液的流速最大，为

$$v_{\max} = \frac{\Delta p \cdot R^2}{4 \eta l} = 2 \frac{Q_V}{\pi R^2} = 2\bar{v} = 3.98 \times 10^{-2} \text{m/s}$$

（3）由式（10-25）可得，血管两端的压强差为

$$\Delta p = \frac{8 \eta l Q_V}{\pi R^4} = \frac{1.0 \times 10^{-6} \times 8 \times 3.5 \times 10^{-3} \times 0.1}{3.14 \times (4 \times 10^{-3})^4} \text{Pa} = 3.48 \text{Pa}$$

维持这段血管所消耗的功率为

$$P = \Delta p \cdot Q_V = 3.48 \times 1.0 \times 10^{-6} \text{W} = 3.48 \times 10^{-6} \text{W}$$

10.4.4　斯托克斯公式

固体在理想流体中做匀速运动时不受阻力，考虑了流体的黏滞性后情况就不同了。英国的物理学家斯托克斯（Stokes）于 1851 年推导出球形物体在流体中做匀速运动时所受的阻力为

$$F = 6\pi \eta r v \tag{10-28}$$

式中，r 和 v 分别是球的半径和速度；F 为它在流体中所受的黏滞阻力。这便是著名的斯托克斯公式。

斯托克斯公式提供了一种测量动力黏度的重要方法。如图 10-27 所示，让一个质量为 m、半径为 r 的小球在盛有待测液体的量筒中降落。由于黏滞阻力很快就会与小球所受重力和浮力达到平衡（$F = mg + F_{浮}$），小球将以匀速 v 在筒中降落。只要测出此速度，即可由斯托克斯公式算出动力黏度 η 来，即

$$\eta = \frac{mg}{6\pi r v} \tag{10-29}$$

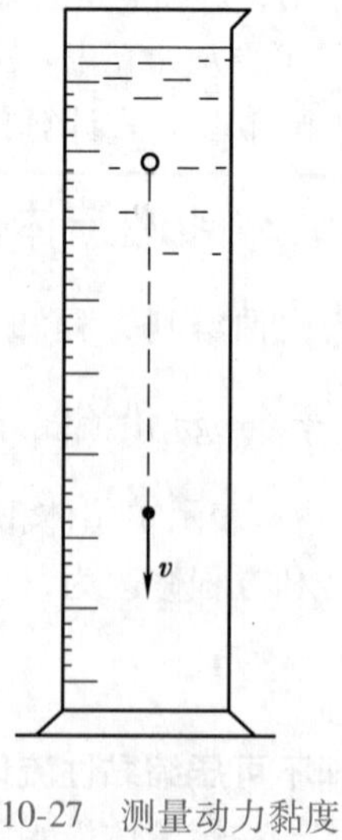

图 10-27　测量动力黏度

【**例10-7**】　让一个密度 $\rho = 2.25\times10^3\text{kg/m}^3$、直径为6mm的玻璃球在甘油中由静止下落，测得小球的收尾速率 $v_m = 3.1\text{cm/s}$。已知甘油的密度 $\rho' = 1.26\times10^3\text{kg/m}^3$，问甘油的动力黏度为多少？

【**解**】　玻璃球在甘油中下落，受重力、浮力、黏滞阻力作用，平衡时的速率就是小球的收尾速率，因而有

$$mg = F + 6\pi\eta rv_m$$

其中，F 为小球所受浮力，可求出动力黏度

$$\eta = \frac{mg - F}{6\pi rv_m} = \frac{2(\rho - \rho')r^2g}{9v_m}$$

$$= \frac{2 \times (2.55 - 1.26) \times 10^3 \times (3 \times 10^{-3})^2 \times 9.8}{9 \times 3.1 \times 10^{-2}}\text{Pa}\cdot\text{s} = 0.82\text{Pa}\cdot\text{s}$$

10.4.5　层流与湍流、雷诺数

1880年前后，英国的流体力学家雷诺（Reynold）用在长管里的均匀流动来研究产生湍流的过程（见图10-28）。在盛水的容器下方装有水平的玻璃管，管端装有阀门以控制水的流速，容器内另有一细管，内盛带颜色的液体，可自下方小口 A 流出。实验时先令容器内的水缓慢流动，这时，从细管中流出的有色液体呈一线状，各层流体互不混杂，这称为层流运动。随着阀门开大，流体的流速也增大，这时，出现有色液体与周围

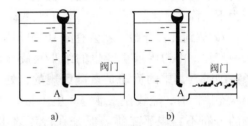

图 10-28　层流与湍流

流体互相混杂的情形。用火花放电产生高速闪频的光照明，还可观察到流动的涡状结构。这是湍流运动。

雷诺用不同内径 L 的管，在各种温度（对应着不同的动力黏度）下做此实验，显示出发生湍流的临界速度总与下面量纲为一的数

$$Re = \frac{\rho vL}{\eta} \tag{10-30}$$

的一定数值相对应。式中，ρ 为流体密度；v 为流速；L 表示流动涉及的特征长度，如圆管直径、机翼宽度等。后人把这个量纲为一的数命名为雷诺数。

当流体的雷诺数较小时，流体的运动为较简单的层流，而当雷诺数很大时，流体的运动则变为极为复杂的湍流。由层流向湍流过渡的雷诺数，叫作临界雷诺数。临界雷诺数往往不是一个明确的数，而是有一个数值范围。一般在管道中流动的流体，当雷诺数 $Re < 2\ 000$ 时为层流状态，当 $Re > 4\ 000$ 时为湍流状态，$Re = 2\ 000 \sim 4\ 000$ 为过渡状态。

【**例10-8**】　某动物主动脉的横截面积为 3.0cm^2，血液的动力黏度为 $3.5\times10^{-3}\text{Pa}\cdot\text{s}$，血液密度为 $1.05\times10^3\text{kg/m}^3$。若血液以30cm/s的平均速度流动，问此时的血液是层流还是湍流？

【**解**】　由式（10-30）知，此时血液流动的雷诺数为

$$Re = \frac{\rho v d}{\eta} = \frac{1.05 \times 10^3 \times 0.30 \times 2 \times \sqrt{3 \times 10^{-4}/3.14}}{3.5 \times 10^{-3}} = 1.76 \times 10^3$$

$Re < 2\,000$，故为层流状态。

从层流到湍流的转变过程往往是极端复杂的，中间有许多阶段，以流体绕过圆柱体的流动为例。如图 10-29 所示，当雷诺数 $Re < 1$ 时，流线始终贴着圆柱体表面，表现出的是层流（见图 10-29a）。

当 Re 在 10~30 之间时，可看到流线脱离圆柱体，在后面出现一对对称的涡旋（见图 10-29b）。

当 Re 增大到 40 左右时，又有突变：一个涡旋被拉长后摆脱圆柱体漂向下游，柱后另一侧的流体弯转过来，形成一个新的涡旋。就这样，两侧涡旋交替脱落，向下游移去，如图 10-29c 所示，这称为卡门涡街。此阶段与前两个阶段最大的区别是，流动从稳定变为不稳定，从对称变为不对称。

从 Re 达到几百开始，就会有图 10-29d 所示的又一变化：由边界层里产生的细小涡旋充满一条条细带，其中的流动是紊乱无规的，处于湍流状态。同时，流线在三维空间里扭曲纠缠，流场的分布不再限于二维。但是在湍流之上，仍叠加有有规律的交替流动。

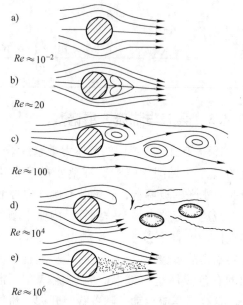

当 Re 大约在 10^5~10^6 时，湍流会一直延伸到与圆柱体脱离后的整个区域，如图 10-29e 所示，这对应于"曳引力崩溃"的阶段。

图 10-29 不同雷诺数下流体的运动

在流体力学中的这么一个量纲为一的雷诺数，其数值的增减却能引起如此多样的变化，实在令人叹为观止。

10.4.6 相似性原理

在工程技术和其他许多领域中，人们常希望利用模拟试验来代替对实际现象的研究。例如，用水代替石油来研究它们在管道中的流动；把设计好的飞机缩小成模型放在风洞中试验等。这样做不仅在经济上有很大好处，也会带来很大方便，而且还可以使我们在一定程度上预言某些在目前尚无法达到的条件下出现的情况。

怎样才能使模拟试验的结果真正地对实际情况有指导意义呢？实验表明，雷诺数 Re 有重要的作用。只要让试验模型的雷诺数与真实情况相接近，所得出的结论就与实际情形相似，这称为流体的相似性原理。

例如，新设计的飞机模型要在风洞里做模拟试验，飞机模型的尺寸 L 变小了，要保持雷诺数不变，其他参量就得改变。通常可以采取加大空气密度和风速的方法来维持雷诺数不变。所以，在现代航空技术中，人们通过建造压缩空气在其中做高速循环的密封型风洞来做模拟试验。

🔗 思考题

10-1　用桨向后划水，在水中平行于桨面和垂直于桨面的截面上，压强哪个大？

10-2　如图 10-30 所示，在一平底锥形烧瓶内盛满水银，放在台秤上。若忽略烧瓶本身的重量，水银给瓶底的压力和瓶底给秤盘的压力一样吗？哪个大？

10-3　如图 10-31 所示，把一段宽口圆锥形管的下面管口用一块平玻璃板 AB 遮住，使水不能透入。放进盛水的容器以后，水对底板向上的压力为 10N。在下列情况下，底板会不会脱离？

（1）从上口向管内注入 1kg 的水；

（2）轻轻地在底板上放一个 1kg 的砝码。

10-4　如图 10-32 所示的装置叫作"笛卡儿浮沉子"。将一只不满的小试管倒扣在大水瓶里，瓶口用橡皮膜封住。压橡皮膜时试管就下沉，放开手，试管浮起，什么道理？

图 10-30　思考题 10-2 图　　　图 10-31　思考题 10-3 图　　　图 10-32　思考题 10-4 图

10-5　为什么把沾有油脂的钢针小心地平躺在水的表面上不会下沉？为什么雨伞的布有小孔而不会漏雨水？

10-6　毛细管插入水中时，管内液面会上升；插入水银中时，管内液面要下降。液面升高或降低，重力势能就要增加或减少，问增加的能量从何而来？减少的能量又到何处去？

10-7　有两块轻质板，相互平行地竖直浮在水中，使两板靠得很近而不接触。问为什么此时两板间有一对相互作用力？它们是吸引力还是排斥力？

10-8　有学生画图表示半径相同的玻璃毛细直管和弯管分别插在水中的情况（见图 10-33）。你认为其中正确的图是哪一个？为什么？

10-9　什么是稳定流动？飞机在高空平稳地匀速飞行时，周围空气的流动是稳定的吗？把飞机做成模型，悬在风洞里做模拟试验，风洞里的气流能看成稳定的吗？

10-10　什么是迹线？什么是流线？它们之间有什么区别？为什么说在稳定流动中二者相符？

10-11　在使用伯努利原理分析问题时，我们总是要比较同一流线上的两点。这是指同一时刻上、下游的两液块呢，还是比较同一液块从上游流到下游先后的情况？

10-12　当火车飞驰而过时，为什么站在路旁的人容易被卷入铁轨？

10-13　有人对网球的运动是这样分析的：当球沿逆时针方向旋转，自右向左运动时（见图 10-34），球上部的质点 A 的线速度比下部的质点 B 的线速度大，因而通过黏滞力带动的空气流动的速度也大，根据伯努利原理，球下面的压强较上面大，从而受到向上的升力。这结论和书上的相反，怎么回事？

10-14　打乒乓球时上旋球和下旋球有什么不同的特点？哪种球容易使对方推挡出界，哪种球容易触网？

10-15　大雨点和小雨点哪个在空气里降落得快？

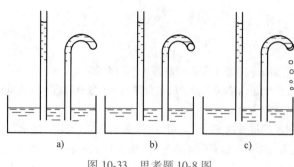

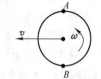

图 10-33　思考题 10-8 图　　　　　图 10-34　思考题 10-13 图

习　题

10-1　如图 10-35 所示，试由多管压力计中水银面高度的读数确定压力水箱中 A 点的相对压强（$p-p_0$）。（所有读数均自地面算起，其单位为 m）

10-2　如图 10-36 所示，将一充满水银的气压计下端浸在一个广阔的盛水银的容器中，其读数为 $p = 0.950 \times 10^5\,\mathrm{N/m^2}$。

（1）求水银柱的高度 h；

（2）考虑到毛细现象后，真正的大气压强 p_0 多大？

已知毛细管的直径 $d = 2.0 \times 10^{-3}\,\mathrm{m}$，接触角 $\theta = \pi$，水银的表面张力系数 $\sigma = 0.49\,\mathrm{N/m}$。

10-3　灭火筒每分钟喷出 $60\,\mathrm{dm^3}$ 的水，假定喷口处水柱的截面积为 $1.5\,\mathrm{cm^2}$，问水柱喷到 2m 高时其截面积有多大？

10-4　油箱内盛有水和石油，石油的密度为 $0.9\,\mathrm{g/cm^3}$，水的厚度为 1m，石油的厚度为 4m。求水自箱底小孔流出的速度。

10-5　一截面积为 $5.0\,\mathrm{cm^2}$ 的均匀虹吸管从容积很大的容器中把水吸出。虹吸管最高点高于水面 1.0m，出口在水下 0.60m 处，求水在虹吸管内作定常流动时管内最高点的压强和虹吸管的体积流量。

10-6　如图 10-37 所示，方形截面容器侧壁上有一孔，其下缘的高度为 h。将孔封住时，容器内液面高度达到 H。此容器具有怎样的水平加速度 a 时，即使将孔打开，液体也不会从孔中流出？此时液面是怎样的？

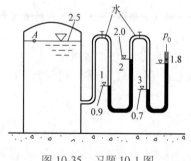

图 10-35　习题 10-1 图

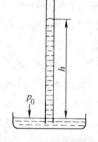

图 10-36　习题 10-2 图

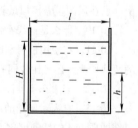

图 10-37　习题 10-6 图

10-7　在一 $20\mathrm{cm} \times 30\mathrm{cm}$ 的矩形截面容器内盛有深度为 50cm 的水。如果水从容器底部面积为 $2.0\,\mathrm{cm^2}$ 的小孔流出，求水流出一半时所需的时间。

10-8　如图 10-38 所示，在一高度为 H 的量筒侧壁上开一系列高度 h 不同的小孔。试证明：当 $h = H/2$

时水的射程最大。

10-9 为使机车能在行进时装水，所用的装置如图 10-39 所示，顺着铁轨装一长水槽，以曲管引至机车上。曲管之另一端浸入水槽中，且其开端朝向运动的前方。试计算，火车的速度多大，才能使水升高 5.1m？

10-10 沉降法也可用于测量土壤颗粒的大小。若已知 20℃时土壤颗粒密度为 $2.65 \times 10^3 \text{kg/m}^3$，水的密度为 $9.98 \times 10^2 \text{kg/m}^3$，水的动力黏度为 $1.005 \times 10^{-3} \text{Pa} \cdot \text{s}$，土壤在水中匀速下降 15cm 所花的时间为 67s，问土壤颗粒的半径为多少？

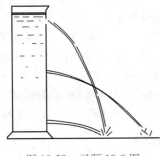
图 10-38 习题 10-8 图

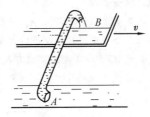
图 10-39 习题 10-9 图

10-11 一半径为 0.10cm 的小空气泡在密度为 $0.72 \times 10^3 \text{kg/m}^3$、动力黏度为 $0.11 \text{Pa} \cdot \text{s}$ 的液体中上升，求其上升的终极速度。

10-12 试分别计算半径为 1.0×10^{-3} mm 和 5.0×10^{-2} mm 的雨滴的终极速度。已知空气的动力黏度为 $1.81 \times 10^{-5} \text{Pa} \cdot \text{s}$，密度为 $1.3 \times 10^{-3} \text{g/cm}^3$。

 物理学家简介

一、阿基米德

阿基米德（Archimedes，公元前 287—公元前 212）是古希腊的物理学家、数学家，静力学和流体静力学的奠基人。

除了伟大的牛顿和伟大的爱因斯坦，再没有一个人像阿基米德那样为人类的进步做出过这样大的贡献。即使牛顿和爱因斯坦也都曾从他身上汲取过智慧和灵感。他是"理论天才与实验天才合于一人的理想化身"，文艺复兴时期的达·芬奇和伽利略等人都拿他来做自己的楷模。

阿基米德在力学方面的成就最为突出，他系统并严格地证明了杠杆定律，为静力学奠定了基础。在总结前人经验的基础上，阿基米德系统地研究了物体的重心和杠杆原理，提出了精确地确定物体重心的方法，指出在物体的重心处支起来，就能使物体保持平衡。他在研究机械的过程中发现了杠杆定律，并利用这一原理设计制造了许多机械。他在研究浮体的过程中发现了浮力定律，也就是著名的阿基米德原理。

· 阿基米德

阿基米德确定了抛物线弓形、螺线、圆形的面积以及椭球体、抛物面体等各种复杂几何体的表面积和体积的计算方法。在推演这些公式的过程中，他创立了"穷竭法"，即我们今天所说的逐步近似求极限的方法，因而被公认为微积分计算的鼻祖。他用圆内接多边形与外切多边形边数增多、面积逐渐接近的方法，比较精确地求出了圆周率。面对古希腊繁冗的数字表示方式，阿基米德还首创了记大数的方法，突破了当时用希腊字母计数不能超过1万的局限，并用它解决了许多数学难题。

阿基米德在天文学方面也有出色的成就。他认为地球是圆球状的，并围绕着太阳旋转，这一观点比哥白尼的"日心地动说"要早1800年。限于当时的条件，他并没有就这个问题做深入系统的研究，但早在公元前3世纪就提出这样的见解，是很了不起的。

阿基米德的著作很多，作为数学家，他写出了《论球和圆柱》《圆的量度》《抛物线求积》《论螺线》《论锥体和球体》《沙的计算》等数学著作。作为力学家，他著有《论图形的平衡》《论浮体》《论杠杆》《原理》等力学著作。

阿基米德和雅典时期的科学家有着明显的不同，就是他既重视科学的严密性、准确性，要求对每一个问题都进行精确的、合乎逻辑的证明；又非常重视科学知识的实际应用。他非常重视试验，亲自动手制作各种仪器和机械。他一生设计、制造了许多机构和机器，除了杠杆系统外，值得一提的还有举重滑轮、灌地机、扬水机以及军事上用的抛石机等，被称作"阿基米德螺旋"的扬水机至今仍在埃及等地使用。

阿基米德不仅是个理论家，也是个实践家，他一生热衷于将其科学发现应用于实践，从而把二者结合起来。在埃及，公元前1500年左右，就有人用杠杆来抬起重物，不过人们不知道它的道理。阿基米德潜心研究了这个现象并发现了杠杆原理。阿基米德曾说过："假如给我一个支点，我就能推动地球。"

二、丹尼尔·伯努利

丹尼尔·伯努利（D. Bernoulli, 1700—1782）由于受到家庭的影响，从小对自然科学的各个领域有着极大的兴趣。他1716—1717年在巴塞尔大学学医，1718—1719年在海德堡大学学习哲学，1719—1720年又在斯特拉斯堡大学学习伦理学。此后专攻数学。1721年他获得了医学学位。1725—1732年，伯努利在圣彼得堡科学院工作，并担任数学教师。1733—1750年他担任了巴塞尔大学的解剖学、植物学教授。1750年伯努利又任物理学教授和哲学教授，同年被选为英国皇家学会会员。他1782年3月17日逝世于巴塞尔，终年82岁。

丹尼尔·伯努利

伯努利在数学和物理学等多方面都做出了卓越的贡献，仅在1725年到1749年间就曾10次获得法国科学院年度资助，还被聘为圣彼得堡科学院的名誉院士。

在数学方面，伯努利的研究涉及代数、概率论、微积分、级数理论、微分方程等多学科的内容，取得了重大成就。

在物理学方面，伯努利所取得的成功是惊人的，其中对流体力学和气体动力学的研究尤为突出。1738年出版的《流体力学》一书是他的代表作。书中根据能量守恒定律解决了流体的流动理论，提出了著名的伯努利定理，这是流体力学的重要基本定理之一。伯努利在气体动力学方面的贡献，主要是用气体分子运动论解释了气体对容器壁的压力的由来。他认为，由于大量气体分子的高速无规则运动造成了对器壁的压力，压缩气体产生较大的作用力是由于气体分子数增多，并且相互碰撞更加频繁所致。伯努利将级数理论运用于有关力学方面的研究之中，这对于力学发展具用重要的意义。

很明显，伯努利的特点是数学基础好，具有严密的逻辑推理能力。而且能从数学出发，对数学变量赋予物理概念，从而揭示出物理学规律。

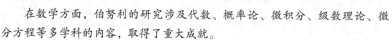

第 11 章　热力学基础

热力学是研究热现象和热运动宏观状态及其变化规律的学科。它是以试验事实为依据，用能量转化的观点研究物质状态变化时热、功转换的宏观理论。本章主要介绍热量、功、内能和熵等概念，重点学习热力学第一定律和它在各个等值过程中的应用，通过对卡诺循环、热力学第二定律及熵的讨论，说明热、功转换的条件及热力学过程的方向和限度等问题。

11.1　平衡态　理想气体状态方程

平衡态　理想
气体状态方程

11.1.1　气体的物态参量

在热力学中，把所要研究的对象，即由大量微观粒子组成的一个或多个物体或是一个物体的某一部分称为热力学系统。系统的周围环境称为外界。用来描述系统宏观状态的物理量称为物态参量。

常用的物态参量有以下几类：

1）几何参量（如：气体体积 V）

2）力学参量（如：气体压强 p）

3）热学参量（如：温度 T、熵 S 等）

4）化学参量（如：混合气体各化学组成的质量）

5）电磁参量（如：电场强度和磁感应强度，电极化强度和磁化强度等）

注意：如果在所研究的问题中既不涉及电磁性质又无须考虑与化学成分有关的性质，系统中也不发生化学反应，则不必引入电磁参量和化学参量。此时只需温度、体积和压强就可确定系统的状态。

气体的体积 V 是指气体分子无规则热运动所能到达的空间。通常容器的体积就是气体的体积。

压强 p 是大量分子与容器壁相碰撞而产生的，它等于容器壁上单位面积所受到的正压力。常用的压强单位有：

1）SI 制的帕［斯卡］Pa：$1Pa = 1N/m^2$。

2）厘米水银柱 cmHg（非法定计量单位）：表示高度为 1cm 的水银柱在单位底面上的正压力。

3）标准大气压 atm（非法定计量单位）：$1atm = 76cmHg = 1.013 \times 10^5 Pa$。

4）工程大气压（非法定计量单位）：1 工程大气压 $= 9.806\ 65 \times 10^4 Pa$。

温度的概念比较复杂，它的本质与物质分子的热运动有密切的关系。温度的高低反映分子热运动的激烈程度。在宏观上，我们可以用温度来表示物体的冷热程度。温度是热学中特有的物理量，它决定一系统是否与其他系统处于热平衡。处于热平衡的各系统的温度相同。

温度的数值表示方法叫作温标，常用的温标有：

1）热力学温标 T，SI 制单位：K（开［尔文］）。

2）摄氏温标 t，SI 制单位：℃（度），规定：标准状态下，纯水的冰点和沸点分别为 0℃ 和 100℃。

3）华氏温标 t_F，单位：℉，规定：标准状态下，纯水的冰点和沸点分别为 32℉ 和 212℉。

温度的概念和
理想气体温标

三者间的数值关系为：$T=t+273.15$，$t_F = \dfrac{9}{5}t+32$。

11.1.2　平衡态与准静态过程

1. 平衡态

一个与外界之间没有任何能量和物质传递的孤立系统，不论它刚开始时处于何种状态，经过一段时间后，系统内各部分的压强、温度、密度等必将相同。此时，气体的三个物态参量 p、V、T 都具有确定的值，且不再随时间变化。即一个系统在不受外界影响的条件下，如果它的宏观性质不再随时间变化，我们就说这个系统处于热力学平衡态。

平衡态是一个理想状态。系统处于平衡态时，物理性质处处均匀，且系统的宏观性质不再变化，但分子无规则运动并没有停止，因此，平衡态是一种**动态平衡**。

2. 准静态过程

若外界对系统有一定的影响，则系统的状态会从某一初始的平衡态经过一系列中间状态变化到另一平衡态，我们把这种状态变化的过程叫作热力学过程。若此热力学过程进行得足够缓慢，使得每一个中间状态都可近似看成是平衡态，则称该过程为一个准静态过程。准静态过程可以用 p-V 图上的一条曲线来表示。

3. 热力学第零定律

若热力学系统 A 与系统 C 处于热平衡，系统 B 与 C 也处于热平衡，则 A 与 B 也必定处于热平衡，这称为热力学第零定律。它表明：处在同一平衡态的所有热力学系统都有共同的温度。

11.1.3　理想气体状态方程

1. 理想气体的定义

一定质量的气体，在温度不太低和压强不太高时，满足以下三条实验定律：

1）玻义耳-马略特（Boyle-Mariotte）定律：一定质量的气体在等温过程中

$$pV = 常量 \tag{11-1}$$

2）查理（Charles）定律：一定质量的气体在等容过程中

$$\frac{p}{T} = 常量 \tag{11-2}$$

3）盖-吕萨克（Gay-Lussac）定律：一定质量的气体在等压过程中

$$\frac{V}{T} = 常量 \tag{11-3}$$

另还有阿伏伽德罗（Avogadro）定律：在标准状态下，1mol 任何气体所占有的体积为 22.4L。

定义：在任何情况下都遵守上述三个实验定律和阿伏伽德罗定律的气体称为理想气体。

一般气体在温度不太低（与室温相比）和压强不太高（与大气压相比）时，都可近似看成理想气体。

2. 理想气体状态方程

归纳式（11-1）~式（11-3）的三条实验定律，可得

$$\frac{pV}{T} = C（常量）$$

又由阿伏伽德罗定律，在标准状态（$p_0 = 1.013 \times 10^5 Pa$，$T_0 = 273K$）下，$m/M$ 摩尔理想气体的体积为 $V_0 = \frac{m}{M} \cdot 22.4 \times 10^{-3} m^3$，代入上式得

$$C = \frac{p_0 V_0}{T_0} = \frac{m}{M} R$$

式中，$R = \frac{1.013 \times 10^5 \times 22.4 \times 10^{-3}}{273} J/(mol \cdot K) = 8.31 J/(mol \cdot K)$ 称为摩尔气体常数；m 为理想气体的质量；M 为理想气体的摩尔质量。于是，得出理想气体状态方程为

$$pV = \frac{m}{M}RT = \nu RT \tag{11-4}$$

式中，ν 为物质的量。这个方程给出了理想气体在一个平衡态时各物态参量之间的关系。

对于一定质量的理想气体，若前后处于两个不同的平衡态，其状态方程也可写成

$$\frac{p_1 V_1}{T_1} = \frac{p_2 V_2}{T_2} \tag{11-5}$$

若在某一过程中，气体的质量有变化，则式（11-5）不能用，而式（11-4）仍可应用。

3. 混合理想气体状态方程

若气体由 ν_1 摩尔 A 种气体，ν_2 摩尔 B 种气体，…共 n 种理想气体混合而成，则混合气体总的压强 p 与混合气体的体积 V、温度 T 之间应有如下关系：

$$pV = (\nu_1 + \nu_2 + \cdots + \nu_n)RT = \nu_总 RT \tag{11-6}$$

可得出

$$p = \nu_1 \frac{RT}{V} + \nu_2 \frac{RT}{V} + \cdots + \nu_n \frac{RT}{V} = p_1 + p_2 + \cdots + p_n \tag{11-7}$$

上式称为道尔顿（John Dalton）混合理想气体分压定律。式中的 p_i（$i = 1, 2, 3, \cdots, n$）是假设把容器中其他气体都排走，仅留下第 i 种气体时的压强，称为第 i 种气体的分压强。

【例 11-1】 一个氧气瓶容积为 $3.2 \times 10^{-2} m^3$，充满氧气时压强为 $1.3 \times 10^7 Pa$。氧气厂规定，压强下降到 $10^6 Pa$ 时就要停止使用，重新充气。设某实验室每天用 1atm 的氧气 $0.2 m^3$，问在温度不变的情况下，一瓶氧气能用多少天？

【解】 设充满时的氧气质量为 m_1，停止使用时瓶内氧气质量为 m_2，每天使用氧气质量为 m_3，由式（11-4）有

$$m_1 = \frac{Mp_1 V}{RT}, \quad m_2 = \frac{Mp_2 V}{RT}, \quad m_3 = \frac{Mp_3 V_3}{RT}$$

可用天数为

$$N = \frac{m_1 - m_2}{m_3} = \frac{(p_1 - p_2)V}{p_3 V_3}$$

$$= \frac{(1.3 \times 10^7 - 10^6) \times 3.2 \times 10^{-2}}{1.013 \times 10^5 \times 0.2} d \approx 19d$$

思考：本题能否用式（11-5）求解，为什么？

【例 11-2】 在一密闭教室内，一个人呼吸时，如果每呼出的一口气都在若干时间（比如几十分钟）内均匀地混合到全教室的空气中，那么另一个人每吸入的一口气中有多少个分子是那个人在那口气中呼出的？设教室内空气的体积 $V = 6.0 \times 10^3 \, \text{m}^3$，压强 $p = 1\text{atm}$，温度 $T = 300\text{K}$，人们每呼吸一口气的体积约为 $V_1 = 1\text{L}$。

【解】 由理想气体状态方程 $pV = \nu RT$，教室内空气的物质的量为

$$\nu = \frac{pV}{RT} = \frac{1.013 \times 10^5 \times 6.0 \times 10^3}{8.31 \times 300} \text{mol} \approx 2.44 \times 10^5 \text{mol}$$

因每摩尔任何物质内的分子数等于阿伏伽德罗常数 N_A，所以教室内空气的总分子数为

$$N = \nu N_A = 2.44 \times 10^5 \times 6.022 \times 10^{23} \approx 1.47 \times 10^{29}$$

平均每升空气中的分子数

$$N_1 = N \frac{V_1}{V} = 1.47 \times 10^{29} \times \frac{10^{-3}}{6.0 \times 10^3} \approx 2.45 \times 10^{22}$$

一个人每次呼出的 N_1 个分子均匀混合到体积为 V 的整个教室内，则另一个人每吸入的 1L 空气中所求分子数为

$$N_2 = \frac{V_1}{V} N_1 = \frac{10^{-3}}{6.0 \times 10^3} \times 2.45 \times 10^{22} \approx 4.1 \times 10^{15}$$

11.2 热力学第一定律及其应用

热力学第一定律及其应用

在热力学中一般不考虑系统整体的机械运动，系统状态的变化是通过外界对系统做功或向系统传递热量来实现的。

11.2.1 热力学能、功和热量

1. 热力学能

热力学系统的能量取决于系统的状态，称为热力学系统的内能，也称为热力学系统的热力学能。系统的热力学能可认为是由系统内所有分子的热运动动能和分子间相互作用势能两部分组成。因此，通常热力学系统的内能与温度 T 和体积 V 有关，即

$$E = E(T, V) \tag{11-8}$$

除了碰撞瞬间的作用之外，理想气体不考虑分子间的相互作用，因而理想气体的内能仅

是温度的函数。质量为 m、摩尔质量为 M 的理想气体的内能为（下一章将详细讨论）

$$E = \frac{m}{M}\frac{i}{2}RT \tag{11-9}$$

式中，i 是分子运动的自由度。对单原子分子、刚性双原子分子和刚性多原子分子，i 的值分别为 3、5、6（在常温和不加任何说明的情况下，气体都可视为刚性分子理想气体）。

由于理想气体的内能仅与温度有关，所以理想气体内能的增量也仅与始、末态的温度有关，而与系统所经历的过程无关，即

$$\Delta E = E_2 - E_1 = \frac{m}{M}\frac{i}{2}R(T_2 - T_1) \tag{11-10}$$

2. 功

做功是改变系统内能的一种方法，通过宏观位移使机械运动能量转化为分子热运动能量。如图 11-1a 所示，当气缸中的气体缓慢膨胀推动活塞时，气体经历准静态过程，其状态变化可用 p-V 图上一条曲线描绘，如图 11-1b 所示。下面计算这一过程中气体所做的功。设气体的压强为 p，活塞的面积为 S，则气体作用在活塞上的力为 $F = pS$。当活塞移动一段微小距离 $\mathrm{d}l$ 时，气体所做的功为

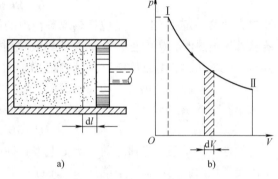

图 11-1　气体膨胀时对外做的功

$$đA = F \cdot \mathrm{d}l = pS\mathrm{d}l = p\mathrm{d}V \tag{11-11}$$

式中，$\mathrm{d}V$ 为气体体积的微小增量，气体从状态 I 变化到状态 II 做的总功为

$$A = \int_{V_1}^{V_2} p\mathrm{d}V \tag{11-12}$$

功 $đA$ 可用图 11-1b 中画有阴影的小矩形面积表示，因而功 A 的大小等于 p-V 图上从状态 I 到状态 II 的曲线与横坐标轴之间的曲边梯形的面积，简称为曲线下方的面积。一般情况下，压强 p 和体积 V 存在函数关系，只要确定了具体过程中 p 和 V 的函数关系，就可求出气体在准静态过程中做的功。

图 11-2 表示了始末态相同的两个不同过程，比较 adc、abc 两过程曲线下的面积可知，功的数值不仅与初态和末态有关，而且还依赖于所经历的中间状态，即功与过程的路径有关，因此对微小过程，系统所做的功用 $đA$ 表示。所以功是过程量。

3. 热量

当热力学系统和外界之间存在温差时，就会有热量通过热传递的方式从高温的地方传向低温的地方。热量其实就是能量，热传递是系统和外界存在温差时能量的传递方式，因而传递热量也是改变系统内能的一种方法。当外界向系统传递热量时，系统内能增大；当系统向外界传递热量时，系统内能减小。

做功是通过物体的宏观位移来完成的。外界对系统做功，可

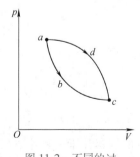

图 11-2　不同的过程做功不同

以改变系统的内能，使有规则的运动变为系统内分子无规则的热运动。热量是系统与外界有温差时分子间交换热运动的能量。外界对系统传递热量，同样可以改变系统的内能，但这是无规则运动之间的转换，需依靠分子之间的相互作用来实现。功和热量都与具体过程有关，是过程量。功和热量的单位都是焦耳（J），过去习惯用卡（cal，为非法定计量单位）作为热量的单位，它们之间的关系为 1cal = 4.18J。

11.2.2 热力学第一定律

实验表明，一个系统在任一热力学过程中，它从外界吸收的热量 Q 等于它对外界做的功 A 及它的内能增量之和。这一结论称为热力学第一定律，其数学表达式为

$$Q = \Delta E + A \tag{11-13}$$

热力学第一定律实际上是包括热现象在内的能量转换与守恒定律。对上式做如下规定：系统从外界吸热时，Q 为正；系统向外界放热时，Q 为负值。系统对外做功时，A 为正值；外界对系统做功时，A 为负值。系统内能增加时，ΔE 为正值；系统内能减少时，ΔE 为负值。在国际单位制中，热量、功和内能都以焦耳为单位。

对于微小的热力学过程，热力学第一定律可写成微分形式

$$\text{đ}Q = \text{d}E + \text{đ}A \tag{11-14}$$

在发现热力学第一定律之前，历史上曾有许多人试图制造出一种不需要外界提供能量，也不需要消耗系统的内能，但能使系统不断地经历状态的变化，而且能自动地恢复到原来的状态，即可以一直对外界做功的第一类永动机。热力学第一定律告诉人们：第一类永动机违反了能量守恒定律，是不可能实现的。

11.2.3 热力学第一定律在理想气体等值准静态过程中的应用

下面讨论几个最基本的热力学过程：理想气体的等容、等压、等温、绝热变化过程，并用热力学第一定律来计算热量、内能增量和功。

1. 等容过程和摩尔定容热容

假设气缸内理想气体的体积保持不变，即 $\text{d}V = 0$，使它的温度缓慢上升，气体的压强会逐渐增大。在 p-V 图上，该过程用一条平行于 p 轴的线段描绘（见图11-3），该线段叫等容线。

等容过程的特征是体积保持恒定不变，所以 $\text{đ}A = 0$，即气体不做功。由热力学第一定律得

$$\text{đ}Q_V = \text{d}E = \frac{m}{M} \frac{i}{2} R \text{d}T \tag{11-15a}$$

或

$$Q_V = E_2 - E_1 = \frac{m}{M} \frac{i}{2} R (T_2 - T_1) \tag{11-15b}$$

式中，Q_V 表示在等容过程中系统从外界吸收的热量。在图11-3所示的等容升压过程中，气体温度升高，内能增大，系统从外界吸收热量。而在等容降压过程中，气体温度减少，内能减少，系统向外界放出热量。

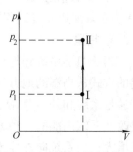

图11-3 等容过程示意图

摩尔热容 C_m：1mol 气体在某一过程中温度每升高（或降低）1K 时从外界吸收（或放出）的热量。物体的热容量通常与物质的性质、质量和过程有关。

摩尔定容热容 $C_{V,m}$：1mol 气体在体积不变的条件下，温度升高（或降低）1K 时吸收（或放出）的热量。由式（11-15）知，其数学表示式为

$$C_{V,m} = \frac{đQ_V}{dT} = \frac{dE}{dT} = \frac{i}{2}R \tag{11-16}$$

由此，单原子分子理想气体的

$$C_{V,m} = \frac{3}{2}R = 12.5\text{J/(mol·K)}$$

刚性双原子分子理想气体的

$$C_{V,m} = \frac{5}{2}R = 20.8\text{J/(mol·K)}$$

刚性多原子分子理想气体的

$$C_{V,m} = \frac{6}{2}R = 24.9\text{J/(mol·K)}$$

对 m/M 摩尔气体，不论其经历什么过程，只要初态和末态都为平衡态，其内能变化总可以写为

$$\Delta E = \frac{m}{M}\frac{i}{2}R\Delta T = \frac{m}{M}C_{V,m}\Delta T \tag{11-17}$$

2. 等压过程和摩尔定压热容

若系统在状态变化的过程中，其压强始终保持不变，即 $dp = 0$，则称此过程为等压过程。在 $p\text{-}V$ 图上，用一条平行于 V 轴的线段表示（见图 11-4）。等压过程中气体做的功为

$$A = p(V_2 - V_1) = \frac{m}{M}R(T_2 - T_1) \tag{11-18}$$

气体的热力学能增量仍为式（11-17），故吸收（或放出）的热量为

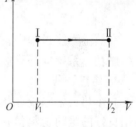

图 11-4　等压过程示意图

$$Q_p = \frac{m}{M}(C_{V,m} + R)(T_2 - T_1) = \frac{m}{M}C_{p,m}(T_2 - T_1) \tag{11-19}$$

在图 11-4 所示等压膨胀过程中，系统对外界做正功，同时温度升高，内能增大，此时，系统必定从外界吸收热量；反之，若系统经历一等压压缩过程，则是外界做正功，系统温度下降，内能减少，此时，系统向外界放出热量。

摩尔定压热容 $C_{p,m}$：1mol 气体在压强不变的条件下温度升高（或降低）1K 时从外界吸收（或放出）的热量。由式（11-19）知，其数学表示式为

$$C_{p,m} = \frac{đQ_p}{dT} = C_{V,m} + R \tag{11-20}$$

$C_{p,m} = C_{V,m} + R$ 称为**迈耶公式**。这个关系式只适合理想气体，真实气体并不服从迈耶公式。

从迈耶公式看出，$C_{p,m} > C_{V,m}$。这是因为理想气体在等压膨胀时温度必然升高，需要从外

界吸热；与此同时，理想气体还要对外做功，也要从外界吸热。而在等容升温时，并不对外做功，吸热相对要少些，所以导致 $C_{p,m} > C_{V,m}$。摩尔定压热容 $C_{p,m}$ 与摩尔定容热容 $C_{V,m}$ 的比值称为比热比，用 γ 表示，即

$$\gamma = \frac{C_{p,m}}{C_{V,m}} \tag{11-21}$$

3. 等温过程

系统的温度始终保持不变的过程称为等温过程。在等温的准静态过程中，理想气体的压强与体积的乘积保持不变，即

$$pV = 恒量$$

在 p-V 图上用一条双曲线表示该过程，这条曲线称为等温线，如图 11-5 所示。

在等温过程中，温度始终不变，即 $\mathrm{d}T = 0$，对于理想气体有 $\mathrm{d}E = \frac{m}{M}C_{V,m}\mathrm{d}T = 0$，即在等温过程中，理想气体的内能始终保持不变，理想气体在等温过程中吸收的热量全部用来对外界做功。此时，热力学第一定律变为

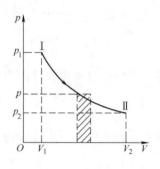

图 11-5　等温过程示意图

$$\begin{aligned} Q_T = A &= \int_{V_1}^{V_2} p\,\mathrm{d}V = \int_{V_1}^{V_2} \frac{m}{M}RT_1 \frac{\mathrm{d}V}{V} \\ &= \frac{m}{M}RT_1 \ln\frac{V_2}{V_1} \\ &= p_1V_1 \ln\frac{p_1}{p_2} \end{aligned} \tag{11-22}$$

在等温膨胀过程中，系统从外界吸收热量，对外界做正功；在等温压缩过程中，外界对系统做功，系统向外界放出热量。

4. 绝热过程

一个热力学系统在状态变化的过程中与外界没有热量的交换，这种过程称为绝热过程。在用良好的绝热材料包扎的系统中进行的过程，或者过程进行得很快、来不及与外界交换热量的过程都可近似地看作是绝热过程。绝热过程的特征是 $đQ = 0$，根据热力学第一定律得

$$đA = -\mathrm{d}E = -\frac{m}{M}C_{V,m}\mathrm{d}T \tag{11-23a}$$

或

$$A = -\Delta E = -\frac{m}{M}C_{V,m}(T_2 - T_1) \tag{11-23b}$$

由此可知，气体绝热膨胀时对外做的功等于气体内能的减少，即对外界做功是以消耗系统的内能为代价的。

绝热过程方程：绝热过程中气体的温度、压强和体积同时发生变化，过程方程可用系统的状态参量来表示，现推导如下。

在一微小的绝热过程中，

$$đA = -\mathrm{d}E = -\frac{m}{M}C_{V,m}\mathrm{d}T$$

将理想气体状态方程 $pV = \dfrac{m}{M}RT$ 微分，得

$$pdV + Vdp = \frac{m}{M}RdT$$

联立以上两式，且将 $C_{p,\mathrm{m}} = C_{V,\mathrm{m}} + R$ 及 $\gamma = \dfrac{C_{p,\mathrm{m}}}{C_{V,\mathrm{m}}}$ 代入，整理后得出绝热过程微分方程

$$\frac{\mathrm{d}p}{p} + \gamma\frac{\mathrm{d}V}{V} = 0 \qquad (11\text{-}24)$$

积分后得出绝热方程

$$pV^{\gamma} = 常量 \qquad (11\text{-}25\mathrm{a})$$

将理想气体状态方程代入式（11-25a），分别消去 p 或 V 可得出另两个绝热方程：

$$TV^{\gamma-1} = 常量 \qquad (11\text{-}25\mathrm{b})$$

$$p^{\gamma-1}T^{-\gamma} = 常量 \qquad (11\text{-}25\mathrm{c})$$

以上三式均称为绝热过程方程。式（11-25a）通常称为泊松方程。在 p-V 图上用泊松方程描绘的曲线叫作绝热线。图11-6 中的实线是绝热线，虚线是同一气体的等温线；绝热线比等温线要陡些。因为在等温过程中，只有体积的变化引起压强的变化；而在绝热过程中，体积的变化引起压强变化，气体的温度变化也要引起压强的变化。所以，同一系统在两个不同过程中改变相同的体积，绝热过程中压强的变化比等温过程中压强的变化要大。

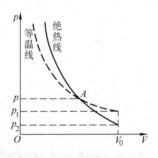

图 11-6　等温线与绝热线

我们还可以用两曲线在 A 点的斜率进行比较。求出等温线在任一点的斜率为

$$\frac{\mathrm{d}p}{\mathrm{d}V} = -\frac{p}{V} \qquad (11\text{-}26)$$

而绝热线在任一点的斜率为

$$\frac{\mathrm{d}p}{\mathrm{d}V} = -\gamma\frac{p}{V} \qquad (11\text{-}27)$$

则绝热线在 A 点的斜率比等温线的斜率大，由此证实绝热线比等温线要陡些。

绝热过程的功也可用其他参量表示。若系统从状态 (p_1, V_1, T_1) 经绝热过程变到状态 (p_2, V_2, T_2)，由式（11-25a）有

$$pV^{\gamma} = p_1 V_1^{\gamma} = p_2 V_2^{\gamma}$$

在这个过程中，系统所做的功为

$$A = \int_{V_1}^{V_2} p\mathrm{d}V = \int_{V_1}^{V_2} p_1 V_1^{\gamma}\frac{\mathrm{d}V}{V^{\gamma}} = \frac{1}{\gamma-1}(p_1 V_1 - p_2 V_2)$$

$$= \frac{mR}{M(\gamma-1)}(T_1 - T_2) \qquad (11\text{-}28)$$

【例11-3】　质量为 m、摩尔质量为 M 的单原子分子理想气体，从温度为 T_0 的初始状态分别经历等容过程和等压过程后，温度均升高到 $2T_0$。问：（1）两种变化过程后，气体的内能增量各为多少？（2）两种变

化过程中，气体各吸收多少热量？

【解】 （1）理想气体的内能是温度的单值函数，虽然系统经历两种不同的过程，但其始末状态的温度分别相等，所以内能增量是相同的，均为

$$\Delta E = \frac{m}{M} C_{V,\mathrm{m}} (2T_0 - T_0) = \frac{3}{2} \frac{m}{M} R T_0$$

（2）热量是过程量，两个不同的过程中气体吸热不同，分别为

$$Q_V = \frac{m}{M} C_{V,\mathrm{m}} (2T_0 - T_0) = \frac{3}{2} \frac{m}{M} R T_0$$

$$Q_p = \frac{m}{M} C_{p,\mathrm{m}} (2T_0 - T_0) = \frac{5}{2} \frac{m}{M} R T_0$$

【例11-4】 体积为 $10^{-2}\,\mathrm{m}^3$、压强为 $10^7\,\mathrm{Pa}$ 的氧气，经绝热膨胀后，压强变为 $10^5\,\mathrm{Pa}$，求气体所做的功。

【解】 氧气分子是双原子分子，有

$$\gamma = \frac{C_{p,\mathrm{m}}}{C_{V,\mathrm{m}}} = \frac{7}{5} = 1.4$$

由绝热方程知

$$V_2 = \left(\frac{p_1}{p_2}\right)^{\frac{1}{\gamma}} V_1 = \left(\frac{10^7}{10^5}\right)^{\frac{1}{1.4}} \times 10^{-2}\,\mathrm{m}^3$$

代入功的表达式(11-28)，得

$$A = \frac{1}{\gamma - 1}(p_1 V_1 - p_2 V_2) = \frac{1}{0.4}[10^5 - 10^5 \times (100)^{1/1.4} \times 10^{-2}]\,\mathrm{J} \approx 1.83 \times 10^5\,\mathrm{J}$$

思考：如何求本题中氧气的内能变化量？

【例11-5】 设一定质量的双原子分子理想气体，经历了图11-7所示 $1 \to 2$ 的直线过程，试求此过程中的温度最高点与吸、放热的转折点。

【解】 图中1、2两点的温度正好相同，但 $1 \to 2$ 的直线过程并不是等温过程，而是先升温然后再降温的过程，因而其上必有一温度最高点。设此点为 C 点，它应当是等温线与过程直线相切的点，即在 C 点，等温线的变化率（见式（11-26））与直线 $1 \to 2$ 的斜率相等，即

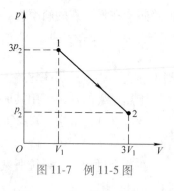

$$-\frac{p_C}{V_C} = -\frac{2p_2}{2V_1} = -\frac{p_2}{V_1} \quad (1)$$

再者，C 点在 $1 \to 2$ 的直线上，满足直线方程，有

$$p_C = 4p_2 - \frac{p_2}{V_1} V_C \quad (2)$$

图 11-7　例 11-5 图

由式（1）、式（2）求出温度最高点 C 恰好在 $1 \to 2$ 的中间，

$$p_C = 2p_2, \quad V_C = 2V_1$$

同样可分析出 $1 \to 2$ 的直线过程并不是全过程都在吸热，而是前大半段吸热，后小半段放热，其中有一个吸、放热转折点。设此点为 D 点，它应当是绝热线与过程直线相切的点，即在 D 点，绝热线的变化率 [见式（11-27）] 与直线 $1 \to 2$ 的斜率相等，

$$-\gamma \frac{p_D}{V_D} = -1.4 \frac{p_D}{V_D} = -\frac{p_2}{V_1} \quad (3)$$

再者，D 点也在 $1 \to 2$ 的直线上，也满足直线方程，有

$$p_D = 4p_2 - \frac{p_2}{V_1}V_D \tag{4}$$

由式（3）、式（4）求出 D 点坐标为

$$V_D = \frac{7}{3}V_1, \quad p_D = \frac{5}{3}p_2$$

思考：能否用其他方法求出本题中的温度最高点和吸放热转折点？

【例 11-6】　有一绝热的圆柱形容器，在容器中间放置一无摩擦、绝热的可动活塞，活塞两侧各有 ν mol 同种理想气体，初始时，两侧气体的压强、体积、温度均为 (p_0, V_0, T_0)。气体的摩尔定容热容为 $C_{V,m}$，比热比 $\gamma = 1.5$。现将一通电线圈放在活塞左侧气体中，对气体缓慢加热。左侧气体膨胀，同时压缩右方气体，最后使右方气体压强增为 $p = 27p_0/8$。试问：（1）左侧气体对活塞右侧气体做了多少功？（2）左、右两侧气体的终温是多少？（3）左侧气体吸收了多少热量？

【解】　由于活塞是可动的，所以末态左、右两侧气体压强也应相等。设末态左、右两侧气体温度分别为 T_1、T_2，体积分别为 V_1、V_2。

（1）左侧气体对右侧气体做绝热压缩，由绝热方程式（11-25a），求出右边末态体积

$$V_2 = \left(\frac{p_0}{p}\right)^{1/\gamma} V_0 = \left(\frac{p_0}{27p_0/8}\right)^{\frac{2}{3}} V_0 = \frac{4}{9}V_0$$

因而左侧气体末态体积

$$V_1 = 2V_0 - V_2 = \frac{14}{9}V_0$$

由式（11-28）可求出左侧气体对右侧气体做的功为

$$A = \frac{1}{\gamma - 1}(pV_2 - p_0V_0) = \frac{1}{1.5-1}\left(\frac{27}{8}p_0 \cdot \frac{4}{9}V_0 - p_0V_0\right) = p_0V_0 = \nu RT_0$$

（2）由绝热方程式（11-25b）可求出右侧气体的终温为

$$T_2 = \left(\frac{V_0}{V_2}\right)^{\gamma - 1} T_0 = \left(\frac{9}{4}\right)^{\frac{1}{2}} T_0 = \frac{3}{2}T_0$$

由理想气体状态方程可以得到左侧气体的最终温度为

$$T_1 = \frac{pV_1}{p_0V_0}T_0 = \frac{\left(\frac{27p_0}{8}\right)\left(\frac{14V_0}{9}\right)}{p_0V_0}T_0 = \frac{21}{4}T_0$$

（3）由热力学第一定律可得左侧气体吸收的热量为

$$Q = \Delta E + A = \nu C_{V,m}(T_1 - T_0) + \nu RT_0 = \frac{17}{4}\nu C_{V,m}T_0 + \nu RT_0$$

【例 11-7】　如图 11-8 所示，一侧面绝热的气缸内盛有一定量的单原子分子理想气体。气体的温度为 T_1，活塞外的大气压为 p_0，活塞质量为 m，面积为 S（活塞绝热、不漏气且与气缸壁的摩擦可忽略）。初始时，活塞停在距气缸底部为 l_1 处，与容器内壁的两个支撑物相接触并挤压。今从底部极缓慢地加热气缸中的气体，最终使活塞上升了 l_2 的距离。求气缸中的气体在整个过程中吸收的热量。

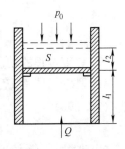

图 11-8　例 11-7 图

【解】　由题分析可知，起初气缸中气体的压强 p_1 小于外界大气压强与活塞重力产生的压强之和 p_2，因而刚开始加热时，气体体积不变，是一个等容升温的

过程；当气体压强达到 p_2 时，活塞开始向上缓慢运动，成为等压膨胀过程。

设气体的物质的量为 ν，初始时气体压强

$$p_1 = \frac{\nu R T_1}{V} = \frac{\nu R T_1}{S l_1}$$

外界大气压强+活塞重力产生的压强为

$$p_2 = p_0 + \frac{mg}{S}$$

等容升温过程中吸热

$$Q_V = \nu \frac{3}{2} R(T_2 - T_1) = \frac{3}{2}(p_2 - p_1)V_1 = \frac{3}{2}(p_2 - p_1)S l_1$$

等压膨胀过程中吸热

$$Q_p = \nu \frac{5}{2} R(T_3 - T_2) = \frac{5}{2}[p_2 S(l_1 + l_2) - p_2 S l_1] = \frac{5}{2} p_2 S l_2$$

则整个过程的总热量为

$$Q = Q_V + Q_p$$
$$= \frac{3}{2}(p_2 - p_1)S l_1 + \frac{5}{2} p_2 S l_2$$

11.2.4 多变过程

1. 多变过程方程

讨论一种更一般的准静态过程，若理想气体经历的过程满足方程

$$pV^n = 常量 \tag{11-29a}$$

则称满足上述方程的过程为多变过程。式中，n 为任意常数，称为多变指数。在热力工程、化学工业等工程技术中多变过程方程有广泛的应用。

再结合理想气体状态方程，又可得出另两个多变方程

$$TV^{n-1} = 常量 \tag{11-29b}$$

$$\frac{p^{n-1}}{T^n} = 常量 \tag{11-29c}$$

多变方程与绝热方程类似，只是将绝热方程中的 γ 换成了 n。但多变过程却是更一般的过程，可以认为它包含了等容、等压、等温和绝热这四个最基本的热力学过程。

当 $n=0$ 时，有 $pV^0 = p = 常量$——等压过程方程。

当 $n=1$ 时，有 $pV = 常量$——等温过程方程。

当 $n=\gamma$ 时，有 $pV^\gamma = 常量$——绝热过程方程。

当 $n \to \infty$ 时，有 $V = 常量$——等容过程方程。

2. 多变过程的功、热量和摩尔热容

设理想气体系统从初态 (p_1, V_1, T_1) 经多变过程变到状态 (p_2, V_2, T_2)，由式（11-29a）有

$$pV^n = p_1 V_1^n = p_2 V_2^n$$

在这个过程中，系统所做的功为

$$A = \int_{V_1}^{V_2} p \mathrm{d}V = \int_{V_1}^{V_2} p_1 V_1^n \frac{\mathrm{d}V}{V^n} = p_1 V_1^n \frac{V_2^{1-n} - V_1^{1-n}}{1-n}$$

$$= \frac{1}{n-1}(p_1 V_1 - p_2 V_2) = \frac{mR}{M(n-1)}(T_1 - T_2) \tag{11-30}$$

若用 $C_{n,m}$ 表示多变过程中的摩尔热容，即在多变过程中，1mol 理想气体温度每升高（或降低）1K 所吸收（或放出）的热量，则理想气体在温度从 T_1 到 T_2 的多变过程中所吸收（或放出）的热量为

$$Q_n = \frac{m}{M} C_{n,m}(T_2 - T_1) \tag{11-31}$$

另一方面，由热力学第一定律和式（11-30），理想气体在多变过程中热量的计算可表示为

$$Q_n = \Delta E + A = \frac{m}{M} C_{V,m}(T_2 - T_1) - \frac{mR}{M(n-1)}(T_2 - T_1)$$

$$= \frac{m}{M} \left(C_{V,m} - \frac{R}{n-1} \right)(T_2 - T_1)$$

比较上两式可得出多变过程的摩尔热容为

$$C_{n,m} = C_{V,m} - \frac{R}{n-1} \tag{11-32}$$

3. 负热容的过程

系统经历一个热力学过程后是升温还是降温，可经过初态的一条等温线作为判断依据，若过程的末态在等温线的右上方，则此过程必定升温；反之，若过程的末态在等温线的左下方，则此过程必定降温。同理，系统经历一个热力学过程后是吸热还是放热，可用经过初态的一条绝热线作为判断依据，若过程的末态在绝热线的右上方，则此过程必定吸热；反之，若过程的末态在绝热线的左下方，则此过程必定放热（见图 11-9）。

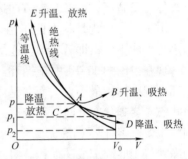

图 11-9　过程升降温与吸放热的判断、负热容过程

注意夹在等温线与绝热线之间的过程，如图 11-9 中的 $A \rightarrow D$ 过程，它吸热却又降温，因而有负热容；图中 $A \rightarrow E$ 过程，它放热却又升温，也有负热容。

【例 11-8】　某双原子分子理想气体的体积按 $V = a/\sqrt{p}$ 的规律变化，a 为常量。当气体从体积 V_1 膨胀到 V_2 时，求气体在此过程中：（1）对外界所做的功；（2）内能的增量；（3）摩尔热容；（4）吸收的热量。

【解】　式 $V = a/\sqrt{p}$ 可改写成 $pV^2 = a^2$，与式（11-29a）相对应可知多变指数 $n = 2$。

（1）气体对外界做的功为

$$A = \int_{V_1}^{V_2} p \mathrm{d}V = \int_{V_1}^{V_2} \frac{a^2}{V^2} \mathrm{d}V = a^2 \left(\frac{1}{V_1} - \frac{1}{V_2} \right)$$

（2）设气体分子的物质的量为 ν，始、末态的状态参量分别为 (p_1, V_1, T_1) 和 (p_2, V_2, T_2)，则内能增量

$$\Delta E = \nu C_{V,m}(T_2 - T_1) = \nu \frac{5R}{2}(T_2 - T_1) = \frac{5}{2}(p_2 V_2 - p_1 V_1)$$

$$= \frac{5}{2}\left(\frac{p_2 V_2^2}{V_2} - \frac{p_1 V_1^2}{V_1}\right) = -\frac{5a^2}{2}\left(\frac{1}{V_1} - \frac{1}{V_2}\right)$$

（3）由式（11-32）可得气体在此过程中的摩尔热容

$$C_{n,\mathrm{m}} = C_{V,\mathrm{m}} - \frac{R}{n-1} = \frac{5R}{2} - R = \frac{3R}{2}$$

（4）由热力学第一定律，可得气体在此过程中吸收的热量

$$Q = A + \Delta E = a^2\left(\frac{1}{V_1} - \frac{1}{V_2}\right)\left(1 - \frac{5}{2}\right) = -\frac{3a^2}{2}\left(\frac{1}{V_1} - \frac{1}{V_2}\right)$$

$A>0$，$\Delta E<0$，$Q<0$，说明在膨胀过程中，气体对外界做正功，其内能减少，同时向外界放出热量。

11.3 循环过程 卡诺定理

11.3.1 循环过程

循环过程和
卡诺定理（一）

我们将一系统从某一初态出发，经过任意的一个过程，最后又回到原来的初态，称为循环过程，简称循环。准静态循环过程在 p-V 图中对应一条闭合曲线（见图 11-10）。参与循环的物质叫作工作物质，简称工质。在 p-V 图中沿顺时针方向进行的循环过程称为正循环；沿逆时针方向进行的循环过程称为逆循环。

由于热力学能是状态的单值函数，故经一循环过程后，系统的热力学能不变，即 $\Delta E = 0$。这是循环的一个基本特征。

现在讨论图 11-10 中正循环过程系统对外界做的功。设 I 是循环过程中体积最小点，而 II 是体积最大点。当工质沿 I a II 过程由状态 I 变到状态 II 时，系统对外做功；沿 II b I 过程由状态 II 回到状态 I 时，外界对系统做功。完成一个循环后，系统对外界做的净功等于曲线围成的面积。对于正循环，系统做的净功大于零；而逆循环时，系统做的净功小于零，即外界做正功。

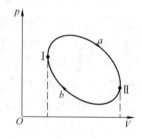

图 11-10 循环过程

11.3.2 热机的效率、制冷机的制冷系数

热机是利用燃料燃烧时产生的热量对外界做功的机器。柴油机、汽油机等都是热机，热机的循环过程都是正循环。

工质做逆循环的机器叫作制冷机。制冷机是利用外界对系统做功使热量从低温处传向高温处，从而获得低温的机器，如电冰箱、空调等。

热机做正循环时，工质从高温热源吸热 Q_1，向低温热源放热 Q_2，热机对外界做功 A，如图 11-11a 所示。热机经过一个循环回到原来的状态，其内能不变。由热力学第一定律知，$A = Q_1 - Q_2$（Q_1 和 Q_2 均为热量的绝对值）。A 与 Q_1 的比值称为热机效率，用 η 表示，即

$$\eta = \frac{A}{Q_1} = \frac{Q_1 - Q_2}{Q_1} = 1 - \frac{Q_2}{Q_1} \qquad (11\text{-}33)$$

式中，Q_1 表示一次循环中热机吸收的总热量；Q_2 为放出的总热量；A 表示热机对外做的净功。上式对任何热机都成立。

图 11-11b 是制冷机的示意图。在逆循环中制冷机从低温热源吸热 Q_2，向高温热源放热 Q_1，外界对系统做功 A。制冷机完成一个逆循环，外界对系统做的净功为 $A = Q_1 - Q_2$（Q_1 和 Q_2 均为热量的绝对值）。正因为外界不断地对系统做功，才能把热量不断地从低温热源送到高温热源，从而使低温热源的温度越来越低，达到制冷的目的。

通常把 Q_2 与 A 的比值叫作制冷系数，用 e 表示，则有

$$e = \frac{Q_2}{A} = \frac{Q_2}{Q_1 - Q_2} \tag{11-34}$$

式中，Q_2 是一次循环中从低温处吸取的热量；Q_1 是一次循环中制冷机向外界放出的热量，A 是外界对系统做的净功。此式对任何制冷机都成立。

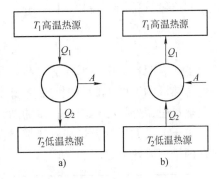

图　11-11

a）热机示意图　b）制冷机示意图

11.3.3　卡诺热机的效率　卡诺制冷机的制冷系数

卡诺（Carnot）循环是 1824 年法国的年轻工程师卡诺提出的一种理想循环。整个循环由两条等温线和两条绝热线组成（见图 11-12）。

气体在 $A \rightarrow B$ 等温膨胀（体积从 $V_1 \rightarrow V_2$）过程中，从温度为 T_1 的高温热源吸热

$$Q_1 = \frac{m}{M} R T_1 \ln \frac{V_2}{V_1}$$

在 $C \rightarrow D$ 等温压缩（体积从 $V_3 \rightarrow V_4$）过程中，向温度为 T_2 的低温热源放热

$$Q_2 = \frac{m}{M} R T_2 \ln \frac{V_3}{V_4}$$

因为 $B \rightarrow C$ 及 $D \rightarrow A$ 过程都是绝热过程，系统与外界没有热量交换，根据绝热方程

$$T_1 V_2^{\gamma-1} = T_2 V_3^{\gamma-1}, \quad T_1 V_1^{\gamma-1} = T_2 V_4^{\gamma-1}$$

得

$$\frac{V_2}{V_1} = \frac{V_3}{V_4}$$

将以上各式代入式（11-33）得

$$\eta = 1 - \frac{Q_2}{Q_1} = 1 - \frac{T_2}{T_1} \tag{11-35}$$

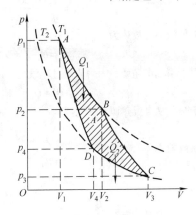

图 11-12　卡诺循环

上式表明：卡诺热机的效率只与高、低温热源的温度有关，与工质及其他因素无关。这为提高热机效率指明了方向，即尽可能提高高温热源的温度，并降低低温热源的温度。但任何热机的效率总是小于 100% 的，这是因为不可能无限制地提高高温热源的温度，也不可能把低温热源的温度降到绝对零度（0K）。

若图 11-12 所示的循环反向进行，即沿 A-D-C-B-A 的顺序进行，则为卡诺制冷机。设在

一逆循环中外界对系统做功 A，系统从低温热源吸取热量 Q_2，向高温热源放热 Q_1，根据式（11-34）可得卡诺制冷机的制冷系数为

$$e = \frac{Q_2}{A} = \frac{Q_2}{Q_1 - Q_2} = \frac{T_2}{T_1 - T_2} \qquad (11\text{-}36)$$

上式表明：卡诺逆循环的制冷系数也只取决于高温热源的温度 T_1 和低温热源的温度 T_2。当低温热源的温度 T_2 越低时，制冷系数 e 越小。这意味着系统从温度较低的低温热源中吸取一定热量时，外界必须消耗较多的功。

由于卡诺循环的吸热和放热都是在两个等温过程中进行的，因而也可以说卡诺循环是工作在两个恒温热源之间的循环。

【例 11-9】 某理想气体作准静态卡诺循环。当高温热源的温度 $T_1 = 400\text{K}$，低温热源的温度 $T_2 = 300\text{K}$ 时，一循环中对外做净功 $A = 8\ 000\text{J}$。如果维持低温热源温度不变，提高高温热源的温度，使其对外界做净功增加到 $A' = 10\ 000\text{J}$，并且两次卡诺循环都工作在相同的两绝热过程之间（见图 11-13），试求：（1）第二次循环的效率 η'；（2）第二次循环中高温热源的温度 T_1'。

【解】 （1）按卡诺循环效率公式，对第一次循环有

$$\eta = \frac{A}{Q_1} = 1 - \frac{T_2}{T_1} = 1 - \frac{300}{400} = 25\%$$

此次循环从高温热源吸热为

$$Q_1 = \frac{A}{\eta} = \frac{8\ 000}{0.25}\text{J} = 32\ 000\text{J}$$

向低温热源放热为

$$Q_2 = Q_1 - A = 24\ 000\text{J}$$

对于第二次循环，因为放热过程没变，所以有

$$Q_2' = Q_2 = 24\ 000\text{J}$$

于是，从高温热源 T_1' 吸热为

$$Q_1' = Q_2' + A' = 24\ 000\text{J} + 10\ 000\text{J} = 34\ 000\text{J}$$

所以效率

$$\eta' = \frac{A'}{Q_1'} = \frac{10\ 000\text{J}}{34\ 000\text{J}} \approx 29.4\%$$

（2）由 $\eta' = 1 - \dfrac{T_2}{T_1'}$，得

$$T' = \frac{T_2}{1 - \eta'} = \frac{300\text{K}}{1 - 0.294} \approx 425\text{K}$$

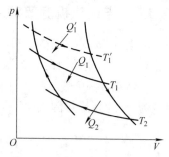

图 11-13 例 11-9 图

【例 11-10】 一可逆热机使 1mol 的单原子分子理想气体经历着图 11-14 所示的循环，过程 1→2 是等容过程，过程 2→3 是等温过程，而过程 3→1 是等压过程。求此循环过程的效率。（已知状态 1 的温度为 T_1，而状态 2，3 的温度为 $T_2 = T_3 = 3T_1$。）

【解】 1→2 等容升温过程气体吸热，

$$Q_{11} = C_{V,m}(T_2 - T_1) = \frac{3}{2}R \cdot 2T_1 = 3RT_1$$

2→3 等温膨胀过程气体吸热

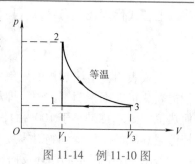

图 11-14 例 11-10 图

$$Q_{12} = RT_2 \ln \frac{V_3}{V_1} = 3RT_1 \ln 3$$

3→1 等压压缩过程气体放热

$$Q_2 = C_{p,m}(T_3 - T_1) = \frac{5}{2}R \times 2T_1 = 5RT_1$$

此循环过程的效率为

$$\eta = 1 - \frac{Q_2}{Q_1} = 1 - \frac{Q_2}{Q_{11} + Q_{12}} = 1 - \frac{5RT_1}{3RT_1 + 3RT_1 \ln 3} = 1 - \frac{5}{3(1 + \ln 3)} = 20.58\%$$

思考： 若将 2→3 的等温过程换成绝热过程，则效率又如何？

【例 11-11】 一定量双原子分子理想气体，经历图 11-15 所示 1→2→3→1 的循环过程，求其效率。

【解】 先分析循环中各个过程的吸、放热情况。由例 11-6 知，在 1→2 过程中有一吸、放热转折点 D，1→D 吸热，D→2 放热，且 $V_D = \frac{7}{3}V_1$，$p_D = \frac{5}{3}p_2$；2→3 为等压压缩过程，放热；3→1 为等容升压过程，吸热。由此知整个循环中吸热的过程是 3→1→D，由热力学第一定律可求出吸热总量为

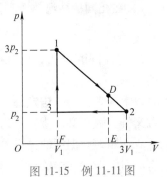

图 11-15　例 11-11 图

$$Q_1 = \nu C_{V,m}(T_D - T_3) + A_1 = \frac{5}{2}(p_D V_D - p_2 V_1) + A_1 = \frac{65}{9}p_2 V_1 + A_1$$

其中

$$A_1 = \frac{1}{2}(p_D + 3p_2)(V_D - V_1) = \frac{28}{9}p_2 V_1$$

将它们代入上式得出

$$Q_1 = \frac{93}{9}p_2 V_1$$

又由图知，整个循环过程系统对外做净功

$$A = \frac{1}{2}(3V_1 - V_1)(3p_2 - p_2) = 2p_2 V_1$$

因而循环过程的效率为

$$\eta = \frac{A}{Q_1} = \frac{18}{93} \approx 19.4\%$$

思考： 若是单原子分子理想气体，经历图 11-15 所示的循环过程，效率又如何？

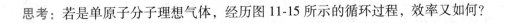

【例 11-12】 一台电冰箱放在室温为 20℃ 的房间里，冰箱储藏柜中的温度维持在 5℃。现每天有 2.0×10^7 J 的热量自房间传入冰箱内，若要维持冰箱内温度不变，外界每天需做多少功？其功率为多少？设该冰箱的制冷系数是工作在相同环境下的卡诺制冷机制冷系数的 54%。

【解】 由题知：冰箱外的温度 $T_1 = 293$K，冰箱内的温度 $T_2 = 278$K，要维持冰箱内温度不变，就要把每天自房间传入冰箱内的热量 $Q_2 = 2.0 \times 10^7$ J 从冰箱内吸收走，放到冰箱外去。

由式（11-36）可求出该冰箱的制冷系数

$$e = e_{\text{卡}} \cdot 54\% = \frac{T_2}{T_1 - T_2} \cdot \frac{54}{100} \approx 10$$

保持该冰箱在5℃~20℃之间运转，外界每天需做功

$$A = \frac{Q_2}{e} = \frac{2.0 \times 10^7}{10} J = 2.0 \times 10^6 J$$

因而功率

$$P = \frac{A}{t} = \frac{2.0 \times 10^6 J}{24 \times 3\ 600 s} \approx 23W$$

11.3.4 卡诺定理

为了提高热机的效率，卡诺研究热机最大效率的极限，根据自己提出的卡诺循环，得到了以下两个结论：

1）在相同的高温热源和低温热源之间工作的一切可逆热机，其效率都是 $\eta = 1 - \frac{T_2}{T_1}$，与工质无关。

2）在相同的高温热源和低温热源之间工作的一切不可逆机，其效率不可能大于可逆热机的效率。

以上两条称为**卡诺定理**。卡诺循环和卡诺定理对研究如何提高热机的效率具有重要的理论意义和实践意义。应用卡诺循环和卡诺定理还可以研究物质的某些性质，如热力学基本公式、表面张力和温度的关系等。克拉珀龙在1834年利用一个很小的卡诺循环推导出了饱和蒸汽压对温度变化率的克拉珀龙（Clapeyron）方程，得到了描述一般相变过程的基本方程。卡诺定理指出了提高热机效率的途径，就是尽可能加大高温热源和低温热源的温差。

卡诺信奉热质说，他当时是根据热质说和第二类永动机不可能造成的原理来证明卡诺定理的。直到开尔文（Kelvin）和克劳修斯（Clausius）建立了热力学第二定律之后，卡诺定理才得到正确的证明。

11.4 热力学第二定律

热力学第二定律

热力学第一定律建立了热量、功和热力学能相互转化的关系。各种形式的能量可以相互转化，只要在过程中能量的总和满足守恒定律。自然界发生的一切过程都一定遵守热力学第一定律。但是满足热力学第一定律的过程不一定都会发生。例如：①摩擦可以产生热量，但是依靠物体的冷却而使其自身运动起来对外做功的过程却从来没有发生过，即热量自动地转化为功的过程是不能实现的；②冰融化可以使饮料降温，但是冰块自动越来越大而使饮料越来越热的过程却从未发生过，即热量自动地由低温物体传向高温物体的过程是不可能实现的；③打开香水瓶的盖子，可以闻到香味，但是已经扩散的香水分子不会自动地回到香水瓶中去，即气体自动收缩的过程是不可能实现的。

观察与实验表明，自然界中一切与热现象有关的宏观过程都是有方向性的，或者说是不可逆的。为此，先介绍可逆过程和不可逆过程的概念。

11.4.1 可逆过程和不可逆过程

一个系统从某一状态出发，经过一过程达到另一状态；如果存在另一过程，它能让系统

沿着原路径回到初态，从而使系统和外界完全复原，则原来的过程称为**可逆过程**。反之，若在不引起其他变化的条件下，无论采用任何曲折复杂的方法，都不能让系统复原；或者逆过程虽然使系统复原了，但对外界引起了其他变化，这样的原过程都叫作**不可逆过程**。

如图 11-16 所示，假想气缸内的气体在活塞无限缓慢地移动时经历准静态膨胀过程，它的每一个中间态都是无限接近平衡态的。考虑气缸与活塞间是没有摩擦的理想情况，当活塞无限缓慢地压缩气体，使气体系统在逆过程中以相反的顺序重复正过程的每一个中间态，使系统完全复原，对外界也不留下任何影响，这样的准静态膨胀过程一定是可逆过程。可以认为，一切无摩擦的准静态过程都是可逆过程。

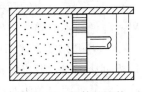

图 11-16　气体的准静态膨胀过程

事实上，可逆过程只是一种理想过程，而自然界中一切自发进行的宏观过程都是不可逆的。例如，理想气体绝热自由膨胀不可逆，热传导过程不可逆，气体的扩散过程不可逆，生物的生长过程不可逆，等等。

11. 4. 2　热力学第二定律

热力学第二定律是关于自然界宏观过程进行的方向和限度的一条重要规律。它是在围绕如何最大限度地提高热机效率的过程中被发现的。通常有以下两种表述：

1. 热力学第二定律的开尔文表述

不可能制造出这样一种循环工作的热机，它只从单一热源吸热对外界做功而不放出热量给其他物体，或者说不使外界发生任何变化。

注意表述中的"循环工作"和"不使外界发生任何变化"。

历史上曾经有人企图制造这样一种循环工作的热机，它只从单一热源吸收热量，并将热量全部用来做功而不放出热量给低温热源，因而它的效率可以达到 100%。这就是第二类永动机。(有人做过估计，用这样的永动机来吸收海水中的热量而做功，则只要使海水的温度下降 0.01K，就能使世界上所有的机器开动许多年。)

第二类永动机不违反热力学第一定律，但它违反了热力学第二定律，因而也是不可能造成的。

热力学第二定律的开尔文描述实质是说热、功转换是有方向性的。相应的经验事实是，在一个循环过程中，功可以完全转变成热，但要把热完全变为功而不产生其他影响是不可能的。例如，利用热机可以将热转变为功，但实际中热机的循环除了热变功外，还必定有一定的热量从高温热源传给低温热源，即产生了其他效果。

热全部变为功的过程也是有的，如理想气体等温膨胀。但在这一过程中除了气体从单一热源吸热完全变为功外，也引起了其他变化，即过程结束时，气体的体积增大了。

开尔文表述的实质是说功变热的过程是不可逆的。

2. 热力学第二定律的克劳修斯表述

热量不可能自动地从低温物体传到高温物体而不引起外界的变化。

热力学第二定律的克劳修斯说法实质是说热传递是有方向性的，热量只能自动地从高温物体传给低温物体，而不能自动地从低温物体传给高温物体。

如果借助制冷机，当然可以把热量由低温物体传递到高温物体，但要以外界做功为代价，也就是引起了其他变化。

克劳修斯表述的实质是说热传导过程是不可逆的。

3. 热力学第二定律两种表述的等价性

热力学第二定律的两种描述是等价的，即一种说法是正确的，另一种说法也必然正确；如果一种说法不成立，则另一种说法也必然不成立。可用反证法说明如下。

（1）若开尔文表述不成立，则克劳修斯表述也不成立　若开尔文表述不成立，即有一台热机可从高温热源吸收热量 Q_1，全部用来对外界做功 $A=Q_1$，这个功 A 可以用来驱动一台制冷机，从低温热源吸收热量 Q_2，同时向高温热源放出热量 $Q_2+A=Q_2+Q_1$。两者总的效果是低温热源的热量传到了高温热源，而没有产生其他影响，显然违反了克劳修斯表述，如图11-17所示。

（2）若克劳修斯表述不成立，则开尔文表述也不成立　若克劳修斯表述不成立，即有一台机器可让热量 Q_2 自动地从低温热源传到高温热源，再考虑一台工作于高温热源与低温热源的热机，从高温热源吸收热量 Q_1，向低温热源放出热量 Q_2，两者总的效果是热机能把从高温热源吸收的热量全部用来对外做功，显然违反了开尔文表述，如图11-18所示。

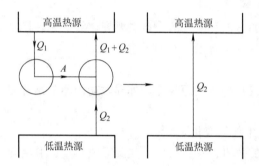

图11-17　从开尔文表述论证克劳修斯表述

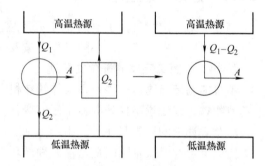

图11-18　从克劳修斯表述论证开尔文表述

热力学第二定律除了开尔文表述和克劳修斯表述外，还有其他一些表述。事实上，任何一种关于自发过程是不可逆的表述都可以作为热力学第二定律的一种表述，每一种表述都反映了同一客观规律的某一方面，但是其实质是一样的。

各种不可逆过程千差万别，表面上看起来毫无关联，但实际上它们之间的联系非常紧密，可以说所有的不可逆过程都是等价的。因为只要违反了任何一种不可逆过程，也就会违反所有的不可逆过程。或者说一旦有人发现原先某种不可逆的过程突然变成可逆的话，就可以想出各种办法让所有的不可逆过程全都变成可逆。这当然是绝对不可能的。

热力学第一定律是能量守恒定律，热力学第二定律则指出，符合热力学第一定律的过程并不一定都可以实现。这两个定律是互相独立的，它们一起构成了热力学理论的基础。

11.4.3　热力学第二定律的统计意义

热力学第二定律指出，一切与热现象有关的实际宏观过程都是不可逆的。在一定条件下，系统有从非平衡状态过渡到平衡状态的自然倾向，这种倾向总是单向不可逆的。从微观上看，过程的不可逆性与系统的大量分子的无规则运动是分不开的。现以气体向真空的自由膨胀为例，用

热力学第二
定律的统计意义

微观的统计平均方法,从本质上说明热力学第二定律的统计意义。

如图 11-19 所示的绝热容器被隔板分为 A、B 室两部分,A 室内装有理想气体,B 室为真空。抽去隔板后,A 室的理想气体分子便进入 B 室,经过一段时间后,A、B 两部分的气体密度便会均匀一致。这一过程是自发进行的过程,要使所有的气体分子在某一时间内全部自动返回 A 室,几乎是不可能的。为了说明这一事实,现做如下分析。

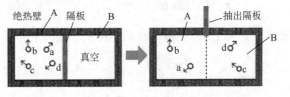

图 11-19 气体的自由膨胀

假设 A 室中有 1 个分子,抽去隔板后,该气体分子出现在 A 室或 B 室的机会是均等的,它返回 A 室的概率是 $\frac{1}{2}$。如果 A 室中原来有 4 个气体分子 a、b、c、d,把隔板抽去后,它们在 A、B 两部分的宏观分布有 $(4+1)=5$ 种,微观状态共有 $2^4=16$ 种,见表 11-1。

表 11-1 4 个分子在容器中的分布情况

宏观状态		微观状态		1 个宏观状态所包含
A 室	B 室	A 室	B 室	的微观状态数
4	0	a b c d	0	1
3	1	a b c b c d d a b a c d	d a c b	4
2	2	a b a c a d b c b d c d	c d b d b c a d a c a b	6
1	3	a b c d	b c d c a d b d a a b c	4
0	4	0	a b c d	1

由统计假设:对于孤立系统,各个微观状态出现的可能性即概率相同。4 个分子全部留在 B 室或全部返回 A 室的宏观状态出现的概率都为 $\frac{1}{2^4}=\frac{1}{16}$。而分子在 A、B 两室中各有 2 个分子的宏观状态出现的概率为 $\frac{6}{16}$,是前者的 6 倍。

当容器中分子数 N 达到数量级 6×10^{23} 时,则总共有 $2^{6\times10^{23}}$ 种微观状态,其中 n 个在 A 室,$(N-n)$ 个在 B 室的宏观状态所包含的微观状态数(也称为热力学概率)为

$$P = \frac{N!}{n!\,(N-n)!}$$

N 个分子均匀分布（$n = N/2$）的宏观状态所包含的微观状态（此刻热力学概率 P 具有极大值），其出现的概率接近 100%。而 N 个分子全部同时返回 A 室的概率为 $\frac{1}{2^N} = \frac{1}{2^{6 \times 10^{23}}}$，其值极其微小，接近于零。意味着气体向真空自由膨胀后，要再自动收缩回去，根本是不可能的。

气体自由膨胀过程是由非平衡态向平衡态转化的过程。从微观上看，是由包含微观状态数目少的宏观状态（即热力学概率 P 较小的宏观态）向包含微观状态数目多的宏观状态（即热力学概率 P 较大的宏观态）进行的不可逆过程。相反的逆过程不是原则上不可能，只是出现的概率太小，实际上观察不到。

上述情况表明，在一个与外界隔绝的孤立系统内，其内部自发进行的过程总是由概率小的宏观状态向概率大的宏观状态进行，或者说，由包含微观状态数目少的宏观状态向包含微观状态数目多的宏观状态进行，或由非平衡态向平衡态的方向进行。这就是热力学第二定律的统计意义。

11.5 熵 熵增加原理

热力学第二定律是有关过程进行方向和限度的规律，它论证了一切与热现象有关的实际宏观过程都是不可逆的。这说明，热力学系统在进行不可逆过程前的初态和经不可逆过程后的末态之间有重大的差异。为了定量地描述系统初、末状态之间的差异和自发不可逆过程进行的方向及限度，我们引入一个新的态函数——熵。

熵增加原理

11.5.1 熵

1. 克劳修斯等式与不等式

克劳修斯在研究可逆卡诺热机时发现，当可逆卡诺热机完成一个循环时，工质从高温热源吸收的热量 Q_1 和在低温热源放出的热量 Q_2 不相等，但是以热量除以相应的热源温度所得到的量值，在整个循环中却保持不变。根据卡诺循环的效率公式，有

$$\eta = 1 - \frac{Q_2}{Q_1} = 1 - \frac{T_2}{T_1} \Rightarrow \frac{Q_1}{T_1} = \frac{Q_2}{T_2}$$

式中，Q_1 是工质从高温热源吸收的热量；Q_2 是工质向低温热源放出的热量。所以，若依热力学第一定律中的符号规定，Q_2 应为负，上式改写成

$$\frac{Q_1}{T_1} + \frac{Q_2}{T_2} = 0 \tag{11-37a}$$

上式表明，在可逆卡诺循环中，热温比 $\frac{Q}{T}$ 的总和等于零。同理，可得出对不可逆卡诺循环，热温比的总和小于零，即

$$\frac{Q_1}{T_1} + \frac{Q_2}{T_2} < 0 \tag{11-37b}$$

这一结论可以推广到任意循环过程。如图 11-20 所示的任意可逆循环，可被近似地看成是由许多微小的可逆卡诺循环所组成。在极限情况下，所取的可逆卡诺循环的数目趋于无穷大，锯齿形边界实际上与任意可逆循环的边界重合，在这种极限情况下对 $\frac{Q}{T}$ 的求和就应变为积分。因而，对于一个任意可逆循环，都应有

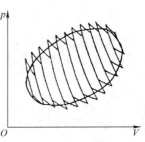

$$\oint \frac{\text{đ}Q}{T} = 0 \qquad (11\text{-}38\text{a})$$

而对任意不可逆循环过程，则有

$$\oint \frac{\text{đ}Q}{T} < 0 \qquad (11\text{-}38\text{b})$$

图 11-20 任意可逆循环过程

式中，$\oint$ 表示沿整个循环过程的闭路积分；$\text{đ}Q$ 表示工质在各无限小的等温过程中吸收的微小热量；T 为工质的温度。以上几式分别称为克劳修斯等式与不等式。

2. 克劳修斯熵公式

在如图 11-21 所示的可逆循环曲线上任意选定两点 x_0 和 x，x_0 和 x 是两个确定的平衡态点。由 x_0、x 两点把闭合曲线分为两部分，一部分是从 x_0 经路径 I 到达 x，另一部分是由 x 经路径 II 回到 x_0。根据式（11-38a），得

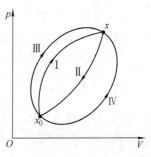

$$\oint \frac{\text{đ}Q}{T} = \int_{x_0 \text{ I}}^{x} \frac{\text{đ}Q}{T} + \int_{x \text{ II}}^{x_0} \frac{\text{đ}Q}{T} = 0$$

路径 II 的逆过程是从平衡态 x_0 出发逆着原路径 II 的方向到达 x 的。由于过程是可逆的，所以有

图 11-21 积分 $\int_{x_0 \to x}^{x} \frac{\text{đ}Q}{T}$ 的

值与过程无关

$$\int_{x \text{ II}}^{x_0} \frac{\text{đ}Q}{T} = -\int_{x_0 \text{ II}}^{x} \frac{\text{đ}Q}{T}$$

代入上式即得

$$\int_{x_0 \text{ I}}^{x} \frac{\text{đ}Q}{T} - \int_{x_0 \text{ II}}^{x} \frac{\text{đ}Q}{T} = 0$$

或

$$\int_{x_0 \text{ I}}^{x} \frac{\text{đ}Q}{T} = \int_{x_0 \text{ II}}^{x} \frac{\text{đ}Q}{T}$$

对于通过平衡态 x_0 到 x 的其他任意可逆路径（见图 11-21 中的 III、IV），都可得到与上面类似的式子，即

$$\int_{x_0 \text{ I}}^{x} \frac{\text{đ}Q}{T} = \int_{x_0 \text{ II}}^{x} \frac{\text{đ}Q}{T} = \int_{x_0 \text{ III}}^{x} \frac{\text{đ}Q}{T} = \int_{x_0 \text{ IV}}^{x} \frac{\text{đ}Q}{T} = \cdots \qquad (11\text{-}39)$$

由此可知，积分 $\int_{x_0}^{x} \frac{\text{đ}Q}{T}$ 的值与从平衡态 x_0 到 x 的路径无关，也就是与过程无关，只由初、末两平衡态 x_0 和 x 唯一确定。这表明系统存在一个状态函数，我们把这个状态函数定义

为熵，用 S 表示，并定义系统沿任意一个可逆过程从平衡态 x_0 到 x 时熵的增量为

$$S - S_0 = \int_{x_0}^{x} \frac{\text{đ}Q}{T} \tag{11-40a}$$

式中，S_0 是系统在初态 x_0 时的熵；S 是系统在末态 x 时的熵。若系统从平衡态 x_0 到 x 时经历的是一个不可逆过程，则有

$$S - S_0 > \int_{x_0}^{x} \frac{\text{đ}Q}{T} \tag{11-40b}$$

若系统经历一个无限小的可逆过程，可得出熵的微分形式为

$$\text{d}S = \frac{\text{đ}Q}{T} \tag{11-41}$$

从以上讨论知，熵 S 是状态函数，完全由系统所处状态来决定，与过程无关。系统在两个状态间的熵差 ΔS 是由从初态到末态的任一可逆过程的热温比积分来量度的。若系统从初态到末态的过程是一不可逆过程，其熵变不能用该过程的热温比积分来计算，此时，可任选一个连接初态和末态的可逆过程来代替不可逆过程进行计算。

若研究对象是理想气体系统，由式（11-40a）很容易得出理想气体系统经历以下几个热力学过程时的熵增量：

（1）可逆等容过程熵增量

$$\Delta S = \int_{T_1}^{T_2} \frac{\nu C_{V,\text{m}} \text{d}T}{T} = \nu C_{V,\text{m}} \ln \frac{T_2}{T_1}$$

（2）可逆等压过程熵增量

$$\Delta S = \int_{T_1}^{T_2} \frac{\nu C_{p,\text{m}} \text{d}T}{T} = \nu C_{p,\text{m}} \ln \frac{T_2}{T_1}$$

（3）可逆等温过程熵增量

$$\Delta S = \frac{Q_T}{T} = \nu R \ln \frac{V_2}{V_1}$$

（4）可逆多变过程熵增量

$$\Delta S = \int_{T_1}^{T_2} \frac{\nu C_{n,\text{m}} \text{d}T}{T} = \nu C_{n,\text{m}} \ln \frac{T_2}{T_1}$$

3. 玻尔兹曼（Boltzmann）熵公式

热力学第二定律反映了系统内大量分子无规则运动的不可逆性。分子运动的无规则性也称为无序性。我们把系统的任一宏观状态所对应的微观状态数称为热力学概率或系统的状态概率，并记为 P。P 越大，说明系统内分子运动的无序性越大，P 最大的状态即是系统所处的平衡状态。一般说来，热力学概率 P 是非常大的。为了便于理论上处理，玻尔兹曼用熵 S 来表示系统无序性的大小。定义熵与热力学概率之间的关系为

$$S = k \ln P \tag{11-42}$$

式中，$k = 1.38 \times 10^{-23} \text{J/K}$ 为玻尔兹曼常量，上式称为玻尔兹曼熵公式。

由玻尔兹曼熵公式可明显看出熵的本质意义：与热力学概率 P 一样，熵 S 是系统内分子热运动的无序性或混乱度的一种量度。

熵是系统状态的单值函数，系统从状态 1 变化到状态 2 时，熵的增量可写成

$$\Delta S = S_2 - S_1 = k\ln P_2 - k\ln P_1 = k\ln \frac{P_2}{P_1} \qquad (11\text{-}43)$$

玻尔兹曼还给出"负熵"的定义：

$$-S = k\ln \frac{1}{P} \qquad (11\text{-}44)$$

"$-S$"称为"负熵"。与熵的意义相反，"负熵"是系统"有序度"的量度。

11.5.2 熵增加原理

引入熵 S 后，热力学第二定律可以表述为：在孤立系统（或绝热系统）中进行的自发过程总是沿着熵增加的方向进行，它是不可逆的，平衡态是相应于熵最大值的状态。热力学第二定律的这一表述称为熵增加原理，其数学表示式为

$$\Delta S \geqslant 0 \qquad (11\text{-}45)$$

式中，等号（=）对应可逆过程；大于号（>）对应不可逆过程。

【例 11-13】 证明：理想气体自由膨胀过程熵增加。

【解】 如图 11-22 所示，一绝热容器中有一隔板，初始时容器左半部有一定量的理想气体，右半部为真空。抽出隔板后，气体自由膨胀到整个容器，这是一典型的不可逆过程。

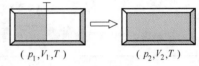

图 11-22 例 11-13 图

注意到在此过程中，气体没有从外界吸热：$Q = 0$，也没有对外做功：$A = 0$，因而系统内能不变：$\Delta E = 0$，温度也不变。可认为理想气体系统经历了一个可逆的等温膨胀过程，因而熵增量为

$$\Delta S = \frac{Q}{T} = \nu R\ln \frac{V_2}{V_1} > 0$$

【例 11-14】 如图 11-23 所示的绝热容器，体积为 V、被一导热活动隔板分成体积为 V_A 和 V_B 的两室，设 $V_B < V_A$。先用销钉使隔板固定，两边分别装有温度均为 T 的 1mol 理想气体，其压强分别为 p_A 和 p_B，然后把销钉拔掉，最终活动隔板将移动到中间位置。求该过程中气体的熵变。

【解】 设拔掉销钉后 A 室气体末态体积为 V'_A，压强为 p'_A；B 室气体末态体积为 V'_B，压强为 p'_B。由于活动隔板是导热的，在此过程中两边气体温度始终不变，因此，设计一准静态等温过程以求气体的熵变。

A 室气体的熵变为

$$\Delta S_A = \int \frac{\text{d}Q}{T} = \frac{Q_A}{T} = R\ln \frac{V'_A}{V_A}$$

同理，B 室气体的熵变为

$$\Delta S_B = R\ln \frac{V'_B}{V_B}$$

整个气体的熵变等于 A、B 两室气体熵变之和，即

$$\Delta S = \Delta S_A + \Delta S_B = R\ln \frac{V'_A V'_B}{V_A V_B}$$

根据题意有 $V'_A = V'_B = \dfrac{V}{2}$，代入上式得气体的熵变为

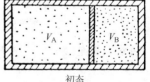

初态

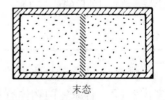

末态

图 11-23 例 11-14 图

$$\Delta S = R\ln\frac{V^2}{4V_A V_B} > 0$$

上式表明：拔掉销钉后，隔板运动，气体的熵增加了。也就是说，这种孤立系统中自发发生的过程是不可逆的，这种自发不可逆过程是朝着熵增加的方向进行的。这说明熵增加原理是正确的。

【例 11-15】 讨论热传导过程中的熵变。绝热容器中有两个相同的物体 A、B 相互接触，初始时 $T_A > T_B$，A 向 B 的传热过程为不可逆过程，最后二者有相同的温度 T（见图 11-24）。这两个物体组成一个系统，求其熵变。

【解】 可认为在此过程中各物体的体积没有变化，因而可设计可逆的等容过程来求熵变。A 部分熵变为

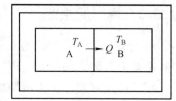

$$\Delta S_A = \int_{T_A}^{T}\frac{\nu C_{V,\,m}\mathrm{d}T}{T} = \nu C_{V,\,m}\ln\frac{T}{T_A}$$

B 部分熵变

$$\Delta S_B = \int_{T_B}^{T}\frac{\nu C_{V,\,m}\mathrm{d}T}{T} = \nu C_{V,\,m}\ln\frac{T}{T_B}$$

图 11-24 例 11-15 图

因 A、B 两物体相同，有 $T = \dfrac{T_A + T_B}{2}$，所以总熵变为

$$\Delta S = \Delta S_A + \Delta S_B = \nu C_{V,m}\ln\frac{T^2}{T_A T_B} = \nu C_{V,m}\ln\frac{(T_A + T_B)^2}{4T_A T_B} > 0$$

再次证明绝热系统中不可逆过程的熵是增加的。

【例 11-16】 如图 11-25 所示，在两个质量均为 m、比定压热容均为 c_p、初温分别为 T_1 和 T_2 的物体之间，工作着一台可逆卡诺热机，求它能做的最大功。

【解】 当两物体有相同的温度 T 时，热机就不再工作，在此过程中，原高温物体放出热量

$$Q_1 = mc_p(T_1 - T)$$

原低温物体吸收热量

$$Q_2 = mc_p(T - T_2)$$

整个系统可认为是绝热系统，其内经历的过程是可逆过程，总熵变为 0，即

$$\Delta S = \int_{T_1}^{T}\frac{mc_p\mathrm{d}T}{T} + \int_{T_2}^{T}\frac{mc_p\mathrm{d}T}{T}$$

$$= mc_p\left(\ln\frac{T}{T_1} + \ln\frac{T}{T_2}\right) = mc_p\ln\frac{T^2}{T_1 T_2} = 0$$

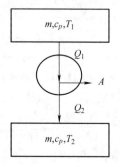

图 11-25 例 11-16 图

求出系统末态温度为

$$T = \sqrt{T_1 T_2}$$

于是，热机对外做的最大功为

$$A_{\max} = Q_1 - Q_2 = mc_p(T_1 + T_2 - 2\sqrt{T_1 T_2})$$

思考：（1）若将本题中低温物体改成是一温度为 T_2 的恒温热源，热机能做的最大功是多少？（2）若原先两物体有相同的温度，让一台可逆制冷机工作于两物体之间，最后使两物体的温度分别为 T_1 和 T_2，问外界至少要做多少功？

11.5.3　熵增加与能量的退化

1. 能量的品质

能量有机械能、热能、电磁能、光能、原子能等多种形式，不同形式的能量对外做功的本领不同。人们认为：一定量的能量，其中可利用的能量越多，该能量的品质就越好，反之则越差。

热能的品质是较差的。利用热机，可以从高温热源吸收热量，但并不能把它全部用来对外界做功，做功的只是其中的一部分，另一部分传递给低温热源。即从高温热源吸收的热量，只有一部分被利用，其余的能量被耗散到周围的环境中，成为不可利用的能量。

提高热机的效率是提高能量品质的一种有效手段。开发新的干净的能源是解决能量品质的另一途径。

2. 熵增加与能量的退化

熵与能量之间关系十分密切，从热力学的意义上看，熵与能量的关系是这样的：能量是从正面量度运动转化能力的，能量越大，运动转化的能力就越大；而熵越大，系统的能量将有越来越多的部分不再可供利用，即熵增加意味着系统的能量从数量上虽然还守恒，但能量的"品质"却越来越差，越来越不中用，可被用来做功的部分越来越少，不可用程度越来越高，这就是能量的退化。如【例 11-16】的情况，两个物体有温差，可让热机工作在这两个物体之间，对外界做功；若直接把两物体相接触，二者经历了一个热传导过程也有了相同的温度，但却无法对外界做功了。

11.5.4　熵增加与"热寂说"

所谓热寂说是指将整个宇宙作为一个孤立系统，依据热力学定律和熵增加原理，宇宙将由非平衡态趋向平衡态，整个宇宙的熵会不断增大，当它增大到最大值时，宇宙达到了平衡态，就不再有任何变化了。最早提出热寂说的物理学家是威廉·汤姆孙（即开尔文）。他在1852 年关于自然界中机械能耗散的一篇论文中，从他所提出的公理导出结论："在自然界中占统治地位的趋向是能量转变为热而使温度拉平，最终导致所有物体的工作能力减小到零，达到热寂状态。"

克劳修斯在 1867 年"关于机械热理论的第二定律"的讲演中，又进一步提出："宇宙越是接近于其熵为一最大值的极限状态，它继续发生变化的可能就越小；当它最后完全达到这个状态时，就不会再出现进一步的变化了，宇宙将永远处于一种惰性的死寂状态。"

克劳修斯提出的上述结论引起了百余年的激烈争论，一些物理学家认为，把以地球上的实验为根据建立起来的热力学定律推广到整个宇宙，是很难以置信的，即使是热寂说的创始者汤姆孙，对于把热力学第二定律推广到无限宇宙也持怀疑的态度。

恩格斯在《自然辩证法》中用能量守恒与转化的观点对热寂说做了精辟的分析。他在此书的"导言"中说："散射到太空中去的热必须有可能以某种方法转变为另一种运动形态，在这种运动形态中它能够重新集结和活动起来。"

根据近代天文观察，发现了星球创生、能量重新聚积的现象。在万有引力作用下，当恒星物质向中心激烈坍缩时，释放出的引力势能可以使整个恒星爆炸开来，这种现象称为超新星爆炸。当超新星爆炸时，恒星的亮度可以瞬间增大千万倍。我国自殷代到公元 1700 年共记录了90颗新星和超新星。18世纪，有人通过望远镜观测，在天关星附近发现一块外形像螃蟹的星云，取名叫蟹状星云。1921年发现该星云在不断向外膨胀，根据膨胀速度可以推算出该星云物质大约是在900年前形成的，是超新星爆发的产物。距今最近的一次超新星大爆炸是1987年在南天区大麦哲仑星云处观测到的，2月23日至24日的24小时内，超新星增亮了2 000倍，一跃成为大麦哲仑星云中最亮的天体。由此看来，在宇宙中不仅有能量的分散过程，也有能量的重新集结过程。

"热寂说"的要害在于忽视了引力场在宇宙演化中的作用。苏联理论物理学家朗道（Landau）认为，当考虑宇宙的大区域时，引力场起了重要作用，涉及的范围越大，引力的作用就越突出。在天体物理领域，引力效应更是有着举足轻重的作用。引力的影响相当于使系统受外界的干扰，而且是不稳定的干扰。均匀分布的物质可以由于引力的效应演变为不均匀分布的团簇，也正是由于引力的干预，使得实际的广大宇宙区域始终处于远离平衡的状态。系统在远离平衡态时，涨落可能起触发失稳的作用，导致不同形式花样的产生和覆灭，对于形成丰富多彩的世界，引力和涨落起了相当关键的作用。

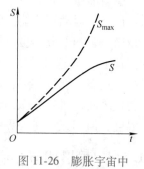

图 11-26　膨胀宇宙中熵的变化

热寂说是以宇宙整体正在从非平衡趋于平衡的结论为前提的。然而近代宇宙论的研究和观测表明，宇宙起源于150亿年前的一次大爆炸，大爆炸之后宇宙一直在膨胀。它不是趋于平衡，而是越来越趋于不平衡。按照熵增加原理，只有对于静态的封闭体系，熵才有个固定的极大值 S_{max}；对于膨胀着的系统，每一瞬时熵可能达到的极大值 S_{max} 是与时俱增的（见图11-26中的虚线）。如果膨胀得足够快，系统不但不能每时每刻跟上过程以达到新的平衡，而且实际上熵值 S 的增长（见图11-26中的实线）将落后于 S_{max} 的增长，二者的差距越拉越大。虽然系统的熵不断增加，但它距离平衡态（热寂状态）却越来越远。我们的宇宙中发生的正是这种情况。

🔗 思考题

11-1　两个相同的容器装着氢气，以一玻璃管相接通，管中用一水银滴作为活塞。当左边容器的温度为0℃而右边为20℃时，水银滴刚好在管的中央而维持平衡。

（1）当左边容器的温度由0℃升到10℃时，水银滴是否会移动？怎么移动？

（2）如果左边升到10℃而右边升到30℃，水银滴是否移动？

11-2　夏天和冬天的大气压强一般差别不大，为什么在冬天空气的密度比较大？

11-3　物质的量相同的氢气和氮气（视为理想气体），从相同的初状态（即 p、V、T 相同）开始做等压膨胀到同一末状态，下列有关说法有无错误？

（1）对外所做的功相同；

（2）从外界吸收的热量相同；

（3）热力学能变化相同。

11-4　理想气体的热力学能是状态的单值函数，对理想气体热力学能的意义做下面的几种理解是否正确？

（1）气体处在一定的状态，就具有一定的热力学能；

（2）对应于某一状态的热力学能是可以直接测定的；

（3）对应于某一状态，热力学能只具有一个数值，不可能有两个或两个以上的值；

（4）当理想气体的状态改变时，热力学能一定跟着改变。

11-5　取一圆柱形气缸，把气体密封在里面，由外界维持它的两端在不同的温度，在气缸内的每一处都有一定的温度。在此情况下，气体是否处于平衡状态？为什么？

11-6　在下列理想气体各种过程中，哪些过程可能发生？哪些过程不可能发生？为什么？

（1）等容加热时，热力学能减少，同时压强升高；

（2）等温压缩时，压强升高，同时吸热；

（3）等压压缩时，热力学能增加，同时吸热；

（4）绝热压缩时，压强升高，同时热力学能增加。

11-7　有可能对物体加热而不会使物体的温度升高吗？有可能不做任何热交换，而系统的温度发生变化吗？

11-8　某理想气体按 $pV^2 =$ 恒量的规律膨胀，问此理想气体的温度是升高了，还是降低了？

11-9　在一个房间里有一台电冰箱在运转着，如果打开冰箱的门，它能不能冷却这个房间？用一台热泵为什么又能使房间凉下来？

11-10　以下三种说法对否？

（1）第一个人说："系统经过了一个正的卡诺循环后，系统本身没有任何变化"；

（2）第二个人说："系统经过了一个正的卡诺循环后，不但系统本身没有任何变化，而且外界也没有任何变化"；

（3）第三个人说："系统经过了一个正的卡诺循环后，再沿着其相反方向进行一个逆的卡诺循环，那么，系统本身以及外界都没有任何变化"。

11-11　根据卡诺定理，提高热机效率的方法，就过程来说，应尽量接近可逆过程，但在生产实践中我们为什么不从这方面来考虑？

11-12　瓶子里装一些水，然后密闭起来。忽然表面的一些水温度升高而蒸发成水蒸气，余下的水温度变低，这件事可能吗？它违反热力学第一定律吗？它违反热力学第二定律吗？

11-13　可逆过程是否一定是准静态过程？准静态过程是否一定是可逆过程？有人说："凡是有热接触的物体，它们之间进行热交换的过程都是不可逆过程。"这种说法对吗？

11-14　下列过程是可逆过程还是不可逆过程？说明理由。

（1）恒温加热使水蒸发；

（2）由外界做功使水在恒温下蒸发；

（3）在体积不变的情况下，用温度为 T_2 的炉子加热容器中的空气，使它的温度由 T_1 升到 T_2；

（4）高速行驶的卡车突然刹车停止。

11-15　有一个可逆的卡诺机，以它作热机使用时，如果工作的两热库温差越大，则对于做功就越有利；当作制冷机使用时，如果两热库的温差越大，对于制冷机是否也越有利？为什么？

11-16　一杯热水置于空气中，它总是要冷却到与周围环境相同的温度。在这一自然过程中，水的熵减小了，这与熵增加原理矛盾吗？

11-17　一定量气体经过绝热自由膨胀，那么熵变也应该为零。对吗？为什么？

习　题

11-1　在水面下 50.0m 深的湖底处（温度为 4.0℃），有一个体积为 $1.0 \times 10^{-5} \, \text{m}^3$ 的空气泡升到湖面上来，若湖面的温度为 17.0℃，求气泡到达湖面时的体积。（已知大气压 $p_0 = 1.013 \times 10^5 \, \text{Pa}$）

11-2　氧气瓶容积为 $3.2 \times 10^{-2} \, \text{m}^3$，其中氧气的压强为 $1.30 \times 10^7 \, \text{Pa}$，氧气厂规定压强降到 $1.00 \times 10^6 \, \text{Pa}$ 时，就应重新充气，以免经常洗瓶。某小型吹玻璃车间，平均每天用去 0.40m^3 压强为 $1.01 \times 10^5 \, \text{Pa}$ 的氧气，

问一瓶氧气能用多少天？（设使用过程中温度不变）

11-3 一抽气机转速 $\omega=400\text{r/min}$，抽气机每分钟能抽出气体 20L。设容器的容积 $V_0=2.0\text{L}$，问经过多长时间后才能使容器内的压强由 $1.01\times10^5\text{Pa}$ 降为 133Pa。设抽气过程中温度始终不变。

11-4 如图 11-27 所示，截面为 S 的粗细均匀的 U 形管，其中装有水银，高度如图所示。现将左侧的上端封闭，并将其右侧与真空泵相接。抽真空后，问左侧的水银将下降多少？已知大气的压强为 75cmHg（备注：cmHg 为非法定计量单位）。

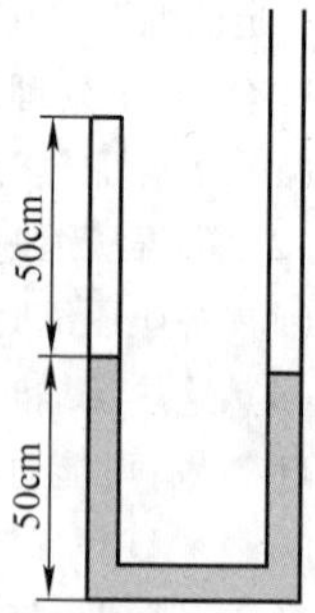

11-5 1mol 双原子分子的理想气体，开始时处于 $p_1=1.01\times10^5\text{Pa}$，$V_1=10^{-3}\text{m}^3$ 的状态。然后经图 11-28 所示的直线过程 I 变到 $p_2=4.04\times10^5\text{Pa}$，$V_2=2\times10^{-3}\text{m}^3$ 的状态。后又经过程方程为 $pV^{1/2}=C$（常量）的过程 II 变到压强 $p_3=p_1=1.01\times10^5\text{Pa}$ 的状态。求：

（1）在过程 I 中的气体吸收的热量；

（2）整个过程气体吸收的热量。

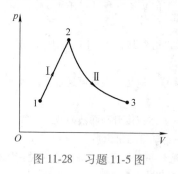

图 11-27 习题 11-4 图

11-6 如图 11-29 所示，系统从状态 A 沿 ABC 变化到状态 C 的过程中，外界有 326J 的热量传递给系统，同时系统对外做功 126J。当系统从状态 C 沿另一曲线返回到状态 A 时，外界对系统做功为 52J，问此过程中系统是吸热还是放热？传递热量是多少？

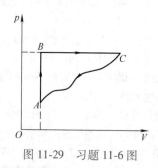

图 11-28 习题 11-5 图

图 11-29 习题 11-6 图

11-7 空气由压强为 $1.52\times10^5\text{Pa}$，体积为 $5.0\times10^{-3}\text{m}^3$，等温膨胀到压强为 $1.01\times10^5\text{Pa}$，然后再经等压压缩到原来的体积。试计算空气所做的功。

11-8 如图 11-30 所示，使 1mol 氧气

（1）由 A 等温地变到 B；

（2）由 A 等容地变到 C，再由 C 等压地变到 B，试分别计算氧气所做的功和吸收的热量。

11-9 一定量的某单原子分子理想气体装在封闭的气缸里，此气缸有可活动的活塞（活塞与气缸壁之间无摩擦且无漏气）。已知气体的初压强 $p_1=1\text{atm}$，体积 $V_1=10^{-3}\text{m}^3$，现将该气体在等压下加热直到体积为原来的两倍，然后等容加热，到压强为原来的 2 倍，最后做绝热膨胀，直到温度下降到初温为止，试求在整个过程中气体内能的改变、吸收的热量和所做的功。

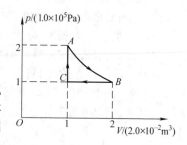

图 11-30 习题 11-8 图

11-10 如图 11-31 所示，一气缸内盛有一定量的刚性双原子分子理想气体，气缸活塞的面积 $S=0.05\text{m}^2$，活塞与气缸壁之间不漏气，忽略摩擦。活塞右侧通大气，大气压强 $p_0=1.0\times10^5\text{Pa}$。劲度系数 $k=5\times10^4\text{N/m}$ 的一根弹簧的两端分别固定于活塞和一固定板上。开始时气缸内气体处于压强、体积分别为 $p_1=p_0=1.0\times10^5\text{Pa}$，$V_1=0.015\text{m}^3$ 的初态。今缓慢加热气缸，缸内气体缓慢地膨胀到 $V_2=0.02\text{m}^3$。求在此过程中气体从外界吸收的热量。

11-11　有一绝热的圆柱形容器,在容器中间放置一无摩擦、绝热的可动活塞,活塞两侧各有 ν mol 同种单原子分子理想气体,初始时,两侧的压强、体积、温度均为 (p_0, V_0, T_0)。气体的摩尔定容热容为 $C_{V,m} = 3R/2$。现将一通电线圈放在活塞左侧气体中,对气体缓慢加热。左侧气体膨胀,同时压缩右方气体,最后使右方气体体积为 $V_2 = V_0/8$。求:

(1) 左、右两侧气体的终温是多少?

(2) 左侧气体吸收了多少热量?

11-12　如图 11-32 所示,有一除底部外都是绝热的气筒,被一位置固定的导热板隔成相等的两部分 A 和 B,其中各盛有 1mol 的理想气体氮。今将 334.4J 的热量缓慢地由底部供给气体,设活塞上的压强始终保持为 1.01×10^5 Pa,求 A 部分和 B 部分温度的改变以及各吸收的热量(导热板的热容可以忽略)。若将位置固定的导热板换成可以自由滑动的绝热隔板,重复上述讨论。

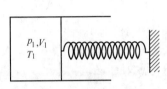

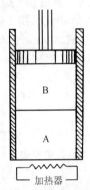

图 11-31　习题 11-10 图　　　　　　图 11-32　习题 11-12 图

11-13　0.32kg 的氧气做如图 11-33 所示的 ABCDA 循环,设 $V_2 = 2V_1$,$T_1 = 300$K,$T_2 = 200$K,求循环效率。(已知氧气的摩尔定容热容的实验值为 $C_{V,m} = 21.1$J/(mol·K))

11-14　如图 11-34 所示为某理想气体循环过程的 V-T 图。已知该气体的摩尔定压热容 $C_{p,m} = 2.5R$,摩尔定容热容 $C_{V,m} = 1.5R$,且 $V_C = 2V_A$。试问:

(1) 图中所示循环是代表制冷机还是热机?

(2) 如是正循环(热机循环),求出循环效率。

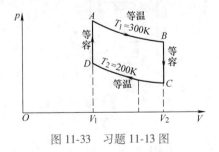

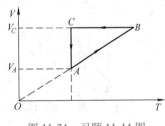

图 11-33　习题 11-13 图　　　　　　图 11-34　习题 11-14 图

11-15　有一以理想气体为工作物质的热机,其循环如图 11-35 所示,试证明热机效率为

$$\eta = 1 - \gamma \frac{(V_1/V_2) - 1}{(p_1/p_2) - 1}$$

11-16　汽油机可近似地看成如图 11-36 所示的理想循环,这个循环也叫作奥托(Otto)循环,其中 DE 和 BC 是绝热过程。证明此热机的效率为

$$\eta = 1 - \left(\frac{V_C}{V_B}\right)^{\gamma - 1}$$

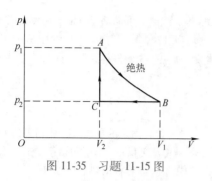

图 11-35 习题 11-15 图

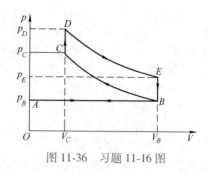

图 11-36 习题 11-16 图

11-17 在夏季，假定室外温度恒定为37℃，启动空调使室内温度始终保持在17℃，如果每天有2.51× 10^8J的热量通过热传导等方式自室外流入室内，则空调一天耗电多少？（设该空调制冷机的制冷系数为同条件下的卡诺制冷机制冷系数的60%）

11-18 在图 11-37 所示的循环中，$a \to b$、$c \to d$、$e \to f$ 为等温过程，其温度分别为 $3T_0$、T_0、$2T_0$；$b \to c$、$d \to e$、$f \to a$ 为绝热过程。设 $c \to d$ 过程曲线下的面积为 A_1，abcdefa 循环过程曲线所包围的面积为 A_2。求该循环的效率。

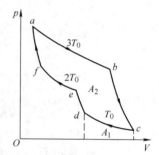

图 11-37 习题 11-18 图

11-19 如图 11-38 所示，器壁与活塞均绝热的容器中间被一隔板分为体积相同的两部分，其中左边储有 1mol 处于标准状态的氦气（可视为理想气体），另一边为真空。现先把隔板抽出，待气体平衡后，再缓慢向左推动活塞，把气体压缩到原来的体积。问氦气的温度改变了多少？

11-20 如图 11-39 所示，有一圆柱形绝热容器，其上方活塞由侧壁突出物支持着，其下方容积共 10L，被隔板 C 分成体积相等的 A、B 两部分。下部 A 装有 1mol 氧气，温度为 27℃；上部 B 为真空。抽开隔板 C，使气体充满整个容器，且平衡后气体对活塞的压力正好与活塞自身重量与大气压力之和相平衡。求：

（1）抽开 C 板后，气体的末态温度以及该过程的熵增量；

（2）若随后通过电阻丝对气体缓慢加热使气体膨胀到 20L，求该过程的熵增量。

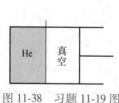

图 11-38 习题 11-19 图

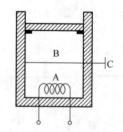

图 11-39 习题 11-20 图

11-21 如图 11-40 所示，一个质量为 m、比定压热容为 c_p、初温为 T_1 的物体和另一温度恒为 T_2 的恒温热源之间，工作着一台可逆卡诺热机，求它能做的最大功。

11-22 如图 11-41 所示，图中 $1 \to 3$ 为等温线，$1 \to 4$ 为绝热线，$1 \to 2$ 和 $4 \to 3$ 均为等压线，$2 \to 3$ 为等容线。1mol 的氢气在 1 点的状态参量为 $V_1 = 0.02m^3$，$T_1 = 300K$，在 3 点的状态参量为 $V_3 = 0.04m^3$，$T_3 = 300K$。试分别用如下三条路径计算熵增量 $S_3 - S_1$：

（1）$1 \to 2 \to 3$；

（2）$1 \to 3$；

（3）$1 \to 4 \to 3$。

11-23　如图 11-42 所示，使用一制冷机从压强为 $1.0×10^5$Pa 的 1mol 氧气中吸热，并向 40℃的环境放热，使氧气从 20℃压冷却至 18℃。问对制冷机必须提供的最小机械功是多少？

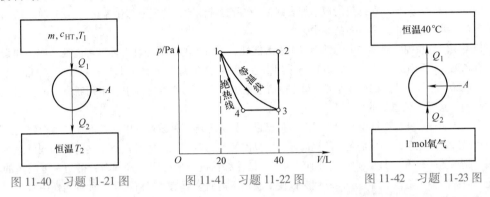

图 11-40　习题 11-21 图　　　　图 11-41　习题 11-22 图　　　　图 11-42　习题 11-23 图

📖 阅读材料

一、熵 与 信 息

　　"熵"是热力学中的一个传统概念，人们在研究如何提高热机效率的过程中，通过对自然界状态转化的方向问题的不断深入研究，逐步发现和建立了熵的概念。在 100 多年后的今天，熵的踪迹已经遍于自然科学、社会科学的各个领域，成为众多学科研究的一个新的焦点。

（一）熵的统计物理意义

　　熵作为一个热力学量，它的微观意义是什么呢？玻尔兹曼从分子运动论的角度考察了熵，在系统总能量、总分子数一定的情况下，证明了表征系统宏观状态的熵与该宏观状态对应的微观态数 W 有如下关系：

$$S = k\ln W$$

　　这就是著名的玻尔兹曼公式，它把熵与系统微观状态数联系起来，系统的熵越大，其微观状态数越多，分子运动越混乱。它揭示了熵的统计意义：熵是系统微观状态数或热力学概率的量度。

（二）信息与信息量

　　在人类社会里，应该说，信息与能量一样，有其重要的地位，是人类赖以生存和发展的基本要素。在现代社会中，信息的地位日趋重要。因此，了解信息，掌握信息，懂得如何充分有效地利用信息也就变得非常迫切了。信息所涉及的范围十分广泛，不仅包括所有的知识，还包括通过我们的五官感觉到的一切。可以这样说，信息是人类社会不可缺少的部分。信息是生活、工作中的常见现象，一切事物都会发出信息，信息无时不在。人们要想有效地工作和生活，必须拥有足够的信息。借助于信息，人类才能获取并发展知识。通过获取信息，人们才能区别自然界和社会中的不同事物，才得以认识世界，认识自然，利用自然。

　　信息的内容既有量的差别，又有质的不同。短短的一首名诗和一本无聊的作品相比，所含信息的价值是无法比拟的；同一条信息对不同的人来说，它所蕴含的意义也可能不同。对信息价值的评估，显然超出了自然科学的范围，目前尚没有为大家所接受的客观准则。不得已求其次，采用电报局的办法，只计字数不问内容，单在信息量的问题上下功夫，这正是当代"信息论"这门科学的出发点。

　　一个人对外界事物、环境缺乏必要的知识，往往表现为对处理和研究的对象、环境有某种不确定性。当获得信息后，这种不确定性就可以减少或消除。例如，假定我们面对一个毫无信息的问题，这个问题可能存在几个解答，那么，当我们有了某些信息后，这些可能解答的数目就会减少，当我们有了足够的信息就将得到单一的解答，因而增加信息的效应就是减少关于情况的不确定性，信息的价值也就可以用它所排除的不确定性来度量。例如，想找一个人，只知道他住在这幢宿舍楼里，但不知道房间号。如果这幢楼有

50套房间，我们只能假定他住在每套房间的概率都是1/50。若有人说，此人住在三层。如果这幢楼有5层，每层10套房，则此人住在三层每套房间的概率加大到1/10，而住在其他层的概率减为0。若最后打听到此人的房间号码，则他住在这里的概率加大到1，在所有其他地方的概率都化为0。由此可见，信息的获得意味着在各种可能性中概率分布的集中。

如何测度信息量呢？通常的事物常具有多种可能性，最简单的情况是具有两种可能性，如是和否、黑和白、有和无、生和死等。现代计算机普遍采用二进制，数据的每一位非0即1，也是两种可能性，在没有信息的情况下每种可能性的概率都是1/2。在信息论中，把从两种可能性中作出判断所需的信息量叫作1bit（比特），这就是信息量的单位。

那么，从4种可能性中做出判断需要多少信息量？如两人玩一种游戏，甲从一副扑克牌中随机地抽出一张，让乙猜它的花色，规则是允许乙提问题，甲只回答是与否，看乙能否在猜中之前提的问题最少。乙应该提"是黑的吗"和"是黑桃吗"两个问题，无论什么情况，他必中无疑，因为得到一个问题的答案后，他面临两种可能性，再一个问题就足以使他获得所需的全部信息。所以从4种可能性中做出判断需要2bit的信息量。

如此类推，从8种可能性中做出判断需要3bit的信息量，从16种可能性中做出判断需要4bit的信息量，等等。所以一般地说，从N种可能性中做出判断所需的信息量为

$$I = \log_2 N = K \ln N \ (\text{bit})$$

式中，$K = 1/\ln 2 = 1.4427$。如果用概率来表达，在对N种可能性完全无知的情况下，我们只好假定，它们的概率P都是$1/N$，$\ln P = -\ln N$，即这时为做出完全的判断所缺少的信息量为

$$I = -K \ln P \ (\text{bit})$$

（三）熵与信息

香农注意到上式与热力学中的玻尔兹曼熵公式非常相似，把信息中不确定程度称为信息熵S，并定义

$$S = -K \ln P$$

以上是各种可能性概率相等的情况。对于更一般的概率不等情况，信息论中给信息熵的定义是

$$S = -K \sum_{i=1}^{N} P_i \ln P_i$$

此式的意思是说，如果一信号源有$i = 1, 2, \cdots, N$的N种可能性，各种可能性的概率是P_i，则信息熵等于各种情况的信息熵按概率P_i的加权平均。

【例】 天气预报员说，明天有雨，这句话给了我们1bit的信息量。如果她说有80%的概率下雨，这句话包含多少信息量？令$i = 1$和2分别代表下雨和不下雨的情况，则$P_1 = 0.80, P_2 = 0.20$，按上式求出信息熵为

$$S = -\frac{1}{\ln 2} \times (0.8 \times \ln 0.8 + 0.2 \times \ln 0.2) = 0.722$$

即比全部所需信息（1bit）还少0.722bit，所以预报员的话所含的信息量只有0.278bit。同理，若预报员的话改为明天有90%概率下雨，则依上式即可算出信息熵为$S = 0.469$，从而这句话含信息量为$I = 1 - S = 0.531$bit。

可见，信息熵S的减少意味着信息量I的增加。在一个过程中

$$\Delta I = -\Delta S$$

即信息量相当于负熵。这就是说，信息可以转换为负熵，反之亦然，这就是信息的负熵原理。

前面讨论的是离散型变量的信息熵，但更多时候，我们面对的是某个连续型随机变量。设某个连续变化的随机变量X，它的取值落在小区间$x \rightarrow x+\mathrm{d}x$内的概率为$f(x)\mathrm{d}x$。则对比前面的公式，不难得出，与此随机变量$X$对应的信息熵为

$$S = -K \int f(x) \ln [f(x)] \mathrm{d}x$$

从信息熵的公式不难看出，它和玻尔兹曼的熵公式极为相似，只是比例系数和单位不同。热学里比例系数为$k = 1.381 \times 10^{-23}$J/K，从而熵的单位为J/K；信息论里比例系数为$k = 1/\ln 2$，熵的单位为bit。两者相比有

$$1\text{bit} = k\ln2 = 0.957\times10^{-23}\,\text{J/K}$$

这一换算关系有什么物理意义吗？热力学的熵增加原理告诉我们，要使计算机里的信息量存储增加一个 bit，它的熵减少 $k\ln2$，这只能以环境的熵至少增加这么多为代价，即在温度 T 下处理每个 bit，计算机至少消耗能量 $kT\ln2$。这是能耗的理论下限，实际上，当代最先进的微电子元件，每 bit 的能耗也在 10^8kT 的数量级以上。

（四）信息熵的性质

1. 对称性

当概率空间中 $P(x_1),P(x_2)\cdots$ 序任意互换时，熵函数的值不变。例如，两个信源空间

$$[X,\ P(x)] = \begin{bmatrix} x_1, & x_2, & x_3 \\ \dfrac{1}{3}, & \dfrac{1}{6}, & \dfrac{1}{2} \end{bmatrix} \quad\text{与}\quad [Y,\ P(y)] = \begin{bmatrix} y_1, & y_2, & y_3 \\ \dfrac{1}{6}, & \dfrac{1}{2}, & \dfrac{1}{3} \end{bmatrix}$$

可证明它们的信息熵相同：$S(X)=S(Y)$。该性质说明，熵只与随机变量的总体结构有关，与信源总体的统计特性有关，同时也说明所定义的熵有其局限性，它不能描述事件本身的主观意义。

2. 确定性

如果信源的输出只有一个状态是必然的，即 $P(x_1)=1$，$P(x_2)=P(x_3)=\cdots=P(x_N)=0$，则信源的熵为 $S=-K\left(1\times\ln1+\displaystyle\sum_{i=2}^{N}0\times\ln0\right)=0$。这个性质表明，信源的输出虽有不同形态，但其中一种是必然的，这意味着其他状态不可能出现。那么，这个信源是一个确知信源，其熵为零。

3. 非负性

即 $S(X)>0$。因为随机变量 X 的所有取值的概率分布为 $0<P(x)<1$。当取对数的底大于 1 时，$\ln P(x)<0$，而 $-P(x)\ln P(x)>0$，则得到的熵是正值，只有当随机变量是一确知量时，熵才等于零。

4. 可加性

即统计独立信源 X 和 Y 的联合信源的熵等于它们各自的熵之和。如果有两个随机变量 X 和 Y，它们彼此是统计独立的，即 X 的概率分布为 $[P(x_1),P(x_2),\cdots,P(x_N)]$，而 Y 的分布概率为 $[P(y_1),P(y_2),\cdots,P(y_M)]$，$\displaystyle\sum_{i=1}^{N}P(x_i)=1$，$\displaystyle\sum_{j=1}^{M}P(y_j)=1$，则联合信源的熵为

$$S(XY)=S(X)+S(Y),$$

可加性是熵函数的一个重要特性，正因为有可加性，所以可以证明熵函数的形式是唯一的。

5. 极值性

信源各个状态为等概率分布时，熵值最大，因为当 $P(x_1)=P(x_2)=\cdots=P(x_N)=1/N$ 时，

$$S(X)=-K\sum_{i=1}^{N}\frac{1}{N}\ln\left(\frac{1}{N}\right)=K\ln N$$

最大。

（五）最大信息熵原理

热力学中有熵增加原理，在信息论中也有对应的关于信息熵的著名定理——最大信息熵原理。

在很多情况下，对一些随机事件，我们并不了解其概率分布，所掌握的只是与随机事件有关的一个或几个随机变量的平均值。例如，我们只知道一个班的学生考试成绩有 3 个分数档：80 分、90 分、100 分，且已知平均成绩为 90 分。显然在这种情况下，3 种分数档的概率分布并不是唯一的，因为在下列已知条件限制下。

$$80P_1+90P_2+100P_3=90\ （平均成绩）$$
$$P_1+P_2+P_3=1\ （概率归一化条件）$$

有无限多组解，该选哪一组解呢？即如何从这些相容的分布中挑选出"最佳的""最合理"的分布来呢？这个挑选标准就是最大信息熵原理。

按最大信息熵原理，我们从全部相容的分布中挑选这样的分布，它是在某些约束条件下（通常是给定的某些随机变量的平均值）使信息熵达到极大值的分布。这一原理是由杨乃斯提出的。这是因为信息熵取得极大值时对应的一组概率分布出现的概率占绝对优势。从理论上可以证明这一点。

在我们把熵看作是计量不确定程度的最合适的标尺时，就基本已经认可在给定约束下选择不确定程度最大的那种分布作为随机变量的分布。因为这种随机分布是最为随机的，是主观成分最少，把不确定的东西做最大估计的分布。

任何物质系统除了都受到或多或少的外部约束外，其内部总是具有一定的自由度，这种自由度导致系统内的各元素处于不同的状态。而状态的多样性、状态的丰富程度（混乱程度、复杂程度）的定量计量标尺就是熵，熵最大就是事物状态的丰富程度自动达到最大值。换句话说，事物总是在约束下争取（或呈现）最大的自由权，我们把这看作是自然界的根本原则。

在给定的约束条件下，由最大信息熵原理求"最佳"概率分布，就是求解条件极值问题。在某些场合，常用拉格朗日乘子法来确定此分布。

一般地，拉格朗日乘子法的法则可叙述如下：欲求 n 元函数 $f(x_1, x_2, \cdots, x_n)$ 在 m 个（$m<n$）约束条件

$$\begin{cases} \varphi_1(x_1, x_2, \cdots, x_n) = 0 \\ \varphi_2(x_1, x_2, \cdots, x_n) = 0 \\ \qquad\qquad \vdots \\ \varphi_m(x_1, x_2, \cdots, x_n) = 0 \end{cases}$$

下的条件极值，可用常数 1，λ_1，λ_2，$\cdots$，λ_m 依次乘 f，φ_1，φ_2，$\cdots$，φ_m，把结果加起来，得到函数

$$F(x_1, x_2, \cdots, x_n) = f + \lambda_1 \varphi_1 + \lambda_2 \varphi_2 + \cdots + \lambda_m \varphi_m$$

然后列出 $F(x_1, x_2, \cdots, x_n)$ 无约束条件时具有极值的必要条件：

$$\begin{cases} \dfrac{\partial F}{\partial x_1} = \dfrac{\partial f}{\partial x_1} + \lambda_1 \dfrac{\partial \varphi_1}{\partial x_1} + \lambda_2 \dfrac{\partial \varphi_2}{\partial x_1} + \cdots + \lambda_m \dfrac{\partial \varphi_m}{\partial x_1} = 0 \\[2mm] \dfrac{\partial F}{\partial x_2} = \dfrac{\partial f}{\partial x_2} + \lambda_1 \dfrac{\partial \varphi_1}{\partial x_2} + \lambda_2 \dfrac{\partial \varphi_2}{\partial x_2} + \cdots + \lambda_m \dfrac{\partial \varphi_m}{\partial x_2} = 0 \\[2mm] \qquad\qquad\qquad\qquad \vdots \\[2mm] \dfrac{\partial F}{\partial x_n} = \dfrac{\partial f}{\partial x_n} + \lambda_1 \dfrac{\partial \varphi_1}{\partial x_n} + \lambda_2 \dfrac{\partial \varphi_2}{\partial x_n} + \cdots + \lambda_m \dfrac{\partial \varphi_m}{\partial x_n} = 0 \end{cases}$$

这 n 个方程与上面约束条件的 m 个方程联立解出 $n+m$ 个未知数 x_1，x_2，$\cdots$，x_n，λ_1，λ_2，$\cdots$，λ_m。而其中 x_1，x_2，$\cdots$，x_n 就是可能为极值点的坐标，称为驻点。

回到前面的学生考试成绩的例子，求三个概率 P_1、P_2、P_3 各取多大时，信息熵 $S = -K(P_1 \ln P_1 + P_2 \ln P_2 + P_3 \ln P_3)$ 有极大值？应用上述拉格朗日方法，可求出当 $P_1 = P_2 = P_3 = \dfrac{1}{3}$ 时，信息熵有最大值 $S = -\dfrac{1}{\ln 2} \times \ln \dfrac{1}{3} = 1.585$。

从信息论中发展起来的最大信息熵原理，使人们开始把统计物理看成是信息论的特例。这使我们看到熵概念的强大生命力，也看到了熵概念和熵原理的重大意义。

二、大型低温制冷装备

氦在 $-269℃$ 会成为液体，到 $-271℃$ 就会成为超流氦。液氦和超流氦在现代工业、能源、科学研究中有非常重要的作用，例如电子对撞机等大型科研设备的关键部件需要"泡"在其中使用。在实验室中使用液氦或把温度降低到接近绝对零度并制备超流氦不算是太大的难题，但要制备作为能源、资源或能够大规模

使用的液氦或超流氦却是一个世界性难题，需要用到大型且能够连续稳定运行的低温制冷机。

2021 年 4 月 15 日，中国科学院理化技术研究所经过 5 年多拼搏，完成的国家重大科研装备研制项目"液氦到超流氦温区大型低温制冷系统研制"通过验收及成果鉴定，这意味着我国自主研发成功超流氦温度（-271℃）大型低温制冷装备。这是在液氦温度 4.2K（即-269℃）能够提供数千瓦制冷量，在超流氦温度 2K（即-271℃）能够提供数百瓦制冷量的大型低温制冷机。验收专家组认为，这一设备"全面突破了大型氦低温制冷装备核心技术"，"使我国大型液氦到超流氦温区低温制冷技术进入国际先进行列"，其中高稳定性离心式冷压缩机技术和兆瓦级氦气喷油式螺杆压缩机技术达到国际领先水平。这项成果不仅突破了"卡脖子"关键技术，更顺利实现产业化，带动了上下游产业的发展，初步形成了功能齐全、分工明确的低温产业群，为产学研深度融合的技术创新体系的建立提供了一个模板。

三、无液氦稀释制冷机

绝对零度是冰冷的极致，是一个理想的、无法达到的最低温度。作为中国低温实验技术和低温物理研究的发源地，中国科学院物理研究所早在 20 世纪 70 年代末就研制成功了我国第一台湿式稀释制冷机，实现了 34mK（零下 273.116℃，即绝对零度以上 0.034℃）的极低温。稀释制冷机是一种能够提供接近绝对零度环境的高端科研仪器，在凝聚态物理、材料科学、粒子物理乃至天文探测等科研领域广泛应用。

2021 年 6 月 24 日晚，中国科学院物理研究所自主研发的无液氦稀释制冷机原型机成功实现 10.9mK（零下 273.139 1℃，即绝对零度以上 0.010 9℃）的连续稳定运行，满足超导量子计算需要的条件，单冲程运行模式可低于 8.7mK（零下 273.141 3℃，即绝对零度以上 0.008 7℃），基本达到了国际主流产品的水平。这标志着我国在高端极低温仪器研制上取得了突破性的进展。在研发过程中，中国科学院物理研究所攻克了低温设备焊接工艺难题和其他多项核心技术难题，解决了长期困扰的冷漏、超漏问题，最终，在解决量子计算"卡脖子"问题和加快科技自立自强上迈出了关键的一步。掌握稀释制冷核心技术标志着我国具备为量子计算等前沿研究提供极低温条件保障的能力。

 ## 物理学家简介

一、卡　诺

卡诺（N. L. S. Carnot，1796—1832），法国物理学家、军事工程师，1796 年 6 月 1 日生于巴黎。卡诺 1812 年考入巴黎工艺学院，师从于泊松、盖-吕萨克、安培等人。1814 年以优异成绩毕业，同年入梅斯工兵学校深造，1816 年成为一名军事工程师，并任少尉军官。1820 年离开部队回到巴黎，继续从事他所酷爱的自然科学的学习和研究，先后在巴黎大学、法兰西学院、矿业学院和巴黎国立工艺博物馆攻读物理学、数学和政治经济学，打下了雄厚的理论基础。

卡诺

卡诺正处在蒸汽机迅速发展、广泛应用的时代。他看到从国外进口的尤其是英国制造的蒸汽机，性能远远超过自己国家生产的，便决心从事热机效率问题的研究。他不像许多人那样着眼于局部的、机械的细节的改良，而是独辟蹊径，从理论的高度对热机的工作原理进行研究，以期得到普遍性的规律；1824 年他发表了名著《谈谈火的动力和能发动这种动力的机器》，书中写道："为了以最普遍的形式来考虑热产生运动的原理，就必须撇开任何的机构或任何特殊的工作介质来进行考虑，就必须不仅建立蒸汽机原理，而且建立所有假想的热机的原理，不论在这种热机里用的是什么工作介质，也不论以什么方法来运转它们。"恩格斯对卡诺的这种研究方法给予了高度评价，在《自然辩证法》中称赞卡诺"撇开了这些对主要过程无关重要的次要情况而设计了一部理想的蒸汽机。的确，这样一部机器就像几何学上的线或面一样是绝不可能制造出来的，但是它按照自己的方式起了像这些数学抽象所起的同样的作用：它表现纯粹的、独立的、真正的过程。"卡诺出色地运用了理想模型的研究方法，以他富于创造性的想象力，精心构思了理想化的热机——后称卡诺可逆热机（卡诺热机），提出了作为热力学重要理论基础的卡诺循环和卡诺定理，从理论上解决了提高热机效率的根本途径。

在这篇论文中卡诺指出了热机工作过程中最本质的东西：热机必须工作于两个热源之间，才能将高温热源的热量不断地转化为有用的机械功；明确了"热的动力与用来实现动力的介质无关，动力的量仅由最终影响热素传递的物体之间的温度来确定"，指明了循环工作热机的效率有一极限值，而按可逆卡诺循环工作的热机所产生的效率最高。顺便指出，这些结论卡诺是根据热质守恒的思想和永动机不可能原理得出的，显然热质守恒思想是错误的。实际上卡诺的理论已经深含了热力学第二定律的基本思想，但由于受到热质说的束缚，使他当时未能完全探究到问题的底蕴。可惜卡诺英年早逝，他的理论是由后人克拉珀龙赋予易懂的数学形式后才获得盛名的，是经过克劳修斯、开尔文等人的研究才得到发展的，并具有重要的实践意义。

1832年8月24日卡诺因染霍乱症在巴黎逝世，年仅36岁。按当时处理霍乱死者的办法，死者所有的资料及个人物品必须全部埋葬掉。这无疑给科学事业带来了不可弥补的损失。从1878年他弟弟公布的卡诺去世时幸免被毁的一束笔记残页中发现，卡诺已经意识到热质说的错误而转向热的动力学理论，并且发现了能的转化与守恒定律。1830年卡诺在笔记中指出："热不是别的什么东西，而是动力（能量）或者可以说，它是改变了形式的运动。它是（物体中粒子的）一种运动（的形式）。如果物体的粒子的动力被摧毁了，必定同时有力产生，其量正好准确地同摧毁的动力的量成正比。反过来说，如果热损失了，必定有动力产生。""动力（能量）是自然界的一个不变量，准确地说，它既不能产生，也不能消灭。实际上它只改变它的形式。这是说，它有时引起一种运动，有时引起另一运动，但它决不消失。"这就是能量转化与守恒定律的明确的最早表述，可惜1878年文稿公布时该定律已经确立，卡诺的这些思想在历史上没能起到应有的作用。

二、开 尔 文

开尔文（L. Kelvin, 1824—1907），英国著名物理学家、发明家，原名W. 汤姆孙（W. Thomson）。1824年6月26日生于爱尔兰的贝尔法斯特。他从小聪慧好学，10岁时就进格拉斯哥大学预科学习。17岁时，曾赋诗言志："科学领路到哪里，就在哪里攀登不息。"他1845年毕业于剑桥大学，在大学学习期间曾获兰格勒奖金第二名，史密斯奖金第一名。毕业后他赴巴黎跟随物理学家和化学家V. 勒尼奥从事实验工作一年，1846年受聘为格拉斯哥大学自然哲学（物理学当时的别名）教授，任职达53年之久。

开尔文

由于装设第一条大西洋海底电缆有功，英政府于1866年封他为爵士，并于1892年晋升为开尔文勋爵，开尔文这个名字就是从此开始的。1851年他被选为伦敦皇家学会会员，1890—1895年任该会会长。1877年被选为法国科学院院士。1904年任格拉斯哥大学校长，直到1907年12月17日在苏格兰的内瑟霍尔逝世为止。

开尔文研究范围广泛，在热学、电磁学、流体力学、光学、地球物理、数学、工程应用等方面都做出了贡献。他一生发表论文多达600余篇，取得70种发明专利，在当时科学界享有极高的名望，受到英国本国和欧美各国科学家、科学团体的推崇。他在热学、电磁学及它们的工程应用方面的研究最为出色。

开尔文是热力学的主要奠基人之一，在热力学的发展中做出了一系列的重大贡献。他根据盖-吕萨克、卡诺和克拉珀龙的理论于1848年创立了热力学温标。他指出："这个温标的特点是它完全不依赖于任何特殊物质的物理性质。"这是现代科学上的标准温标。他是热力学第二定律的两个主要奠基人之一（另一个是克劳修斯），1851年他提出热力学第二定律："不可能从单一热源吸热使之完全变为有用功而不产生其他影响。"这是公认的热力学第二定律的标准说法。并且指出，如果此定律不成立，就必须承认可以有一种永动机，它借助于使海水或土壤冷却而无限制地得到机械功，即所谓的第二类永动机。他从热力学第二定律断言，能量耗散是普遍的趋势。1852年他与焦耳合做进一步研究气体的热力学能，对焦耳气体自由膨胀实验做了改进，进行气体膨胀的多孔塞实验，发现了焦耳-汤姆孙效应，即气体经多孔塞绝热膨胀后所引起的温度的变化现象。这一发现成为获得低温的主要方法之一，广泛地应用到低温技术中。1856 年他从理论研究上预言了一种新的温差电效应，即当电流在温度不均匀的导体中流过时，导体除产生不可逆的焦耳热之外，还要吸收或放出一定的热量（称为汤姆孙热）。这一现象就是汤姆孙效应。

开尔文在电磁学理论和工程应用上研究成果卓著。1848 年他发明了电像法，这是计算一定形状导体电荷分布所产生的静电场问题的有效方法。他深入研究了莱顿瓶的放电振荡特性，于 1853 年发表了《莱顿瓶的振荡放电》的论文，推算了振荡的频率，为电磁振荡理论研究做出了开拓性的贡献。他曾用数学方法对电磁场的性质做了有益的探讨，试图用数学公式把电力和磁力统一起来。1846 年便成功地完成了电力、磁力和电流的"力的活动影像法"，这已经是电磁理论的雏形了（如果再前进一步，就会深入到电磁波问题）。他曾在日记中写道："假使我能把物体对于电磁和电流有关的状态重新做一番更特殊的考察，我肯定会超出我现在所知道的范围，不过那当然是以后的事了。"他的伟大之处，在于能把自己的全部研究成果，毫无保留地介绍给了麦克斯韦，并鼓励麦克斯韦建立电磁现象的统一理论，为麦克斯韦最后完成电磁场理论奠定了基础。

开尔文一生谦虚勤奋，意志坚强，不怕失败，百折不挠。在对待困难问题上他讲："我们都感到，对困难必须正视，不能回避；应当把它放在心里，希望能够解决它。无论如何，每个困难一定有解决的办法，虽然我们可能一生没有能找到。"他这种终生不懈地为科学事业奋斗的精神，永远为后人敬仰。1896 年在格拉斯哥大学庆祝他 50 周年教授生涯大会上，他说："有两个字最能代表我 50 年内在科学研究上的奋斗，就是'失败'两字。"这足以说明他的谦虚品德。为了纪念他在科学上的功绩，国际计量大会把热力学温标称为开尔文（开氏）温标，热力学温度以开尔文为单位，是现在国际单位制中七个基本单位之一。

三、克劳修斯

克劳修斯（R. Clausius，1822—1888），德国物理学家，气体动理论和热力学的主要奠基人之一，1822 年 1 月 2 日生于普鲁士的克斯林（今波兰科沙林）的一个知识分子家庭。曾就学于柏林大学，1847 年在哈雷大学主修数学和物理学的哲学博士学位。从 1850 年起，他曾先后任柏林炮兵工程学院、苏黎世工业大学、维尔茨堡大学、波恩大学物理学教授。他曾被法国科学院、英国皇家学会和彼得堡科学院选为院士或会员。

克劳修斯

克劳修斯主要从事分子物理、热力学、蒸汽机理论、理论力学、数学等方面的研究，特别是在热力学理论、气体动理论方面建树卓著。他是历史上第一个精确表示热力学定律的科学家。1850 年与兰金（William John Ma-Zquorn Rankine，1820—1872）各自独立地表述了热与机械功的普遍关系——热力学第一定律，并且提出蒸汽机的理想的热力学循环（兰金-克劳修斯循环）。1850 年克劳修斯发表《论热的动力以及由此推出的关于热学本身的诸定律》的论文。他从热是运动的观点对热机的工作过程进行了新的研究。论文首先从焦耳确立的热功当量出发，将热力学过程遵守的能量守恒定律归结为热力学第一定律。论文的第二部分在卡诺定理的基础上研究了能量的转换和传递方向问题，提出了热力学第二定律的最著名的表述形式（克劳修斯表述）：热不能自发地从较冷的物体传到较热的物体。因此，克劳修斯是热力学第二定律的两个主要奠基人（另一个是开尔文）之一。

在发现热力学第二定律的基础上，人们期望找到一个物理量，以建立一个普适的判据来判断自发过程的进行方向。克劳修斯首先找到了这样的物理量。1854 年他发表《力学的热理论的第二定律的另一种形式》的论文，给出了可逆循环过程中热力学第二定律的数学表示形式 $\oint \dfrac{\mathrm{d}Q}{T} = 0$，并引入了一个新的、后来定名为熵的态参量。1865 年他发表《力学的热理论的主要方程之便于应用的形式》的论文，把这一新的态参量正式定名为熵。并将上述积分推广到更一般的循环过程，得出热力学第二定律的数学表示形式 $\oint \dfrac{\mathrm{d}Q}{T} \leq 0$，其中等号对应于可逆过程，小于号对应于不可逆过程。这就是著名的克劳修斯不等式。利用熵这个新函数，克劳修斯证明了：任何孤立系统中，系统的熵的总和永远不会减少，或者说自然界的自发过程是朝着熵增加的方向进行的。这就是"熵增加原理"，它是利用熵的概念所表述的热力学第二定律。后来克劳修斯不恰当地把热力学第二定律推广到整个宇宙，提出所谓"热寂说"。

在气体动理论方面克劳修斯做出了突出的贡献。克劳修斯、麦克斯韦、玻尔兹曼被称为气体动理论的三个主要奠基人。由于他们的一系列工作使气体动理论最终成为定量的系统理论。1857年克劳修斯发表《论热运动形式》的论文，以十分明晰的方式发展了气体动理论的基本思想。他假定气体中分子以同样大小的速度向各个方向随机地运动，气体分子同器壁的碰撞产生了气体的压强，第一次推导出著名的理想气体压强公式，并由此推证了玻意耳-马略特定律和盖-吕萨克定律，初步显示了气体动理论的成就。他还第一次明确提出了物理学中的统计概念，这个新概念对统计力学的发展起了开拓性的作用。

1858年他发表《关于气体分子的平均自由程》的论文，从分析气体分子间的相互碰撞入手，引入单位时间内所发生的碰撞次数和气体分子的平均自由程的重要概念，解决了根据理论计算气体分子运动速度很大而气体扩散的传播速度很慢的矛盾，开辟了研究气体的输运过程的道路。

克劳修斯在其他方面贡献也很多。他从理论上论证了焦耳-楞次定律。1851年他从热力学理论论证了克拉珀龙方程，故这个方程又称克拉珀龙-克劳修斯方程。1853年他发展了温差电现象的热力学理论。1857年他提出电解理论。1870年他创立了统计物理中的重要定理之一——位力定理。1879年他提出了电介质极化的理论，由此与莫索提各自独立地导出电介质的介电常数与其极化率之间的关系——克劳修斯-莫索提公式。主要著作有《力学的热理论》《势函数与势》《热理论的第二提议》等。

第 12 章 气体动理论

由于气体的性质最为简单，因此，统计物理学往往从研究气体开始，这部分内容称为气体动理论。本章从物质的微观结构出发，以气体为研究对象，运用统计的方法研究大量气体分子热运动的规律，并对气体的某些性质从微观本质上予以说明。

12.1 物质的微观模型 统计规律性

物质的微观模型 统计规律性

在长期观察和大量实验的基础上，人们总结出物质结构的微观模型有如下特点：

1）宏观物体是由大量微观粒子——分子（或原子）组成的，分子之间有空隙。

2）分子在不停地做无规则的运动，其剧烈程度与温度有关。

3）分子之间存在相互作用力。

这些观点就是气体动理论的基本出发点，已经被近代科学完全证实。统计物理学的任务就是从上述物质分子运动论的基本观点出发，研究和说明宏观物体的各种现象和性质。下面我们对此进行一些说明。

12.1.1 分子的线度与间隙

实验表明，任何 1mol 物质所含有的微观粒子（分子）的数目均相等，称为阿伏伽德罗常量，用 N_A 表示：$N_A = 6.022\,136\,7 \times 10^{23}/\text{mol}$。因而，组成宏观物质的分子数是非常巨大的。

在标准状态下，气体分子间的距离约为分子直径的 10 倍，于是，每个分子所占有的体积约为分子本身体积的 1 000 倍。因而，气体分子可看成是大小可以忽略不计的质点。

气体分子的间距很大，因而很容易压缩。液体和固体分子间也有空隙，如：50L 水+50L 酒精=97L 溶液；在 2 000MPa(2×10^4atm) 下，液体也会从钢管壁上渗出等。

12.1.2 分子的热运动

大量分子的无规则运动叫作分子的**热运动**。分子热运动的基本特征是分子的永恒运动和频繁的相互碰撞。扩散现象和布朗颗粒的无规则运动等，都说明了分子热运动具有混乱性和无序性。分子无规则运动的剧烈程度与温度有关。

12.1.3 分子力

分子力是指分子之间存在的吸引或排斥的相互作用力。它们是造成固体、液体和气体的许多物理性质的原因。例如，在足够低的温度下增加压强，分子之间的引力将使气体液化，而分子间的斥力将阻止分子的进一步接近，致使液体具有不可压缩性；近邻和远邻分子之间的分子力决定了晶体中的分子的排列顺序，是造成固体弹性的原因等。

气体分子间的相互作用力如图 12-1 所示。实验证明，当分子间距较大时，存在的引力很小，随着间距的减小，引力逐渐加强，但当两分子靠近到 r_0 以内时，相互间产生强烈的斥力作用。$r=r_0$ 时，分子力为零，称 r_0 为平衡位置；$r<r_0$ 时，分子力表现为排斥力；$r>r_0$ 时，分子力表现为吸引力，当 $r>10r_0$ 时，分子力可以忽略不计。

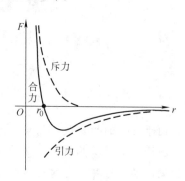

分子间距趋近于分子的直径 d 时，分子将在强大的斥力作用下被排斥开，类似小球间的"弹性碰撞"过程。d 的平均值称为分子的有效直径，数量级约为 10^{-10}m。

图 12-1 气体分子间的相互作用

12.1.4 统计规律

1. 统计规律的概念

每个分子的运动遵守牛顿运动定律，但是由于分子之间极其频繁的碰撞（在常温、常压下，1s 内，一个分子和其他分子的平均碰撞次数约为几十亿次），使得分子在某一时刻位于什么位置和具有什么样的速度完全是偶然的。但是，大量分子的整体行为却有一定的规律性，如在平衡态时，气体的温度、密度、压强等都是均匀分布的。这表明，在大量偶然的、无序的分子运动中，包含着一种规律性，这种规律是对大量分子整体而言的。人们把这种支配大量粒子综合性质和集体行为的规律性称为统计规律性。

伽尔顿板是说明统计规律的演示实验。在一块竖直木板的上部规则地钉上铁钉，木板的下部用竖直隔板隔成等宽的狭槽，从顶部中央的入口处可以投入小球，板前覆盖玻璃使小球不致落到槽外。

取一小球从入口投入，小球在下落的过程中将与一些铁钉碰撞，最后落入某一槽中，再投入另一小球，它下落在哪个狭槽与前者可能完全不同，这说明单个小球下落时与哪些铁钉碰撞，最后落入哪个狭槽完全是无法预测的偶然事件（或称为随机事件）。但是，如果把大量小球从入口徐徐倒入，实验发现总体上按狭槽的分布有确定的规律性：落入中央狭槽的小球较多，而落入两端狭槽的小球较少，离中央越远的狭槽落入的小球越少，重复几次同样实验，得到的结果都近似相同（见图 12-2）。

上述实验表明，尽管单个小球落入哪个狭槽完全是偶然的（随机的），但大量的小球按狭槽的分布呈现出确定的规律性。

描述单个分子运动情况的物理量称为微观量。例如，分子的坐标、速度、动量、能量等都是微观量。由于大量气体分子间频繁的碰撞，个别分子的运动规律是无法把握的。但在平衡态下各宏观量均有确定、稳定的值，不同的平衡态下各宏观量取值也不同的实验事实，说明由大量分子所组成的系统要遵从确定的统计规律。

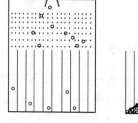

图 12-2 伽尔顿板演示实验

本章将要研究的理想气体的压强公式和温度公式、能量均分定律、麦克斯韦速率分布律等都是统计规律。从个别分子的力学规律入手，通过对大量分子求算术平均，建立微观量的统计平均值与宏观量的联系，从而揭示出宏观量的微观实质，这种方法称为统计方法。

2. 统计涨落现象

统计规律永远伴随涨落现象。在伽尔顿板实验中，一次投入大量小球（或单个小球多次投入）落入某个槽中的小球数具有一个稳定的平均值，而每次的实验结果又都与此平均值有差异。小球数量越少，涨落现象越明显，小球数量越多时涨落现象越不明显。

一切与热现象有关的宏观量的数值都是统计平均值。在任一给定瞬间或在系统中任一给定局部范围内，观测值都与统计平均值有偏差，它们都在平均值附近上、下起伏变化，称为涨落现象。

12.2　理想气体的压强公式　温度的微观本质

理想气体的
压强公式　温度
的微观本质

12.2.1　理想气体分子的微观模型和统计假设

1. 理想气体分子的微观模型

根据上述气体分子的实际情况，通过简化后得出理想气体分子的微观模型是：

1）由于气体分子间距较大，分子的大小可以忽略不计，即可把分子视为质点。

2）气体分子间的相互作用力很弱，可忽略不计。即认为除碰撞的瞬间外，分子之间以及分子与容器壁之间都没有相互作用力。

3）分子之间以及分子与器壁之间的碰撞可视为完全弹性碰撞。

2. 统计假设

针对气体处于平衡态时宏观性质均匀一致的现实，可对平衡态下理想气体系统做如下统计假设：

1）容器中各处的分子数密度 $n = \dfrac{N}{V}$ 相同。

2）分子沿任一方向的运动不比其他方向的运动占优势，即分子向各个方向运动的概率均等。例如，在正方体积元 ΔV 中，在相同的时间间隔内，朝着直角坐标系的 x、$-x$、y、$-y$、z 和 $-z$ 轴等各个方向运动的分子数应相等，并且都等于 ΔV 中分子数的 1/6，即 $\Delta N/6$。

3）分子速度在各个方向上的分量的各种统计平均值相等。例如，分子的速度在直角坐标系中沿 x、y、z 三个方向的分量的平均值相等且等于零，即

$$\bar{v}_x = \bar{v}_y = \bar{v}_z = 0 \tag{12-1}$$

三个速度分量平方的平均值也相等，即有

$$\overline{v_x^2} = \overline{v_y^2} = \overline{v_z^2} = \frac{1}{3}\,\overline{v^2} \tag{12-2}$$

12.2.2　理想气体的压强公式

容器内的气体施加在器壁上的压强，从微观看是气体分子不断与器壁碰撞的结果。大量

的分子与器壁相碰，给器壁以冲量，但单个分子的热运动是无规则的。就某一分子而言，它在什么时间、在什么位置、沿什么方向与器壁相碰，并且每次相碰给器壁多大冲量，完全是偶然的、难以预料的；就某一时刻而言，有多少个分子、各在什么位置、各沿什么方向与器壁相碰、施与器壁多大的冲量，也是不确定且无法计算的。但是，对于大量的分子，这种断续的、不确定的作用在整体上却表现为一个恒定的、持续的压力，就好像下大雨时雨点打在伞上：单个雨点打在伞上是断续的，大量雨点落下就使人感到雨伞受到一个持续的压力。

下面推导理想气体的压强公式。设储有理想气体的容器的容积为 V，气体分子的质量为 m，分子总数为 N，则单位体积内的分子数为 $n = N/V$。为了便于讨论，将分子分成若干个"等速组"，即每组内分子具有大小相等、方向相同的速度 v_i。将单位体积内速度分别为 $v_1, v_2, \cdots, v_i, \cdots$ 的分子数表示为 $n_1, n_2, \cdots, n_i, \cdots$，于是有 $n = \sum_i n_i$。

如图 12-3 所示，先在器壁上任取一小块面积 dS，计算它受的压强。取直角坐标系 $O\text{-}xyz$，x 轴垂直于器壁，y、z 轴与器壁平行。先看一个分子碰撞一次对 dS 的作用。设某一分子以速度 v_i 与 dS 相碰，碰撞是完全弹性的，所以 y、z 两个方向的速度分量 v_{iy}、v_{iz} 不变，而 x 方向的速度分量 $-v_{ix}$ 变为 v_{ix}。所以，碰撞一次，分子的动量变化为

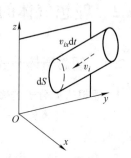

图 12-3 分子与壁的碰撞

$$mv_{ix} - (-mv_{ix}) = 2mv_{ix}$$

根据动量定理和牛顿第三运动定律，分子施于面元 dS 的冲量大小为 $2mv_{ix}$。

再来分析一段时间 dt 内 dS 受到的总冲量。dt 时间内会有很多分子与 dS 相碰，由于速度的限制，与 dS 的垂直距离大于 $v_{ix}dt$ 的分子不能在时间 dt 内碰到 dS。所以，在速度为 v_i 的分子中，dt 时间内能够与 dS 相碰的分子只是位于以 dS 为底、$v_{ix}dt$ 为高、v_i 为轴的斜柱体内的那部分（见图 12-3）。这样，斜柱体内的这部分分子数可表示为 $n_i v_{ix} dt dS$。式中，n_i 为单位体积内速度为 v_i 的分子数；$v_{ix}dt dS$ 为斜柱体的体积。因此，速度为 v_i 的"等速组"分子施于 dS 的总冲量为

$$2mv_{ix} \cdot n_i v_{ix} dt dS = 2n_i m v_{ix}^2 dt dS$$

对于所有可能的速度，全部分子施于 dS 的总冲量 dI 为

$$dI = \sum_{v_{ix} > 0} 2n_i m v_{ix}^2 dS dt$$

式中限制了 $v_{ix} > 0$，这是因为 $v_{ix} < 0$ 的分子是不可能与 dS 相碰的。但为了使其更具一般性，考虑到平衡态下容器内气体无定向运动，即 $v_{ix} > 0$ 与 $v_{ix} < 0$ 的分子数是相等的，各等于总数的一半。因此，对于上式，只要除以 2 即可去掉 $v_{ix} > 0$ 的限制。于是有

$$dI = \sum_i n_i m v_{ix}^2 dS dt$$

根据压强及冲量的定义，压强 p 为

$$p = \frac{dF}{dS} = \frac{dI}{dt dS} = \sum_i n_i m v_{ix}^2 = m \sum_i n_i v_{ix}^2$$

引入平均值

$$\overline{v_x^2} = \frac{n_1 v_{1x}^2 + n_2 v_{2x}^2 + \cdots + n_i v_{ix}^2 + \cdots}{n_1 + n_2 + \cdots + n_i + \cdots} = \frac{\sum_i n_i v_{ix}^2}{\sum_i n_i} = \frac{\sum_i n_i v_{ix}^2}{n}$$

得出理想气体压强公式

$$p = nm\,\overline{v_x^2} = \frac{1}{3}nm\,\overline{v^2} \qquad\qquad (12\text{-}3)$$

令 $\overline{\varepsilon_t} = \frac{1}{2}m\,\overline{v^2}$ 表示气体分子平均平动动能，则又有

$$p = \frac{2}{3}n\left(\frac{1}{2}m\,\overline{v^2}\right) = \frac{2}{3}n\,\overline{\varepsilon_t} \qquad\qquad (12\text{-}4)$$

此式说明理想气体的压强取决于单位体积内的分子数 n 和分子平均平动动能 $\overline{\varepsilon_t}$。此式将宏观物理量 p 和微观物理量 $\overline{\varepsilon_t}$ 联系起来了。

【例 12-1】　如图 12-4 所示，设边长分别为 L_1、L_2、L_3 的长方体中有 N 个全同的质量为 m 的气体分子。试分析分子对容器壁的碰撞，求图中最右侧壁面 A_1 所受的压强。

【解】　先考虑一个分子对 A_1 面的碰撞：设第 i 个分子在某一时刻以 v_i 的速度与 A_1 面发生完全弹性碰撞，反弹后速度大小不变仅方向有变化（其 y、z 分量 v_{iy}、v_{iz} 不变，x 分量由 v_{ix} 变为 $-v_{ix}$）。因而该分子对 A_1 面一次碰撞的冲量大小

$$I_i = 2mv_{ix} \qquad\qquad (1)$$

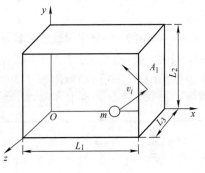

图 12-4　例 12-1 图

再考虑该分子与 A_1 面相邻两次碰撞的时间间隔：与该分子以 v_{ix} 的速率沿 x 轴方向在容器内来回一次的时间相同，即 $\Delta t = \frac{2L_1}{v_{ix}}$。因而在单位时间内，该分子与 A_1 面相碰的次数为

$$k = \frac{v_{ix}}{2L_1} \qquad\qquad (2)$$

式（1）与式（2）相乘，得出单个分子单位时间内对 A_1 面的冲量

$$I = k \cdot I_i = \frac{mv_{ix}^2}{L_1}$$

再对 N 个分子求和，得出单位时间内所有分子对器壁 A_1 面的总冲量

$$\sum_i \frac{mv_{ix}^2}{L_1} = \frac{Nm}{L_1}\sum_i \frac{v_{ix}^2}{N} = \frac{Nm}{L_1}\,\overline{v_x^2}$$

注意：单位时间（1s）的冲量也就是器壁 A_1 面所受的平均冲力，即

$$\overline{F} = \frac{Nm}{L_1}\,\overline{v_x^2}$$

因而器壁 A_1 面所受的压强（也就是容器内气体的压强）为

$$p = \frac{\overline{F}}{L_2 L_3} = \frac{Nm}{L_1 L_2 L_3}\,\overline{v_x^2} = \frac{Nm}{V}\,\overline{v_x^2} = nm\,\overline{v_x^2} = \frac{1}{3}nm\,\overline{v^2}$$

12.2.3 温度的微观本质

1. 温度公式

在宏观上，温度被用来表征物体的冷热程度。在前一章中，热力学第零定律说：处于同一个热平衡状态的不同热力学系统具有共同的温度。而现在，根据前面导出的理想气体的压强公式及状态方程，可以导出理想气体的温度与分子平均平动动能之间的关系，从而阐明温度概念的微观本质。

由理想气体状态方程得

$$p = \frac{m}{M}\frac{RT}{V} = \frac{NRT}{VN_A} = nkT \tag{12-5}$$

式中，$n = \frac{N}{V}$ 为分子数密度；$k = \frac{R}{N_A} = \frac{8.314\,41\,J/(mol \cdot K)}{6.022 \times 10^{23}\,mol^{-1}} = 1.380\,662 \times 10^{-23}\,J/K$，称为玻尔兹曼（Boltzmann）常量。比较式（12-4）和式（12-5）可得

$$\overline{\varepsilon}_t = \frac{3}{2}\frac{p}{n} = \frac{3}{2}kT \tag{12-6}$$

由此看出，分子的平均平动动能 $\overline{\varepsilon}_t$ 只与温度 T 有关，而与气体体积、压强等物理量无关。

式（12-6）将微观量 $\overline{\varepsilon}_t$ 与宏观量 T 联系在一起，它从微观意义上给出了温度的实质，即温度表明了物体内部分子无规则热运动的剧烈程度。温度越高，分子平均平动动能越大，或者说物体内分子热运动越剧烈。应当注意，温度是大量分子热运动的集体表现，它含有统计意义；说某一个或少数几个分子有温度是没有意义的。

【例 12-2】 一容器内储有氧气，压强为 $p = 1.013 \times 10^5\,Pa$，温度 $t = 27℃$，求：（1）单位体积内的分子数；（2）氧分子的质量；（3）分子的平均平动动能。

【解】 （1）由 $p = nkT$ 得

$$n = \frac{p}{kT} = \frac{1.013 \times 10^5}{1.38 \times 10^{-23} \times (27+273)}\,m^{-3} = 2.45 \times 10^{25}\,个/m^3$$

（2）氧分子的质量

$$m = \frac{M}{N_A} = \frac{32 \times 10^{-3}}{6.02 \times 10^{23}}\,kg = 5.32 \times 10^{-26}\,kg$$

（3）平均平动动能

$$\overline{\varepsilon}_t = \frac{3}{2}kT = \frac{3}{2} \times (1.38 \times 10^{-23} \times (27+273))\,J$$
$$= 6.21 \times 10^{-21}\,J$$

---

2. 气体分子的方均根速率

由 $\overline{\varepsilon}_t = \frac{1}{2}m\overline{v^2} = \frac{3}{2}kT$，可得

$$\sqrt{\overline{v^2}} = \sqrt{\frac{3kT}{m}} = \sqrt{\frac{3RT}{M}} \tag{12-7}$$

此式只是一个统计意义上的关系式。知道了宏观量 T 和 M，只能求出微观量 v 的一种统计平均值 $\sqrt{\overline{v^2}}$，而不能计算出每个分子的速率 v 来。虽然如此，但得到了方均根速率后，对气体分子的运动情况就会有一些统一的了解。例如，计算出来的方均根速率越大，即可推知气体中速率大的分子越多。

【例 12-3】 已知氢气的摩尔质量为 $2.02×10^{-3}\,kg/mol$，当温度为 27℃时，求氢气分子的方均根速率。

【解】 已知 $M=2.02×10^{-3}\,kg/mol$，$T=300K$，代入式（12-7）中计算可得

$$\sqrt{\overline{v^2}}=\sqrt{\frac{3RT}{M}}=\sqrt{\frac{3×8.314×300}{2.02×10^{-3}}}\,m/s \approx 1\,925m/s$$

对其他各种气体分子的方均根速率可用同样的方法进行计算，表 12-1 列出了一些计算结果。

表 12-1 0℃时一些气体分子的方均根速率

气体种类	摩尔质量 /(10^{-3}kg/mol)	方均根速率 /(m/s)	气体种类	摩尔质量 /(10^{-3}kg/mol)	方均根速率 /(m/s)
氢气	2.02	1 836	一氧化碳	28	493
氦气	4.0	1 305	空气	28.8	486
水蒸气	18	615	氧气	32	461
氖气	20.1	582	二氧化碳	44	393
氮气	28	493			

12.3 气体分子速率分布定律 玻尔兹曼分布律

气体分子速率分布定律 玻尔兹曼分布律

气体分子的热运动是杂乱无序的，其速度大小和方向在不断地变化。某个分子在某一时刻的速度完全是随机的，但是这并不是说气体分子的运动速度就无规律可循。实验表明，在一定条件下，大量分子整体的速度分布服从统计规律。下面研究平衡态下气体分子速率的分布规律。

12.3.1 速率分布函数与平均速率

气体分子速率允许取值范围为 $0\to\infty$，为讨论气体分子速率的分布情况，选取某一速率小区间 $v\sim v+dv$。设一定量气体所含有的总分子数为 N，而在速率小区间 $v\sim v+dv$ 内的分子数为 dN。可以将这一速率小区间内的分子数占总分子数的比率表示为 $\dfrac{dN}{N}$，也可认为 $\dfrac{dN}{N}$ 是一个分子其速率正好处在上述速率小区间内的概率。

显而易见，随着速率小区间的不同，相应的比率 $\dfrac{dN}{N}$ 是不同的。一方面它与速率 v 有关，可用函数 $f(v)$ 表示；另一方面，它与区间的宽度 dv 成正比。于是有

$$\frac{\mathrm{d}N}{N} = f(v)\,\mathrm{d}v \qquad (12\text{-}8)$$

将上式改写成

$$f(v) = \frac{\mathrm{d}N}{N\mathrm{d}v} \qquad (12\text{-}9)$$

此式称为气体分子的速率分布函数。它表示速率 v 附近单位速率间隔内的分子数占总分子数的比率，或者是一个分子其速率正好处在 v 附近单位速率间隔内的概率。

用积分的方法可以求出速率范围在 $v_1 \sim v_2$ 内的分子数占总分子数的比率为

$$\frac{\Delta N}{N} = \int_{v_1}^{v_2} f(v)\,\mathrm{d}v$$

若取 $v_1 = 0$，$v_2 \to \infty$，则这个区间包含了全部分子，积分结果显然等于 1。即

$$\int_0^\infty f(v)\,\mathrm{d}v = 1 \qquad (12\text{-}10)$$

此式是由函数 $f(v)$ 的物理意义决定的，称为速率分布函数的归一化条件。速率分布函数必须满足这个条件。

气体分子速率的算术平均值叫作气体分子的平均速率，用 $\bar{v}$ 表示。由式（12-8）得出速率在 $v \sim v + \mathrm{d}v$ 区间的分子数为 $\mathrm{d}N = Nf(v)\,\mathrm{d}v$，由于 $\mathrm{d}v$ 很小，可近似地认为，这 $\mathrm{d}N$ 个分子的速率都是 v。这样，$\mathrm{d}N$ 个分子的速率总和应是 $vNf(v)\,\mathrm{d}v$，将这个结果对所有可能的速率区间求和就得到全部分子的速率总和，再除以总分子数 N，即求出分子的平均速率。考虑到分子速率 v 在 $0 \sim \infty$ 整个速率范围内连续分布，所以用积分代替求和得

$$\bar{v} = \frac{\int_0^\infty vNf(v)\,\mathrm{d}v}{N} = \int_0^\infty vf(v)\,\mathrm{d}v \qquad (12\text{-}11)$$

由完全类似的分析可求出气体分子速率平方 v^2 的平均值为

$$\overline{v^2} = \int_0^\infty v^2 f(v)\,\mathrm{d}v \qquad (12\text{-}12)$$

事实上，与速率 v 有关的任何一个随机函数 $g(v)$ 的平均值都可由下式给出：

$$\bar{g}(v) = \int_0^\infty g(v)f(v)\,\mathrm{d}v \qquad (12\text{-}13)$$

不论速率分布函数 $f(v)$ 的具体表达式如何，式（12-10）~式（12-13）都是它应当满足的最基本关系。

12.3.2 麦克斯韦分子速率分布

实际上，早在近代测定气体分子速率的实验获得成功之前，麦克斯韦、玻尔兹曼等人就已经计算出了气体分子速率分布规律的理论结果。麦克斯韦从理论上得出气体分子速率分布函数的具体形式为

$$f(v) = 4\pi \left(\frac{m}{2\pi kT}\right)^{3/2} v^2 \exp\left(-\frac{mv^2}{2kT}\right) \qquad (12\text{-}14)$$

式中，T 是气体的热力学温度；m 是每个分子的质量；k 是玻尔兹曼常量。

根据式（12-14），可以作出如图 12-5 所示的速率分布曲线，用来表示 $f(v)$ 与 v 之间的

函数关系。从这个曲线可以形象地看出气体分子按速率分布的情况。图中某一速率小区间 $v \sim v+\mathrm{d}v$ 对应的曲线下的面积表示了速率分布在这一区间内的分子的比率 $\dfrac{\mathrm{d}N}{N}$，任一速率范围 $v_1 \sim v_2$ 对应的曲线下的面积则表示了分布在这个范围内的分子的比率 $\dfrac{\Delta N}{N}$。而前述归一化条件要求，整个曲线下方的面积等于1。

同一种气体，曲线的形状随温度而变。如图 12-6 所示，曲线 I 对应的温度 T_1 较低，曲线 II 则对应了较高的温度 T_2。因为曲线下的总面积应等于1，所以曲线 II 比曲线 I 要平坦一些。同理，对同一温度下的不同气体，则曲线 I 对应的气体分子质量较大，而曲线 II 对应的较小。

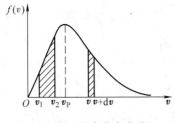

图 12-5　速率分布曲线

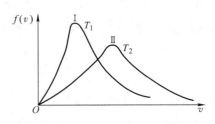

图 12-6　同一种气体在不同温度下的速率分布曲线

应当说明，式（12-8）中的 $\mathrm{d}N$ 指的是分子数的统计平均值。任一瞬时某速率区间的实际分子数与统计平均值是有偏差的；分子数越大，这种偏差就越小。因此，麦克斯韦速率分布律只对大量分子的情况才成立。如果说具有某一确定速率的分子有多少个，是没有意义的。

另外，在非平衡态下，气体分子的速率分布没有什么规律。分子通过互相碰撞交换能量，达到平衡态后，分子速率才能够用麦克斯韦速率分布定律来描述。因此，麦克斯韦速率分布定律只适用于平衡态。

12.3.3　气体分子的三种速率

通常讨论气体分子的运动速率会用以下三种速率。

1. 最概然速率

速率分布曲线的形状表明，气体分子的速率可以取 $0 \sim \infty$ 之间的所有值。但速率分布函数在速率很大和速率很小时实际上都很小，只在某一个中等速率处取极大值，分布在这个速率值附近的分子占分子总数的比率最大。这个对应于 $f(v)$ 极大值的速率叫最概然速率，记为 v_p。

令式（12-14）的 $f(v)$ 对 v 的一阶导数等于零，即 $\dfrac{\mathrm{d}f(v)}{\mathrm{d}v}=0$，得出气体分子的最概然速率

$$v_\mathrm{p}=\sqrt{\frac{2kT}{m}}=\sqrt{\frac{2RT}{M}} \tag{12-15}$$

2. 平均速率

将式（12-14）的速率分布函数代入式（12-11），并积分可得出气体分子的平均速率为

$$\bar{v} = \sqrt{\frac{8kT}{\pi m}} = \sqrt{\frac{8RT}{\pi M}} \tag{12-16}$$

3. 方均根速率

气体分子速率的平方的平均值的平方根叫作气体分子的方均根速率，用 $\sqrt{\overline{v^2}}$ 表示，其表达式（12-8）已经从分子的平均平动动能与温度的关系式导出。依照平均速率的求解方法，由麦克斯韦速率分布函数 $f(v)$ 也可以求出方均根速率，即

$$\overline{v^2} = \int_0^\infty f(v)v^2\,\mathrm{d}v = \frac{3kT}{m}$$

因此有

$$\sqrt{\overline{v^2}} = \sqrt{\frac{3kT}{m}} = \sqrt{\frac{3RT}{M}} \tag{12-17}$$

以上三种速率都与热力学温度的平方根 $\sqrt{T}$ 成正比，与 $\sqrt{m}$ 或 $\sqrt{M}$ 成反比。在数值上，$\sqrt{\overline{v^2}}$ 最大，$\bar{v}$ 次之，v_p 最小。这三种速率在不同的问题中有不同的用途：在计算分子的平均平动动能时，用到方均根速率；在讨论分子速率分布时，要用最概然速率；而在讨论分子碰撞时，将用到平均速率。

【例 12-4】 设 N 个粒子的速率分布函数图像如图 12-7 所示，试求：（1）图中 a 的值；（2）速率小于 30m/s 的分子数；（3）所有 N 个粒子的平均速率；（4）速率大于 60 的那些粒子的平均速率。

【解】（1）根据速率分布函数的归一化条件，图中梯形面积=1，即

$$S = \frac{1}{2}(30 + 120) \cdot a = 1$$

所以

$$a = \frac{1}{75}$$

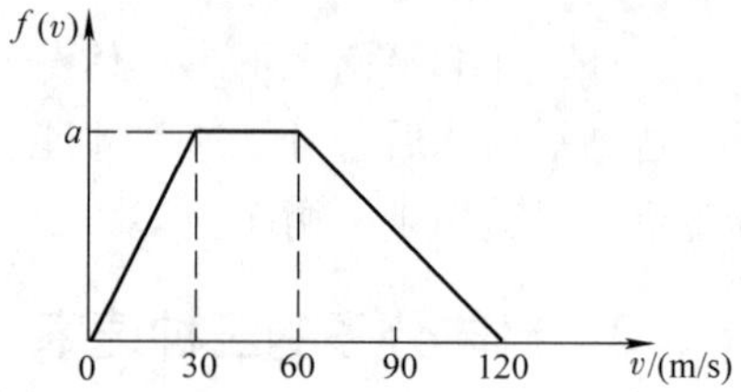

图 12-7 例 12-4 图

（2）速率小于 30m/s 的分子数

$$\Delta N = \frac{1}{2} \cdot 30 \cdot a \cdot N = \frac{1}{5}N$$

（3）所有 N 个粒子的平均速率：先写出这个分段函数的表达式

$$f(v) = \begin{cases} \dfrac{a}{30}v & (0 \leqslant v \leqslant 30) \\ a & (30 \leqslant v \leqslant 60) \\ 2a - \dfrac{a}{60}v & (60 \leqslant v \leqslant 120) \end{cases}$$

所以平均速率

$$\bar{v} = \int_0^\infty vf(v)\,\mathrm{d}v = \int_0^{30} \frac{a}{30}v^2\,\mathrm{d}v + \int_{30}^{60} av\,\mathrm{d}v + \int_{60}^{120}\left(2av - \frac{a}{60}v^2\right)\,\mathrm{d}v = 54\text{m/s}$$

（4）速率大于 60 的那些分子的平均速

$$\bar{v}=\frac{\int_{60}^{\infty}vf(v)\,\mathrm{d}v}{\int_{60}^{\infty}f(v)\,\mathrm{d}v}=\frac{\int_{60}^{120}\left(2av-\frac{a}{60}v^2\right)\,\mathrm{d}v}{\int_{60}^{120}\left(2a-\frac{a}{60}v\right)\,\mathrm{d}v}=80\text{m/s}$$

【例 12-5】　求 0℃、1 大气压下，1.0cm³氮气中速率在 500~501m/s 之间的分子数。

【解】　先求 0℃、1 大气压下氮气的分子数密度为

$$n=\frac{p}{kT}=\frac{1.01\times10^5}{1.38\times10^{-23}\times273}/\text{m}^3\approx2.68\times10^{25}/\text{m}^3=2.68\times10^{19}/\text{cm}^3$$

因所考虑的速率间隔 $\Delta v=1\text{m/s}$，可认为其很小，以致在这速率区间内的分子数可直接写为

$$\Delta N=nf(v)\Delta v=n\cdot4\pi\left(\frac{M}{2\pi RT}\right)^{\frac{3}{2}}\mathrm{e}^{-\frac{Mv^2}{2RT}}v^2\Delta v$$

取 $v=500\text{m/s}$，得出

$$\Delta N=2.68\times10^{19}\times4\pi\left(\frac{28\times10^{-3}}{2\pi\times8.31\times273}\right)^{\frac{3}{2}}\mathrm{e}^{-\left(\frac{28\times10^{-3}\times500^2}{2\times8.31\times273}\right)}\times500^2\times1.0\text{cm}^{-3}$$

$$=4.96\times10^{16}\text{cm}^{-3}$$

【例 12-6】　讨论气体分子的 x 分布，其中 $x=\frac{v}{v_\text{p}}$，$v_\text{p}=\sqrt{\frac{2kT}{m}}$ 是最概然速率。

【解】　由于气体分子速率 v 是随机量，所以 x 也是随机量，它的取值范围也是 $0\to\infty$。为讨论气体分子的 x 分布，设总分子数为 N，在小区间 $x\to x+\mathrm{d}x$ 内的分子数为 $\mathrm{d}N$，相应的分子数比率为 $\frac{\mathrm{d}N}{N}$，一方面它与 x 有关，可用函数 $f(x)$ 表示，另一方面它与区间的宽度 $\mathrm{d}x$ 成正比。于是有

$$\frac{\mathrm{d}N}{N}=f(x)\,\mathrm{d}x\quad\text{或}\quad f(x)=\frac{\mathrm{d}N}{N\mathrm{d}x}$$

其中函数 $f(x)$ 就是要讨论的气体分子的 x 分布函数，它也应当满足归一化条件：

$$\int_0^{\infty}f(x)\,\mathrm{d}x=1$$

平均值 $$\bar{x}=\int_0^{\infty}xf(x)\,\mathrm{d}x$$

$$\overline{x^2}=\int_0^{\infty}x^2\cdot f(x)\,\mathrm{d}x$$

任一与 x 有关的函数 $g(x)$ 的平均值为

$$\bar{g}(x)=\int_0^{\infty}g(x)f(x)\,\mathrm{d}x$$

还可以认为 $f(x)\,\mathrm{d}x=f(v)\,\mathrm{d}v$，并由式（12-14）及 $x=v/v_\text{p}$、$\mathrm{d}x=\mathrm{d}v/v_\text{p}$ 求出函数 $f(x)$ 的表达式

$$f(x)=\frac{4}{\sqrt{\pi}}x^2\mathrm{e}^{-x^2}$$

12.3.4　玻尔兹曼分布律、粒子数随高度的变化

玻尔兹曼研究了麦克斯韦气体分子速度分布规律后，认为其中仅出现了分子动能 E_k，

而没有涉及势能 E_p。为更全面研究分子的分布，玻尔兹曼讨论了气体分子在六维空间 (v_x, v_y, v_z, x, y, z) 中的分布情况，并应用麦克斯韦气体分子速度分布规律，化简后得出分子数密度随势能的分布规律，称为玻尔兹曼分布律，即

$$n = n_0 e^{-\frac{E_p}{kT}} \qquad (12\text{-}18)$$

式中，n 是空间中分子势能为 E_p 处单位体积内的分子个数；而 n_0 是分子势能 $E_p = 0$ 处单位体积内的分子个数。

如粒子处于重力场中时，重力势能 $E_p = mgz$。代入式（12-18）得出粒子数密度随高度而变化为

$$n = n_0 e^{-\frac{mgz}{kT}} \qquad (12\text{-}19)$$

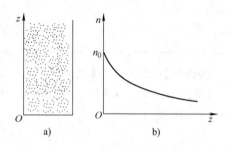

图 12-8　粒子数密度随高度的变化

式中，n_0 是地面处（$z = 0$）的粒子数密度。图 12-8 给出了粒子数密度随高度而变化的示意图。

【例 12-7】 设空气温度为 20℃，且与高度无关，求在什么高度时大气压强减小到地面大气压强的 75%。已知空气的平均摩尔质量为 0.028 9kg/mol。

【解】 根据式（12-19）知道单位体积内大气分子数随高度变化关系

$$n = n_0 \exp\left(-\frac{mgz}{kT}\right)$$

又由于 $p = nkT$，上式两边同时乘以 kT，得出大气压强随高度变化的关系

$$p = p_0 \exp\left(-\frac{mgz}{kT}\right) = p_0 \exp\left(-\frac{Mgz}{RT}\right)$$

其中 M 是分子的摩尔质量。求出高度为

$$z = \frac{RT}{Mg} \ln\frac{p_0}{p} = 2\ 474\text{m}$$

12.4　能量均分定理　理想气体的内能

12.4.1　自由度

能量均分定理　理想气体的内能

为了便于研究分子各种形式的运动的能量统计规律，先引入自由度的概念。在物理学中，决定一个物体的位置所需要的独立坐标数，称为物体的自由度。例如，在三维空间中自由运动的质点，必须用 x、y、z 共 3 个坐标来表示其位置，因而其自由度为 3；在水面上航行的小船，只需 2 个坐标就可表示其位置，自由度为 2；沿铁轨前进的火车的自由度仅为 1。

一般可以把刚体的运动分解为质心的平动和绕质心的定点转动，这样刚体的位置可决定如下：

1）3 个独立坐标 x、y、z 决定质心的位置。

2）2 个独立坐标 α、β 决定瞬时转轴的方位；因为

$$\cos^2\alpha + \cos^2\beta + \cos^2\gamma = 1$$

所以 3 个方位角中只有 2 个是独立的。

3）1 个独立坐标 θ 决定刚体相对于某一起始位置转过的角度（见图 12-9）。

因此，刚体共有 6 个自由度：3 个平动的，3 个转动的。如果刚体的运动受到某种限制，其自由度数就会减少。比如，绕定轴转动的刚体只有一个自由度。

现在来确定分子的自由度数。

1）单原子分子可被看成是自由运动的质点，所以有 3 个平动的自由度。

2）双原子分子中的两个原子是由一个化学键联结起来的。通过研究知道，两个原子除整体做平动和转动外，还沿连线方向做微振动。显然需用 3 个独立坐标决定其质心的位置，用 2 个独立坐标决定其连线的

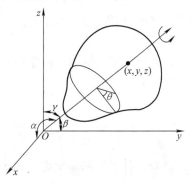

图 12-9　刚体共有 6 个自由度

方位，用 1 个独立坐标决定两质点的相对位置。所以双原子分子共有 6 个自由度：3 个平动自由度，2 个转动自由度，1 个振动自由度。

3）由三个或三个以上原子组成的多原子分子的自由度数需要根据其结构情况进行具体分析才能确定。一般地，若分子中的原子数为 n，则这个分子的自由度数最多为 $3n$ 个，其中 3 个是平动的，3 个是转动的，其余 $3n-6$ 个都是振动的。

12. 4. 2　能量按自由度均分定理

前面已经推导出了理想气体分子的平均平动动能为 $\overline{\varepsilon}_t = \dfrac{1}{2}m\overline{v^2} = \dfrac{3}{2}kT$，因为分子有 3 个平动自由度，且依据统计假设，没有哪一个自由度是特别优越的，因而可以得到一个重要结论：

$$\frac{1}{2}m\overline{v_x^2} = \frac{1}{2}m\overline{v_y^2} = \frac{1}{2}m\overline{v_z^2} = \frac{1}{3}\overline{\varepsilon}_t = \frac{1}{2}kT \tag{12-20}$$

即分子在每一个平动自由度上都具有相同的平均动能，其大小均为 $\dfrac{1}{2}kT$。或者说，分子的平均平动动能 $\dfrac{3}{2}kT$ 被均匀地分配于每一个平动自由度上。

按照统计学的基本原理可将上述结论推广到分子的转动和振动，因为无论是平动、转动还是振动，都没有哪一个自由度是特别优越的，或者说跟任何一个自由度相对应的运动出现的机会都是均等的。由此可推出一个普遍的定理——能量按自由度均分定理（简称能量均分定理）：在温度为 T 的平衡态下，气体分子的每一个自由度都具有相同的平均动能，其大小都等于 $\dfrac{1}{2}kT$。

如果某种物质分子有 t 个平动自由度、r 个转动自由度、s 个振动自由度，则分子的平均平动动能为 $\dfrac{t}{2}kT$、平均转动动能为 $\dfrac{r}{2}kT$，平均振动动能为 $\dfrac{s}{2}kT$，分子的平均总动能为

$$\overline{\varepsilon}_k = \frac{1}{2}(t + r + s)kT \tag{12-21}$$

由振动学知道，简谐振动在一个周期内的平均动能和平均势能相等。分子内原子之间的微振动可近似看成是简谐振动，所以对于每一个振动自由度，分子还具有 $\frac{1}{2}kT$ 的平均势能。

因此，如果分子的振动自由度为 s，则分子的平均振动势能也应为 $\frac{s}{2}kT$，而分子的平均总能量为

$$\overline{\varepsilon} = \frac{1}{2}(t + r + 2s)kT \tag{12-22}$$

例如：对于单原子分子，$t = 3$，$r = s = 0$，所以 $\overline{\varepsilon} = \frac{3}{2}kT$；对于双原子分子，$t = 3$，$r = 2$，$s = 1$，所以 $\overline{\varepsilon} = \frac{7}{2}kT$。

能量按自由度均分定理是一条统计规律，是对大量分子统计平均的结果，它在经典统计理论中可得到严格证明。对个别分子，在某一时刻，能量均分定理不一定成立。

12.4.3 理想气体的内能

对理想气体，除了碰撞瞬间外，不考虑分子间的相互作用，其内能只是所有分子各种形式的动能和分子内部原子间的振动势能的总和。因为每个分子总能量的平均值 $\overline{\varepsilon} = \frac{1}{2}(t + r + 2s)kT$，所以 1mol 理想气体的内能为

$$E_0 = N_A \cdot \frac{1}{2}(t + r + 2s)kT = \frac{1}{2}(t + r + 2s)RT \tag{12-23}$$

对于摩尔质量为 M、质量为 m（单位：kg）的理想气体，其内能则为

$$E = \frac{1}{2}\frac{m}{M}(t + r + 2s)RT \tag{12-24}$$

由此看出，一定量的某种理想气体的内能完全由气体的热力学温度决定，而与气体的体积和压强无关，它只是温度的单值函数。

由实验得知，在温度不太高（1 000℃ 以下）时，气体分子的振动自由度似乎"被冻结"，因而通常都将气体分子看成是刚性的（$s = 0$）。于是，对 1mol 单原子分子、双原子分子和多原子分子，其内能分别为 $\frac{3}{2}RT$、$\frac{5}{2}RT$ 和 $\frac{6}{2}RT$。若温度太低，气体分子的转动自由度也会被"冻结"，只有平动自由度。

【例 12-8】 标准状态下的 22.4L 氧气和 11.2L 氦气相混合。问：（1）氦原子的平均能量是多少？（2）氧分子的平均能量是多少？（3）氦气所具有的内能占系统总内能的百分比是多少？

【解】 （1）氦原子的自由度为 3，其平均能量为

$$\overline{\varepsilon}_1 = \frac{3}{2}kT = \left(\frac{3}{2} \times 1.38 \times 10^{-23} \times 273\right)J = 5.65 \times 10^{-21}J$$

（2）标准状态下，氧分子视为刚性分子，其自由度为 5，其平均能量为平均总动能，即

$$\bar{\varepsilon}_2 = \frac{5}{2}kT = \left(\frac{5}{2} \times 1.38 \times 10^{-23} \times 273\right)J = 9.42 \times 10^{-21}J$$

（3）氢气和氧气的内能分别为

$$E_1 = \frac{11.2}{22.4} \times \frac{3}{2}RT = \frac{3}{4}RT, \quad E_2 = \frac{22.4}{22.4} \times \frac{5}{2}RT = \frac{5}{2}RT$$

所以，氢气所具有的内能 E_1 占系统总内能 E 的百分比为

$$\frac{E_1}{E} \times 100\% = \frac{E_1}{E_1 + E_2} \times 100\% = \frac{3/4}{3/4 + 5/2} \times 100\% = 23.1\%$$

【例 12-9】　水蒸气分解为同温度的氢气和氧气，即 $H_2O \rightarrow H_2 + 0.5O_2$，问其内能相对变化了多少？

【解】　水蒸气分解后，原先一份的三原子的内能变成了 1.5 份的双原子的内能，所以内能的相对变化量为

$$\frac{E_1 - E_0}{E_0} = \frac{\frac{5}{2}RT + 0.5 \times \frac{5}{2}RT - \frac{6}{2}RT}{\frac{6}{2}RT} \times 100\% = \frac{1.5}{6} \times 100\% = 25\%$$

【例 12-10】　一密封房间的体积为 5m×3m×3m，求：（1）当室温为 20℃时，室内空气分子热运动的平均平动动能；（2）如果气体的温度升高 1.0K，而体积不变，则气体的内能变化多少？（已知空气的密度 $\rho = 1.29kg/m^3$，空气的摩尔质量 $M = 0.029kg/mol$，且可以认为空气分子是刚性双原子分子）

【解】　（1）每个分子的平均平动动能为

$$\bar{\varepsilon}_t = \frac{1}{2}m_0\overline{v^2} = \frac{3}{2}kT$$

设阿伏伽德罗常量为 N_A，故室内空气分子总数为

$$N = \frac{m}{M}N_A = \frac{\rho V}{M}N_A$$

所以分子总的平动动能为

$$\varepsilon_t = N\bar{\varepsilon}_t = \frac{\rho V}{M} \frac{3}{2}N_A kT = \frac{3}{2}\frac{\rho V}{M}RT$$

$$= \left(\frac{3 \times 1.29 \times 5 \times 3 \times 3}{2 \times 29 \times 10^{-3}} \times 8.31 \times 293\right)J = 7.31 \times 10^6 J$$

（2）刚性双原子分子的自由度 $i = 5$，气体的内能 $E = \frac{m}{M}\frac{i}{2}RT = \frac{\rho V}{M}\frac{i}{2}RT$，当温度增加 ΔT 时，气体内能的增量为

$$\Delta E = \frac{\rho V}{M}\frac{i}{2}R\Delta T = \left(\frac{1.29 \times 5 \times 3 \times 3}{29 \times 10^{-3}} \times \frac{5}{2} \times 8.31 \times 1.0\right)J = 4.16 \times 10^4 J$$

12.5　气体分子的平均自由程

12.5.1　分子间的碰撞

气体分子在常温下以每秒几百米的平均速率运动着，气体内的传输

气体分子的
平均自由程

过程应该进行得很快，但实际情况并非如此。例如，当打开香水瓶后，站在离瓶几米远的人，需要几秒甚至十几秒后才能闻到香水味，这是由于分子间频繁地发生碰撞的结果。在标准状态下，1cm³体积中有 2.69×10¹⁹ 个空气分子。这样大的分子密度致使气体分子每通过一段很短的路程就发生相互碰撞，改变速度的大小和方向，所以分子所走的路径十分曲折。

图 12-10 可作为一个分子所通过的路径的近似描述（实际情况还要复杂得多），这样分子从一处运动到另一处所用的时间比沿直线运动自然就长得多。

图 12-10　分子碰撞

在研究分子碰撞时，一般把分子看成刚性球，把两分子间的相互碰撞视为刚性球的弹性碰撞。两个分子质心间最小距离的平均值就作为刚性球的直径，称为分子的有效直径，用 d 表示。

12.5.2　分子的平均碰撞频率

对于大量分子构成的平衡系统，每个分子在单位时间内与其他分子碰撞的平均次数，称为分子的**平均碰撞频率**，简称碰撞频率，用 $\bar{z}$ 表示。$\bar{z}$ 的大小反映了气体分子碰撞的频繁程度。

为了计算分子的碰撞频率 $\bar{z}$，假设某一个分子 A 以平均相对速率 $\bar{u}$ 运动而其他分子都静止不动。分子 A 的质心运动轨迹是一折线（见图 12-11）。显然，只有质心与 A 分子的质心之间距离小于或等于分子有效直径 d 的那些分子才可能与分子 A 相碰。以分子 A 质心的运动轨迹为轴线，以分子的直径 d 为半径作一曲折圆柱体。这样，凡是球心在该圆柱体内的分子都要与 A 相碰。圆柱体的截面积 $\sigma = \pi d^2$ 叫作分子的碰撞截面。在时间 t 内，分子 A 通过的路程为 $\bar{u}t$，相应圆柱体的体积为 $\sigma \bar{u}t$，以 n 表示分子数密度，则在此圆柱体内的总分子数（即分子 A 与其他分子的碰撞次数）为 $n\sigma \bar{u}t$。所以，碰撞频率为

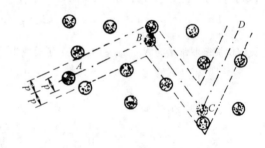

图 12-11　分子碰撞频率的研究

$$\bar{z} = \frac{n\sigma \bar{u}t}{t} = n\pi d^2 \bar{u} \tag{12-25}$$

可以证明平均速率 $\bar{v}$ 与平均相对速率 $\bar{u}$ 的关系为

$$\bar{u} = \sqrt{2}\,\bar{v}$$

把此关系式代入式（12-25）可得

$$\bar{z} = \sqrt{2}\,\pi d^2 \bar{v}n \tag{12-26}$$

上式表明，平均碰撞频率 $\bar{z}$ 与单位体积的分子数 n 和分子的平均速率 $\bar{v}$ 成正比，与分子的有效直径 d 的平方成正比。

12.5.3　分子的平均自由程

一个分子在连续两次碰撞间走过的路程叫作自由程。由于分子的无规则运动，各个自由

程有长有短。但处于一定状态下的某种气体，分子自由程的统计平均值是一定的，叫作分子的平均自由程，用 $\bar{\lambda}$ 表示。由于一秒钟内每个分子平均通过的路程等于 $\bar{v}$，而在一秒钟内一个分子与其他分子平均碰撞次数为 $\bar{z}$，所以分子平均自由程为

$$\bar{\lambda} = \frac{\bar{v}}{\bar{z}} = \frac{1}{\sqrt{2}\,\pi d^2 n} \tag{12-27}$$

上式表明：平均自由程 $\bar{\lambda}$ 与分子的有效直径 d 的平方及单位体积的分子数 n 成反比，而与平均速率 $\bar{v}$ 无关。

考虑 $p = nkT$，式（12-27）可写为

$$\bar{\lambda} = \frac{kT}{\sqrt{2}\,\pi d^2 p} \tag{12-28}$$

表 12-2 给出了在标准状态下几种气体分子的平均自由程。

表 12-2　标准状态下几种气体分子的平均自由程

气体	氢气	氮气	氧气	空气
$\bar{\lambda}/m$	1.123×10^{-7}	5.99×10^{-8}	6.47×10^{-8}	7×10^{-8}

【例 12-11】　计算空气分子在标准状态下的平均自由程和平均碰撞频率。空气分子的有效直径 $d = 3.5\times10^{-10}$m，平均摩尔质量 $M = 2.9\times10^{-2}$kg/mol。

【解】　由式（12-28）有

$$\bar{\lambda} = \frac{kT}{\sqrt{2}\,\pi d^2 p} = \frac{1.38\times10^{-23}\times273}{1.41\times3.14\times(3.5\times10^{-10})^2\times1.013\times10^5}\text{m} = 6.86\times10^{-8}\text{m}$$

而平均速率

$$\bar{v} = \sqrt{\frac{8RT}{M\pi}} = \sqrt{\frac{8\times8.31\times273}{3.14\times2.9\times10^{-2}}}\text{m/s} = 446.4\text{m/s}$$

所以平均碰撞频率

$$\bar{z} = \frac{\bar{v}}{\bar{\lambda}} = \frac{446.4}{6.86\times10^{-8}}\text{次/s} \approx 6.5\times10^9\text{ 次/s}$$

由此可知，标准状态下，1s 内一个空气分子平均要与其他分子碰撞约 65 亿次。

【例 12-12】　在标准状态下 CO_2 气体分子的平均自由程 $\bar{\lambda} = 6.29\times10^{-8}$m，求两次碰撞之间的平均时间和 CO_2 气体分子的有效直径。

【解】　CO_2 的相对分子质量是 44，摩尔质量为 $M = 0.044$kg·mol^{-1}，其平均速率为

$$\bar{v} = \sqrt{\frac{8RT}{\pi M}} = 362.4\text{m/s}$$

两次碰撞之间的平均时间为

$$t = \frac{\bar{\lambda}}{\bar{v}} = 1.736\times10^{-10}\text{s}$$

根据公式 $\bar{\lambda} = \frac{kT}{\sqrt{2}\,\pi d^2 p}$，可得 CO_2 气体分子的有效直径为

$$d = \sqrt{\frac{kT}{\sqrt{2}\pi\bar{\lambda}p}} = 3.654\times10^{-10}\text{m}$$

* 12.6 气体内的迁移现象

前面研究了气体在平衡态下的性质及规律，本节将要研究气体内的迁移现象，这属于气体在非平衡态下的变化过程。

若气体内各部分的物理性质（如密度、流速或温度）不均匀，则由于气体分子不断地相互碰撞和相互掺和，导致质量、动量和能量的定向迁移，以逐步减小原有的不均匀性；经过一段时间后气体内各部分的物理性质趋于均匀一致，而由非平衡态趋向平衡态。这种现象称为气体内的迁移现象（或输运过程）。

气体内的迁移现象有三种，即内摩擦现象（又称黏滞现象）、热传导现象和扩散现象。实际上，这三种迁移现象可能同时存在。本节主要依据实验结果介绍三种现象的宏观规律。

12.6.1 气体内迁移现象的宏观规律

1. 内摩擦现象（黏滞现象）

假定气体分层流动时，各层的流速 u 不同（见图12-12）。取坐标轴 x、y、z，设气体各层均沿 x 方向流动，且流速 $u=u(y)$ 沿 y 方向逐渐增大，以流速梯度 $\frac{du}{dy}$ 描述流速 u 沿 y 轴变化的快慢程度。在 y_0 处取一与 y 轴垂直的截面 dS，则截面将气体分为 A、B 两部分。显然，流速较快的 B 部分气体会拉动流速较慢的 A 部分气体，反之，A 部分气体则会阻碍 B 部分气体。实验表明，A、B 两部分气体通过截面 dS 互施沿截面切向的内摩擦力（黏滞力），其大小与该处的流速梯度成正比，与面积 dS 成正比。写成等式为

$$F = \eta\left(\frac{du}{dy}\right)_{y_0} dS \tag{12-29}$$

式中，η 称为动力黏度，其单位是 Pa·s。

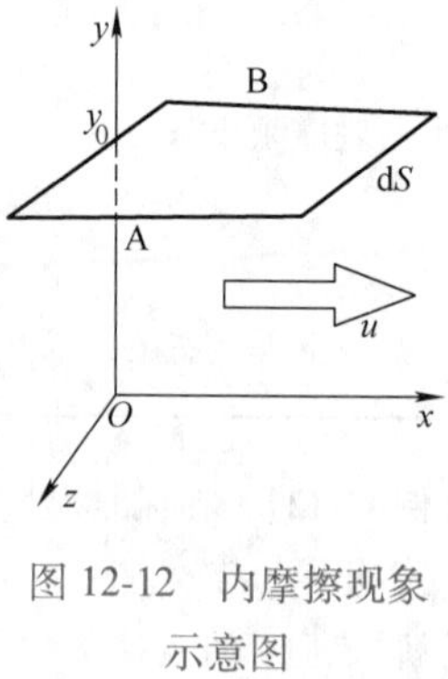

由此可得出在 dt 时间内通过 dS 面沿 y 轴正方向迁移的动量为

$$dp = -\eta\left(\frac{du}{dy}\right)_{y_0} dS \cdot dt \tag{12-30}$$

图 12-12 内摩擦现象示意图

负号表明气体从流速较大处向流速较小处进行动量的迁移。

2. 热传导现象

当气体内各处温度不均匀时，热量就从温度较高处传递到温度较低处，这种现象称为热传导现象。

设温度沿 x 轴正方向逐渐升高，在 $x=x_0$ 处取一小截面 dS 将气体分为 A、B 两部分（见图12-13），则热量将通过 dS 面，由 A 部分传到 B 部分。用 dQ 表示在 dt 时间内通过 dS 面

沿 x 轴正方向传递的热量；以 $\left(\dfrac{\mathrm{d}T}{\mathrm{d}x}\right)$ 表示气体温度沿 x 轴正方向的空间变化率，称为温度梯度。实验表明，在 $\mathrm{d}t$ 时间内沿 x 轴正向通过 $\mathrm{d}S$ 面的热量 $\mathrm{d}Q$ 与 x_0 处的温度梯度 $\left(\dfrac{\mathrm{d}T}{\mathrm{d}x}\right)_{x_0}$ 成正比，同时也与面积 $\mathrm{d}S$ 及时间 $\mathrm{d}t$ 成正比，即

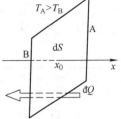

$$\mathrm{d}Q = -\kappa\left(\frac{\mathrm{d}T}{\mathrm{d}x}\right)_{x_0}\mathrm{d}S\mathrm{d}t \qquad (12\text{-}31)$$

式中，比例系数 κ 叫作气体导热系数，其单位为 J/（m·s·K）；负号表明气体从高温处向低温处进行热传导。

图 12-13 热传导现象示意图

3. 扩散现象

在混合气体内部，当某种气体的密度不均匀时，气体分子就从密度大的地方移向密度小的地方，这种现象称为扩散现象。

如图 12-14 所示，设某气体的密度 ρ 沿 x 轴方向逐渐加大，$\dfrac{\mathrm{d}\rho}{\mathrm{d}x}$ 是这种气体的密度沿 x 轴正方向的空间变化率，称为密度梯度。如果在 $x=x_0$ 处垂直于 x 轴取截面 $\mathrm{d}S$，将气体分成 A、B 两部分，则气体将从 A 部分扩散到 B 部分。实验表明，在时间 $\mathrm{d}t$ 内沿 x 轴正向通过 $\mathrm{d}S$ 面的气体质量 $\mathrm{d}m$ 与 x_0 处的密度梯度 $\left(\dfrac{\mathrm{d}\rho}{\mathrm{d}x}\right)_{x_0}$ 成正比，与面积 $\mathrm{d}S$ 及时间 $\mathrm{d}t$ 成正比，即

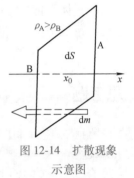

$$\mathrm{d}m = -D\left(\frac{\mathrm{d}\rho}{\mathrm{d}x}\right)_{x_0}\mathrm{d}S\mathrm{d}t \qquad (12\text{-}32)$$

式中，比例系数 D 称为气体的扩散系数，单位为 m^2/s；负号表明气体从密度较大处向密度较小处进行扩散。

图 12-14 扩散现象示意图

12.6.2 气体内迁移现象的微观解释

三种气体内的迁移现象都具有共同的宏观特征。这些现象的发生都是由于气体内部存在着一定的不均匀性。从微观分析，气体内部所以能够发生输运过程，主要是由于热运动，使分子带着各自的动量、热量、质量从一处转移到另一处。这样相互"搅拌"的结果，就使原来存在着的不均匀的气体逐渐地趋于均匀一致。另外，分子间频繁的碰撞使分子沿着迂回曲折的路线运动，并直接影响着输运过程进行的快慢。

从微观入手，研究 A、B 两部分分子由于相互交换所产生的动量、热量、质量的迁移，并通过应用统计方法、分子碰撞的同化假设等，可导出气体的动力黏度、热传导系数和扩散系数的近似值分别为

$$\eta = \frac{1}{3}\rho\,\bar{v}\,\bar{\lambda} \qquad (12\text{-}33)$$

$$\kappa = \frac{1}{3}\frac{C_{V,\mathrm{m}}}{M}\rho\,\bar{v}\,\bar{\lambda} \qquad (12\text{-}34)$$

$$D = \frac{1}{3}\bar{v}\bar{\lambda}$$ (12-35)

其中，ρ 为气体密度；$\bar{v}$ 是分子平均速率；$\bar{\lambda}$ 是气体分子的平均自由程；M 为气体分子的摩尔质量；$C_{V,m}$ 为气体摩尔定容热容。表 12-3 给出了气体在标准状况下的 η、κ、D 的实验值。

表 12-3　几种气体在标准状况下的 η、κ、D 的实验值

气体	$\eta/(N \cdot s/m^2)$	$\kappa/[J/(m \cdot s \cdot K)]$	$D/(m^2/s)$
O_2	1.89×10^{-5}	2.42×10^{-2}	1.81×10^{-5}
N_2	1.66×10^{-5}	2.37×10^{-2}	1.78×10^{-5}
H_2	0.84×10^{-5}	16.8×10^{-2}	12.8×10^{-5}
CO_2	1.39×10^{-5}	1.49×10^{-2}	0.97×10^{-5}

在日常生活和工程技术中，经常会遇到和利用上述三种迁移现象的情况。黏滞性和热传导是声波在气体中传播时产生衰减的主要原因。杜瓦瓶等保温设备的原理之一就是由于真空中的热传导系数极小。在获得高真空的方法以及在分离同位素的技术中都要用到气体的扩散现象。

思考题

12-1　在推导理想气体压强公式过程中，分别在什么地方用到了理想气体的假设、平衡态的假设及统计平均的概念？

12-2　在同一温度下，不同气体分子的平均平动动能相等，就氢分子和氧分子比较，氧分子的质量比氢分子大，是否每个氢分子的速率一定比氧分子的速率大？

12-3　气体分子热运动的速度相当大（每秒几百米），为什么在房间里打开一瓶酒精要隔一定长的时间才能嗅到酒味？如果其他条件相同，在夏天容易嗅到酒味还是在冬天？为什么？

12-4　关于温度的意义，以下几种说法中哪些是错误的？

(1) 气体的温度是分子平均平动动能的量度；

(2) 气体的温度是大量气体分子热运动的集体表现，具有统计意义；

(3) 气体的温度表示每个气体分子的冷热程度；

(4) 温度的高低反映物质内部分子运动的剧烈程度的不同。

12-5　速率分布函数的物理意义是什么？试说明下列各式的意义：

(1) $f(v)dv$；(2) $Nf(v)dv$；(3) $\int_{v_1}^{v_2} f(v)dv$；(4) $\int_{v_1}^{v_2} Nf(v)dv$；(5) $\int_{v_1}^{v_2} vf(v)dv$；(6) $\int_{v_1}^{v_2} Nvf(v)dv$。

12-6　两种不同的理想气体，若它们的最概然速率相等，则它们的平均速率和方均根速率将有怎样的关系？有人认为最概然速率就是速率分布中的最大速率值，对不对？

12-7　试指出下列各式所表示的物理意义：

(1) $\frac{1}{2}kT$；(2) $\frac{3}{2}kT$；(3) $\frac{1}{2}(t+r+s)kT$；(4) $\frac{1}{2}(t+r+2s)kT$；

(5) $\frac{1}{2}(t+r+2s)RT$；(6) $\frac{1}{2}\frac{m}{M}(t+r+2s)RT$。

12-8　能量均分定理中的能量指的是动能还是动能和势能的总和？与每一个振动自由度对应的平均能量是多少？为什么？

12-9　何谓内能？怎样计算理想气体的内能？单原子分子理想气体和双原子分子理想气体的内能有何不同？一定量理想气体的内能是由哪些因素决定的？

12-10　混合气体由两种分子组成，其有效直径分别为 d_1 和 d_2，若考虑分子间的相互碰撞，则碰撞截面为多大？平均自由程为多大？

12-11　一定质量的气体，保持容积不变。当温度增加时分子运动得更剧烈，因而平均碰撞次数增多，平均自由程是否也因此而减小？为什么？

习　题

12-1　一容积为 10L 的真空系统已被抽成 $1.0×10^{-5}$ mmHg 的真空，初态温度为 20℃。为了提高其真空度，将它放在 300℃ 的烘箱内烘烤，使器壁释放出所吸附的气体。如果烘烤后压强为 $1.0×10^{-2}$ mmHg，问器壁原来吸附了多少个气体分子？

12-2　一容器内储有氧气，其压强为 $1.01×10^5$ Pa，温度为 27℃，求：

（1）气体的分子数密度；

（2）氧气的密度；

（3）分子的平均平动动能；

（4）分子间的平均距离。（设分子间等距排列）

12-3　在图 12-15 中，Ⅰ、Ⅱ 两条曲线是两种不同气体（氢气和氧气）在同一温度下的麦克斯韦分子速率分布曲线。试由图中数据求：

（1）氢气分子和氧气分子的最概然速率；

（2）两种气体所处的温度。

12-4　有 N 个质量均为 m 的同种气体分子，它们的速率分布如图 12-16 所示。

（1）说明曲线与横坐标所包围面积的含义；

（2）由 N 和 v_0 求 a 值；

（3）求在速率 $v_0/2$ 到 $3v_0/2$ 间隔内的分子数；

（4）求分子的平均平动动能。

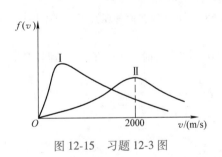

图 12-15　习题 12-3 图

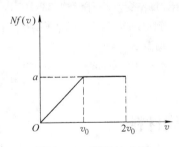

图 12-16　习题 12-4 图

12-5　当氢气的温度为 300℃ 时，求速率在区间 3 000m/s 到 3 010m/s 之间的分子数 ΔN_1 与速率在区间 v_P 到 v_P+10m/s 之间的分子数 ΔN_2 之比。

12-6　讨论气体分子的平动动能 $\varepsilon_t = \dfrac{1}{2}mv^2$ 的分布函数、归一化条件及求任意函数 $g(E)$ 的平均值公式，并由麦克斯韦气体分子速率分布函数导出动能分布函数，求出最概然动能。

12-7　一氧气瓶的容积为 V，充了氧气后，未使用时的压强为 p_1，温度为 T_1；使用后瓶内氧气质量减少为原来的一半，其压强降为 p_2。

（1）试求使用前、后氧气分子热运动平均速率之比$\bar{v}_1 : \bar{v}_2$；

（2）若使用后氧气分子的平均平动动能为6.21×10^{-21}J，试求氧气分子的方均根速率和此时氧气的温度。

12-8　容器内某理想气体的温度$T = 273$K，压强$p = 101.3$Pa，密度为$\rho = 1.25 \times 10^{-3}$kg/m^3，求：

（1）气体的摩尔质量；

（2）气体分子运动的方均根速率；

（3）气体分子的平均平动动能和转动动能；

（4）单位体积内气体分子的总平动动能；

（5）0.3mol该气体的内能。

12-9　在容积为2.0×10^{-3}m^{3}的容器中，有内能为6.75×10^2J的刚性双原子分子理想气体。

（1）求气体的压强；

（2）设分子总数为5.4×10^{22}个，求分子的平均平动动能及气体的温度。

12-10　质量为0.1kg、温度为27℃的氮气，装在容积为0.01m^{3}的容器中，容器以$v = 100$m/s的速率做匀速直线运动，若容器突然停下来，定向运动的动能全部转化为分子热运动的动能，则平衡后氮气的温度和压强各增加多少？

12-11　一绝热的容器被一中间隔板分成体积相等的两半，一半装有氦气，温度为250K；另一半装有氧气，温度为310K。两种气体的压强均为p_0。求抽去隔板后的混合气体温度和压强。

12-12　已知在单位时间内撞击在容器壁单位面积上的分子数为$\frac{1}{4}n\bar{v}$。假定一边长为1m的立方箱子，在标准状态下盛有3×10^{25}个氧分子，计算1s内氧分子与箱子碰撞的次数。

12-13　在标准状态下氦气（He）的动力黏度$\eta = 1.89 \times 10^{-5}$Pa·s，摩尔质量$M$为0.004kg，平均速率$\bar{v}$为$1.20 \times 10^3$m/s。试求：

（1）在标准状态下氦原子的平均自由程；

（2）氦原子的半径。

12-14　设分子有效直径为10^{-10}m，求

（1）氮气在标准状态下的平均碰撞次数；

（2）若温度不变，气压降到1.33×10^{-4}Pa，平均碰撞次数又为多少？

12-15　若在标准压强下氢气分子的平均自由程为6×10^{-8}m，问在何种压强下，其平均自由程为1cm？（设两种状态的温度一样）

12-16　如果理想气体的温度保持不变，当压强降为原值的一半时，分子的平均碰撞频率和平均自由程如何变化？

📖 阅读材料

耗散结构简介

耗散结构的理论是物理学中非平衡统计的一个重要新分支，是由比利时科学家伊里亚·普里高津于20世纪70年代提出的，由于这一成就，普里高津荣获1977年诺贝尔化学奖。差不多是同一时间，德国物理学家赫尔曼·哈肯提出了从研究对象到方法都与耗散结构相似的"协同学"，并于1981年获美国富兰克林研究院迈克耳孙奖。现在，耗散结构理论和协同学通常被并称为自组织理论。

（一）自组织现象

自组织现象是指自然界中自发形成的宏观有序现象。在自然界中这种现象是大量存在的，理论研究较

多的典型实例有：贝纳德流体的对流花纹、贝洛索夫-扎鲍廷斯基化学振荡花纹与化学波、激光器中的自激振荡等。

1. 贝纳德花纹

1900 年，法国的贝纳德首次发现了蜂巢状的自组织花纹。在一个透明的碟子里加入一些液体，在炉子上加热，液体在竖直方向上便产生一个温度差。当液层顶部和底部之间的温度差达到一个阈值后，对流开始，下层较热的液体流入上面较冷的部分。这时，由于浮力、热扩散、黏滞力三种作用的耦合而形成液面上大范围规则的蜂巢状花纹（"贝纳德花纹"）六边形网格（见图 12-17）。液体的传热方式由热传导过渡到了对流，每个六角形中心的液体向上流动，边界处液体向下流动。这是对流与抑止因素（黏性和热扩散）竞争的结果。这种蜂巢结构的尺度约为分子间距的一亿倍。为了形成这种蜂巢状的对流单元，无数分子必须遥相呼应、协调行动。这表明，热的耗散把熵从系统中输出，使系统低熵的蜂巢结构得以产生并维持下去。

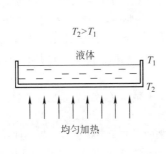

$T_2 > T_1$

液体　T_1

　　T_2

均匀加热

图 12-17　贝纳德花纹

2. 化学振荡（BZ 反应）

20 世纪 50 年代初，俄国化学家贝洛索夫做出了化学振荡反应的关键工作。他用柠檬酸、溴酸钾、硫酸作配剂，用铈盐作催化剂进行实验，发现柠檬酸在稀释的硫酸中被溴氧化，铈离子在 3 价 4 价间振荡，溶液在无色透明到淡黄色间周期性变化。但不幸的是，这个反应的奇特行为是化学家和生物学家们无法相信的，所以他的论文屡遭拒绝，最后在一个辐射医学学术讨论会的文集中刊登出来。当时人们认为热力学第二定律确言：任何化学反应只能走向退化的平衡态，在两种颜色之间的化学振荡当然是不可能的。

1963 年，从莫斯科大学生物化学系毕业的扎鲍廷斯基对贝洛索夫的配方做了一些修改，主要是用铁盐代替了铈盐，使颜色更鲜艳地从蓝变红，出现周期性的红-蓝变化。如果化学混合物在一薄层内扩散，就会形成圆形波和螺旋波纹。这就是"BZ 反应"。这一发现终于取得了承认，更多的化学振荡反应被做了出来。近 20 多年来，自组织化学反应的研究已经成为很时髦的一门学科。

3. 激光

激光是自组织的另一个典型例子。原子自激发态落入基态并发出光子，称为自发辐射，处于激发态的原子吸收一光子又跌入基态而发射出两个光子，称作受激辐射。受激辐射的存在是爱因斯坦于 1917 年首次提出的。原子处于激发态的时间大体在 10^{-8} s 的量级并大多经自发辐射而落入基态。因此，在热平衡条件下，大多数原子处于非激发态。这时，假设有适当能量的光子射入处于激发态和非激发态的原子的混合物，虽然它使基态原子发生受激吸收和使激发态的原子发生受激辐射的概率是相同的，但因大多原子处于基态，故很少发生受激辐射。设想存在特定的三能级系统，则情况发生变化。外来光子使处于基态的原子受激吸收跃入激发态，随即经自发辐射进入一能量介于基态和激发态之间的亚稳态，原子在亚稳态停留的时间达 10^{-3} s，比 10^{-8} s 长得多。利用外来光子使原子自基态跃入亚稳态的原子数与基态原子数的比率大大增加，称作"粒子数反转"。原子从亚稳态吸收光子经受激辐射发出更多光子，如此发展下去，形成具有自催化性质的光放大，又因散射等多种损失使光强度达到某种稳定态。产生激光的系统是由大量激光工作物质的原子组成的，在谐振腔形成自催化受激辐射的光放大又具有非线性的特征，激光本身则高度有序。

德国物理学家哈肯首先将激光作为自组织过程来研究。改变激光器谐振腔的长度（也称控制参量），输出电场的振荡周期也不同，输出振荡的周期按 $2T$、$4T$、$8T$ 成倍变化。再改变控制参量输出不再是周期性的，而是呈不规则状态，表现出随机性即"混沌"。哈肯正是从研究激光着手建立起他的自组织理论——"协同学"。

4. 糖酵解等

在生物学领域也可举出类似的例子。当人们做剧烈运动时，人体内糖的无氧代谢，即"糖酵解"，在供能方面起重要作用。糖酵解过程涉及多种酶和中间产物，它们的浓度随时间作周期性变化或无规则的振荡。

生命现象中存在多种多样的时间、空间和功能上的有序。生物体是一个处于远离平衡态的开放系统。生物体时时刻刻离不开它生存的环境，它们总是不断地从环境中吸取营养并不断地把废物排放到环境中去。生物的发展过程趋于种类繁多，生物体的结构和功能趋于复杂，生物体系则趋于更加有序更加有组织。生物体在其形态和功能两方面都是自然界中最复杂最有组织的物体。生物体在各级水平（分子、细胞、个体、群体……）上都可呈现有序现象。例如许多树叶、花朵及各种动物的皮毛等常呈现出很漂亮的规则图案。生物有序不仅表现在空间特性上，还表现在时间特性上，例如生物过程随时间周期变化的现象。

（二）耗散结构理论

耗散结构理论可概括为：一个远离平衡态的非线性的开放系统（不管是物理的、化学的、生物的还是社会的、经济的系统）通过不断地与外界交换物质和能量，在系统内部某个参量的变化达到一定的阈值时，通过涨落，系统可能发生突变即非平衡相变，由原来的混沌无序状态转变为一种在时间上、空间上或功能上的有序状态。可见，要理解耗散结构理论，关键是弄清楚如下几个概念：开放系统、远离平衡态、非线性、涨落、突变。

1. 开放系统

热力学第二定律告诉我们：一个孤立系统的熵 S 一定会随时间增大，熵达到极大值时，系统达到最无序的状态——平衡态。那么开放系统为什么会出现本质上不同于孤立系统的行为呢？其实，在开放的条件下，系统的熵增量 dS 是由系统与外界的熵交换 dS_e 和系统内的熵产生 dS_i 两部分组成的，即 $dS = dS_e + dS_i$。

热力学第二定律只要求系统内的熵产生非负，即 $dS_i \geq 0$，然而外界给系统注入的熵 dS_e 可为正、零或负，这要根据系统与外界的相互作用而定，在 $dS_e < 0$ 的情况下，只要这个负熵流足够强，它就除了抵消掉系统内部的熵产生 dS_i 外，还能使系统的总熵增量 dS 为负。因而，当熵流为负且熵流的绝对值大于熵产生时，系统的熵就会减少，系统由原来的状态进入更加有序的状态。也就是说，对于一个开放系统，存在着由无序向有序转化的可能性。

2. 平衡态与近平衡态

平衡态是指系统各处可测的宏观物理性质均匀的状态，它遵守热力学定律。

近平衡态是指系统处于离平衡态不远的线性区。人们发现，在一个稳定的平衡态附近，主要的趋势是趋于平衡。弛豫、输运、涨落等现象，是平衡态附近的不可逆过程，它们都受趋于平衡这一总的倾向所支配。

当物体内各部分温度不均匀时，将有热量从温度较高处传到温度较低处；当流体内各部分密度不均匀时，将有物质从密度大的地方扩散到密度小的地方。我们把这种不可逆过程的热力学流动简称流，用 J_i 表示各种流的强度；把引起相应的流的推动力称为不可逆过程的热力学力，简称力，用 X_i 表示各种力。例如，引起热流的力是温度梯度，引起物质流的力是密度梯度。

不可逆流的强度 J_i 是不可逆力 X_i 的函数，但当不可逆力 X_i 不大时，可以认为 J_i 正比于 X_i。对于第 i 种力产生的第 i 种流，可以写成：$J_i = L_{i,i} X_i$。这里 $L_{i,i}$ 是不依赖于 X_i 的常数。

1931 年，挪威的昂萨格在研究交叉的输运过程中，提出了输运系数对称原理，即昂萨格倒易关系：$L_{i,j} =$

$L_{j,i}$。即只要和不可逆过程 i 相应的流 J_i 受到不可逆过程 j 的力 X_j 的影响，那么，流 J_j 也会通过相等的系数 $L_{i,j}$ 受到力 X_i 的影响。这一关系具有极大的普遍性，已得到许多实验事实的支持，它是线性非平衡态热力学的一条基本定理。昂萨格倒易关系的发现使他荣获了 1968 年诺贝尔化学奖。

普里高津在昂萨格倒易关系的基础上继续工作，定义：$P = \dfrac{dS_i}{dt}$，通常也把 P 称为熵产生。1945 年，普里高津证明了在近平衡态的熵产生 P 满足最小熵产生原理：$dP/dt \leqslant 0$。此式表明，线性非平衡区的系统随着时间的发展，总是朝着熵产生减少的方向进行，直至达到一个稳定态，此时熵产生不再随时间变化（$dP/dt = 0$）。

从最小熵产生原理可以得到一个重要结论：在非平衡态热力学的线性区，非平衡定态是稳定的。该结论很容易通过将非平衡定态的熵产生和平衡态的熵函数的行为做类比而得到。

根据最小熵产生原理，体系的熵产生率随时间减小，最后返回到与最小熵产生相对应的定态。在这种情况下围绕非平衡定态的涨落行为恰像围绕平衡态的涨落行为一样，即它们总是随时间衰减的，因此非平衡定态是稳定的。与平衡态很接近的非平衡定态通常有与平衡态相似的定性行为，例如保持空间均匀性、时间不变性和对各种扰动的稳定性。因此可以做出结论，在非平衡态热力学的线性区，或者说在平衡态附近，不会自发形成时空有序的结构。

3. 远离平衡态系统的分支现象

远离平衡的状态是在外界对系统的影响（如产生的温度梯度或密度梯度）很大，以至在系统内引起的响应（如产生的热流或物质流）也很大，二者之间不呈线性关系时的状态。这时，昂萨格倒易关系不再成立。熵产生率不再总是随时间单调减少，而根据不同系统和所处条件不同，可正、可负，也可随时间振荡。在非线性区找不到类似于平衡态的"熵"或近平衡态的"熵产生"那样能普遍决定系统性质的李雅普诺夫函数，最小熵产生原理失效。总之，在平衡态和非平衡线性区的十分普适的规律在这里依赖具体系统状态出现了多种多样的可能性。这时，其热力学行为与用最小熵产生原理所预言的行为相比，可能颇为不同，甚至是完全相反。

研究这种情况下系统行为的热力学叫作非线性非平衡态热力学。这是一门到目前为止还不很成熟的学科。它的理论指出：当系统远离平衡态时，系统通过和外界环境交换物质和能量以及通过内部的不可逆过程（能量耗散过程），无序状态（例如均匀的定态）有可能失去稳定性，某些涨落可能被放大而使体系到达某种有序的状态。这样形成的有序状态属于耗散结构。系统走向一个高熵产生的、宏观上有序的状态。

根据对实际体系中发生的实际过程的分析，非平衡态系统的动力学方程可以写成如下的一般形式：

$$\frac{dx}{dt} = f(x, \lambda)$$

此式可以用来圆满地描述体系中的物理-化学过程。式中的 x 是说明系统状态变化的量，叫状态变量。例如，x 可代表化学反应体系中的浓度，或扩散对流体系中的密度，或激光系统中的光子数；λ 表示外界对系统的控制参数。

这样的研究给出的结果如图 12-18 所示，图中的横坐标 λ 表示外界对系统的控制参数；纵坐标 x 表示系统的状态变量。与 λ_0 对应的状态 x_0 表示平衡态，随着 λ 偏离 λ_0，x 也就偏离平衡态，但在 λ 较小时，在到达 $\lambda = \lambda_c$ 之前，最小熵产生原理将保证非平衡定态的稳定性，自发过程总是使体系回到和外界条件相适应的定态。表示这种定态的点形成的曲线（1）是平衡态的延伸，x 随 λ 的变化是连续的和平滑的。在曲线（1）上的每一点所对应的状态的行为很类似于平衡态的行为，例如保持空间均匀性（或只是随空间轻微地单调变化）和时间不变性，因此这一段叫作热力学分支。

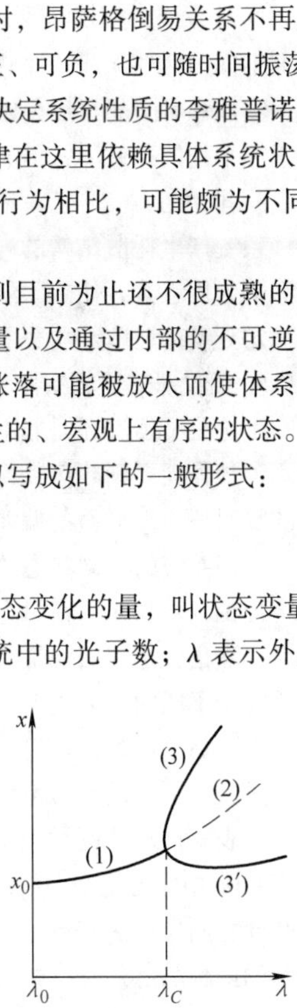

图 12-18 热力学分支

当 $\lambda \geqslant \lambda_c$ 时，例如在贝纳德对流实验中，流体的温度梯度超过某定值或激光器的输入功率超过某一定值时，曲线段（1）的延续（2）分支上各态变得不稳定，一个很小的扰动就可引起系统的突变，离开热力学分支而跃迁到另外两个稳定的分支（3）或（3′）上。这两个分支上的每一个点可能对应于某种时空有序状态。由于这种有序状态只有在 λ 的值偏离 λ_0 足够大（即系统离开平衡足够远），或者说只有在不可逆的耗散过程足够强烈的情况下才有可能出现，所以它们的行为和热力学平衡态有本质的差别。这样的有序态属于耗散结构，分支（3）或（3′）叫作耗散结构分支。在 $\lambda = \lambda_c$ 处热力学分支开始分岔。这种现象称为分岔现象或分支现象。$\lambda = \lambda_c$ 这个点称为分岔点或分支点。在分支点之前，热力学分支上每点对应的状态保持空间均匀性和时间不变性，因而系统具有高度的时空对称性；超过分支点 λ_c 以后，耗散结构分支上每一点对应于某种时空有序状态，这就破坏了系统原来的对称性，因此这类现象也常常叫作对称性破缺不稳定性现象。

分支理论的研究表明，随着控制参数值的变化，系统进一步远离平衡时，各稳定的分支又会变得不稳定而导致所谓的二级分支和高级分支现象。如图12-19所示，从热力学分支（A分支）上的O点分出来的耗散结构分支（B分支和C分支）是一级分支，而从一级分支进一步分出来的分支（例如D分支）是二级分支，依次类推。高级分支现象说明系统在远离平衡态时，可以有多种可能的有序结构，因而使系统可以表现出复杂的时空行为。这可以用来说明生物系统的各种复杂的时空行为。

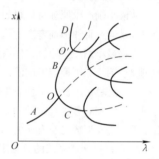

图12-19 高级分支现象

当系统偏离平衡态足够远时，分支越来越多。在分支图上将出现所谓的混沌区。在那里系统的行为完全是随机的，因而系统的瞬时状态不可预测，这时系统又进入一种无序态。这种混沌态的无序和热平衡的无序是本质上不同的两种无序。在热平衡的无序中，空间和时间的特征大小是分子的特征量级，而在混沌态的无序中，空间和时间的尺度是宏观的量级。从这种观点看，生命是存在于这两种无序之间的一种有序，它必须处于非平衡的条件下，但又不能过于远离平衡，否则混沌无序态的出现将完全破坏生物有序。

4. 非线性

系统产生耗散结构的内部动力学机制正是子系统间的非线性相互作用，在临界点处，非线性机制放大微涨落为巨涨落，使热力学分支失稳，在控制参数越过临界点时，非线性机制对涨落产生抑制作用，使系统稳定到新的耗散结构分支上。

5. 通过涨落达到有序

不论是平衡态还是非平衡定态都是系统在宏观上不随时间改变的状态，实际上由于组成系统的分子仍在不停地做无规则热运动，因此，系统的状态在局部上经常与宏观平均态有暂时的偏离。这种系统各宏观量的瞬时值与平均值的偏差就称为涨落。另外，宏观系统所受的外界条件也或多或少地总有一些变动。因此，宏观系统的宏观状态总是不停地受到各种各样的扰动，引起偏离平均值的涨落。

理论计算表明，在热力学分支上系统的涨落是极小的，不会影响系统的稳定状态。但是，当超过分支点后，涨落会达到宏观量级，它使系统较大地偏离原来的定态，从而使该系统失去稳定性，被驱动到宏观性质完全不同的新分支上去。普里高津把这个过程叫作"通过涨落达到有序"。

普里高津认为，任何一种有序状态的出现都可以看作是某种无序的参考态失去稳定性的结果。其主要意思大致如下：设有某种均匀的宏观状态，如图12-20中的虚线所示（图中横坐标 r 表示空间位置，纵坐标 x 代表某物理量例如温度或浓度的值），假定在某个时刻由于涨落的原因，系统中各处的实际状态如图12-20a中的无规则曲线所示。这一无规则曲线可以认为由许多规则的余弦曲线叠加而成，这些有规则的余弦变化叫作涨落分量。为了简便起见，我们假定图12-20a中的曲线包括如图12-20b和图12-20c中曲线所示的两种涨落分量。如果均匀的初始状态（如图12-20a中虚线所示）对图12-20b中实线所示的涨落分量是稳定的，即涨落分量随时间衰减，则系统将回到原先那个均匀分布的状态（如图12-20d中的直线所示）。相反，如果均匀的初始状态对于图12-20c中所示的涨落分量是不稳定的，即该涨落分量会随时间长大，长到一定阶段，其振幅便可能达到宏观的量级而呈现出宏观有序状态，如图12-20e中的曲线所示。因此，不稳定的涨落有可能成为宏观有序结构的"种子"。

6. 突变

阈值即临界值对系统性质的变化有着根本的意义。在控制参数越过临界值时，原来的热力学分支失去了稳定性，同时产生了新的稳定的耗散结构分支，在这一过程中系统从热力学混沌状态转变为有序的耗散结构状态，其间微小的涨落起到了关键的作用。这种在临界点附近控制参数的微小改变导致系统状态明显大幅度变化的现象，叫作突变。耗散结构的出现都是以这种临界点附近的突变方式实现的。

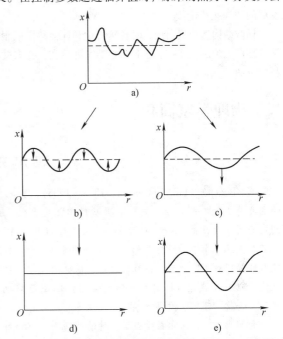

图 12-20　系统通过涨落达到有序

（三）耗散结构与自组织理论

耗散结构是自组织现象中的重要部分，它是在开放的远离平衡条件下，在与外界交换物质和能量的过程中，通过能量耗散和内部非线性动力学机制的作用，经过突变而形成并持久稳定的宏观有序结构。

1969 年，在一个理论物理学和生物学的国际会议上，普里高津在"结构、耗散和生命"的论文里，正式提出了"耗散结构理论"。1971 年，他和格兰斯道夫合著的《结构的热力学理论，稳定性和涨落》，更系统地阐述了他们得出的可能对事物随时间演化的方式做出判别的所谓"普适演化判据"。

普里高津区分了两种类型的结构，即"平衡结构"和"耗散结构"。平衡结构是一种不与外界进行任何能量和物质交换就可以维持的"死"的有序结构；而耗散结构则只有通过与外界不断交换能量和物质才能维持其有序状态，这是一种"活"的结构。普里高津-格兰斯道夫的判据指出，对于一个与外界有能量和物质交换的开放系统，在到达远离平衡态的非线性区时，一旦系统的某个参量变化到一定的阈值，稳恒态就变得不稳定了，出现一个"转折点"或称为"分叉点"，系统就可能发生突变，即非平衡相变，并演化到某种其他状态。一个重要的新的可能性是，在第一个转折点之后，系统在空间、时间和功能上可能会呈现高度的组织性，即到达一个高度有序的新状态。例如在某些远离平衡的化学反应中，可以出现规则的颜色变化或者漂亮的彩色涡旋。应该指出的是，当系统远离平衡时，整体熵产生以极快的速率增长，这是与热力学第二定律一致的。但是在小的尺度范围内，却可能出现极其有序的结构。这是只有在系统是开放的，并通过与外界的能量和物质交换而保持在偏离平衡的状态时才可能出现的。因为这才使得系统所产生的熵可以输送到外界，使系统处于低熵的有序状态。

普里高津和格兰斯道夫所给出的确实不像他们自己所说的是一个"普适演化判据"，而只是一个"弱"判据。因为它只是指出了热力学转折点存在的可能性，没有给出它的必然性；对于在第一个转折点之后会发生什么情况，他们的非平衡态热力学只给出了一个模糊的图像，系统的演化有多种多样的可能性可供选择。这种极度的复杂性，使得确定性的因果联系的描述变为不可能。对于一个化学家来说，这些选择可能意味着反应过程出现颜色的周期性变化或显现出彩色图案；对于一个生态学家来说，这些选择可能是生物种群的交替变化或实现一个稳恒态；对于一个医生来说，这或许是心脏病发作的预兆。但是无论如何，普里高津-格兰斯道夫的"判据"还是非常有价值的，因为它指出在这种"转折点"之后，我们在有些情况下可以看到有序结构的出现。它表明，热力学第二定律并不禁止有序结构的自发产生，这就是普里高津和格兰斯道夫所创立的理论的真正意义。在"结构、耗散和生命"这篇有里程碑意义的论文的"结束语"里，普里高津写道："生命看来好像不再作为反对热力学第二定律的一个支撑点，尽管有某些'麦克斯韦妖'方面的工作，然而下述物理定律合乎特有的动力学定律和远离平衡的条件。这些特有的动力学定律允许能量和物质流动，以建立和维持功能有序和结构有序。"耗散结构理论就这样把热力学定律和生物进化论协调起来，解决了克劳修斯关于物理过程是从有序到无序发展，而达尔文确言生物世界是从无序到有序发展的"演化悖论"。

耗散结构理论提出后，对自然科学和社会科学的很多领域，如物理学、天文学、生物学、经济学、哲学等都产生了巨大影响。著名未来学家阿尔文·托夫勒在评价普里高津的思想时，认为它可能代表了一次科学革命。

 ## 物理学家简介

玻 尔 兹 曼

玻尔兹曼（L. E. Boltzmann, 1844—1906），奥地利物理学家，气体动理论的主要奠基人之一。1844年2月20日玻尔兹曼出生于音乐之都维也纳，幼年受到良好的家庭教育。1863年在维也纳大学学习物理学和数学，得到斯特藩和洛希密脱等著名学者的赞赏和培养。1866年获博士学位后，在维也纳的物理学研究所任助理教授，此后历任拉茨大学、维也纳大学、慕尼黑大学和莱比锡大学的教授。1899年被选为英国皇家学会会员。他还是维也纳、柏林、斯德哥尔摩、罗马、伦敦、巴黎、彼得堡等科学院院士。

玻尔兹曼

大学毕业后，玻尔兹曼当了斯特藩的助手。1866年正值玻尔兹曼即将完成博士论文之际，麦克斯韦计算出了分子速度的麦克斯韦分布律。1868至1871年间，玻尔兹曼把麦克斯韦的气体速率分布律推广到分子在任意力场中运动的情况，得出了有势力场中处于热平衡态的分子按能量大小分布的规律，即玻尔兹曼分布律，并进而得出气体分子在重力场中按高度分布的规律。

玻尔兹曼进一步研究气体从非平衡态过渡到平衡态的过程。他引进由分子速度分布函数 f 定义的一个泛函数 H，证明 f 发生变化时，H 随时间单调地减小，H 减少到最小值时，系统达到平衡状态——这就是著名的 H 定理。H 定理与熵 S 增加原理相当，都表征热力学过程由非平衡态向平衡态转化的不可逆性。1877年玻尔兹曼建立了熵 S 和系统宏观态所对应的可能的微观态数目（即热力学概率 W）的联系：$S \propto \ln W$，揭示了宏观态与微观态之间的联系，指出了热力学第二定律的统计本质：H 定理或熵增加原理所表示的孤立系统中热力学过程的方向性，正相应于系统从热力学概率小的状态向热力学概率大的状态过渡，平衡态热力学概率最大，对应于 S 取极大值或 H 取极小值的状态。后来普朗克将玻尔兹曼的关系简写为 $S = k \ln W$。式中，k 为玻尔兹曼常量。玻尔兹曼的工作是标志气体动理论成熟和完善的里程碑，同时也为统计力学的建立奠定了坚实的基础。

玻尔兹曼把热力学理论和麦克斯韦电磁场理论相结合，运用于黑体辐射研究。1884年玻尔兹曼从理论上严格证明了空腔辐射的辐射强度 M 和热力学温度 T 的关系：$M = \sigma T^4$。式中，σ 是个普适常量，这个关系被称为斯特藩-玻尔兹曼定律。1900年，普朗克在利用玻尔兹曼的方法推导黑体辐射定律时，提出了作为现代物理学标志的普朗克能量子假设，揭开了量子时代的帷幕。

玻尔兹曼是位很好的老师，讲课深受学生欢迎。他常常主持以科学最新成就为题的讨论班，带动学生进行研究，培养了一大批物理学者。

玻尔兹曼的名著《气体理论讲义》被译成多国文字，至今仍有重要学术价值。玻尔兹曼于1906年9月5日不幸自杀身亡。熵与热力学概率关系式 $S = k \ln W$ 至今仍然刻在玻尔兹曼的墓碑上。

第 13 章 振　动

振动是自然界中十分普遍的一种运动形式，凡有摇摆、晃动、打击、发声的地方都存在机械振动。机械振动是物体在平衡位置附近的来回往复的运动。事实上，振动远不止机械运动的范围，热运动、电磁运动中相应物理量的往复变化同样是一种振动，它们与机械振动具有许多共同的特性。同时，波动是振动的传播过程，而且波动和振动的基本规律又是声学、地震学、建筑学、光学、电磁学和无线电技术的理论基础。本章主要讨论机械振动。

振动是多种多样的，可以是周期性的，也可以是非周期性的。有线性振动也有非线性振动。最基本、最简单的振动是线性简谐振动，而任何复杂的振动都可以看成是简谐振动的合成，因此我们先研究简谐振动规律，再讨论稍复杂的振动规律。

13.1　简谐振动动力学

简谐振动动力学

13.1.1　简谐振动动力学方程

简谐振动最典型的实例是弹簧振子。如图 13-1 所示的弹簧振子，弹簧本身的质量忽略不计，弹簧的劲度系数为 k，它一端固定，另一端连接一个质量为 m 的物体，放在光滑水平面上。当弹簧长度等于自然长度时，物体所受合力为零，这时物体的位置就是弹簧振子的平衡位置。如果把弹簧拉伸或压缩一定长度，然后放手，在忽略阻力的情况下，物体在平衡位置附近的往复运动就是简谐振动。

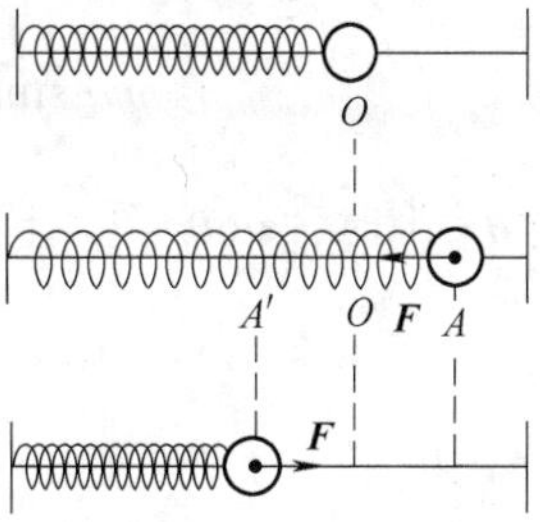

以平衡位置为原点，沿弹簧拉伸的方向为正向，建立 O-x 坐标轴，则物体的位置坐标 x 表示弹簧的伸长（或压缩），也是物体离开平衡位置的位移。根据胡克定律，在弹性限度内，物体所受弹簧的弹性力回复力的大小与弹簧的伸长量（或压缩量）x 成正比，即

图 13-1　弹簧振子的简谐振动

$$F = -kx \qquad (13\text{-}1)$$

式中，负号表示力和位移的方向相反。由牛顿第二定律有

$$-kx = ma = m\frac{\mathrm{d}^2 x}{\mathrm{d}t^2}$$

或

$$\frac{\mathrm{d}^2 x}{\mathrm{d}t^2} + \frac{k}{m}x = 0 \qquad (13\text{-}2)$$

由于 k 和 m 都是只取正值的物理量，故可引入常量 ω，并令

$$\frac{k}{m} = \omega^2 \tag{13-3}$$

则式（13-2）可写成

$$\frac{d^2x}{dt^2} + \omega^2 x = 0 \tag{13-4}$$

此式即为简谐振动的动力学方程。任何振动系统中，凡物体的加速度与物体离开平衡位置的位移满足上式的，其振动就是简谐振动。更广义地，式中的 x 可以代表任何一个物理量，当物理量 x 随时间的变化满足上式时，就可以认为 x 是做简谐振动。

式（13-4）中的 ω 是由振动系统本身的性质决定的，称为振动系统的固有圆频率，它与振动周期 T 的关系为（详见13.2节）

$$\omega = \frac{2\pi}{T} \tag{13-5}$$

13.1.2 简谐振动的实例

1. 小角度单摆

在一根不可伸长且质量不计的细线下端悬挂一质量为 m 的小球构成单摆（见图13-2）。摆球的平衡位置在铅直位置 O 处。将摆球在铅直平面内拉离平衡位置，放手后，摆球将来回摆动。摆线与铅直方向所成的角 θ 称为摆角，通常规定摆球在平衡位置的右方时，θ 为正；在左方时，θ 为负。

取摆球为研究对象。它受到重力 $m\boldsymbol{g}$ 和摆线拉力 $\boldsymbol{F}$ 两个力的作用，在其圆轨道的切线方向上，根据牛顿第二定律，有

$$mg\sin\theta = -ml\beta = -ml\frac{d^2\theta}{dt^2}$$

当 $\theta \leqslant 5°$ 时，$\sin\theta \approx \theta$，上式化简为

$$\frac{d^2\theta}{dt^2} + \omega^2\theta = 0 \tag{13-6}$$

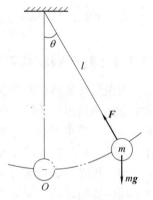

图13-2 小角度单摆

式中，$\omega^2 = \frac{g}{l}$。上式说明，小角度（$\theta \leqslant 5°$）单摆运动是简谐振动。由于 $\omega = \sqrt{\frac{g}{l}}$，因此单摆的振动周期为

$$T = \frac{2\pi}{\omega} = 2\pi\sqrt{\frac{l}{g}} \tag{13-7}$$

可见小角度单摆的周期决定于摆长和所在处的重力加速度。

2. 复摆

如图13-3所示，一个任意形状的刚体支在一个不通过质心 C 的水平轴 O 上，如果使刚体稍偏离平衡位置后释放，则刚体在平衡位置附近做小角度自由摆动。这样的摆叫作复摆，也叫作物理摆。

以刚体为研究对象。除转轴给刚体作用在 O 点的作用力外，刚体还受到作用在质心 C 点的重力。当刚体相对于平衡位置的摆角为 θ 时，复摆受到的重力矩为

$$M = - mgb\sin\theta$$

当 $\theta \leqslant 5°$ 时，$\sin\theta \approx \theta$，有 $M = -mgb\theta$，根据转动定律 $M = J\beta$，得

$$\frac{\mathrm{d}^2\theta}{\mathrm{d}t^2} = - \frac{mgb}{J}\theta = - \omega^2\theta \tag{13-8}$$

式中，J 是刚体对转轴 O 的转动惯量；$\omega = \sqrt{\dfrac{mgb}{J}}$。

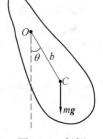

图 13-3 复摆

复摆的振动周期为

$$T = \frac{2\pi}{\omega} = 2\pi\sqrt{\frac{J}{mgb}} \tag{13-9}$$

比较式（13-7）与式（13-9）可知，若要使单摆与复摆的周期相同，则必须使单摆长 $l = \dfrac{J}{mb}$。

因此把 $l = \dfrac{J}{mb}$ 叫作等效单摆长度。

【例 13-1】 一立方体木块浮于静水中，其浸入部分的高度为 b，露出水面部分的高度为 a。若竖直向下轻压木块，使其完全浸没于水中，然后放手任其运动，证明：在不计水对木块的黏滞阻力时，木块的运动是简谐振动。

【解】 取水面上一点 O 为坐标原点，并取 Ox 轴竖直向上（见图 13-4）。当木块在水中处于平衡状态时，分别用 a 和 b 表示它在水面上和水面下的高度。设木块的密度为 ρ，截面积为 S，水的密度为 ρ'。当木块在水中运动到水面上方某一位置 x 时，它在水面下方的体积为 $(b-x)S$，它此时所受浮力大小为 $(b-x)S\rho'g$，又因其重力大小为 $(a+b)S\rho g$。因此，木块在这一位置所受合力的大小为

$$F = (b-x)S\rho'g - (a+b)S\rho g = (b-x)S\rho'g - bS\rho'g = - S\rho'gx$$

因而木块的运动方程为

$$- S\rho'gx = m\frac{\mathrm{d}^2x}{\mathrm{d}t^2} \quad \text{或} \quad \frac{\mathrm{d}^2x}{\mathrm{d}t^2} + \frac{S\rho'g}{m}x = 0$$

可知木块的运动是简谐振动。振动周期为

$$T = \frac{2\pi}{\omega} = 2\pi\sqrt{\frac{m}{S\rho'g}} = 2\pi\sqrt{\frac{b}{g}}$$

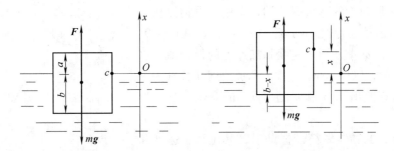

图 13-4 例 13-1 图

【例 13-2】 质量为 m、半径为 R 的细圆环悬挂在一支架上（见图 13-5），试求这个环的振动周期。

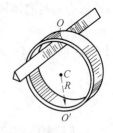

【解】 圆环对通过质心 C 轴的转动惯量为 $J_C = mR^2$。由转动惯量的平行轴定理，圆环对通过悬点 O 轴的转动惯量为

$$J = J_C + mR^2 = 2mR^2$$

圆环的小角度摆动就是复摆，则由式（13-9）得出振动周期为

$$T = 2\pi \sqrt{\frac{2mR^2}{mgR}} = 2\pi \sqrt{\frac{2R}{g}}$$

图 13-5 例 13-2 图

思考：若将题中圆环去掉一半，剩下半个圆环，振动周期又如何？去掉 2/3 呢？

13.2 简谐振动运动学

简谐振动运动学

13.2.1 简谐振动的运动学方程

将简谐振动的动力学方程式（13-4）两次积分后可求出

$$x = A\cos(\omega t + \varphi) \tag{13-10}$$

这就是简谐振动的运动学方程。其中，A 和 φ 是两个积分常数，由振动系统的初始条件来决定。由上式知，当质点做简谐振动时，位移是时间的余弦函数（有时也用正弦函数表达），说明简谐振动是一种时间上的周期性运动。

13.2.2 简谐振动的速度和加速度

将式（13-10）对时间 t 分别求一阶和二阶导数，可得到做简谐振动质点的速度和加速度分别为

$$v = \frac{dx}{dt} = -\omega A\sin(\omega t + \varphi) \tag{13-11}$$

$$a = \frac{dv}{dt} = \frac{d^2x}{dt^2} = -\omega^2 A\cos(\omega t + \varphi) = -\omega^2 x \tag{13-12}$$

上式说明简谐振动的加速度 a 与位移 x 成正比而且反向。

在图 13-1 所讨论的弹簧振子的运动中，设物体从最大位移处开始运动起计时，则该时刻 $t = 0$，$x = A$，$v = 0$，$a = -\omega^2 A$。ωA 和 $\omega^2 A$ 分别是速度和加速度的最大值。以时间 t 为横坐标，以位移 x、速度 v 和加速度 a 分别为纵坐标，可用图线画出 x、v 和 a 随时间 t 的变化关系（见图 13-6）。

由此可见，当物体做简谐振动时，其位移、速度和加速度都是时间 t 的周期函数，三者均在一定的数值范围内做周期性变化。

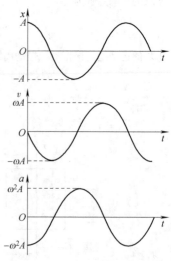

图 13-6 弹簧振子做简谐振动的 x-t、v-t 和 a-t 曲线图

13.2.3 描述简谐振动特征的物理量

1. 简谐振动的周期和频率

简谐振动的动力学特征表明，每经过一定的时间间隔，物体的位移 x、速度 v 和加速度 a 都恢复了原来的大小和方向，物体完成一次全振动。人们把物体完成一次全振动所用的时间，称为周期，用 T 表示。故简谐振动的运动方程可写为

$$A\cos(\omega t + \varphi) = A\cos[\omega(t + T) + \varphi]$$

余弦函数的周期为 2π，所以

$$\omega(t+T)+\varphi=\omega t+\varphi+2\pi$$

从而求得简谐振动的周期为

$$T = \frac{2\pi}{\omega} \tag{13-13}$$

周期的倒数为频率，用 ν 表示，它表示单位时间内的振动次数，即

$$\nu = \frac{1}{T} = \frac{\omega}{2\pi} \tag{13-14}$$

式中，$\omega=2\pi\nu$ 称为圆频率，其意义是在 2π 个单位时间内物体完成全振动的次数。由 13.1 节知，圆频率 ω 是由振动系统的特性决定的，因而简谐振动的周期 T 和频率 ν 也只决定于振动系统的特性，通常称 ν 为固有频率，称 T 为固有周期。

2. 简谐振动的振幅

简谐振动的振幅是指物体在振动过程中位移 x 的最大值 A（绝对值）。振幅 A 是由初始条件确定的。当 $t=0$ 时，由初始条件 $x=x_0$、$v=v_0$，代入式（13-10）和式（13-11），得

$$x_0 = A\cos\varphi, \qquad v_0 = -\omega A\sin\varphi \tag{13-15}$$

由此求出振幅为

$$A = \sqrt{x_0^2 + \left(\frac{v_0}{\omega}\right)^2} \tag{13-16}$$

3. 简谐振动的相位和初相

从式（13-10）和式（13-11）可以看出，要确定振子在任一时刻的运动状态 x 和 v，除振幅和频率外，必须考虑 $\omega t+\varphi$ 的值。$\omega t+\varphi$ 是一个决定做简谐振动物体的瞬时状态的物理量，称为简谐振动的相位（或位相、周相、相）。

简谐振动的每一个运动状态都与一定的相位值对应，或一个相位值对应着一定的运动状态。相位 $\omega t+\varphi$ 描述了振动状态的周期性变化，相位每增加 2π，振动状态就重复一次。

当 $t=0$ 时，相位为 φ，它代表初始时刻的相位值，称为初相。初相的值也是由初始状态决定的。根据初始条件式（13-15），可求得

$$\tan\varphi = -\frac{v_0}{\omega x_0} \tag{13-17}$$

应注意，由上式可得两个可能的 φ 值，需要根据 x_0 和 v_0 的正负进一步判断哪个 φ 值正确。

【例13-3】 一弹簧振子竖直悬挂并处于平衡时,弹簧伸长9.8cm,现在使它在光滑水平面上做简谐振动。设当物体位于 x 轴正方向离开平衡位置4.0cm处时受到冲击力,使物体以指向平衡位置的30cm/s的速度开始做简谐振动。试写出运动方程式。

【解】 设弹簧的伸长 $l=9.8\text{cm}$,其劲系数为 k,当弹簧振子竖直悬挂时,质量为 m 的物体处于平衡状态,因此有 $mg=kl$。由式(13-3)可知弹簧振子做简谐振动的圆频率为

$$\omega = \sqrt{\frac{k}{m}} = \sqrt{\frac{g}{l}} = \sqrt{\frac{980}{9.8}}\text{rad/s} = 10\text{rad/s}$$

依题意,当 $t=0$ 时,$x_0=4.0\text{cm}$、$v_0=-30\text{cm/s}$,并分别代入式(13-16)和式(13-17),可得

$$A = \sqrt{x_0^2 + \left(\frac{v_0}{\omega}\right)^2} = 5.0\text{cm} = 0.05\text{m}$$

$$\varphi = \arctan\left(\frac{-v_0}{\omega x_0}\right) = \arctan\frac{3}{4} = 37° \approx 0.205\,6\pi$$

所以,弹簧振子做简谐振动的运动方程为

$$x = 0.05\cos(10t+0.205\,6\pi) \quad (\text{SI})$$

注意:由本例知,不论弹簧振子是水平放置还是竖直悬挂,其振动圆频率 ω 都一样,那么当将弹簧振子放在倾角为 θ 的光滑斜面上时,ω 又会怎样?

【例13-4】 如图13-7所示,在一平板下装有弹簧,平板上放一质量为1.0kg的重物,若使平板在竖直方向上做简谐振动,周期为0.50s,振幅为 $2.0\times10^{-2}\text{m}$,求:

(1) 平板到最低点时,重物对平板的作用力;

(2) 若频率不变,则平板以多大的振幅振动时,重物跳离平板?

(3) 若振幅不变,则平板以多大的频率振动时,重物跳离平板?

【解】 (1) 由题所给出的平板振动的周期 T 和振幅 A,可得出平板在最低点时,振动的加速度值最大

$$a_\text{m} = \omega^2 A = \frac{4\pi^2}{T^2}A$$

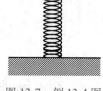

图13-7 例13-4图

此时,重物所受合力 $F=ma_\text{m}$,方向竖直向上。而重物受到板的向上支持力 $\boldsymbol{F_\text{N}}$ 和向下的重力 $\boldsymbol{G}$,所以又有 $F=F_\text{N}-G$,因而重物对平板的作用力方向向下,大小等于板的支持力

$$F_\text{N} = G + F = m(g + a_\text{m}) = m(g + \omega^2 A) = 12.96\text{N}$$

(2) 当平板振动到最高点并开始向下运动时,物体最可能跳离平板,此时平板对重物的支持力为

$$F_\text{N} = G - F = m(g - a_\text{m}) = m(g - \omega^2 A)$$

当重物跳离平板时,$F_\text{N}=0$,频率不变时,振幅为

$$A = \frac{g}{\omega^2} = \frac{gT^2}{4\pi^2} = 6.2\times10^{-2}\text{m}$$

(3) 振幅不变时,频率为

$$\nu = \frac{\omega}{2\pi} = \frac{1}{2\pi}\sqrt{\frac{g}{A}} = 3.52\text{Hz}$$

13.2.4 简谐振动的旋转矢量描述

为了形象、直观地描述简谐振动和简谐振动的合成，下面讨论简谐振动的旋转矢量描述法。

如图 13-8 所示，设一矢量 A 以角速度 ω 绕坐标原点 O 逆时针方向匀速转动。其端点做匀速圆周运动。矢量 A 称为旋转矢量。在计时起点 $t=0$ 时，A 与 x 轴的夹角为 φ。因此，在任意时刻 t，A 与 x 轴的夹角为 $\omega t+\varphi$。如果用 x 表示矢量 A 在坐标轴上的投影，显然有

$$x = A\cos(\omega t + \varphi)$$

可见，旋转矢量 A 的端点在 x 轴上的投影点做简谐振动。

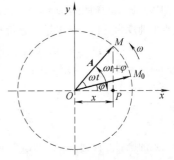

图 13-8　旋转矢量图示法

这样，简谐振动与旋转矢量就构成了一一对应关系：旋转矢量的模与简谐振动的振幅相对应，旋转矢量转动的角速度与简谐振动的圆频率相对应，旋转矢量与 x 轴间的夹角则对应于振动的相位。应用旋转矢量可以很直观地表示简谐振动，尤其是表示简谐振动的相位及两个振动的相位差等。

【例 13-5】　一质点沿 x 轴做简谐振动，振幅为 A，周期为 T。（1）当 $t=0$ 时，质点对平衡位置的位移 $x_0=A/2$，质点向 x 轴正方向运动，求质点振动的初相；（2）质点从 $x=0$ 处运动到 $x=A/2$ 处最少需要多少时间？

【解】　用旋转矢量法，如图 13-9 所示。

（1）当 $t=0$ 时，质点的位移 $x_0=A/2$，故 $t=0$ 时，矢量图中的旋转矢量与 x 轴的夹角应为 $\varphi=\pm\pi/3$，见图 13-9a。再注意到矢量的转动方向是沿逆时针方向的，取 $\varphi=-\pi/3$ 时矢量端点的投影正向 x 轴正方向运动，合题意。故质点振动的初相应为 $\varphi=-\pi/3$。

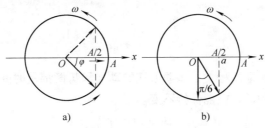

图 13-9　例 13-5 图

（2）质点从位移为 $x=0$ 处运动到 $x=A/2$ 处的过程，在图 13-9b 中即为质点从 O 点运动到 a 点的过程。由于质点的运动不是匀速运动，所以运动时间在 x 轴上不能直接判断出来。在矢量图中，质点从 $x=0$ 处运动到 $x=A/2$ 处的过程，是旋转矢量从 $\varphi=-\pi/2$ 处转动到 $\varphi=-\pi/3$ 处，转过了 $\pi/6$ 的角度。由于矢量的转动是匀角速转动，转动一周的时间是 T，故转过 $\pi/6$ 的时间应为 $T/12$，这也就是质点从 $x=0$ 处运动到 $x=A/2$ 处所需要的最短时间。

思考：若本例中质点的初始位置是 $x_0=-A/2$，且向 x 轴负方向运动，则初相如何？

【例13-6】 一质点做简谐振动的振动曲线如图13-10所示，求质点的振动方程。

【解】 从图中可以直接看出质点振动的振幅为 $A = 2\text{cm}$。在 $t = 0$ 时，质点的位移 $x_0 = A/2$，而质点的速度（曲线的斜率）为负值，并可知质点振动的初相为 $\varphi = \pi/3$。在 $t = 2\text{s}$ 时，质点的位移 $x_0 = A/2$，而质点的速度为正值，从矢量图分析可知，质点振动的相位应该为 $\varphi = 5\pi/3$。在 $t = 0$ 到 $t = 2\text{s}$ 的过程中，相位从 $\varphi = \pi/3$ 变化到 $\varphi = 5\pi/3$，经历的时间为 $\Delta t = 2\text{s}$，相位的改变为 $\Delta\varphi = 4\pi/3$。振动的角频率 ω，即相位变化的速率为

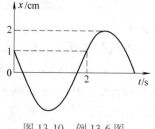

图 13-10 例 13-6 图

$$\omega = \frac{\Delta\varphi}{\Delta t} = \frac{2\pi}{3}\text{rad/s}$$

故质点的振动方程为

$$x = 0.02\cos\left(\frac{2\pi}{3}t + \frac{\pi}{3}\right) \text{ (SI)}$$

13.3 简谐振动的能量

简谐振动的能量

下面以弹簧振子为例讨论简谐振动能量的特点。

质量为 m 的简谐振动物体，某一时刻的动能为

$$E_k = \frac{1}{2}mv^2 = \frac{1}{2}m\omega^2 A^2 \sin^2(\omega t + \varphi) \tag{13-18}$$

系统的势能为

$$E_p = \frac{1}{2}kx^2 = \frac{1}{2}m\omega^2 A^2 \cos^2(\omega t + \varphi) \tag{13-19}$$

简谐振动的机械能为

$$E = E_k + E_p = \frac{1}{2}m\omega^2 A^2 = \frac{1}{2}kA^2 \tag{13-20}$$

由此可见，在简谐振动过程中，**振动系统的动能和势能都是时间的周期函数，它们总是相互转化的，但是系统的总机械能保持不变**。

下面以平衡位置 O 为坐标原点，x 轴表示振子的位置，y 轴表示能量，则简谐振动的能量曲线如图13-11所示。其中实线表示势能 E_p，虚线表示动能 E_k，水平线表示总机械能 $E = E_p + E_k$。从图中的曲线可知，在最大位移处势能最大，动能为零；在平衡位置处势能为零，动能最大；而在任意位置，势能与动能之和均为 $\frac{1}{2}kA^2$。

还可以证明，在一周期内平均动能和平均势能是相等的，都等于总能量的一半。

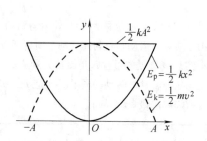

图 13-11 简谐振动的能量曲线

【例 13-7】　如图 13-12 所示，质量为 m 的某种液体，密度为 ρ，装在 U 形管中，管的横截面积为 S。不计液体的黏滞阻力，证明当液体上、下振动时，液面的运动为简谐振动，并求其周期。

【解】　设在某一时刻 t，U 形管右侧的液面相对平衡位置上升了 x，左侧的

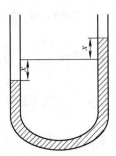

液面下降了 x，而液体运动速度为：$v = \dfrac{\mathrm{d}x}{\mathrm{d}t}$。

液体运动过程中只有重力做功，因而机械能守恒，有

$$\frac{1}{2}mv^2 + \rho S g x^2 = E = 常量$$

将上式对时间 t 求导得

$$mv\frac{\mathrm{d}v}{\mathrm{d}t} + 2\rho S g x \frac{\mathrm{d}x}{\mathrm{d}t} = 0$$

即

图 13-12　例 13-7 图

$$\frac{\mathrm{d}^2 x}{\mathrm{d}t^2} + \frac{2\rho S g}{m}x = 0$$

因而液面是做简谐振动，其周期为

$$T = \frac{2\pi}{\omega} = 2\pi\sqrt{\frac{m}{2\rho S g}}$$

本例表明了另一种证明系统做简谐振动的方法：先给出系统的总机械能（是一守恒量），再将其对时间求导，化简后得出简谐振动动力学基本方程。当对振动系统进行受力分析较困难时，采用这种方法会较容易。

【例 13-8】　一质量为 100g 的物体，以振幅 1cm 做简谐振动，最大加速度为 4cm/s^2，求：（1）振动的周期；（2）通过平衡位置时的动能；（3）物体在何处其动能与势能相等。

【解】　（1）简谐振动加速度最大值 $a_m = \omega^2 A$，所以

$$\omega = \sqrt{\frac{a_m}{A}} = \sqrt{\frac{4}{1}}\text{rad/s} = 2\text{rad/s}, \qquad T = \frac{2\pi}{\omega} = \pi\ \text{s}$$

（2）过平衡位置时动能等于总机械能

$$E_{kmax} = E = \frac{1}{2}mA^2\omega^2 = 2\times10^{-5}\text{J}$$

（3）当动能等于总机械能的一半时，动能与势能相等，即有

$$\frac{1}{2}kx^2 = \frac{1}{2}mv^2 = \frac{1}{4}kA^2$$

此时物体的位置为

$$x = \pm\frac{\sqrt{2}}{2}A = \pm\frac{\sqrt{2}}{2}\text{cm}$$

13.4　简谐振动的合成

如果一个质点同时参与两个振动，那么这个质点所做的运动就是两个振动的合成。一般情况下，振动合成比较复杂，下面只讨论几种特殊

简谐振动的合成

情况下的简谐振动的合成。

13.4.1　同方向同频率简谐振动的合成

设某质点同时参与两个简谐振动，这两个简谐振动方向相同，频率相同，其运动方程分别为

$$x_1 = A_1 \cos(\omega t + \varphi_1) \,,\quad x_2 = A_2 \cos(\omega t + \varphi_2)$$

由振动叠加原理，合振动的位移等于两个分振动位移的代数和，即

$$x = x_1 + x_2 = A_1 \cos(\omega t + \varphi_1) + A_2 \cos(\omega t + \varphi_2)$$

由数学上三角函数和差化积公式整理后得

$$x = A\cos(\omega t + \varphi) \tag{13-21}$$

说明两个同方向、同频率的简谐振动合成后仍是一个简谐振动，振动方向和频率都不变。其中合振动振幅 A 为

$$A = \sqrt{A_1^2 + A_2^2 + 2A_1 A_2 \cos(\varphi_2 - \varphi_1)} \tag{13-22}$$

合振动的初相 φ 的正切为

$$\tan\varphi = \frac{A_1 \sin\varphi_1 + A_2 \sin\varphi_2}{A_1 \cos\varphi_1 + A_2 \cos\varphi_2} \tag{13-23}$$

上述结果也可以用旋转矢量法得到。旋转矢量 A_1 和 A_2 分别表示以上两个分振动，A 为 A_1 和 A_2 的矢量和（见图 13-13）。由于 A_1 和 A_2 均以角速度 ω 逆时针旋转，所以合矢量 A 大小不变，也以角速度 ω 逆时针旋转，这表明合振动的角频率也是 ω。又由于合矢量 A 在 x 轴上的投影等于 A_1 和 A_2 在同一轴上的投影之和，所以在任何时刻 t，振动质点的合位移 x 为

$$x = x_1 + x_2 = A\cos(\omega t + \varphi)$$

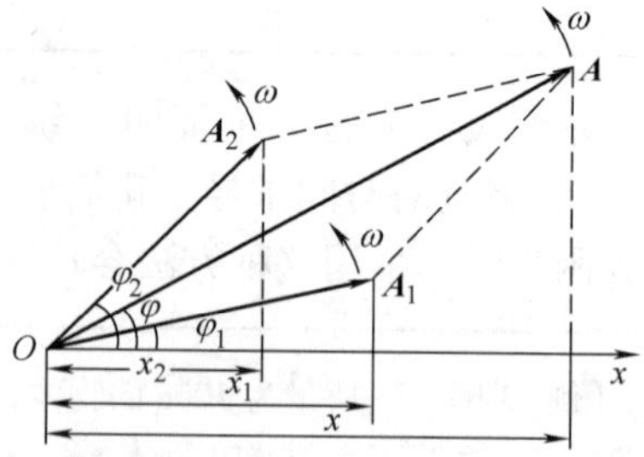

图 13-13　两个同方向同频率简谐振动的合成矢量图

这就是式（13-21）。同时，根据几何知识很容易求出合振动的振幅 A 和初相 φ，且满足式（13-22）和式（13-23）。

从式（13-22）可以看出，合振动的振幅与两个分振动的相位差 $\varphi_2 - \varphi_1$ 有关。下面说明两种特殊情况：

（1）若相位差为

$$\Delta\varphi = \varphi_2 - \varphi_1 = 2k\pi, \quad k = 0, \pm1, \pm2, \cdots \tag{13-24}$$

则 A_1 和 A_2 同向相加，即 $A = A_1 + A_2$。这说明当两个分振动的相位相同或相位差为 2π 的整数倍时，合振动的振幅为两个分振动的振幅之和，此时合振幅达到最大值。

（2）若相位差为

$$\Delta\varphi = \varphi_2 - \varphi_1 = (2k+1)\pi, \quad k = 0, \pm1, \pm2, \cdots \tag{13-25}$$

则 A_1 和 A_2 反向相加，即 $A = |A_1 - A_2|$。这说明当两个分振动的相位相反或相位差为 π 的奇数倍时，合振动为两个分振动的振幅之差，此时合振幅达到最小值。若再有 $A_1 = A_2$，则 $A = 0$，此时合成的结果使质点处于静止状态。

【例 13-9】　有一个质点同时参与两个简谐振动，其中第一个分振动为 $x_1 = 0.3\cos\omega t$，合振动为 $x = 0.4\sin\omega t$，求第二个分振动。

【解】　把合振动改写为

$$x = 0.4\cos\left(\omega t - \frac{\pi}{2}\right)$$

$t=0$ 时振动合成的矢量图如图 13-14 所示。由于图中的直角 $\triangle OPQ$ 正好满足"勾股定理"的条件，于是可直接由勾股定理得到第二个分振动的振幅，$A_2 = 0.5$。也可直接得到第二个分振动的初相位，即旋转矢量 A_2 与 x 轴的夹角

$$\varphi_2 = -90° - 37° = -127°$$

故第二个分振动为

$$x_2 = 0.5\cos(\omega t - 0.7056\pi)$$

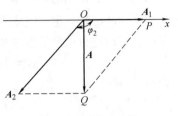

图 13-14　例 13-9 图

思考：若不用旋转矢量的合成方法，而用数学上三角函数方法，如何解本例？

【例 13-10】　设有 N 个同方向、同频率的简谐振动，它们的振幅均为 a，初相分别为 $0, \alpha, 2\alpha, 3\alpha, \cdots$，依次相差 α 角（设 $N\alpha < 360°$），求它们的合振动。

【解】　多个同方向、同频率的简谐振动合成的结果，仍是一同方向、同频率的简谐振动，即

$$x = A\cos(\omega t + \varphi)$$

采用旋转矢量合成法来解是比较容易的。如图 13-15 所示，将 N 个矢量 $a_1, a_2, a_3, \cdots, a_N$ 依次首尾相连，它们的合矢量 $\overrightarrow{OM}$ 就代表了合振动。

图中 $\triangle COM$ 是一等腰三角形，由图知合振幅大小为

$$A = 2R\sin\left(\frac{N\alpha}{2}\right)$$

又由 $\triangle COP$ 知

$$a_1 = a = 2R\sin\left(\frac{\alpha}{2}\right)$$

代入上式得出合振幅

$$A = a\,\frac{\sin\dfrac{N\alpha}{2}}{\sin\dfrac{\alpha}{2}}$$

又由图知

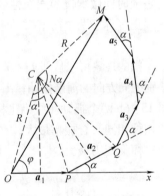

图 13-15　例 13-10 图

$$\angle COP = \frac{1}{2}(\pi - \alpha),\ \angle COM = \frac{1}{2}(\pi - N\alpha)$$

$$\varphi = \angle COP - \angle COM = \frac{N-1}{2}\alpha$$

因而得到合振动方程为

$$x = A\cos(\omega t + \varphi) = a\,\frac{\sin\dfrac{N\alpha}{2}}{\sin\dfrac{\alpha}{2}}\cos\left(\omega t + \frac{N-1}{2}\alpha\right)$$

13.4.2 同方向不同频率简谐振动的合成——拍

当两个简谐振动的频率不同、方向相同时，两个旋转矢量 A_1 和 A_2 的夹角随时间不断变化，合振动的旋转矢量 A 的大小也将随时间不断变化，合振动就不再是简谐振动了。为简单起见，只讨论分振动的振幅和初相都相同的情况。设

$$x_1 = A\cos(\omega_1 t + \varphi), \ x_2 = A\cos(\omega_2 t + \varphi)$$

则合振动为

$$x = x_1 + x_2 = A\cos(\omega_1 t + \varphi) + A\cos(\omega_2 t + \varphi)$$

$$= 2A\cos\left(\frac{\omega_2 - \omega_1}{2}t\right)\cos\left(\frac{\omega_2 + \omega_1}{2}t + \varphi\right) \tag{13-26}$$

如果这两个同方向的简谐振动频率相差不大，满足条件 $\omega_2 - \omega_1 < \omega_1 + \omega_2$，则

$2A\cos\left(\frac{\omega_2 - \omega_1}{2}t\right)$ 随时间的变化比 $\cos\left(\frac{\omega_2 + \omega_1}{2}t + \varphi\right)$ 随时间的变化要慢得多，因此，可以把合振动看作是角频率为 $\frac{\omega_2 + \omega_1}{2}$、振幅为 $2A\cos\left(\frac{\omega_2 - \omega_1}{2}t\right)$ 的振动。显然，合振动的振幅不是恒定的，而是随时间做缓慢的周期性变化，这种现象叫作拍。合振幅变化的频率叫"拍频"，可求出拍频正好等于两个简谐振动频率之差，即

$$\nu = |\nu_2 - \nu_1| \tag{13-27}$$

拍的现象可以从图 13-16 中看到。图 13-16a、b 所表示的分别是两个振幅相等而频率稍有差别的同方向的简谐振动；图 13-16c 表示的就是合振动的曲线，它的纵坐标 x 是图 13-16a 和图 13-16b 两个振动曲线纵坐标 x_1 和 x_2 的代数和。从图中可以看到，在 t_1 时刻，两个分振动的相位相同，合振幅最大；在 t_2 时刻，两个分振动的相位相反，合振幅最小；在 t_3 时刻，合振幅又变为最大。

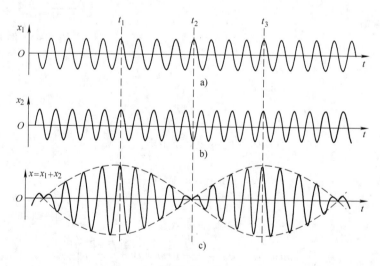

图 13-16 拍

拍的现象在声学、电学中常可遇到，如频率相近的两个发音体（音叉、琴弦等）同时

发音时，就能听到"嗡""嗡""嗡"……的时强时弱的拍音。

【例 13-11】　将频率为 384Hz 的标准音叉振动和另一待测频率的音叉振动合成，测得拍频为 3.0Hz，若在待测音叉的一端加上一小块物体，则合成后拍频将减小，求待测音叉的固有频率。

【解】　由题知，标准音叉的频率为 $\nu_0 = 384\text{Hz}$，拍频为 $\Delta\nu = 3.0\text{Hz}$，因而待测音叉的固有频率可能是

$$\nu_1 = \nu_0 - \Delta\nu = 381\text{Hz} \quad \text{或} \quad \nu_2 = \nu_0 + \Delta\nu = 387\text{Hz}$$

在待测音叉上加一小块物体时，相当于待测音叉增加了质量，由于 $\omega^2 = k/m$，可知其频率将减小。如果待测音叉的固有频率是 ν_1，加一小块物体后，其频率将更低，与标准音叉的拍频将增大；而实际上拍频是减小的，所以待测音叉的固有频率应当是 ν_2，即 387Hz。

13.4.3　相互垂直的同频率简谐振动的合成

设一个质点同时参与频率相同、沿 x 轴和 y 轴方向互相垂直的两个简谐振动，其运动方程分别为

$$x = A_1 \cos(\omega t + \varphi_1) , \quad y = A_2 \cos(\omega t + \varphi_2)$$

若消去时间参数 t，就得到质点运动的轨迹方程为

$$\frac{x^2}{A_1^2} + \frac{y^2}{A_2^2} - 2 \frac{xy}{A_1 A_2} \cos(\varphi_2 - \varphi_1) = \sin^2(\varphi_2 - \varphi_1) \tag{13-28}$$

这是椭圆方程。椭圆的形状由两个分振动的相位差 $\varphi_2 - \varphi_1$ 决定，图 13-17 所表示的就是各种不同相位差情况下的合成图形。

下面具体讨论其中几种特殊情况：

1）$\varphi_2 - \varphi_1 = 0$（或 2π 的整数倍）：此时式（13-28）简化成 $y = \dfrac{A_2}{A_1} x$，合振动轨迹过原点，是在 1、3 象限上的直线。

2）$\varphi_2 - \varphi_1 = \pi$（或 π 的奇数倍）：此时式（13-28）简化成 $y = -\dfrac{A_2}{A_1} x$，合振动轨迹过原点，是在 2、4 象限上的直线。

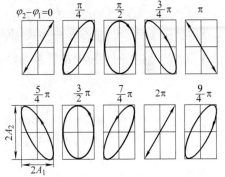

图 13-17　相互垂直的同频率简谐振动的合成

3）$\varphi_2 - \varphi_1 = \dfrac{\pi}{2}$：此时式（13-28）可简化成 $\dfrac{x^2}{A_1^2} + \dfrac{y^2}{A_2^2} = 1$，合振动轨迹是正椭圆，若再有 $A_1 = A_2$，合振动轨迹就是一个圆。仔细分析 x、y 两个方向振动相位间的关系又可知，此时质点是沿顺时针方向绕椭圆（或圆）运动的。

4）$\varphi_2 - \varphi_1 = \dfrac{3\pi}{2}\left(\text{或} -\dfrac{\pi}{2}\right)$。此时式（13-28）仍简化成 $\dfrac{x^2}{A_1^2} + \dfrac{y^2}{A_2^2} = 1$，合振动轨迹与上一种情况完全相同。但分析 x、y 两个方向振动相位间的关系可知，此时质点是沿逆时针方向绕椭圆（或圆）运动的。

【例 13-12】 一质点分别参与下列两组互相垂直的简谐振动：

$$(1) \begin{cases} x = 4\cos\left(8\pi t - \dfrac{\pi}{6}\right) \\ y = 4\cos\left(8\pi t + \dfrac{\pi}{6}\right) \end{cases} \qquad (2) \begin{cases} x = 4\cos\left(8\pi t + \dfrac{\pi}{6}\right) \\ y = 4\cos\left(8\pi t + \dfrac{2\pi}{3}\right) \end{cases}$$

试判断质点运动的轨迹。

【解】 由题知，质点参与的运动是频率相同、振幅相同的垂直运动的合成。质点在 y 方向与在 x 方向上振动的相位差 $\Delta\varphi$ 的值，决定了质点的运动轨迹。

(1) $\Delta\varphi = \varphi_2 - \varphi_1 = \dfrac{\pi}{6} - \left(-\dfrac{\pi}{6}\right) = \dfrac{\pi}{3}$，代入题中数据，式（13-28）可化为

$$x^2 + y^2 - xy = 12$$

因而质点的运动轨迹为一般的椭圆。

(2) $\Delta\varphi = \varphi_2 - \varphi_1 = \dfrac{2\pi}{3} - \dfrac{\pi}{6} = \dfrac{\pi}{2}$，代入题中数据，式（13-28）可化为

$$x^2 + y^2 = 16$$

质点的运动轨迹为一沿顺时针方向转动的圆。

13.4.4 相互垂直的不同频率简谐振动的合成

如果相互垂直的两个简谐振动的频率不同，其合成振动是相当复杂的，与两个相互垂直的分振动的频率比、相位差等都有关。当两个分振动的频率比可化为整数比时，合振动的轨迹是有规则的稳定的闭合曲线，称为李萨如图形。图 13-18 给出了具有不同频率比（2∶1、3∶1、3∶2）和不同相位差的几种李萨如图形。

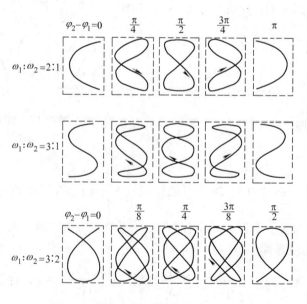

图 13-18 李萨如图形

*13.5　阻尼振动　受迫振动　共振

13.5.1　阻尼振动

前面讨论的简谐振动是一种理想情况，其机械能守恒，振幅始终不变。这种振动一旦产生，就会永不停止地振动下去。而实际上，振动系统总是会受到阻力作用而逐渐损耗能量，其振幅就会随时间不断减小，最后停止振动。这种振动就称为阻尼振动（或称减幅振动）。

振动系统的阻尼通常有两种：一种是由摩擦阻力作用使振动系统的能量逐渐转变为热能，这叫作摩擦阻尼；另一种是振动系统的能量逐渐向四周辐射转变为波的能量，这叫作辐射阻尼。下面主要讨论摩擦阻尼的作用。

以弹簧振动系统为研究对象，并设物体在直线 Ox 上振动，则物体所受外力为弹性回复力 $-kx$ 和阻力 F。在振动速度比较小时，可以认为摩擦阻力 F 与速率 v 成正比，即

$$F = -\gamma v = -\gamma \frac{\mathrm{d}x}{\mathrm{d}t}$$

其中，γ 为阻力系数；负号表示 F 与 $\boldsymbol{v}$ 的方向相反。根据牛顿第二定律得

$$m \frac{\mathrm{d}^2 x}{\mathrm{d}t^2} = -kx - \gamma \frac{\mathrm{d}x}{\mathrm{d}t}$$

若令

$$\omega_0^2 = k/m, \quad 2\beta = \frac{\gamma}{m}$$

上式可改写为

$$\frac{\mathrm{d}^2 x}{\mathrm{d}t^2} + 2\beta \frac{\mathrm{d}x}{\mathrm{d}t} + \omega_0^2 x = 0 \tag{13-29}$$

这就是阻尼振动的微分方程。式中，ω_0 是振动系统的固有圆频率；β 为阻尼因数。对于一个振动系统，由于阻尼因数 β 的大小不同，由上式可以得到三种不同振动状态的解。

1. 弱阻尼振动

当阻尼较小（$\beta^2 < \omega_0^2$）时，式（13-29）的解为

$$x = A_0 \mathrm{e}^{-\beta t} \cos(\omega t + \varphi) \tag{13-30}$$

式中，$A_0 \mathrm{e}^{-\beta t}$ 表示随着时间的增加而衰减的振幅，而弱阻尼振动的圆频率为

$$\omega = \sqrt{\omega_0^2 - \beta^2}$$

其振动曲线如图 13-19 所示。

2. 过阻尼振动

当阻尼很大（$\beta^2 > \omega_0^2$）时，有

$$x = C_1 \mathrm{e}^{-(\beta - \sqrt{\beta^2 - \omega_0^2})t} + C_2 \mathrm{e}^{-(\beta + \sqrt{\beta^2 + \omega_0^2})t} \tag{13-31}$$

式中，C_1、C_2 是由初始条件决定的常数。上式说明，此时随

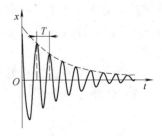

图 13-19　弱阻尼振动

着时间的增加，振幅逐渐减小，最后趋于零。因此，物体的运动不是周期性的，不发生振动。这种运动状态称为过阻尼状态（见图 13-20）。

3. 临界阻尼

如果阻尼介于 1 和 2 所述两种情况之间，且 $\beta^2 = \omega_0^2$ 时，则有

$$x = (C_1 + C_2 t) e^{-\beta t} \tag{13-32}$$

这说明，物体的运动也不是周期性的，因此也不发生振动。这种运动状态称为临界阻尼状态。

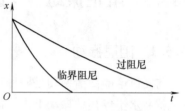

图 13-20 过阻尼与临界阻尼

【例 13-13】 有一单摆在空气（室温为 20℃）中来回摆动，其摆线长 $l = 1.0$m，摆锤是一半径 $r = 5.0 \times 10^{-3}$m 的实心铅球。求：（1）摆动周期；（2）振幅减小 10% 所需的时间；（3）能量减小 10% 所需的时间。（铅球密度为 $\rho = 2.65 \times 10^3$ kg·m^{-3}，20℃时空气的动力黏度 $\eta = 1.78 \times 10^{-5}$ Pa·s）

【解】 （1）由题所给数据可求出此单摆的固有圆频率

$$\omega_0 \approx \sqrt{g/l} \approx 3.13/\text{s}^1$$

摆球在空气中摆动时所受的黏滞阻力为 $F = -6\pi r \eta v = -Cv$，因而阻尼因数为

$$\beta = \frac{C}{2m} = \frac{9\eta}{4r^2 \rho} = 6.04 \times 10^{-4}/\text{s}$$

$\beta \ll \omega_0$，因而摆动周期为

$$T = \frac{2\pi}{\sqrt{\omega_0^2 - \beta^2}} \approx \frac{2\pi}{\omega_0} \approx 2\text{s}$$

（2）由式（13-30）知，弱阻尼振动的振幅为 $A = A_0 e^{-\beta t}$，当 $A = 0.9A_0$ 时，所需时间 t_1 为

$$t_1 = \frac{-\ln 0.9}{\beta} \approx 174\text{s}$$

（3）在任一时刻，阻尼振动的能量与初始时的能量比为：$\dfrac{E}{E_0} = \dfrac{A^2}{A_0^2} = e^{-2\beta t}$，因而当 $E = 0.9E_0$ 时，所需时间 t_2 为

$$t_2 = \frac{-\ln 0.9}{2\beta} \approx 87\text{s}$$

13.5.2 受迫振动

在实际振动系统中，由于阻尼的作用使能量逐渐损耗，要使振动维持下去，就要对振动系统补充能量。通常可对系统施加一个周期性的外力作用来补充能量，这种系统在周期性外力作用下所维持的振动，就叫作受迫振动。如扬声器中纸盆的振动，钟摆的振动都是受迫振动。

做受迫振动的物体总共受到弹性力 $-kx$、阻力 $-\gamma v$ 和周期性外力 $F\cos\omega t$（F 为力幅，ω 为周期性外力的圆频率）三种力作用。根据牛顿第二定律，有

$$m \frac{\mathrm{d}^2 x}{\mathrm{d}t^2} = -kx - \gamma \frac{\mathrm{d}x}{\mathrm{d}t} + F\cos\omega t$$

若令 $\omega_0^2 = \dfrac{k}{m}$，$2\beta = \dfrac{\gamma}{m}$，$h = \dfrac{F}{m}$，则上式可写为

$$\frac{\mathrm{d}^2 x}{\mathrm{d}t^2} + 2\beta \frac{\mathrm{d}x}{\mathrm{d}t} + \omega_0^2 x = h\cos\omega t \tag{13-33}$$

这就是受迫振动的微分方程，其解为

$$x = A_0 \mathrm{e}^{-\beta t}\cos(\omega' t + \varphi) + A\cos(\omega t + \varphi) \tag{13-34}$$

式中，$\omega' = \sqrt{\omega_0^2 - \beta^2}$。上式说明，受迫振动由阻尼振动 $A_0 \mathrm{e}^{-\beta t}\cos(\omega' t + \varphi)$ 和等幅振动 $A\cos(\omega t + \varphi)$ 两部分组成。可见，受迫振动开始时的情况很复杂，但经过一段时间后阻尼振动就衰减到可以忽略不计，即 $A_0 \mathrm{e}^{-\beta t}\cos(\omega' t + \varphi)$ 趋近于零，这时，受迫振动就达到稳定状态，在周期性外力作用下按外力的频率作周期振动，且振幅保持稳定不变。也就是说，达到稳定状态后，受迫振动的运动方程为

$$x = A\cos(\omega t + \varphi) \tag{13-35}$$

式中，

$$A = \frac{h}{\sqrt{(\omega_0^2 - \omega^2)^2 + 4\beta^2\omega^2}} \tag{13-36}$$

$$\varphi = \arctan\frac{-2\beta\omega}{\omega_0^2 - \omega^2} \tag{13-37}$$

由上两式可知，受迫振动的 A、φ 不再取决于初始条件，而是取决于系统、介质阻尼和强迫力的性质，受迫振动稳定后是按外力的频率做周期振动而不是按振动系统的固有圆频率，因此，在稳定后受迫振动与简谐振动并不相同，即有本质的区别。

13.5.3 共振

由式（13-36）知，在稳定状态下受迫振动的振幅 A 的大小与外力的圆频率 ω、阻尼因数 β、振动系统的固有圆频率 ω_0 等都有关。通常系统的固有圆频率 ω_0 是固定不变的，给定一个 β 值后，可考察 A 随外力的圆频率 ω 的变化情况（见图 13-21）。不同的 β 值对应着不同的曲线。

实验得知，当强迫力的圆频率 $\omega \gg \omega_0$ 或 $\omega \ll \omega_0$ 时，受迫振动的振幅 A 较小。当 $\omega \approx \omega_0$ 时，振幅 A 较大。对式（13-36）利用求函数极值的方法，可以得到振幅 A 取极大值时，受迫振动的圆频率为

$$\omega_r = \sqrt{\omega_0^2 - 2\beta^2} \tag{13-38}$$

此时，受迫振动的振幅将达到最大值

$$A_{\max} = \frac{h}{2\beta\sqrt{\omega_0^2 - \beta^2}} \tag{13-39}$$

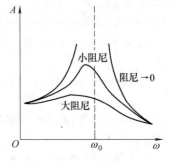

图 13-21 振幅随外力的
圆频率的变化关系

这种现象叫作共振。由上两式可知，阻尼因数 β 越小、外力圆频率 ω 越接近固有频率 ω_0，共振时的振幅就越大，共振现象也就越强烈。

共振现象在实践中有着广泛的应用。有些乐器利用共振来提高音响效果；收音机的调谐即利用共振来接收某一频率的电台广播；原子核的核磁共振被用来进行物质结构的研究和医

疗诊断等。但共振现象也能引起危害。1904 年，一队俄国士兵以整齐的步伐通过彼得堡的一座桥时，由于产生共振而使桥倒塌；1940 年，美国华盛顿州刚刚建好的塔科马（Tocama）大桥，因大风引起的振荡频率与桥的固有频率相近，产生共振而导致毁坏（见图 13-22）；厂房里的机床振动频率如果与厂房本身的固有频率相近，厂房由于发生共振有遭到破坏的危险；火车通过桥梁和隧道时，通常要减速，也是为防止发生共振。

a)   b)

图 13-22　被大风毁坏的塔科马大桥
a）大桥被风扭曲　b）大桥因共振而坍塌

🔗 思考题

13-1　什么是简谐振动？试分别从运动学和动力学两个方面回答，一个质点在一个使它返回平衡位置的力作用下，是否一定做简谐振动？并判断下列运动是不是简谐振动。

（1）小球在地面上做完全弹性的上下跳动；

（2）小球在半径很大的光滑凹球面上做短距离滚动时球心的运动；

（3）浮在水里且密度小于水的均匀三角形，锥顶向上，在水中上下浮动。

13-2　什么是相位？什么是初相？在简谐振动 $x = A\cos(\omega t + \varphi)$ 中，若 A 已知而 ω 未知，那么由初相 φ 可以确定简谐振动的什么量？

13-3　两个相同的弹簧各系一物体做简谐振动，不计弹簧质量，问在下列情况下其运动周期是否一样？

（1）物体质量 $m_1 = m_2$，振幅 $A_1 = A_2$，一个在光滑水平面上做水平振动，一个在竖直方向做竖直振动；

（2）$m_1 = m_2$，$A_1 = 2A_2$，都在光滑水平面上做水平振动；

（3）$m_1 = 2m_2$，$A_1 = 2A_2$，都在光滑水平面上做水平振动。

13-4　有两个完全相同的弹簧振子，如果一个弹簧振子的物体通过平衡点的速度比另一个大，则它们的周期是否相同？

13-5　将劲度系数分别为 k_1 和 k_2 的弹簧并联或串联起来，构成弹簧振子，它们的周期公式各具有什么形式？

13-6　若单摆悬线质量不可忽略，它的周期增加还是减少？

13-7　若弹簧振子中弹簧本身的质量不可忽略，其周期增加还是减少？

13-8　若将长 l 的一单摆的摆线固连在电梯的天花板上，当电梯以加速度 $a(a < g)$ 向上（或向下）匀加速运动时，单摆的周期将增大还是减小？

13-9　在一个单摆装置中，摆动物体是一个装有砂子的漏斗，当其摆动时，让砂子不断地从漏斗中连续漏出, 则其摆动的周期将增大还是减小?

13-10　弹簧振子做简谐振动时, 如果振幅增为原来的两倍而频率减为原来的一半, 问它的总能量怎样改变?

13-11　两个相同的弹簧挂着质量不同的物体, 当它们以相同的振幅做简谐振动时, 问振动的能量是否相同?

13-12　什么是旋转矢量法? 旋转矢量法中什么量在做简谐振动? 在简谐振动方程 $x = A\cos(\omega t + \varphi)$ 中, x、ω、φ 及 $\omega t + \varphi$ 等物理量与旋转矢量图中的哪些量相对应?

13-13　同方向同频率的简谐振动合成时, 互相加强和互相减弱的条件是什么?

13-14　拍是怎样形成的? 具有什么特征? 拍频是合成振动动量的变化频率, 还是合振幅的变化频率? 它与分振动的频率有何关系?

13-15　你认为一小孩独立地荡秋千运动属于什么运动?

习　题

13-1　如图 13-23 所示, 质量为 m 的密度计放在密度为 ρ 的液体中。已知密度计圆管的直径为 d。试证明: 推动密度计后, 证明它在竖直方向的振动为简谐振动, 并计算其振动周期。

13-2　证明图 13-24 所示系统的振动为简谐振动, 且其频率为 $\nu = \dfrac{1}{2\pi}\sqrt{\dfrac{k_1 k_2}{(k_1 + k_2)m}}$。

13-3　如图 13-25 所示, 有一截面积为 S 的空心管柱, 配有质量为 m 的活塞, 活塞与管柱间的摩擦略去不计。在活塞处于平衡状态时, 柱内气体的压强为 p, 气柱高为 h。若使活塞有一微小位移, 活塞将上下振动, 证明它在竖直方向的振动为简谐振动, 并计算其振动周期。设气体温度不变。

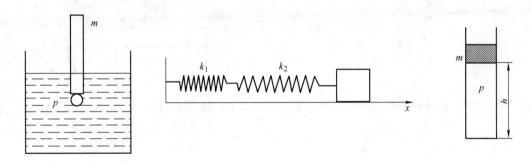

图 13-23　习题 13-1 图　　　　　图 13-24　习题 13-2 图　　　　　图 13-25　习题 13-3 图

13-4　设地球是一个半径为 R 的均匀球体, 密度 $\rho = 5.5 \times 10^3 \, \text{kg/m}^3$。现假定沿直径凿一条隧道。若有一质量为 m 的质点在此隧道内做无摩擦运动。

(1) 证明此质点的运动是简谐振动;

(2) 计算其周期。

13-5　两质点做同方向、同频率的简谐振动, 振幅相等。当质点 1 在 $x_1 = A/2$ 处, 且向左运动时, 另一个质点 2 在 $x_2 = -A/2$ 处, 且向右运动。求这两个质点的相位差。

13-6　一竖直悬挂的弹簧下端挂一物体, 最初用手将物体在弹簧原长处托住, 然后放手, 此系统便上下振动起来, 已知物体最低位置是初始位置下方 10.0 cm 处, 求:

(1) 振动频率;

(2) 物体在初始位置下方 8.0 cm 处的速率。

13-7 一物体沿 x 轴做简谐运动，振幅为 0.06m，周期为 2.0s，当 $t=0$ 时位移为 0.03m，且向 x 轴正方向运动。求：

（1）$t=0.5$s 时，物体的位移、速度和加速度；

（2）物体从 $x=0.03$m 处向 x 轴负向运动开始，到平衡位置，至少需要多少时间？

13-8 一物体放在水平木板上，此板沿水平方向做简谐振动，频率为 2Hz，物体与板面间的静摩擦因数为 0.50。问：

（1）要使物体在板上不致滑动，振幅的最大值为多少？

（2）若将此板改做竖直方向的简谐振动，振幅为 0.05m，那么使物体一直保持与板接触的最大频率是多少？

13-9 如图 13-26 所示，一劲度系数为 k 的轻弹簧，其下挂有一质量为 m_1 的空盘。现有一质量为 m_2 的物体从盘上方高为 h 处自由落到盘中，并和盘粘在一起振动。问：

（1）此时的振动周期与空盘做振动的周期有何不同？

（2）此时的振幅为多大？

13-10 如图 13-27 所示，轻质弹簧的一端固定，另一端系一轻绳，轻绳绕过滑轮连接一质量为 m 的物体，绳在轮上不打滑，使物体上下自由振动。已知弹簧的劲度系数为 k，滑轮半径为 R，转动惯量为 J。

（1）证明物体做简谐振动；

（2）求物体的振动周期；

（3）设 $t=0$ 时，弹簧无伸缩，物体也无初速，写出物体的振动表达式。

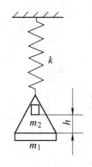

图 13-26 习题 13-9 图

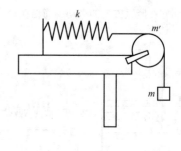

图 13-27 习题 13-10 图

13-11 若在一竖直轻弹簧的下端悬挂一小球，弹簧被拉长 $l_0=1.2$cm 而平衡，经推动后，该小球在竖直方向做振幅为 $A=2$cm 的振动，试证明此振动为简谐振动；若选小球在正最大位移处开始计时，写出此振动的数值表达式。

13-12 一台摆钟的等效摆长 $l=0.995$m，摆锤可上、下移动以调节其周期，该钟每天快 1min27s，假如将此摆当作质量集中在摆锤中心的一个单摆来考虑，则应将摆锤向下移动多少距离，才能使钟走得准确？

13-13 一质点做简谐振动，其振动方程为 $x=6.0\times10^{-2}\cos(\pi t/3-\pi/4)$。

（1）当 x 值为多大时，系统的势能为总能量的一半？（2）质点从平衡位置移动到此位置所需最短时间为多少？

13-14 试证明：

（1）一个周期中，简谐运动的动能和势能对时间的平均值都等于 $kA^2/4$；

（2）一个周期中，简谐运动的动能和势能对位置的平均值分别等于 $kA^2/3$ 和 $kA^2/6$。

13-15　一物体同时参与两个同方向简谐振动：$x_1 = 0.04\cos(2\pi t + \pi/2)$；$x_2 = 0.03\cos(2\pi t + \pi)$。求此物体的振动方程。

13-16　有两个同方向同频率的简谐运动，其合振动的振幅为 0.20m，合振动的相位与第一个振动的相位差为 $\pi/6$，第一个振动的振幅为 0.173m。求第二个振动的振幅及两振动的相位差。

13-17　求 5 个同方向、同频率简谐振动的合成，合振动方程为 $x = \sum\limits_{k=0}^{4} a\cos\left(\omega t + \dfrac{k\pi}{4}\right)$。

13-18　两个同方向的简谐振动曲线如图 13-28 所示，求：

（1）合振动的振幅；

（2）合振动的振动表达式。

13-19　示波管的电子束受到两个互相垂直的电场的作用。电子在两个方向上的位移分别为 $x = A\cos\omega t$ 和 $y = A\cos(\omega t + \varphi)$。求在 $\varphi = 0$、$\varphi = 30°$ 和 $\varphi = 90°$ 各种情况下，电子在荧光屏上的轨迹方程。

13-20　一物体悬挂在弹簧下做阻尼振动，开始时其振幅为 0.12m，经 144s 后振幅减为 0.06m。问：

（1）阻尼系数是多少？

（2）如振幅减至 0.03m，需再经历多长时间？

13-21　一质量为 2.5kg 的物体与一劲度系数为 1 250N/m 的弹簧连接做阻尼振动，阻力系数为 50.0kg/s。求阻尼振动的角频率。

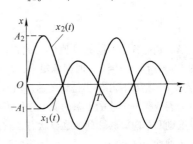

图 13-28　习题 13-18 图

阅读材料

一、非线性振动

质点的振动分为线性与非线性两大类，相应的运动方程也分别是线性和非线性的微分方程。两种振动的根本区别在数学上归结于线性微分方程与非线性微分方程的区别。线性微分方程的解满足叠加原理，非线性微分方程的解则不满足叠加原理。

自然界的现象本质上是非线性的，由于非线性的存在，将使运动之间发生相互作用，这种相互作用给事物带来质的变化，产生多样性、复杂性。非线性微分方程只有少部分是可积的，而且要用各不相同的特殊方法才能求出其解析解，大部分是不可积的，不可能求得它们准确的解析解。因而，常用其他一些方法，如相平面法、数值计算法等，来求非线性微分方程的近似解。下面用几个实例来说明。

（一）大角度单摆

单摆又称数学摆，是物理学中最简单的模型之一。小角度的单摆是线性的简谐振动，而大角度摆动则为非线性振动。这里，为了使它能做任意大角度的运动，把细线换成细棒，并认为其质量可忽略。设摆长为 l，小球的质量为 m，相对于小球铅垂位置的角位移为 θ，单摆运动时，受重力 $m\boldsymbol{g}$ 作用（见图 13-29）。则其运动方程为

$$\ddot{\theta} + \omega_0^2 \sin\theta = 0 \qquad (1)$$

式中，$\omega_0 = \sqrt{\dfrac{g}{l}}$ 为固有角频率。由于有非线性项 $\sin\theta$ 的存在，此式不易求出其解析解。

采用相图分析法，我们并不要求式（1）的解，从机械能守恒定律有

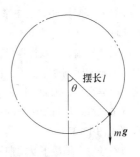

图 13-29　大角度单摆

$$E = \frac{1}{2}ml^2 \dot{\theta}^2 + mgl(1-\cos\theta) = 常量$$

无量纲化后得

$$H = \frac{E}{mgl} = \frac{l}{2g}\dot{\theta}^2 + 1-\cos\theta = 常量$$

或

$$\dot{\theta} = \pm\sqrt{\frac{2g}{l}(H-1+\cos\theta)} \tag{2}$$

分别把各个不同的 H 值代入此式，则由每个 θ 值可算出两个 $\dot{\theta}$ 值，据此可以画出一条条相轨来，如图13-30所示。$H=0.1$ 时振幅很小，相轨接近一个椭圆，对应的振动是线性的；$H=1.0$ 时对应于最大摆角为 $\pi/2$ 的情况，相轨仍是封闭的，但两端凸出略呈尖角状，说明此时已表现出振动的非线性；$H=3.5$ 时相轨分裂成互不相连的上下两支，它们不再闭合，分别对应于摆锤顺时针和逆时针的旋转；$H=2.0$ 是介于往复摆动和单向旋转之间的临界状态，它在 $\theta=\pm\pi$ 处交叉或尖角，此处对应于摆锤在正上方时的不稳定位置，当小球摆动到 $\theta=\pm\pi$ 处时，可能倒摆回头也可能继续向前，完成一个圆周的摆动，即运动有不确定性。这条把两种运动形式分开的相轨称为"分界线"，$\theta=\pm\pi$ 这两点，称为"异宿点"。

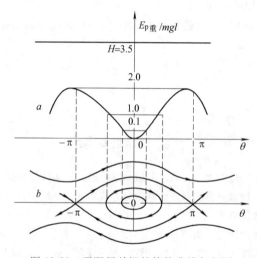

图 13-30 无阻尼单摆的势能曲线与相图

若有阻尼的作用，则由于能量耗散，对小角度摆动来说，其相图中原来的无阻尼闭合轨线消失，代之以向内旋转的对数螺线，无论从哪里出发，最后都趋向于中心点 O，称中心点为"吸引子"，它把相空间里的点都吸引到自己中来，O 又是一个不动点，因此它是最简单的一类吸引子——不动点吸引子（见图13-31）。

对大振幅的非线性情形，相图中心部分与线性情况差不多。有了阻尼，单摆从垂直倒立的动位置下摆时，再不能回到原来位置，反映在相图上，从一个异宿点出发的轨线由于能量耗散而向里卷绕，不再通过另一个异宿点，因而，原来的异宿轨线消失。相图中，$\theta=2n\pi$ 对应不同的吸引子，分界线把相平面分隔成不同的区域，从每个区域的任一点出发的轨线都流向该区中心的吸引子。这样的区域称为该吸引子的吸引域（见图13-32）。

在任意大振幅下受周期性外力 F 驱动阻尼摆的运动十分复杂，其运动方程为

$$\ddot{\theta} + 2\beta\dot{\theta} + \sin\theta = f\cos\omega t$$

用解析方法求解上式是不可能的，只能求数值解。

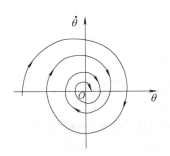

图 13-31　小角度阻尼摆的相图

图 13-32　大角度阻尼摆的相图

（二）干摩擦引起的自激振动

耗散系统的振动是不能持久的，激励振动的方式主要有二：周期力和单方向的力。用周期力来激励的振动叫作受迫振动，用单方向的力来激励的振动叫作自激振动或自振。

自激振动在自然界里和生活中是很常见的。例如，树梢在狂风中呼啸；提琴奏出的悠扬小夜曲；自来水管突如其来的喘振；夜深人静时听到墙上老式挂钟持续地发出滴答滴答的摆动声等，这些无不是各式各样的自激振动。用车、铣、刨、磨等机床加工时，搞得不好，刀具自激振动起来，会在工件表面上啃出波浪式的纹路，从而严重影响加工的表面粗糙度和机床的寿命。所以，自激振动是一种相当普遍的现象。

线性系统不改变振动的频率，而自激振动把单方向运动的能量转化为周期性振荡的能量，这种转化需要靠非线性机制来完成。所以，自激振动本质上是一种非线性振动。

不加润滑的物体在一起摩擦时发出的吱轧尖叫，弦乐器奏出的悦耳琴声等，都是干摩擦引起的自激振动。我们用如图 13-33 所示较简单的模型来分析这种现象。传送带以恒定速度 v_0 前进，系在另一端固定弹簧上的物体受传送带摩擦力的带动而向前移；与此同时，弹簧被拉伸，以更大的力向后拉那个物体。当此力超过了最大静摩擦力时，该物体突然向后滑动。于是，弹簧缩短，向后拉物体的力减小，直到传送带又能将它带动向前为止。如此周而复始，形成振荡。在这种振荡过程中弹簧是逐渐伸张、突然松弛的，其波形如图 13-34 所示，这种振动属于张弛型振动。以上便是干摩擦引起自激振动的大致物理图像。

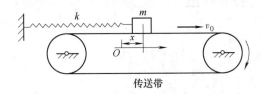

图 13-33　干摩擦引起自激振动的模型

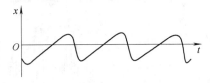

图 13-34　张弛振动

此干摩擦引起自激振动的相图如图 13-35 所示，相图中的原点 O 是平衡点，失稳后，所有附近的相点都背离它。数值计算表明，螺旋式扩展的相轨渐近地趋于同一个闭合曲线（图中的粗线）。如果我们的初始状态不在该闭合曲线之内，而是在它之外，则相轨将向内卷缩，终将从外面渐近地趋于它。所以，这根闭合曲线是内外所有相轨的极限，称为极限环。相图中极限环上那段 $\dot{x}=v_0$ 的水平直线，代表物体跟传送带向前走的平缓伸张过程（相当于波形图 13-34 里曲线沿斜线的上升部分）；下面那段弯回的曲线，代表超过了静摩擦极限后，物体被弹簧急剧拉回的松弛过程（相当于图 13-34 里曲线的陡峭下跌部分）。这样一张一弛，物体就持续地振荡下去。

（三）弹簧摆的参数振动

振动系统的参数在不断变化的振动称为参数振动。如图 13-36 所示的弹簧摆，其摆长会不断变化，以

r、θ 分别表示摆长和摆角，可得出系统运动方程组为

$$\frac{\mathrm{d}^2 r}{\mathrm{d}t^2} = r\left(\frac{\mathrm{d}\theta}{\mathrm{d}t}\right)^2 + g\cos\theta - \frac{k}{m}\ (r - L_0)$$

$$\frac{\mathrm{d}^2 \theta}{\mathrm{d}t^2} = -\frac{2}{r}\frac{\mathrm{d}r}{\mathrm{d}t}\frac{\mathrm{d}\theta}{\mathrm{d}t} - \frac{g}{r}\sin\theta$$

式中，L_0 为弹簧原长。这是相当复杂的非线性方程组，用数值计算方法求出摆球的运动轨迹、摆角和摆长变化，如图 13-37 中所示。

注意：随着摆长的周期性变化，摆角也会变大又变小，说明径向与横向间的能量在相互转换。荡秋千时，人在荡到两侧高处时下蹲，在平衡位置时立起，这就是一种参数振动，并可使摆角越来越大。

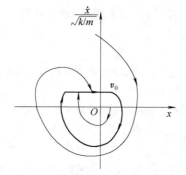

图 13-35 干摩擦自激振动的极限环

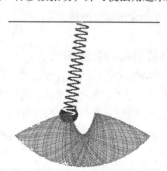

图 13-36 弹簧摆

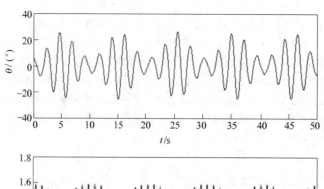

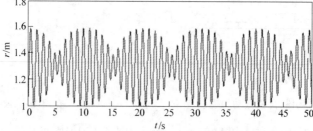

图 13-37 弹簧摆的摆角与摆长随时间的变化

（四）倒摆的受迫振动

如图 13-38 所示的倒摆，摆动时受到重力矩、弹簧力矩及空气阻力的作用。可写出其运动方程为

$$ml^2\ddot{\theta} + \beta l^2\dot{\theta} + (c - mgl)\theta + \frac{1}{6}mgl\theta^3$$

$$= ml^2\Omega^2 A\cos\Omega t$$

对方程进行无量纲化，得出

$$\frac{\mathrm{d}^2\theta}{\mathrm{d}T^2} + \frac{\beta}{m}\frac{\mathrm{d}\theta}{\mathrm{d}T} - \frac{mgl-c}{ml^2}\theta + \frac{g}{6l}\theta^3 = A\Omega^2\cos\Omega T$$

上式在无驱动力时系统具有 3 个平衡位置：$\theta = 0$ 和 $\theta_0 = \pm\sqrt{6 - \frac{6c}{mgl}}$。

令

$$\Omega_0^2 = \frac{mgl-c}{ml^2}, \quad T_0 = 1/\Omega_0, \quad x = \frac{\theta}{\theta_0}, \quad t = \frac{T}{T_0}$$

可将上面无量纲方程改写成

$$\ddot{x} + \delta\dot{x} - x + x^3 = f\cos\omega t$$

其中 $\delta = \frac{\beta}{m\Omega_0}$，$\omega = \frac{\Omega}{\Omega_0}$，$f = \frac{A}{\theta_0}\left(\frac{\Omega}{\Omega_0}\right)^2$。

由于存在非线性项 $-x^3$，使得结果出现了混沌现象。用计算机数值计算的结果如图 13-39 和图 13-40 所示。

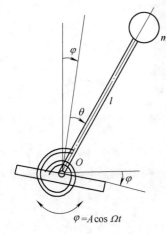

图 13-38 倒摆的受迫振动

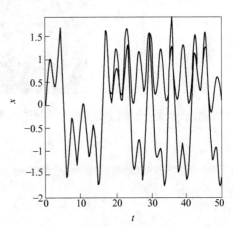

图 13-39 倒摆对初值的敏感性

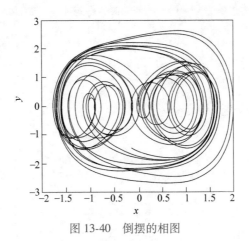

图 13-40 倒摆的相图

二、上海中心大厦的阻尼器

高达 632m 的上海中心大厦位于上海市陆家嘴金融贸易区银城中路 501 号，始建于 2008 年 11 月 29 日，于 2016 年 3 月 12 日完成建筑总体的施工工作，是目前我国第一高楼、世界第三高楼。

　　这栋超高层大楼有一个定楼神器——电涡流摆式调谐质量阻尼器。该阻尼器是我国自主研发的一项创新技术，是目前世界上质量最大的摆式阻尼系统，由四组钢缆、质量块、阻尼装置和保护装置组成，约 20m 高，重 1 000t，约占大厦总重的 0.118%。阻尼器位于大厦 125 层，距离地面 583m。当楼体受台风影响产生摆动时，阻尼器会产生与大楼运动方向相反的摆动，从而有效地进行减震控制，削减强风下高层晃动，保持楼体稳定和安全，提高舒适度。近几年，台风来袭之际，上海中心大厦阻尼器开启运作模式，其顶部的艺术品"上海慧眼"（又称"巅峰之眼"，见图 13-41）都会产生肉眼可见的摆动。

图 13-41　上海慧眼

第14章 波　　动

　　振动状态在空间中的传播称为波。机械振动在媒质中的传播称为机械波，如声波、水波、地震波等。变化的电磁场在空间的传播称为电磁波，如无线电波、光波、X射线等。近代物理告诉我们，构成物质世界的基本微粒，如电子、质子、中子等，也具有波动性。虽然各类波的本质不同，各有其特殊的性质和规律，但它们也具有许多共同的特征和规律，如都具有一定的传播速度，都有能量伴随着波向前传播，在媒质的分界面上都会产生反射、折射，也都会发生干涉、衍射等，本章主要讨论机械波。

14.1　波的基本概念

机械波的
基本概念

14.1.1　机械波的形成

　　在弹性媒质中，各个相邻质点之间是以弹性力互相联系着的。如果媒质中有一个质点 A 因受外界扰动离开平衡位置，A 点周围的质点就将对质点 A 施加一个指向平衡位置的弹性力，使质点 A 在平衡位置附近振动起来。与此同时，当质点 A 偏离其平衡位置时，它周围的质点也受到质点 A 所作用的弹性力，使周围质点也离开各自的平衡位置振动起来。所以，媒质中一个质点的振动会引起邻近质点的振动，邻近质点的振动又会引起较远质点的振动。这样，振动就以一定的速度由近及远地向各个方向传播出去，形成机械波。

　　由此可见，机械波的产生首先要有做机械振动的物体，称为波源，其次要有能够传播这种机械振动的媒质。如扬声器发声时，它的膜片就会发生振动，这个膜片就是波源，空气就是传递声波的媒质。

14.1.2　横波与纵波

　　将一柔软的细绳水平拉直，并让其一端垂直于绳子的方向上下振动，可看到振动将沿着绳子向另一端传播（见图 14-1a），这种振动方向与波的传播方向垂直的波叫横波。

　　将一根长而软的弹簧水平放置（见图 14-1b），在弹簧的一端水平拉一下后放手，弹簧的这一端就开始振动，这个振动状态将沿着弹簧向前传播，在弹簧上形成疏密相间的波形。这种质点的振动方向和波的传播方向平行的波叫纵波。气体、液体、固体中都能产生纵波。横波和纵波是波的两种基本类型，各种复杂的波都可以分解为若干个不同频率的横波和纵波。

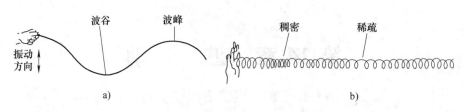

图 14-1 横波与纵波示例

无论是横波还是纵波，在传播过程中，媒质中各质点本身并未"随波逐流"，而是在各自的平衡位置附近振动。如图 14-2 和图 14-3 所示，取一长条媒质，图中各点表示各质点此刻所在的位置。图中依次给出了几个典型时刻$\left(t=0、\dfrac{T}{4}、\dfrac{T}{2}、\dfrac{3}{4}T、T、\dfrac{5}{4}T\right)$各质点的位置与其形变情况。从图中可以明显地看出，在横波中各质点发生横向切变，外形上有波峰、波谷之分；在纵波中，各质点发生纵向的拉伸（压缩）形变，因而媒质的密度发生改变，各处密度不同，有密部、疏部之分。

由于振动状态常用相位来说明，所以振动状态的传播也可以用相位的传播来说明。比较各质点振动的相位可以看出，沿着波的传播方向各质点的相位依次落后，或者说媒质中后一质点重复前一质点的振动。

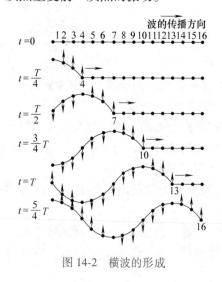

图 14-2 横波的形成

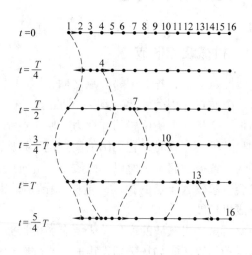

图 14-3 纵波的形成

14.1.3 波阵面与波线、平面波、球面波

在媒质中有波形成时，各质点的相位关系以及传播的方向常用几何图形来描述。波的传播方向可用一些从波源发出的射线表示，叫波线（或波射线）。媒质中振动相位相同的各点组成的面（平面或曲面）叫作**波阵面**（或波面）。在众多波阵面中，传播在最前面的那个称作**波前**（见图 14-4）。

波阵面是平面的波称为**平面波**，波阵面是球面的波称为**球面波**。在各向同性的媒质中，波线总是与波阵面相垂直，平面波的波线是垂直于波阵面的平行直线，球面波的波线是以波

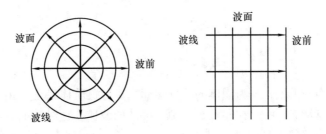

图 14-4 波面与波线

源为中心向外的径向直线（见图 14-4）。

在点波源附近的波可视为球面波，而在远离波源的地方，在小区域内，球面波的一小部分可以当成平面波来处理。

14.1.4 描述波的物理量

1. 波长

波线上相邻的相位差为 2π 的两点间的距离称为波长，用字母 λ 表示。横波波长等于波线上相邻两个波峰（或波谷）的间距；纵波波长等于在波线上相邻两个密部中心（或疏部中心）的间距。因此，一个波长就是一个"完整波"的长度。波长描述了波在空间上的周期性。

2. 周期、频率

波源传播出一个完整波形所需要的时间叫作周期，它也表示一个完整的波形通过波线上任一固定点所需要的时间，通常用 T 来表示。由此可见，每隔一段时间 T，振动质点的相位就重复出现一次。所以，周期 T 描述了波在时间上的周期性。波的周期的倒数叫作波的频率，用 ν 表示，即

$$\nu = \frac{1}{T} \tag{14-1}$$

波的频率等于单位时间内通过媒质中某一确定点的"完整波"的个数。显然，波的周期和频率也就是媒质中各质点（因而也就是波源）振动的周期和频率。

3. 波速

在单位时间内，波向前传播的距离称作波速 u，波速也就是振动相位在媒质中的传播速度，因而也称为相速度。

波在一个周期内传播的距离正好是一个波长，因而有关系式

$$\lambda = uT = \frac{u}{\nu} \tag{14-2}$$

理论和实践均表明，波速的大小取决于媒质本身的性质，与振源无关；而波的频率（周期）则由波源振动频率（周期）决定；波长则由 uT 来确定。因而在同一媒质中，不同频率的波，波速相同而波长不同。而同一列波从一个媒质进入另一媒质时，频率不变，波速和波长则发生变化。

理论计算证明，在弹性固体中，可传播横波和纵波，波速取决于媒质的弹性与惯性，可表示为

$$u_{横} = \sqrt{\frac{G}{\rho}} \, (横波) \qquad\qquad (14\text{-}3)$$

$$u_{纵} = \sqrt{\frac{E}{\rho}} \, (纵波) \qquad\qquad (14\text{-}4)$$

式中，G 为固体的切变模量；E 为固体的弹性模量；ρ 为媒质体密度。由于媒质的切变模量 G 总是小于其弹性模量 E，所以在同种媒质中，横波的波速要比纵波的波速小。

在液体和气体中只能传播纵波，其波速为

$$u = \sqrt{\frac{K}{\rho}} \qquad\qquad (14\text{-}5)$$

式中，K 为媒质的体积模量；ρ 为液体或气体的密度。

在柔软的细绳中传播的是横波，其波速为

$$u = \sqrt{\frac{F}{\rho}} \qquad\qquad (14\text{-}6)$$

式中，F 为绳中张力；ρ 为细绳的质量线密度。

14.2 平面简谐波

14.2.1 平面简谐波的表达式

平面简谐波的表达式

当波源做简谐振动时，媒质中各质点也做简谐振动，其频率与波源的频率相同。若不考虑媒质的吸收，各质点的振幅也与波源的振幅相同，此时的波称为简谐波。简谐波是最简单、最基本的波，而几个不同频率的简谐波叠加后，就会产生非常复杂的波；反之，一个复杂的波也可分解为几个不同频率的简谐波。波面为平面的简谐波称为平面简谐波。

设一列平面简谐波沿 x 轴正方向传播（x 轴即为一条波线），波速为 u。媒质中各质点的平衡位置可用 x 坐标表示，再用 y 表示各质点相对平衡位置的位移（见图14-5）。又设坐标原点处质点的振动初相为零，即 $x=0$ 处质点的振动表达式为

$$y_0 = A\cos\omega t$$

对 x 轴上离坐标原点 O 距离为 x 的质点 P，它也做同频率、同振幅的简谐振动，但因 O 点的相位经过 $\Delta t = \dfrac{x}{u}$ 的时间后才传到 P 点，即 P 点的振动比 O 点落后 Δt 的时间。换句话说，P 点在 t 时刻的位移与 O 点在 $t-\Delta t$ 时刻的位移相同，于是，x 轴上质点 P 在 t 时刻的位移为

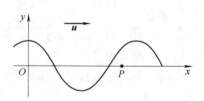

图 14-5　平面简谐波

$$y = A\cos\omega\left(t - \frac{x}{u}\right) \qquad\qquad (14\text{-}7)$$

因 x 和 t 都是任意的，所以上式给出了波线上任一质点在任意时刻的位移，称为平面简谐波的表达式。由于 $\omega = 2\pi\nu = \dfrac{2\pi}{T}$，$u = \nu\lambda = \dfrac{\lambda}{T}$，则上式又可写为以下几种形式：

$$y = A\cos 2\pi\left(\nu t - \frac{x}{\lambda}\right) = A\cos 2\pi\left(\frac{t}{T} - \frac{x}{\lambda}\right) = A\cos(\omega t - kx) \tag{14-8}$$

其中，$k = \dfrac{2\pi}{\lambda}$，称为波数。下面再对平面简谐波的表达式（14-7）、式（14-8）进行如下说明：

1）如果 $t=0$ 时，坐标原点的振动初相不为零，则相应的表达式应加上 O 点的振动初相 φ_0，这时平面简谐波方程为

$$y = A\cos\left[\omega\left(t - \frac{x}{u}\right) + \varphi_0\right] = A\cos(\omega t - kx + \varphi_0) \tag{14-9}$$

2）如果波是沿 x 轴负方向传播的，则 P 点的振动超前于坐标原点 O，时间超前 $\Delta t = \dfrac{x}{u}$，则 P 点在 t 时刻的位移（或相位）等于 O 点在 $t+\Delta t$ 时刻的位移（或相位），波方程为

$$y = A\cos\left[\omega\left(t + \frac{x}{u}\right) + \varphi_0\right] = A\cos(\omega t + kx + \varphi_0) \tag{14-10}$$

14.2.2　平面简谐波表达式的物理意义

平面简谐波的表达式表明了在波线上距坐标原点为 x 处的质点在 t 时刻的位移，在波方程中含有 x 和 t 两个自变量。其物理意义可从以下几方面来讨论（以波沿 x 轴正向传播为例）：

1）给定 $x=x_0$，则位移 y 将只是时间 t 的函数，此时波的表达式变成了位于 x_0 处的一个质点的简谐振动方程，即

$$y = A\cos\left[\omega\left(t - \frac{x_0}{u}\right) + \varphi_0\right]$$

2）若给定 $t=t_0$，y 只是 x 的函数，此时波的表达式表示在给定时刻波线上各个质点的位移，即

$$y = A\cos\left[\omega\left(t_0 - \frac{x}{u}\right) + \varphi_0\right]$$

由该式可以作出 t_0 时刻的波形，得到一条余弦曲线，所以平面简谐波又称为余弦波。

3）如果 x 和 t 都在变化，波动方程表示波线上各个质点在不同时刻的位移。更形象地说，这个波动方程中包括了不同时刻的波形，反映了波形的传播。如图 14-6 所示，t_1 时刻波形用实线表示为一余弦曲线，$t_1+\Delta t$ 时可以得到另一条余弦曲线（用虚线表示），可见波形向右平移了一段距离 $\Delta x = u\Delta t$。波形在以速率 u 向前行进，故称之为行波。

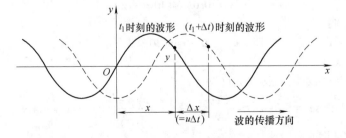

图 14-6　平面简谐波的传播

【例 14-1】 有平面简谐波沿 x 轴正方向传播，波长为 λ（见图 14-7）。如果 x 轴上坐标为 x_0 处质点的振动方程为 $y_{x_0} = A\cos(\omega t + \varphi_0)$，试求：（1）波动方程；（2）坐标原点处质点的振动方程；（3）原点处质点振动的速度和加速度。

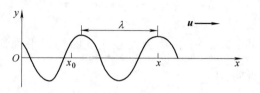

图 14-7 例 14-1 图

【解】 （1）如图 14-7 所示，设考察点为 x 轴上任意一点，从 x_0 到 x 的波程为 $x-x_0$，x 处质点的振动相位比 x_0 处质点落后 $2\pi\dfrac{x-x_0}{\lambda}$，故 x 轴上任意一点的振动方程，即波动方程为

$$y = A\cos\left(\omega t - 2\pi\frac{x-x_0}{\lambda} + \varphi_0\right)$$

（2）把 $x=0$ 代入上式，即得原点处质点的振动方程为

$$y_0 = A\cos\left(\omega t + 2\pi\frac{x_0}{\lambda} + \varphi_0\right)$$

（3）原点处质点的速度为

$$v_0 = \frac{\partial y_0}{\partial t} = -\omega A\sin\left(\omega t + 2\pi\frac{x_0}{\lambda} + \varphi_0\right)$$

加速度为

$$a_0 = \frac{\partial v_0}{\partial t} = \frac{\partial y_0^2}{\partial t^2} = -\omega^2 A\cos\left(\omega t + 2\pi\frac{x_0}{\lambda} + \varphi_0\right)$$

思考：若本例中波沿 x 轴负方向传播，情况会如何？

【例 14-2】 一平面简谐波的波动表达式为 $y = 0.01\cos\pi\left(10t - \dfrac{x}{10}\right)$（SI），求：（1）该波的波速、波长、周期和振幅；（2）$x=10$m 处质点的振动方程及该质点在 $t=2$s 时的振动速度；（3）$x=20$m、60m 两处质点振动的相位差。

【解】 （1）将波动表达式写成标准形式

$$y = 0.01\cos 2\pi\left(5t - \frac{x}{20}\right)$$

因而振幅 $A = 0.01$m，波长 $\lambda = 20$m，周期 $T = \dfrac{1}{5}$s $= 0.2$s，波速 $u = \lambda/T = \dfrac{20}{0.2}$m/s $= 100$m/s。

（2）将 $x=10$m 代入波动表示式，则有

$$y = 0.01\cos(10\pi t - \pi)$$

将该式对时间求导，得

$$v = -0.1\pi\sin(10\pi t - \pi)$$

将 $t=2$s 代入得振动速度 $v=0$。

（3）$x=20$m，60m 两处质点振动的相位差为

$$\Delta\varphi = \varphi_2 - \varphi_1 = -\frac{2\pi}{\lambda}(x_2 - x_1) = -\frac{2\pi}{20}(60 - 20) = -4\pi$$

即这两点的振动状态相同。

【例 14-3】 一平面简谐波逆着 x 轴传播，波速 $u = 8.0\text{m/s}$。设 $t = 0$ 时的波形曲线如图 14-8 所示。求：（1）原点处质点的振动方程；（2）简谐波的波动方程；（3）$t = \dfrac{3}{4}T$ 时的波形曲线。

【解】 （1）由波形曲线图可看出，波的振幅 $A = 0.02\text{m}$，波长 $\lambda = 2.0\text{m}$，故波的频率为 $\nu = \dfrac{u}{\lambda} = 4.0\text{Hz}$，圆频率为 $\omega = 2\pi\nu = 8\pi\ \text{s}^{-1}$。从图中还可以看出，$t = 0$ 时原点处质点的位移为零，速度为正值，可知原点振动的初相为 $-\pi/2$，故原点的振动方程为

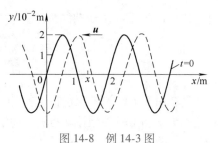

图 14-8 例 14-3 图

$$y_0 = 0.02\cos\left(8\pi t - \frac{\pi}{2}\right)\ (\text{SI})$$

（2）x 轴上任意一点处质点振动时间比原点处质点超前 $\dfrac{x}{u} = \dfrac{x}{8}$，故其振动方程，即此列简谐波的波动方程为

$$y = 0.02\cos\left(8\pi\left(t + \frac{x}{8}\right) - \frac{\pi}{2}\right)\ (\text{SI})$$

（3）经过 $3T/4$ 后的波形曲线应比图中 $t = 0$ 时的波形曲线向左平移 $3\lambda/4$，也相当于向右平移 $\lambda/4$，如图中虚线所示。

思考：若本例中波沿 x 轴正方向传播，解又如何？

14.2.3 波动微分方程

将平面简谐波的表达式（14-7）分别对 x 和 t 求二阶偏导，有

$$\frac{\partial^2 y}{\partial x^2} = -\frac{A\omega^2}{u^2}\cos\omega\left(t - \frac{x}{u}\right),\quad \frac{\partial^2 y}{\partial t^2} = -A\omega^2\cos\omega\left(t - \frac{x}{u}\right)$$

比较可得波动微分方程为

$$\frac{\partial^2 y}{\partial x^2} = \frac{1}{u^2}\frac{\partial^2 y}{\partial t^2} \tag{14-11}$$

此式虽是从平面简谐波这一特例推出，但它实际上是各种波动都满足的基本微分方程。

14.3 波的能量

14.3.1 波的能量

波的能量

机械波在媒质中传播时，波动传播到的各质点都在各自的平衡位置附近振动起来。因而它们具有动能，同时因媒质产生形变，它们还具有弹性势能。故在波动传播过程中，能量是跟随着波向外传播出去的，这是波动的重要特征。本节以一细棒中传播的纵波为例来讨论波的能量。

如图 14-9 所示，一细棒沿 x 轴放置，其密度为 ρ，截面积为 S，弹性模量为 E。当平面纵波以波速 u 沿 x 轴正方向传播时，棒上每一小段将不断受到压缩和拉伸。设棒中波的表达式为

$$y = A\cos\omega\left(t - \frac{x}{u}\right)$$

在棒中任取一个体积元 ab，棒中无波动时两端面 a 和 b 的坐标分别为 x 和 $x+dx$，则体积元 ab 的自然长度为 dx，质量为 $dm=\rho dV=\rho S dx$。当有波传到该体积元时，其振动速度为

$$v = \frac{dy}{dt} = -A\omega\sin\omega\left(t - \frac{x}{u}\right)$$

因而这段体积元的振动动能为

$$dE_k = \frac{1}{2}(dm)v^2 = \frac{1}{2}(\rho dV)A^2\omega^2\sin^2\omega\left(t - \frac{x}{u}\right)$$

$$(14\text{-}12)$$

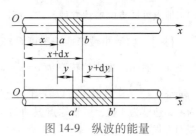

图 14-9　纵波的能量

设在时刻 t 该体积元正在被拉伸，两端面 a 和 b 的坐标分别为 y 和 $y+dy$，则体积元 ab 的实际伸长量为 dy。由于形变而产生的弹性回复力为 $F = -ES\dfrac{dy}{dx}$，与胡克定律 $F = -kdy$ 比较可得 $k = \dfrac{ES}{dx}$。因而该体积元的弹性形变势能为

$$dE_p = \frac{1}{2}k(dy)^2 = \frac{1}{2}\frac{ES}{dx}(dy)^2 = \frac{1}{2}EdV\left(\frac{dy}{dx}\right)^2$$

而 $\dfrac{dy}{dx} = \dfrac{A\omega}{u}\sin\omega\left(t - \dfrac{x}{u}\right)$，$E = \rho u^2$，因而有

$$dE_p = \frac{1}{2}(\rho dV)A^2\omega^2\sin^2\omega\left(t - \frac{x}{u}\right)$$

$$(14\text{-}13)$$

所以体积元的总能量为

$$dE = dE_k + dE_p = (\rho dV)A^2\omega^2\sin^2\omega\left(t - \frac{x}{u}\right)$$

$$(14\text{-}14)$$

我们看到，体积元中的动能和势能是同步变化的，即两者同时达到最大，又同时减到零，它们在任一时刻都有完全相同的值。因而体积元中的总能量随时间做周期性的变化，不是守恒的。这表明，沿着波动传播的方向，每一体积元都在不断地从后方质点获得能量，使能量从零逐渐增大到最大值，同时又不断把能量传递给前方的媒质，使能量从最大变为零。如此周期性地重复，能量就随着波动过程，从波源传了出去。所以波动是能量传递的一种方式。

以上结论对横波也是成立的。关于"媒质中任一体积元的动能和势能同相地随时间变化"可以这样理解：在波动过程中，在波峰位置，质点的振动速度为零，动能为零；同时，dy/dx 也为零，即形变为零，弹性势能为零；而在平衡位置，质点的振动速度最大，动能最大；同时，dy/dx 也最大，即形变最大，弹性势能最大。因而媒质中任一体积元的动能和势能在每一个时刻都是相等的，即同相地随时间变化。

14.3.2　能量密度和能流密度

1. 能量密度

单位体积内的波的能量，称为能量密度。由式（14-14）有

$$w = \frac{dE}{dV} = \rho A^2\omega^2\sin^2\omega\left(t - \frac{x}{u}\right)$$

$$(14\text{-}15)$$

能量密度在一个周期内的平均值称为平均能量密度，即

$$\overline{w} = \frac{1}{T}\int_0^T w\,dt = \frac{1}{T}\int_0^T \rho A^2\omega^2\sin^2\omega\left(t - \frac{x}{u}\right)dt = \frac{1}{2}\rho A^2\omega^2 \tag{14-16}$$

可见平均能量密度 $\overline{w}$ 与 ρ、A^2、ω^2 成正比。

2. 能流与能流密度

能量跟随波一起向前传，就像流水，单位时间内通过媒质中某一面积的能量称为通过该面积的能流，用 P 表示。如图 14-10 所示，长方体的底面 S 垂直于波传播方向，边长为波速的大小 u，原先在此长方体内的能量在单位时间内都会穿过 S 面向前传，因而能流为

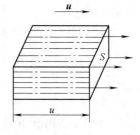

$$P = wuS = uS\rho A^2\omega^2\sin^2\omega\left(t - \frac{x}{u}\right)$$

图 14-10　能流与能流密度

能流在一周期内的平均值称为平均能流，即

$$\overline{P} = \overline{w}uS = \frac{1}{2}uS\rho A^2\omega^2 \tag{14-17}$$

通过与波的传播方向垂直的单位面积的平均能流，称为平均能流密度，又称为波的强度：

$$I = \overline{w}u = \frac{1}{2}\rho A^2\omega^2 u \tag{14-18}$$

平均能流密度与振幅的平方、频率的平方以及介质的密度成正比，单位为 W/m^2。

【例 14-4】　一球面波在均匀无吸收的介质中以波速 u 传播。在距离波源 $r_1 = 1m$ 处质元的振幅为 A。设波源振动的圆频率为 ω，初相位为零，试写出球面简谐波的表达式。

【解】　以点波源 O 为圆心作半径为 r_1 和 r_2 的两个球面，如图 14-11 所示。由于介质不吸收波的能量，因此，单位时间内通过两球面的总平均能量应该相等，即

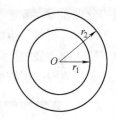

$$4\pi r_1^2 I_1 = 4\pi r_2^2 I_2$$

图 14-11　例 14-4 图

式中，$I_1 = \frac{1}{2}\rho\omega^2 A_1^2 u$，$I_2 = \frac{1}{2}\rho\omega^2 A_2^2 u$ 分别为距波源 r_1 和 r_2 处的波的强度，因而有 $A_1 r_1 = A_2 r_2$。

可见振幅与离波源的距离成反比，因而有在距波源 r 处的振幅为 A/r，相位比波源落后 $\omega r/u$，所以球面简谐波的表示式为

$$y = \frac{A}{r}\cos\omega\left(t - \frac{r}{u}\right)$$

【例 14-5】　一平面简谐波在某一媒质中的传播速度 $u = 10^3\,m/s$，振幅 $A = 1.0\times10^{-4}\,m$，频率 $\nu = 10^3\,Hz$。若该媒质的密度为 $800kg/m^3$，求：（1）该波的平均能流密度；（2）1min 内垂直通过面积 $S = 4.0\times10^{-4}\,m^2$ 的总能量。

【解】　（1）波强

$$I = \frac{1}{2}u\rho A^2\omega^2 = \left[\frac{1}{2}\times10^3\times800\times(10^{-4})^2\times(2\pi\times10^3)^2\right]W/m^2 \approx 1.58\times10^5 W/m^2$$

（2）1min 内垂直通过面积 $S = 4.0 \times 10^{-4} \mathrm{m}^2$ 的总能量

$$E = ISt = (1.58 \times 10^5 \times 4 \times 10^{-4} \times 60) \mathrm{J} \approx 3.79 \times 10^3 \mathrm{J}$$

【例 14-6】 一平面简谐波沿直径为 14cm 的圆柱形管行进，波强为 $9.0 \times 10^{-3} \mathrm{W/m}^2$，频率为 300Hz，波速为 300m/s。问：（1）波中的平均能量密度和最大能量密度各是多少？（2）每两个相邻同相面间的波段中含有多少能量？

【解】 （1）平均能量密度

$$\bar{w} = \frac{I}{u} = \frac{9.0 \times 10^{-3}}{300} \mathrm{J/m}^3 = 3.0 \times 10^{-5} \mathrm{J/m}^3$$

最大能量密度

$$w_{max} = 2\bar{w} = 6.0 \times 10^{-5} \mathrm{J/m}^3$$

（2）两个相邻同相面的间距为一个波长，其中包含的能量

$$E = \bar{w}V = \bar{w} \frac{1}{4} \pi d^2 \lambda = \bar{w} \frac{1}{4} \pi d^2 \frac{u}{v}$$

$$= \left(3.0 \times 10^{-5} \times \frac{\pi}{4} \times 0.14^2 \times \frac{300}{300} \right) \mathrm{J} \approx 4.62 \times 10^{-7} \mathrm{J}$$

14.4 惠更斯原理 波的衍射、反射和折射

惠更斯原理 波的衍射、反射和折射

波在各向同性的均匀媒质中传播时，波速、波阵面形状、波的传播方向等均保持不变。而当波在传播过程中遇到障碍物或传到不同媒质的分界面时，波速、波阵面形状以及波的传播方向等都要发生变化，产生反射、折射、衍射、散射等现象。在这种情况下，要通过求解波动方程来预言波的行为就比较复杂了。惠更斯原理提供了一种定性的几何作图方法，在很广泛的范围内解决了波的传播方向等问题。

14.4.1 惠更斯原理

当波在弹性媒质中传播时，媒质中任一点 P 的振动将直接引起其邻近质点的振动。就 P 点引起邻近质点的振动而言，P 点和波源并没有本质上的区别，即 P 点也可以看作是新的波源。

惠更斯（Huygens）在研究波动现象时，于 1678 年提出，媒质中一波阵面上的各点，都可以看作是发射子波的波源，其后任一时刻，这些子波的包迹就是新的波阵面。这就是惠更斯原理。

如图 14-12a 所示，设以 O 为中心的球面波以波速 u 在各向同性的均匀媒质中传播，在时刻 t 的波阵面是半径为 R_1 的球面 S_1。根据惠更斯原理，S_1 上的各点都可以看作是发射子波的点波源。以 S_1 上各点为中心，以 $r = u\Delta t$ 为半径，画出许多球形的子波，这些子波在波行进前方的包迹面 S_2 就是 $t + \Delta t$ 时刻的新的波阵面。显然，S_2 是以 O 为中心，以 $R_2 = R_1 + u\Delta t$ 为半径的球面。

若已知平面波在某时刻的波阵面 S_1，根据惠更斯原理，应用同样的方法，也可以求出后一时刻新的波阵面（见图 14-12b），它也是一平面。

惠更斯原理对任何波动过程都是适用的。只要知道某一时刻的波阵面，就可根据这一原

理用几何方法来决定以后任一时刻的波阵面，因而很有效地解决了波的传播问题。但惠更斯原理不能说明波的强度分布。

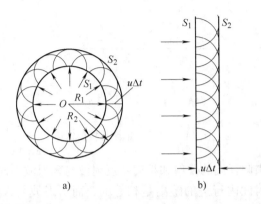

图 14-12 用惠更斯原理求新波阵面

a）球面波 b）平面波

14.4.2 波的衍射

波在传播过程中遇到障碍物时，能够绕过障碍物的边缘继续前进的现象叫作波的衍射。衍射现象明显与否，和障碍物的尺寸有关。例如，当平面波通过一缝时，若缝的宽度远大于入射波的波长，则波表现为直线传播；若缝的宽度略大于波长，则在缝的中部，波的传播仍保持原来的方向，而在缝的边缘处，波阵面弯曲，波的传播方向改变，波绕过障碍物向前传播；若缝的宽度小于波长（相当于小孔），则衍射现象更加明显，波阵面由平面变成球面。

用惠更斯原理可以定性地解释波的衍射现象：当平面波到达障碍物上的一条狭缝时，缝上各点可看成是子波的波源，各子波源都发出球形子波。这些子波的包络面已不再是平面。靠近狭缝的边缘处，波面弯曲，波线改变了原来的方向，即绕过了障碍物继续前进（见图 14-13）。障碍物的缝越窄，衍射现象就越显著。

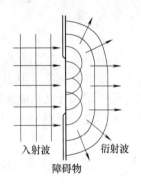

图 14-13 波的衍射

14.4.3 波的反射与折射

当波传播到两种介质分界面时，一部分波从分界面上返回，形成反射波，另一部分进入另一介质，形成折射波，这就是波的反射现象和折射现象。

1. 波的反射定律

反射线、入射线和法线在同一平面内，反射角等于入射角（见图 14-14）。

2. 波的折射定律

折射线、入射线和法线在同一平面内，入射角 i 的正弦与折射角 γ 的正弦之比等于波在第一种介质中传播的速度与波在第二种介质中传播的速度之比（见图 14-14），即

$$\frac{\sin i}{\sin \gamma} = \frac{u_1}{u_2}$$

(14-19)

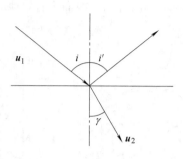

图 14-14 反射定律与折射定律

也可用惠更斯原理来解释波的反射和折射：反射波与入射波在同一介质中，传播的速度是相同的，因而在同一时间内行进的距离是相等的；而折射波与入射波在不同的介质中传播，波速是不同的，因而在同一时间内行进的距离是不等的。据此可以通过作图法来解释波的反射与折射现象（见图 14-15）。

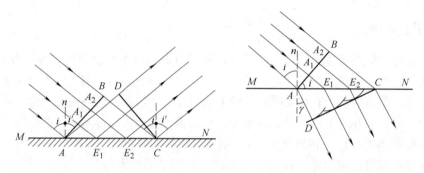

图 14-15 用惠更斯原理解释波的反射和折射

如上所述，利用惠更斯原理所提供的几何作图方法，可以定性地解释波的反射、折射、衍射、散射等现象。但惠更斯原理也有不足之处：①它没有说明子波的强度分布问题；②它没有说明波为什么只能向前传播而不向后传播的问题。后来，菲涅耳对惠更斯原理做了重要补充，形成惠更斯-菲涅耳原理，这些不足才被克服。

14.5 波的叠加原理 波的干涉 驻波

波的叠加原理
波的干涉 驻波

14.5.1 波的叠加原理（波的独立传播原理）

人们常常见到多列波同时在一个媒质中传播并相遇的情况。例如，几个人同时讲话发出的声音；音乐会上各种乐器同时演奏；水面上的水波相遇，等等。

从实践中人们总结出了波的叠加原理：几列波在同一媒质中传播并相遇时，在相遇区域内，媒质中任一点的振动均为各列波单独存在时在该点引起的振动的合振动，即该点的位移是各个波单独存在时在该点引起的位移的矢量和；而相遇后，各列波又将各自保持其原有的特性（频率、波长、振动方向等）不变，并按照原来的方向继续传播下去，就像没有遇到其他波一样。

此原理包含了波的独立传播性与可叠加性两方面的性质，是波的干涉与衍射现象的基本依据。人们在欣赏交响乐时，能辨别出各种乐器的声音，就说明各种乐器发出的声波并未因同其他声波的相遇而发生任何变化，就像它单独演奏时一样。这正是波的独立传播性。

波的叠加原理在物理上的一个重要意义在于可将一个复杂的波动分解为几个简单的波的叠加。波的叠加原理并不是普遍成立的。只有当波的强度不太大时，描述波动过程的微分方程是线性的，它才是正确的。如果描述波动过程的微分方程不是线性的，波的叠加原理就不成立。如爆炸产生的强度很大的冲击波，就不遵守上述叠加原理。

14.5.2　波的干涉

由于相叠加的几列波的振动方向、频率有各种情况，所以叠加的结果往往很复杂。下面讨论波叠加的一种特例：两列振动方向相同、频率相同、相位相同或相位差恒定的波，在空间相遇叠加的情况，其结果是使空间中某些点的振动始终最强，而另一些点的振动始终最弱，形成一种稳定的强弱分布，这种现象称为波的干涉现象（见图 14-16）。上述三个条件称为相干条件，满足相干条件的波称为相干波，产生相干波的波源称为相干波源。

设图 14-17 中两相干波源 S_1 和 S_2 的振动方程为

$$y_{10} = A_{10}\cos(\omega t + \varphi_1), \quad y_{20} = A_{20}\cos(\omega t + \varphi_2)$$

从波源 S_1 和 S_2 发出的波在同一媒质中传播，设媒质是均匀、各向同性且是无穷大的。在两列波相遇的区域内任一点 P 与两波源的距离分别是 r_1 和 r_2，则 S_1、S_2 单独存在时，在 P 点引起的振动分别为

$$y_1 = A_1\cos\left(\omega t + \varphi_1 - 2\pi\frac{r_1}{\lambda}\right)$$

$$y_2 = A_2\cos\left(\omega t + \varphi_2 - 2\pi\frac{r_2}{\lambda}\right)$$

根据同方向同频率振动的合成，P 点的合振动方程为

$$y = y_1 + y_2 = A\cos(\omega t + \varphi)$$

合振幅为

$$A = \sqrt{A_1^2 + A_2^2 + 2A_1A_2\cos\left(\varphi_2 - \varphi_1 - 2\pi\frac{r_2 - r_1}{\lambda}\right)} \tag{14-20}$$

因而 P 点处波的强度为

$$I = I_1 + I_2 + 2\sqrt{I_1I_2}\cos(\Delta\varphi) \tag{14-21}$$

式中，

$$\Delta\varphi = \varphi_2 - \varphi_1 - 2\pi\frac{r_2 - r_1}{\lambda} \tag{14-22}$$

为两列波在 P 点所引起的分振动的相位差。$\varphi_2 - \varphi_1$ 为两个波源本身的初相差，$-2\pi\dfrac{r_2 - r_1}{\lambda}$ 是由于波的传播路程（波程）不同而引起的相位差。对于叠加区域内任一确定的点来说，相位差为一个常量，因而强度是恒定的。不同的点将有不同的相位差，这将对应不同的强度值，

但各自都是恒定的，即在空间形成稳定的强度分布，这就是干涉现象。

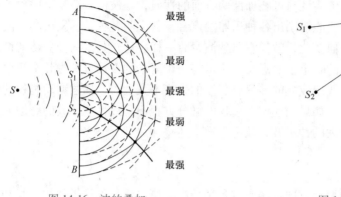

图 14-16　波的叠加　　　　　　　　　　　　图 14-17　波的干涉

可见，在两列波叠加区域内的各点，合振幅或强度主要取决于相位差，注意以下两种特殊情况：

1)
$$\Delta\varphi = \varphi_2 - \varphi_1 - 2\pi\frac{r_2 - r_1}{\lambda} = \pm 2k\pi, \quad k = 0, 1, 2, \cdots \tag{14-23}$$

此时，振动互相加强，称为干涉相长。合振幅和波强度均为最大，它们的值分别为
$$A = A_1 + A_2, \quad I = I_1 + I_2 + 2\sqrt{I_1 I_2}$$

2)
$$\Delta\varphi = \varphi_2 - \varphi_1 - 2\pi\frac{r_2 - r_1}{\lambda} = \pm(2k+1)\pi, \quad k = 0, 1, 2, \cdots \tag{14-24}$$

此时，振动互相减弱，称为干涉相消。合振幅和波强度均为最小，它们的值分别为
$$A = |A_1 - A_2|, \quad I = I_1 + I_2 - 2\sqrt{I_1 I_2}$$

如果两相干波源的振动初相位相同，即 $\varphi_2 = \varphi_1$，以 δ 表示两相干波源到 P 点的波程差，则上述条件可以简化为：

1)
$$\delta = r_1 - r_2 = \pm k\lambda, \quad k = 0, 1, 2, \cdots, \quad 干涉相长 \tag{14-25}$$

2)
$$\delta = r_1 - r_2 = \pm(2k+1)\frac{\lambda}{2}, \quad k = 0, 1, 2, \cdots, \quad 干涉相消 \tag{14-26}$$

即当两相干波源本身同相时，在两波叠加区域内，波程差为零或等于波长的整数倍的各点，强度最大；波程差等于半波长的奇数倍的各点，强度最小。

【例 14-7】　相干波源位于同一介质中的 A、B 两点，其振幅相等，频率皆为 100Hz，B 的相位比 A 超前 π，若 A、B 相距 30m，波速为 400m/s，求 AB 连线上因干涉而静止的各点的位置。

【解】　取 A 点为坐标原点，AB 连线的方向为 x 轴正方向。

（1）对 AB 连线中的一点 P，令 $AP = x$，则 $BP = 30 - x$。

由题意知，$\varphi_B - \varphi_A = \pi$，$\lambda = \dfrac{u}{\nu} = \dfrac{400}{100}\text{m} = 4\text{m}$，有

$$\Delta\varphi = \varphi_B - \varphi_A - 2\pi\frac{(30-x) - x}{4} = \pi(x - 14)$$

根据干涉相消条件，应有 $\Delta\varphi = \pi(x - 14) = (2k+1)\pi$，因而 $x = 15 + 2k$，$0 \leqslant x \leqslant 30$，所以 AB 上因干涉而静止的点为：$x = 1\text{m}, 3\text{m}, 5\text{m}, \cdots, 29\text{m}$。

(2) 在 A 点左侧：

$$\Delta\varphi = \varphi_B - \varphi_A - 2\pi \frac{(30-x)-(-x)}{4} = -14\pi，干涉相长$$

(3) 在 B 点右侧：

$$\Delta\varphi = \varphi_B - \varphi_A - 2\pi \frac{(x-30)-x}{4} = 16\pi，干涉相长$$

所以，在 AB 两点之外没有因干涉而静止的点。

思考：若求 AB 之间的干涉最强点，应如何解？

【例 14-8】 一声音干涉仪如图 14-18 所示，可用它演示声波的干涉。图中 S 为声源，D 为声波探测器，如耳朵或听筒。路径 SBD 的长度可以变化，但路径 SAD 是固定的。干涉仪内有空气，且知声音强度在 B 的第一位置时为极小值 100 单位，而渐增至 B 距第一位置为 1.65cm 的第二位置时，有极大值 900 单位。求：(1) 声源发出的声波频率；(2) 抵达探测器的两声波的振幅之比。

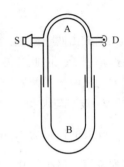

图 14-18 例 14-8 图

【解】 (1) 由声源 S 发出的声波，一列经 SAD 传到 D，另一列经 SBD 也传到 D，两列声波在 D 点发生干涉。由题知，调节路径 SBD 的长度 $\Delta x = 2\times 1.65\text{cm} = 3.3\text{cm}$，结果使 D 点的声波由干涉极小值变成了干涉极大值，这说明 $\Delta x = \lambda/2$，即此声波波长

$$\lambda = 2\Delta x = 6.6\text{cm}$$

又已知声波在空气中的速度约为 340m/s，所以此声波的频率

$$\nu = \frac{u}{\lambda} = \frac{340}{6.6\times 10^{-2}}\text{Hz} = 5\ 152\text{Hz}$$

(2) 根据强度与振幅的平方成正比的关系：声波强度在 B 的第一位置时为极小值 100 单位，在第二位置有极大值 900 单位，所以振幅 A 的相对大小为 10 与 30 单位。

极小值时，$A = |A_1 - A_2|$，即 $|A_1 - A_2| = 10$；

极大值时，$A = A_1 + A_2$，即 $A_1 + A_2 = 30$。

那么两声波的振幅比为 $2:1$ 或 $1:2$。

14.5.3 驻波

驻波又是波干涉的一个特例。两列振幅相同的相干波，当它们在同一直线上沿相反的方向传播时，在它们叠加的区域内所形成的波，称为驻波。例如，水平细绳 AB 的一端固定于音叉的一个端点上，细绳的另一端处有一支撑劈尖，可以左右移动以便调节绳长，绳的末端悬一质量为 m 的重物，使绳受到张力。当音叉振动时，在绳上产生一个从左向右传播的振动，设振动传至 B 点时被反射向左传播，从而可以获得沿相反方向传播的两列等幅波，当绳长适当时，入射波与反射波叠加就在弦线上形成了驻波（见图 14-19）。

1. 驻波方程

设分别沿 x 轴正方向和负方向传播的两列相干波的表达式为

$$y_1 = A\cos 2\pi\left(\nu t - \frac{x}{\lambda}\right)，\quad y_2 = A\cos 2\pi\left(\nu t + \frac{x}{\lambda}\right)$$

它们的合成波为

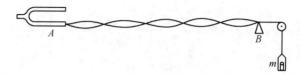

图 14-19　驻波实验

$$y = y_1 + y_2 = A\cos 2\pi\left(\nu t - \frac{x}{\lambda}\right) + A\cos 2\pi\left(\nu t + \frac{x}{\lambda}\right)$$

利用三角函数和差化积公式可得出驻波的表达式为

$$y = 2A\cos\left(2\pi\,\frac{x}{\lambda}\right)\cos(2\pi\nu t) \tag{14-27}$$

上式由两项组成：前一项只与位置有关，称为振幅因子；后一项只与时间有关，称为简谐振动因子。由此可见，在形成驻波时，波线上各质元都以同一频率做简谐振动，但是不同质元的振幅随其位置做周期性的变化。

2. 波节与波腹

驻波的振幅为 $\left|2A\cos\dfrac{2\pi x}{\lambda}\right|$，可见在 x 轴上任一质点都具有恒定的振幅，最大处为 $2A$，称为波腹，最小为 0（静止不动点），称为波节。且这种分布在空间呈周期性分布。

1）对于波腹，$\left|\cos\dfrac{2\pi x}{\lambda}\right| = 1$，波腹的位置应为

$$x = k\,\frac{\lambda}{2}, \quad k = 0, \pm 1, \pm 2, \cdots \tag{14-28}$$

相邻两波腹间的距离为

$$x_{k+1} - x_k = \frac{\lambda}{2}$$

2）对于波节，$\cos\dfrac{2\pi x}{\lambda} = 0$，所以波节的位置为

$$x = (2k + 1)\,\frac{\lambda}{4}, \quad k = 0, \pm 1, \pm 2, \cdots \tag{14-29}$$

相邻两波节间的距离为

$$x_{k+1} - x_k = \frac{\lambda}{2}$$

相邻波腹与波节之间的距离为

$$\Delta x = \frac{\lambda}{4}$$

振幅分布的这一特征可以用来测量波长，通过驻波实验测出波节或波腹间的距离，即可得到波长。

我们运用图 14-20 对驻波的形成和理论解释做进一步说明。图中虚线表示向右传播的波，细实线表示向左传播的波，粗实线表示合成的波。图中画出了这两列波以及它们合成的驻波在 $t = 0$、$T/8$、$T/4$、$3T/8$、$T/2$ 各时刻的波形。从图中可以看到，不论什么时刻，合成

波在波节的位置（图中以"N"表示）总是不动的，在两波节之间同一段上所有的点，振动相位都相同，各段的中点振幅最大（图中用"A"表示），这就是波腹。相邻两分段上各点的振动相位相反。这些结论均与实验事实一致。

3. 相位分布

由驻波方程知，使 $\cos\dfrac{2\pi x}{\lambda}>0$ 的点，振动相位均为 $2\pi\nu t$；而使 $\cos\dfrac{2\pi x}{\lambda}<0$ 的点，振动相位均为 $\pi+2\pi\nu t$。可见，在两个相邻波节之间，$\cos\dfrac{2\pi x}{\lambda}$ 的符号相同，因而其间所有质点的振动相位相同；而在一个波节的两侧，$\cos\dfrac{2\pi x}{\lambda}$ 符号相反，即波节两侧质点的振动相位相反。即当驻波形成时，媒质在做分段振动。同一段内各质点的振动步调一致，同时达到正向最大位移，同时通过平衡位置，同时达到负向最大位移，只是各个质点的振幅不一样；而相邻两段质点的振动步调相反。每一段中质点都以确定的振幅在各自的平衡位置附近独立地振动着。只有段与段之间的相位突变，没有像行波那样的相位和波形的传播，故称为驻波。严格地说，驻波不是波动，而是一种特殊形式的振动。

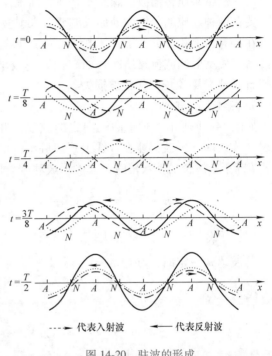

代表入射波　　　代表反射波

图 14-20　驻波的形成

4. 驻波的能量

由上述可知，驻波实为分段式振动，并不向外传播能量。这从能流观点看也很明显，因为形成驻波的两列波的能流密度等大而反向，两者之和为零。但在驻波内部波腹波节间却存在着能量的转移。

当媒质中各质点都振动到最大位移处时，各质点的速度为零，动能为零，这时驻波的全部能量是势能，且在波节处形变最大，势能最大，在波腹处形变最小，势能最小，即此时驻波的势能集中在波节附近。当媒质中质点都到达平衡位置时，各质点的形变消失，因而势能为零，这时驻波的全部能量是动能，且在波节处速度为零，动能为零，波腹处速度最大，动能最大，即此时驻波的动能集中在波腹附近。至于其他时刻，则既有动能又有势能。总之，在驻波中不断进行着动能和势能之间的转换并在波腹与波节之间进行转移，然而却没有能量的定向传播。这点与弹簧振子中动能、势能的相互转化类似，与行波不同。

5. 半波损失

驻波通常是由入射波与反射波相互叠加形成的。在图 14-19 所示的音叉振动中，反射点 B 是固定点（称固定端反射），此时反射点是一个波节；若反射点是活动的（称自由端反射），则反射点就是一个波腹。

当波入射到两个媒质的分界面上时，反射点是形成波节还是波腹，取决于两种媒质的密度与波速的乘积 ρu（称为波阻）。波阻较大的媒质称为波密媒质，较小的则称为波疏媒质。若波垂直于界面从波疏媒质向波密媒质入射，并在界面处反射时，会在反射处形成波节；相反，若从波密媒质传向波疏媒质，并在界面处反射，则在反射处形成波腹。

要在两种媒质的分界面处形成波节，入射波和反射波在此处的振动相位必须相反，即反射波在分界面上相位突变了 π。由于在同一波线上相距半个波长的两点相位差为 π，因此波从波密媒质反射回波疏媒质时，如同损失（或增加）了半个波长的波程。我们将这种相位突变 π 的现象形象地叫作半波损失。

6. 弦线上的驻波

如图 14-21 所示，对于两端固定的弦线，并非任何波长（或频率）的波都能在弦线上形成驻波。只有当弦线长 l 等于半波长的整数倍时，才能形成驻波。即有

$$l = n \frac{\lambda_n}{2}, \quad n = 1, 2, 3, \cdots \qquad (14\text{-}30)$$

式中，λ_n 表示与某一 n 值对应的驻波波长。当弦线上张力 F 与波速 u 一定时，利用 $\lambda_n = \dfrac{u}{\nu_n}$ 可以求得与 λ_n 对应的可能频率为

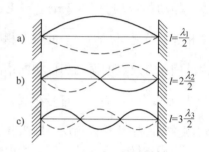

图 14-21　弦线上的驻波

$$\nu_n = n \frac{u}{2l}, \quad n = 1, 2, 3, \cdots \qquad (14\text{-}31)$$

上式表明：只有振动频率为 $\dfrac{u}{2l}$ 的整数倍的那些波，才能在弦上形成驻波。这些频率称为本征频率。$n = 1$ 的称为基频，$n = 2, 3, \cdots$ 的称为谐频。

【例 14-9】 如图 14-22 所示，有一平面简谐波 $y_A = A\cos 2\pi \left(\dfrac{t}{T} - \dfrac{x}{\lambda} \right)$，向右传播，在距坐标原点 O 为 $l = 5\lambda$ 的 B 点被垂直界面反射，设反射处有半波损失，反射波的振幅近似等于入射波振幅。试求：(1) 反射波的表达式；(2) 驻波的表达式；(3) 在原点 O 到反射点 B 之间各个波节和波腹的坐标。

图 14-22　例 14-9 图

【解】 (1) 要写出反射波的表达式，首先要写出反射波在某点的振动方程，这一点就选择在反射点 B。依照题意，入射波在 B 点的振动方程为

$$y_{\text{入}B} = A\cos 2\pi \left(\frac{t}{T} - \frac{l}{\lambda} \right)$$

因为在 B 点反射时有半波损失，所以反射波在 B 点的振动方程为

$$y_{\text{反}B} = A\cos \left[2\pi \left(\frac{t}{T} - \frac{l}{\lambda} \right) - \pi \right]$$

在反射波行进方向上任取一点 P，其坐标为 x，P 点的振动比 B 点的振动相位落后 $2\pi \dfrac{l-x}{\lambda}$，由此可得反射波的表达式为

$$y_{反} = A\cos\left(2\pi\left(\frac{t}{T} - \frac{l}{\lambda}\right) - \pi - 2\pi\frac{(l-x)}{\lambda}\right)$$

将 $l = 5\lambda$ 代入上式得

$$y_{反} = A\cos\left(2\pi\frac{t}{T} - 21\pi + 2\pi\frac{x}{\lambda}\right) = -A\cos2\pi\left(\frac{t}{T} + \frac{x}{\lambda}\right)$$

（2）驻波的表达式为

$$y = y_入 + y_反 = A\cos2\pi\left(\frac{t}{T} - \frac{x}{\lambda}\right) - A\cos2\pi\left(\frac{t}{T} + \frac{x}{\lambda}\right) = 2A\sin\frac{2\pi}{\lambda}x\sin\frac{2\pi}{T}t$$

（3）由 $\sin\frac{2\pi x}{\lambda} = 0$，即由 $\frac{2\pi}{\lambda}x = k\pi$ $(k=0,1,2,\cdots,10)$，得波节坐标为 $x = \frac{k}{2}\lambda$，即

$$x = 0, \quad \frac{\lambda}{2}, \quad \lambda, \quad \frac{3\lambda}{2}, \quad 2\lambda, \quad \frac{5\lambda}{2}, \quad 3\lambda, \quad \frac{7\lambda}{2}, \quad 4\lambda, \quad \frac{9\lambda}{2}, \quad 5\lambda$$

由 $\left|\sin\frac{2\pi x}{\lambda}\right| = 1$，即由 $\frac{2\pi}{\lambda}x = (2k+1)\frac{\pi}{2}$ $(k=0,1,2,\cdots,9)$，得波腹坐标为 $x = (2k+1)\frac{\lambda}{4}$，即

$$x = \frac{\lambda}{4}, \quad \frac{3\lambda}{4}, \quad \frac{5\lambda}{4}, \quad \frac{7\lambda}{4}, \quad \frac{9\lambda}{4}, \quad \frac{11\lambda}{4}, \quad \frac{13\lambda}{4}, \quad \frac{15\lambda}{4}, \quad \frac{17\lambda}{4}, \quad \frac{19\lambda}{4}$$

思考：若本例中反射点无"半波损失"，结果又如何？

【例 14-10】 绳索上的波以波速 $u = 25\text{m/s}$ 传播，若绳的两端固定，相距 2m，在绳上形成驻波，且除端点外其间有 3 个波节。设驻波振幅为 0.1m，$t=0$ 时绳上各点均经过平衡位置。试写出：（1）驻波的表达式；（2）形成该驻波的两列反向进行的行波表达式。

【解】 （1）设行波在 x 轴上传播。根据驻波的定义，相邻两波节（腹）间距：$\Delta x = \frac{\lambda}{2}$，如果绳的两端固定，那么两个端点上都是波节，根据题意除端点外其间还有 3 个波节，可见两端点之间有四个半波长的距离，$\Delta x = 4 \cdot \frac{\lambda}{2} = 2\text{m}$，所以波长 $\lambda = 1\text{m}$，$u = 25\text{m/s}$，所以 $\omega = 2\pi\frac{u}{\lambda} = 50\pi$ Hz。又已知驻波振幅为 0.1m，$t=0$ 时绳上各点均经过平衡位置，说明它们的初始相位为 $\pm\pi/2$，所以驻波方程可写为

$$y = 0.1\cos2\pi x \cos\left(50\pi t + \frac{\pi}{2}\right) \quad \text{(SI)}$$

（2）取绳的一端为坐标原点。由题可知，原点处形成波节，说明两列行波在原点处的振动是反相的。不妨设其中一列行波在原点处的振动初相为 0，则另一列在原点处的振动初相为 $\pm\pi$。结合驻波的形成条件，可推出合成该驻波的两列波的波动方程为

$$y_1 = 0.05\cos(50\pi t - 2\pi x), \quad y_2 = 0.05\cos(50\pi t + 2\pi x - \pi)$$

---

*14.6 声波 超声波 次声波

14.6.1 声波

频率在 20～20 000Hz 的机械振动称为声振动。由声振动在弹性媒质中激起的波动称为声波。在空气与水中传播的声波是纵波，在固体中传播的声波则既可以是纵波，也可以是横波。

1. 声速

可求出在气体中传播的声波的速度为

$$u = \sqrt{\frac{p\gamma}{\rho}} = \sqrt{\frac{RT\gamma}{M}} \tag{14-32}$$

式中, p 是气体的压强; ρ 是气体密度; T 是气体热力学温度; M 是气体的摩尔质量; $\gamma = \frac{C_{p,m}}{C_{V,m}}$ 是气体的比热比。声波的传播速度几乎与频率无关, 但是, 由于速度与媒质的密度有关, 所以声波的传播速度对于温度和压强的变化很敏感。

在同一温度下, 声波在液体与固体中的传播速度大于在空气中的传播速度。表 14-1 给出了在几种媒质中的声速。

表 14-1　在几种媒质中的声速

媒质	温度/℃	声速/(m/s)	媒质	温度/℃	声速/(m/s)
空气（1atm）	0	331	空气（1atm）	20	343
氢气（1atm）	0	1 284	氧气（1atm）	0	316
水	20	1 483	水银	20	1 451
液氦	−272	239	液氧	−183	909
玻璃	0	5 500	花岗岩	0	3 950
冰	0	5 100	铝	20	5 100
黄铜	20	3 500			

2. 声强与声强级

声波的平均能流密度叫作声强, 即 $I = \frac{1}{2}\rho u A^2 \omega^2$。声强太小时, 不会引起听觉（下限）, 而声强太大时, 会引起痛觉（上限）。对于不同频率的声波, 引起听觉的上、下限值是不同的。各频率上限连接而成的曲线为痛觉阈, 而各频率下限连接而成的曲线为可闻阈, 两条曲线之间的范围为听觉范围（见图 14-23）。一个人说话的声强大约仅有 10^{-6} W/m²。

引起人们听觉的声强变化范围为 $10^{-12} \sim 1$ W/m², 数量级相差很大。因此, 为了比较媒质中各点声波的强度, 通常不是使用声强, 而是使用声强级。规定声

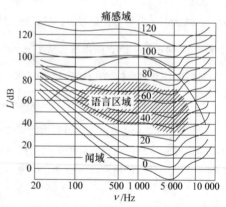

图 14-23　声强级-频率关系图

强级的基准值为 $I_0 = 10^{-12}$ W/m², 即 1 000Hz 的声波能引起听觉的最弱声强。把声强 I 与基准声强 I_0 之比的对数称为声强级, 用 L_I 表示, L_I 的单位为贝尔（B）, 有

$$L_I = \lg \frac{I}{I_0} \tag{14-33a}$$

L_I 的单位为分贝（dB）时有

$$L_I = 10\lg \frac{I}{I_0} \tag{14-33b}$$

适中正常的声强级为 40~60dB，表 14-2 是几种声音的声强、声强级和响度。

表 14-2 几种声音的声强、声强级和响度

声源	声强/（W/m²）	声强级/dB	响度
引起痛觉的声音	1	120	
炮声	1	120	
铆钉机	10^{-2}	100	震耳
交通繁忙的街道	10^{-5}	70	响
通常的谈话	10^{-6}	60	正常
耳语	10^{-10}	20	轻
树叶沙沙声	10^{-11}	10	极轻
引起听觉的最弱声音	10^{-12}	0	

【例 14-11】 一平面简谐声波在空气中传播，波速 $u=340$m/s，频率为 500Hz。到达人耳时，振幅 $A=1\times10^{-4}$cm，试求人耳接收到声波的平均能量密度和声强？此时声强相当于多少分贝？已知空气密度 $\rho=1.29$kg/m³。

【解】 此声波的圆频率为

$$\omega=2\pi\nu=3.142\times10^3\text{rad/s}$$

声波的平均能量密度为

$$\overline{w}=\frac{1}{2}\rho\omega^2A^2\approx6.37\times10^{-6}\text{J/m}^3$$

平均能流密度为

$$I=\overline{w}u\approx2.17\times10^{-3}\text{W/m}^2$$

标准声强为

$$I_0=1\times10^{-12}\text{W/m}^2$$

此声波的声强级为

$$L=10\lg\frac{I}{I_0}\approx93.4\text{dB}$$

14.6.2 超声波

超声波是频率高于 20 000Hz 的声波，通常可用机械法或电磁法来产生，例如，利用石英晶体的弹性振动可产生 10^9Hz 甚至更高频率的超声波。

1. 超声波的特点

由于频率高，波长短，故超声波具有许多一般声波所没有的特性：

1）能流密度大：由于能流密度与频率的平方成正比，故超声波的能流密度比一般声波大得多。

2）方向性好：由于超声波的波长短，衍射效应不显著，所以可以近似地认为超声波沿直线传播，即传播的方向性好，容易得到定向而集中的超声波束，能够产生反射、折射，也可以被聚焦。超声波的这一特性，称为束射特性。

3）穿透力强：超声波的穿透本领大，特别是在液体和固体中传播时，衰减很小，在不透明的固体中，它能穿透几十米的厚度，而在空气中衰减较快，所以超声波主要用在固体和液体中。在海洋中应用超声波最为适宜。

2. 超声波的空化作用

超声波在液体中会产生空化作用。超声波的频率高、功率大，可以引起液体的疏密变

化，使液体时而受压、时而受拉。由于液体承受拉力的能力很差，所以在较强的拉力作用下，液体会断裂，产生一些近似真空的小空穴。在小空穴的形成过程中，由于摩擦产生正、负电荷，引起放电发光等现象。这种空化作用能把水银捣碎成小粒子，使其与水均匀地混合在一起成乳浊液；在医药上用以捣碎药物来制成各种药剂；在食品工业上用以制成许多调味剂；在建筑业上用以制成水泥乳浊液等。

3. 超声波的应用

1) 声呐（即声波导航、测距）：利用超声波的定向反射特性，可以探测鱼群，测量海洋深度，研究海底的起伏等。由于海水有良好的导电性，对电磁波的吸收很强，因而电磁雷达无法使用，利用声波雷达，即声呐，可以探测潜艇的方位和距离。

2) 超声波探伤：超声波能在不透明的材料中传播，所以还可以用于超声探伤，在工业上用以检查金属零件内部的缺陷（如砂眼、气泡、裂缝等）。

3) 医学 B 超（B 型超声成像仪）：人体的不同器官和组织的声阻抗不同，形成不同的反射波，可用以探测人体内部的病变。

4) 工业应用：利用超声波能量大而集中的特点，在工业上可用来切割、焊接、钻孔、清洗、粉碎等。

5) 非声学量的声学测量：利用超声波在媒质中传播的声学量与媒质的各种非声学量之间的关系，通过测量声学量的方法，间接测量其他物理量。

14.6.3　次声波

次声波是频率小于 20Hz 的声波，在火山爆发、地震、大气湍流、坠入大气层的流星、雷暴、磁暴、台风、龙卷风等发生时，通常也会产生次声波。

1. 次声波的特性

频率低（<20Hz），波长长，大气吸收少，可以远距离传输。1883 年 8 月 27 日，印度尼西亚的苏门答腊和爪哇之间发生了一次火山爆发，产生的次声波传播了十余万公里，历时100 余小时。

2. 次声波的应用

1) 科学研究：次声波与地球、海洋、大气等的大规模运动有密切的关系，因此，次声波成为人们研究地球、海洋、大气运动的有力工具。应用它可以探测次声波源的位置、大小和其他特性，对自然灾害性事件（如火山爆发、地震等）进行预报，对诸如核爆炸、火箭发射等事件进行探测、识别和报警；另外，还可以通过研究自然现象产生次声波的机制和特性，深入认识自然规律。

2) 军事应用：次声波在介质中传播时，能量衰减缓慢，并且运动快，隐蔽性好，不易被对方发现，因而可以用来侦察军事情报。

【例 14-12】　用聚焦超声波的方法，可以在水中产生强度达 120kW/cm^2 的超声波。设波源做简谐振动，频率为 500kHz，水的密度为 10^3kg/m^3，声速为 1 500m/s，求这时液体质点的位移振幅、速度振幅和加速度振幅。

【解】　因波强 $I = \dfrac{1}{2}\rho A^2 \omega^2 u$，所以

$$A = \frac{1}{\omega}\sqrt{\frac{2I}{\rho u}} = \frac{1}{2\pi \times 5 \times 10^5} \times \sqrt{\frac{2 \times 120 \times 10^7}{10^3 \times 1.5 \times 10^3}} \text{m} \approx 1.27 \times 10^{-5} \text{m}$$

$$v_m = \omega A = 40 \text{m/s}, \quad a_m = \omega^2 A \approx 1.26 \times 10^8 \text{m/s}^2$$

由此例可见，液体中声振动的振幅是极小的，但高频超声波的加速度振幅却可以很大。上述结果中的加速度最大值约为重力加速度的 1.28×10^7 倍，这意味着介质的质元受到的作用力要比重力大 7 个数量级。可见超声波的机械作用是很强的，在机械加工、粉碎技术、清除垢污等方面有广阔的应用前景。

14.7 多普勒效应

多普勒效应

在前面几节对波动的讨论中，波源和观察者均相对于媒质静止，所以波的频率和波源的频率相同，观察者接收到的频率和波的频率也相同。实验发现，如果观察者或者波源相对于媒质运动，则观察者（或接收器）接收到的频率和波源的振动频率不同。这种观察者接收到的频率有赖于波源或观察者运动的现象，称为多普勒（Doppler）效应。例如，当高速行驶的火车鸣笛而来时，人们听到的汽笛音调会变高；而当它鸣笛离去时，听到的音调则会变低，这种现象就是声学中的多普勒效应。具体分几种情况讨论如下：

1. 波源相对于媒质不动，观察者以速度 v_R 运动

设波源发出的波以速度 u 在媒质中传播，观察者以速度 v_R 向着静止的波源运动。则观察者测量出的波速大小应为 $u+v_R$，而测量出的波长不变（见图 14-24），于是，观察者接收到的频率为

$$\nu' = \frac{u + v_R}{\lambda} = \frac{u + v_R}{u}\nu \qquad (14\text{-}34)$$

可见，当观察者向着静止的波源运动时，接收到的频率大于波源的频率。

同理，当观察者背离波源运动时，测量出的波速大小应为 $u-v_R$，观察者接收到的频率低于波源的频率，即

$$\nu' = \frac{u - v_R}{u}\nu \qquad (14\text{-}35)$$

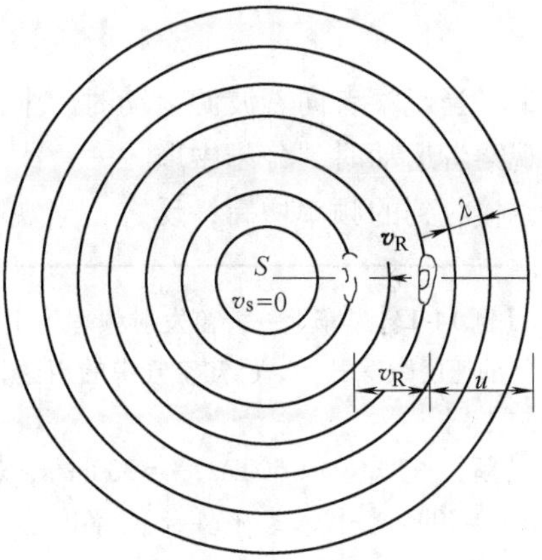

图 14-24 观察者运动时的多普勒效应

2. 观察者相对于媒质不动，波源以速度 v_S 运动

当波源运动时，它所发出的相邻的两个同相振动状态是在不同地点发出的，这两个地点相隔的距离为 $v_S T$，T 为波的周期。设波源静止时媒质中的波长为 $\lambda_0 (\lambda_0 = uT)$，则波源向着观察者运动（见图 14-25）时测出的波长为 $\lambda = \lambda_0 - v_S T = (u - v_S)T$。因而，此时观察者测出的波的频率为

$$\nu' = \frac{u}{\lambda} = \frac{u}{(u - v_S)T} = \frac{u}{u - v_S}\nu \qquad (14\text{-}36)$$

由上式知，当波源向着观察者运动时，观察者接收到的频率大于波源的频率。

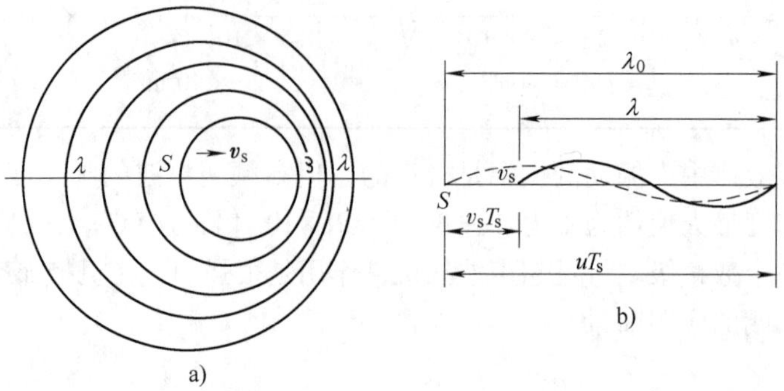

图 14-25 波源运动时的多普勒效应

同理，当波源远离观察者运动时，观察者接收到的频率将小于波源的频率，即

$$\nu' = \frac{u}{u + v_S}\nu \tag{14-37}$$

3. 波源和观察者相对于媒质同时运动

综合上述两种情况，当波源和观察者相向运动时，观察者测量出的波速和波长均发生变化，接收到的频率为

$$\nu' = \frac{u \pm v_R}{u \mp v_S}\nu \tag{14-38}$$

其中，当观察者向着波源运动时，上式分子中取"+"号，反之则取"-"号；而当波源向着观察者运动时，分母中取"-"号，反之则取"+"号。总之，当观察者与波源相向运动时，接收到的频率增高；反之，当观察者与波源彼此离开时，接收到的频率降低。

【例 14-13】 车上一警笛发射频率为 1 500Hz 的声波。该车正以 20m/s 的速度向某方向运动，某人以 5m/s 的速度跟踪其后，已知空气中的声速为 330m/s，求此人听到的警笛发声频率以及在警笛后方空气中声波的波长。

【解】 已知 $\nu = 1\,500$Hz，$u = 330$m/s，观察者向着警笛运动，应取 $v_R = 5$m/s，而警笛背着观察者运动，应取 $v_S = 20$m/s。代入式（14-38）得出此人听到的频率为

$$\nu' = \frac{u + v_R}{u + v_S}\nu = \frac{330 + 5}{330 + 20} \times 1\,500\text{Hz} = 1\,436\text{Hz}$$

警笛后方的空气并不随波前进，相当于 $v_R = 0$，因此其后方空气中声波的频率为

$$\nu' = \frac{u}{u + v_S}\nu = \frac{330}{330 + 20} \times 1\,500\text{Hz} = 1\,414\text{Hz}$$

相应的波长为

$$\lambda' = \frac{u}{\nu'} = \frac{330}{1\,414}\text{m} = 0.233\text{m}$$

思考：若人跑的方向与车前进的方向相反，结果又如何？

【例 14-14】 如图 14-26 所示，一声源 S 以 v_1 的速度向右运动，同时一反射屏以 v_2 的速度向左运动。求站立在 A 点不动的人听到的"拍频"是多少？已知声频为 ν，声速为 u。

【解】 人听到的"拍频"是直接由声源 S 传到人耳的声频 ν_1 和由反射屏反射回来的声频 ν_2 之差。由图知，人站在 A 点不动而声源 S 背离人运动，因而

$$\nu_1 = \frac{u}{u+v_1}\nu$$

为求 ν_2 要分两步进行，先将反射屏作为接收器，它接收到的频率为

$$\nu_2' = \frac{u+v_2}{u-v_1}\nu$$

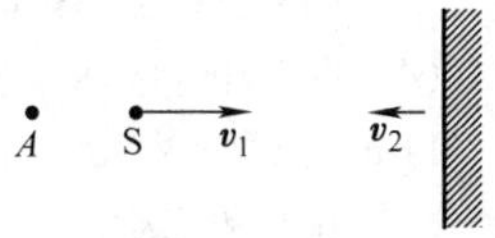

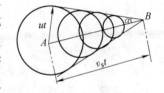

图 14-26 例 14-14 图

再将反射屏作为波源，人听到的反射波频率为

$$\nu_2 = \frac{u}{u-v_2}\nu_2' = \frac{u(u+v_2)}{(u-v_1)(u-v_2)}\nu$$

因而人听到的"拍频"为

$$\Delta\nu = |\nu_2 - \nu_1| = \left| \frac{(u+v_2)}{(u-v_1)(u-v_2)} - \frac{1}{u+v_1} \right| u\nu$$

4. 马赫波（艏波）

当波源速度 v_S 大于波速 u 的时候，波源位于波前的前方，设在时间 t 内点波源由 A 运动到 B，$AB = v_S t$，而在同一时间内，A 处波源发出的波才传播了 ut，结果使各处波前的切面形成一锥面，如图 14-27 所示，锥面的半顶角 α 称为马赫角，满足

$$\sin\alpha = \frac{u}{v_S} \tag{14-39}$$

随着时间的推移，各波前不断扩展，锥面也不断扩展，这种由点波源形成的锥面的传播称为马赫波。锥面就是受声波扰动的介质和未受声波扰动的介质之分界面，故在马赫锥面内、外的这两种介质的状态参量是不同的，在两侧存在着压强、密度和温度的突变。因此，马赫锥面实际上是介质状态参量发生突变的不连续面。这种不连续面的传播也称为艏波。

多普勒效应在测定人造卫星的位置变化、报警、测量流体的流速、检查车速等方面都有重要的应用。

图 14-27 马赫波

【例 14-15】 光在水中的速率为 2.25×10^8 m/s，在水中有一束来自加速器的运动电子发出辐射，其波前形成顶角为 116° 的马赫锥，求电子的速率。

【解】 由式（14-39）知 $\sin\alpha = \frac{u}{v_S}$，因而电子的运动速率为

$$v_S = \frac{u}{\sin\alpha} = \frac{2.25 \times 10^8}{\sin\frac{116°}{2}} \text{m/s} = 2.65 \times 10^8 \text{m/s}$$

🔗 思考题

14-1 产生机械波的条件是什么？

14-2 关于波长的下列说法是否一致？

（1）同一波线上，相位差为 2π 的两个质点间的距离。

（2）在一个周期内波所传播的距离。

（3）同一波线上相邻的振动状态相同的两点间的距离。

（4）两个相邻波峰（或波谷）之间的距离，或两个相邻密部（或疏部）中心间的距离。

14-3　说明下列几组概念的区别和联系：

（1）振动和波动；

（2）振动曲线和波形曲线；

（3）波速和介质的振动速度；

（4）振动能量和波动能量；

（5）机械波和电磁波。

14-4　（1）波源的振动方程为 $y = A\cos\omega t$，计时零点是怎样选择的？如果以波源所在的位置为坐标原点，波沿 x 轴正方向传播，那么对应的波动方程应该怎样写？（设波速为 u）

（2）如果波源向 y 轴正方向运动，且位移为 $A/2$ 的时刻为计时零点，波源位置为坐标原点，波速不变，波动方程应该怎样写？

（3）上题中，如果把波源的位置定为 x_0 点，波动方程又该怎样写？

14-5　根据振动传播的概念可写出波函数。有人说，如果波从 O 点传向 B 点，则 B 点开始振动的时刻比 O 点晚 x/u，即 O 点 t 时刻的振动相位在 B 点是 $t + x/u$ 时刻出现，因此，B 点的振动表达式应为 $y = A\cos\omega(t + x/u)$。你的看法如何？

14-6　根据波长、频率、波速的关系 $u = \lambda\nu$，有人认为频率高的波，其波速也大。你以为如何？

14-7　当波从一种媒质进入另一种媒质时，波长、频率、波速、振幅这些物理量中哪些会改变？哪些不会改变？

14-8　图 14-28 中正弦曲线是一弦线上的波在时刻 t 的波形，其中 a 点向下运动，问：

（1）波向哪个方向传播？

（2）图中 b、c、d、e 各点各向什么方向运动？

（3）能否由此波形曲线确定波源振动的频率和初相？

14-9　波的叠加与波的干涉有什么联系和区别？

14-10　两列平面简谐波相遇，在相遇区域内，媒质质点的运动仍为简谐振动，但质点的振动方向与两波在该点的振动方向都不相同，分析这两列波的频率及相差。这种叠加是不是干涉？

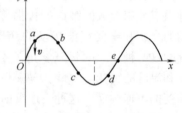

图 14-28　思考题 14-8 图

14-11　波的相干条件是什么？两波源发出振动方向相同、频率相同的波，当它们在空中相遇时，是否一定发生干涉？为什么？

14-12　试述波的反射定律和折射定律，并简述其实际应用。

14-13　试述相位跃变现象：在什么情况下，入射波与反射波在两种介质分界面上要产生相位 π 的跃变？在什么情况下则不会产生相位 π 的跃变？

14-14　驻波中各质元的相位有什么关系？为什么说相位没有传播？

14-15　一平面简谐波沿 x 轴正向传播，图 14-29 为 $t = 0$ 时刻的波形图。若欲沿 x 轴形成驻波，且使 O 点为波节，则 $t = 0$ 时刻另一平面简谐波的波形图应如何？

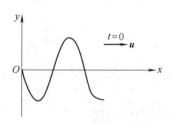

图 14-29　思考题 14-15 图

14-16　声源向观察者运动和观察者向声源运动，都会产生频率增高的多普勒效应，这两种情况有何区别？

习 题

14-1 如图 14-30 所示，一平面简谐波沿 Ox 轴正向传播，波速大小为 u，若 P 处质点的振动方程为 $y_P = A\cos(\omega t + \varphi)$，求：

(1) O 处质点的振动方程；

(2) 该波的波动方程；

(3) 与 P 处质点振动状态相同质点的位置。

14-2 一简谐波，振动周期 $T = 1/2\mathrm{s}$，波长 $\lambda = 10\mathrm{m}$，振幅 $A = 0.1\mathrm{m}$，在 $t = 0$ 时刻，波源振动的位移恰好为正方向的最大值，若坐标原点和波源重合，且波沿 Ox 轴正方向传播，求：

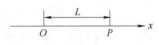

图 14-30 习题 14-1 图

(1) 此波的表达式；

(2) 在 $t_1 = T/4$ 时刻，$x_1 = \lambda/4$ 处质点的位移；

(3) 在 $t_2 = T/2$ 时刻，$x_1 = \lambda/4$ 处质点的振动速度。

14-3 一简谐波沿 x 轴负方向传播，圆频率为 ω，波速为 u。设 $t = T/4$ 时刻的波形如图 14-31 所示，求该波的表达式。

14-4 图 14-32 表示一平面余弦波在 $t = 0$ 时刻与 $t = 2\mathrm{s}$ 时刻的波形图，已知其周期 $T > 2\mathrm{s}$，求：

(1) 坐标原点处介质质点的振动方程；

(2) 该波的波动方程。

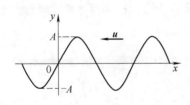

图 14-31 习题 14-3 图

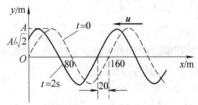

图 14-32 习题 14-4 图

14-5 已知一平面简谐波的方程为 $y = A\cos\pi(4t + 2x)$，

(1) 求该波的波长 λ、频率 ν 和波速度 u 的值；

(2) 写出 $t = 2.2\mathrm{s}$ 时刻各波峰位置的坐标表达式，并求出此时离坐标原点最近的那个波峰的位置。

14-6 波源做简谐振动，周期为 $1.0 \times 10^{-2}\mathrm{s}$，以它经平衡位置向正方向运动时为计时起点，若此振动以 $u = 400\mathrm{m/s}$ 的速度沿直线传播，求：

(1) 距离波源 8.0m 处质点 P 的运动方程；

(2) 距离波源 9.0m 和 10.0m 处两点的相位差。

14-7 为了保持波源的振动不变，需要消耗 4.0W 的功率。若波源发出的是球面波（设介质不吸收波的能量），求距离波源 5.0m 和 10.0m 处的能流密度。

14-8 钢轨中声速为 $5.1 \times 10^3\mathrm{m/s}$。今有一声波沿钢轨传播，在某处振幅为 $1 \times 10^{-9}\mathrm{m}$，频率为 $1 \times 10^3\mathrm{Hz}$。钢的密度为 $7.9 \times 10^3\mathrm{kg/m^3}$，钢轨的截面积按 $15\mathrm{cm^2}$ 计。

(1) 试求该声波在该处的强度；

(2) 试求该声波在该处通过钢轨输送的功率。

14-9 如图 14-33 所示，三个频率相同，振动方向相同（垂直纸面）的简谐波，在传播过程中在 O 点相遇；若其各自单独在 S_1、S_2 和 S_3 点的振动方程分别为 $y_1 = A\cos(\omega t + \pi/2)$，$y_2 = A\cos\omega t$ 和 $y_3 = 2A\cos(\omega t - \pi/2)$，且 $S_2O = 4\lambda$（λ 为波长），$S_1O = S_3O = 5\lambda$，求 O 点的合振动方程（设传播过程中各波振幅

不变）。

14-10 图 14-34 中 S_1 和 S_2 是波长均为 λ 的两个相干波的波源，相距 $3\lambda/4$，S_1 的位相比 S_2 超前 $\pi/2$。若两波单独传播时，在过 S_1 和 S_2 的直线上各点的强度相同，不随距离变化，且两波的强度都是 I_0，则在 S_1、S_2 连线上 S_1 外侧和 S_2 外侧各点，合成波的强度分别为多少？

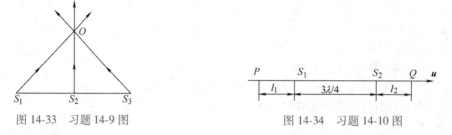

图 14-33 习题 14-9 图 图 14-34 习题 14-10 图

14-11 在弦线上有一简谐波，其表达式为 $y_1 = 2.0 \times 10^{-2} \cos\left[100\pi\left(t + \dfrac{x}{20}\right) - \dfrac{4\pi}{3}\right]$。为了在此弦线上形成驻波，并且在 $x=0$ 处为一波腹，此弦线上还应有一简谐波，求其表达式。

14-12 如图 14-35 所示，S_1 和 S_2 为同相位的两相干波源，相距为 L，P 点距 S_1 为 r；波源 S_1 在 P 点引起的振动振幅为 A_1，波源 S_2 在 P 点引起的振动振幅为 A_2，两波波长都是 λ，求 P 点的振幅。

14-13 如图 14-36 所示，S 为点波源，振动方向垂直于纸面，S_1 和 S_2 是屏 AB 上的两个狭缝，$S_1S_2 = a$。$SS_1 \perp AB$，并且 $SS_1 = b$。x 轴以 S_2 为坐标原点，并且垂直于 AB。在 AB 左侧，波长为 λ_1；在 AB 右侧，波长为 λ_2。求 x 轴上干涉加强点的坐标。

14-14 设入射波的方程式为 $y_1 = A\cos 2\pi\left(\dfrac{x}{\lambda} + \dfrac{t}{T}\right)$，在 $x=0$ 处发生反射，反射点为一固定端。设反射时无能量损失，求：

（1）反射波的方程式；

（2）合成的驻波的方程式；

（3）波腹和波节的位置。

14-15 如图 14-37 所示，一平面简谐波沿 x 轴正方向传播，BC 为波密介质的反射面。波由 P 点反射，$OP = 3\lambda/4$，$DP = \lambda/6$。在 $t=0$ 时，O 处质点的合振动经过平衡位置向负方向运动。求 D 点处入射波与反射波的合振动方程。（设入射波和反射波的振幅皆为 A，频率为 ν）

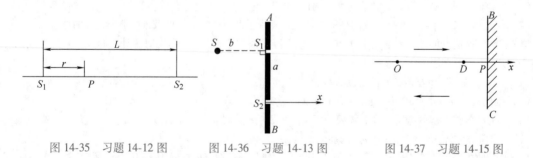

图 14-35 习题 14-12 图 图 14-36 习题 14-13 图 图 14-37 习题 14-15 图

14-16 一日本妇女的喊声曾创吉尼斯世界纪录，达到 115dB。这喊声的声强多大？后来一中国女孩破了这个纪录，她的喊声达到 141dB，这喊声的声强又是多大？

14-17 面积为 1.0m^2 的窗户开向街道，街中噪声在窗户的声强级为 80dB。问有多少"声功率"传入窗内？

14-18 若在同一介质中传播的、频率分别为 1 200Hz 和 400Hz 的两声波有相同的振幅，求：

（1）它们的强度之比；

（2）两声波的声强级差。

14-19　一警车以 25m/s 的速度在静止的空气中行驶，假设车上警笛的频率为 800Hz，求：

（1）静止站在路边的人听到警车驶近和离去时的警笛声波频率；

（2）如果警车追赶一辆速度为 15m/s 的客车，则客车上的人听到的警笛声波的频率是多少？（设空气中的声速 $u = 330m/s$）

14-20　一声源的频率为 1 080Hz，相对地面以 30m/s 的速率向右运动。在其右方有一反射面相对于地面以 65m/s 的速率向左运动，设空气中声速为 331m/s。求：

（1）声源在空气中发出的声音的波长；

（2）反射回的声音的频率和波长。

📖 阅读材料

中国古代生律法

《宋史·乐志》讲："颐天地之和者莫如乐，畅乐之趣者莫如琴。八音以丝为君，丝以琴为君。众器之中，琴德最优。"琴是中国历史最悠久的古乐器之一，现代称其为"古琴"或"七弦琴"。琴与瑟、筝、筑都属于弦乐器，弦乐器发声就是由弦振动而产生的。弦振动有横振动、纵振动和扭转振动三种类型，一般只考虑横振动对乐音四要素（音高、音色、音强、音长）的影响。现代声学理论告诉我们，乐音四要素分别与弦的振动频率或波长、泛音、振幅、振动时长有关。我国古人虽然不一定清楚有关乐器的物理学理论，但在大约公约前 6 至 5 世纪已经懂得音调与弦长的定量关系，这就是闻名的"三分损益法"。

三分损益生律法包含"三分损一"和"三分益一"两层含义，是中国古代乐律发展最核心的内容，渗透于古代音乐理论和实践的各个领域。该方法的最早记载见于《管子·地员篇》，原文为："凡将起五音凡首，先主一而三之，四开以合九九，以是生黄钟小素之首，以成宫。三分而益之以一，为百有八，为徵。不无有三分而去其乘，适足，以是生商。有三分，而复于其所，以是成羽。有三分，去其乘，适足，以是成角。"三分损益法比古希腊毕达哥拉斯（约公元前 570—前 496 年）提出的基本相同的方法要早得多。

以三分损益法计算而得的弦音，自然纯正，悦耳动听。但是，用它计算而得的高八度音并非是完全的高八度，而是比八度高，与西方五度相生法所得的结果相似。为了使数学计算能得到一个完全八度音，东西方的音乐家都曾做过种种尝试，后来在 1567—1581 年间，明代科学家、明太祖九世孙朱载堉用"新法密律"率先解决了这个问题。他将八度音程平均地分为十二等分，在数学上解决了求等比数列的难题。"新法密律"现在称为"十二平均律"，在 17 世纪被传教士通过丝绸之路带到了西方，成为现在的钢琴、手风琴等键盘乐器普遍采用的数理方法，故朱载堉被誉为"钢琴理论的鼻祖"。

物理学家简介

一、多　普　勒

多普勒（C. Doppler, 1803—1853），奥地利物理学家，生于 1803 年，是萨尔茨堡一名石匠的儿子。父母本来期望他子承父业，可是他自小体弱多病，无法当一名石匠。他们接受了一位数学教授的意见，让多普勒到维也纳理工学院学习数学。多普勒毕业后又回到萨尔茨堡修读哲学课，然后再到维也纳大学学习高等数学、天文学和力学。毕业后，多普勒留在维也纳大学当了四年教授助理，又当过工厂的会计员，然后到了布拉格一所技术中学任教，同时任布拉格理工学院的兼职讲师。

1841 年，他才正式成为理工学院的数学教授。多普勒是一位严谨的老师。他曾经被学生投诉考试过于严厉而被学校调查。繁重的教务和沉重的压力使多普勒的健康每况愈下，但他的科学成就使他闻名于世。1850 年，他被委任为维也纳大学物理学院的第一任院长，可是他在 3 年后便辞世，年仅 49 岁。

多普勒

著名的多普勒效应首次出现在 1842 年发表的一篇论文上。1842 年，多普勒带着女儿在铁道旁散步时就注意到了当波源和观察者有相对运动时，观察者接收到的波频会改变。他试图用这个原理来解释双星的颜色变化。虽然多普勒误将光波当作纵波，但多普勒效应这个结论却是正确的。多普勒效应对双星的颜色只有些微小的影响，在那个时代，根本没有仪器能够量度出那些变化。不过，从 1845 年开始，便有人利用声波来进行实验。他们让一些乐手在火车上奏出乐音，请另一些乐手在月台上写下火车逐渐接近和离开时听到的音高。实验结果支持多普勒效应的存在。

二、马　赫

马赫（E. Mach, 1838—1916），奥地利物理学家、生物学家、心理学家、哲学家，1838 年 2 月 18 日生于奇尔利茨，父亲是家庭教师。童年时代的他在大自然的魅力下善于用听觉、触觉观察事物的因果关系。初中时，他对教会学校的课程不感兴趣而被视为不适宜研究学问、成绩不佳的孩子。父亲的藏书成了他自学的宝库。在维也纳大学学习数学、物理学和哲学，1860 年毕业，并获博士学位。1864—1867 年在格拉茨大学先后任数学教授和实验物理学教授，1867—1895 年在布拉格大学任实验物理学教授，两度被选为校长。1901 年退休，但仍在家继续从事科学著述。1916 年 2 月 19 日逝世。

马赫一生主要致力于实验物理学和哲学的研究，发表过 100 多篇关于力学、声学和光学的研究论文和报告。他在研究物体在气体中高速运动时，发现了激波，确定了以物速与声速的比值（即马赫数）为标准来描述物体的超声速运动。马赫效应、马赫波、马赫角等这些以马赫命名的术语，在空气动力学中广泛使用，这是马赫在力学上的历史性贡献。他首先用仪器演示声学多普勒效应，提出过 n 维原子理论等。

马赫还是一位具有批判精神的理论物理学家。他通过对科学的历史考察和科学方法论的分析，写过几本富有浓厚认识论色彩和历史观点的著作，其中以 1883 年《力学及其发展的批判历史概论》（简称《力学史评》）这部著作影响最大，对物理学的发展产生了深刻的影响。他在书中对牛顿的绝对时间、绝对空间的批判以及对惯性的理解，对爱因斯坦建立广义相对论起过积极的作用，成为后者写出引力场方程的依据。后来爱因斯坦把他的这一思想称为马赫原理。马赫的科学认识论曾在自然科学家中产生过强烈的反响，受其影响的科学家最著名的是爱因斯坦和布里奇曼以及量子力学哥本哈根学派的一些物理学家。

马赫还写过再版 20 次、使用了 40 年的《大学生物理学教程》（1891）和《中学生低年级自然科学课本》（1886），是著名的物理学教育家。

第 15 章　电磁振荡和电磁波

　　麦克斯韦最伟大的成就是提出了电场和磁场的行波——电磁波。设想空间某一区域中电场发生了变化，则在它邻近的区域就会激发变化的磁场，这变化的磁场又要在较远的区域激发新的变化的电场，如此继续下去，变化的电场和变化的磁场不断地相互交替，由近及远地传播出去。这种变化的电磁场在空间以一定的速度传播，就形成了电磁波。已发射出去的电磁波，即使在激发它的波源消失后，仍将继续存在并行进。电磁场可以脱离电荷和电流单独存在，并在一般情况下以波的形式运动。下面我们简要地介绍电磁波的产生、发射和传播。

15.1　*LC* 振荡电路　电磁振荡

　　如图 15-1 所示，由自感线圈 L 和电容器 C 连接而成的闭合电路就是一个简单的振荡电路。首先将电容器 C 连接到电池组上使电容器充电，然后连接到自感线圈 L 上，当充电的电容器和自感线圈连起来后，电容器上的电荷和电路中的电流都做周期性的变化，这种现象称为**电磁振荡**。其中 L、C 是储能元件，能量转换是可逆的。下面对电磁振荡过程先做定性分析，再做定量分析。

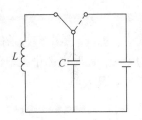

图 15-1　*LC* 振荡电路

　　1. *LC* 振荡电路电磁振荡过程的定性分析

　　LC 电路中的电流在自感线圈 L 中产生，有磁能储存在磁场中；电容器 C 上的电荷在电容器两极板间产生电场，有电能储存在电场中。振荡过程中电流和电荷相互交替地周期性变化，因此，*LC* 电路是能产生电磁振荡的一种简单电路。图 15-2 表示了 *LC* 电路的一个周期振荡过程。

　　2. *LC* 振荡电路电磁振荡过程的定量分析

　　设在电路振荡过程中任意时刻 t，电路中的电流为 I，电容器极板上的电荷量为 q，此时电路方程为

$$L \frac{\mathrm{d}I}{\mathrm{d}t} + \frac{q}{C} = 0$$

即

$$\frac{\mathrm{d}^2 q}{\mathrm{d}t^2} + \frac{q}{LC} = 0 \tag{15-1}$$

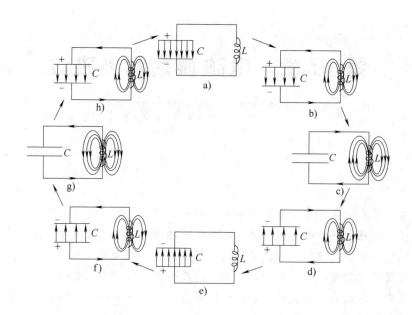

图 15-2 *LC* 振荡电路中能量转换过程

该方程的解为

$$q = q_0 \cos(\omega t + \varphi) \tag{15-2}$$

$$I = \frac{\mathrm{d}q}{\mathrm{d}t} = - q_0 \omega \sin(\omega t + \varphi) \tag{15-3}$$

式中，q_0、φ 是由初始条件决定的常量。例如，在图 15-2a 中，设电容器开始放电前一瞬间为 $t=0$，此时电路中无电流，电容器的电荷具有最大值 q_0，$\varphi=0$。此时电容器 C 中的电场能量具有最大值为

$$W_e = \frac{q_0^2}{2C} \tag{15-4}$$

从式（15-1）可得 *LC* 振荡电路的振荡角频率为

$$\omega = \frac{1}{\sqrt{LC}} \tag{15-5}$$

LC 振荡电路的振荡周期为

$$T = \frac{2\pi}{\omega} = 2\pi\sqrt{LC}$$

LC 振荡电路的振荡频率为

$$f = \frac{1}{2\pi\sqrt{LC}} \tag{15-6}$$

振荡过程中任意时刻 t，电路中的总电磁能为

$$W = \frac{q^2}{2C} + \frac{1}{2}LI^2$$

　　由式（15-2）、式（15-3）、式（15-5）可得，振荡过程中任意时刻 t，电路中的总电磁能都为式（15-4）中的 $t=0$ 时刻电容器 C 中的电场能量的最大值。即振荡过程中电能、磁能不断转换，但总电磁能值不变。

　　实际的电路都不可避免地存在着电阻，并且振荡电流会因此发生衰减，这时产生的振荡称为阻尼电磁振荡，电路中总电磁能不守恒，有部分电磁能转变为焦耳热，同时电磁能也会以电磁波的形式向周围空间辐射出去，所以电路中的电磁能以及电荷、电流的振幅都要随时间减小。上述不考虑阻尼的振荡是自由电磁振荡，也是等幅振荡，是理想振荡。

15.2　电磁波的产生和辐射

　　理论和实验都证明，静止的电荷是不能发射电磁波的；做匀速直线运动的电荷尽管改变了空间的电场和磁场，但根据相对性原理，若选择相对该电荷静止的参考系，在此参考系中也不会观察到电磁波，因此，做匀速直线运动的电荷也不会发射电磁波，只有做加速运动的电荷才能辐射电磁波。

15.2.1　振荡电偶极子

　　上一节讨论的 LC 振荡电路能产生振荡电流，就是电荷在电路中做加速运动，理论上就能发射电磁波。但由于普通的 LC 电路的振荡频率很低，辐射功率很小，而且电磁场又被封闭在电容器和自感线圈内部，不能传播出去。为了使振荡电路有效地辐射电磁波，除了电路中必须有不断的能量补给之外，还必须具备以下条件：

　　1）电路振荡频率必须足够高：理论上已证明，电磁波在单位时间内辐射的能量与频率的 4 次方成正比，所以，只有振荡电路的固有频率越高，才能越有效地把能量发射出去。式（15-6）表明，要加大固有频率 f，必须减小电路中的 L 和 C 的值。

　　2）电路必须足够开放：LC 振荡电路是集中性元件的电路，即电场和电能都集中在电容元件中，磁场和磁能都集中在电感线圈中。为了把电磁场和电磁能有效地发射出去，需要将电路加以改造，以便电场和磁场能够分散到空间里。为此，可以设想把 LC 振荡电路按图 15-3a～d 的顺序逐步加以改造。改造的趋势是使电容器的极板面积越来越小，间隔越来越大，而自感线圈的匝数越来越少。经这样改造后，一方面可以使 L 和 C 的数值减小，以提高固有频率；另一方面是电路越来越开放，使电场和磁场可以分布到更广泛的空间中去，直至最后振荡电路完全退化为一根直导线，如图 15-3d 所示。电流在其中往复振荡，两端出现正负交替的等量异号电荷。这样的电路叫作振荡电偶极子，它已适合于做有效地发射电磁波的波源了。实际中广播电台或电视台的天线，都可以看成是这类振荡电偶极子。

　　我们知道，波就是振动在空间的传播。产生机械波的条件除了必须有波源外，还必须有传播振动的媒质。当媒质的一部分振动起来时，通过弹性应力使离波源更远部分的媒质也振动起来，振动就得以一步步传播开去，媒质中各点的相位随它到振源距离的增大而逐步落后。没有媒质，机械波就无法传播，例如在真空中就不能传播声波。但是，电磁波在真空中则能传播。例如，发射到大气层外宇宙空间里（这里几乎是真空）的人造地球卫星或飞船可以把无线电信号发回地球，太阳发射的光和无线电辐射（这些都是电磁波）也可以通过真空到达地球。为什么电磁波的传播不像机械波那样需要媒质呢？根据麦克斯韦的两个基本

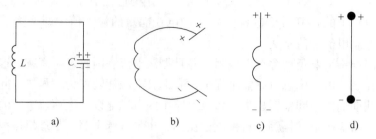

图 15-3 从 LC 振荡电路过渡到振荡电偶极子

假设——涡旋电场和位移电流，就预言了电磁波的存在。电磁振荡能够在空间传播就是因为：①磁场的变化激发涡旋电场；②电场的变化（位移电流）激发涡旋磁场（见图 15-4）。设想在空间某处有一个电磁波源，在这里有交变的电流或电场，它在自己周围激发涡旋磁场，由于该磁场也是交变的，所以它又在自己周围激发涡旋电场。交变的涡旋电场和涡旋磁场同时并存，相互激发，形成电磁波并在空间传播开来，其间是无须任何媒质的。

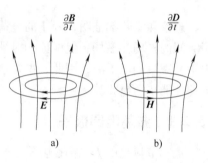

图 15-4 变化的电场和磁场相互激发

15.2.2 赫兹实验

麦克斯韦由电磁理论预见了电磁波的存在是在 1862 年，20 余年之后德国青年赫兹于 1888 年用类似上述的振荡电偶极子产生了电磁波。他的实验在历史上第一次直接验证了电磁波的存在，下面简要介绍赫兹的实验。

赫兹实验中所用的振子如图 15-5a 所示，A、B 是两段共轴的黄铜杆，A、B 中间留有一个火花间隙，间隙两边杆的端点上焊有一对磨光的黄铜球。黄铜球与它们之间的火花间隙就可以构成振荡电偶极子，也称为振子。振子的两端连接到感应圈的两极上。当充电到一定程度且间隙被火花击穿时，两段金属杆连成一条导电通路，这时它相当于一个振荡偶极子，在其中激起高频的振荡（在赫兹实验中振荡频率约为 $10^8 \sim 10^9$Hz）。感应圈以每秒 $10 \sim 10^2$ 次的重复率使火花间隙充电。但是，由于能量不断辐射出去而损失，每次放电后引起的高频振荡衰减得很快，因此，赫兹振子中产生的是一种间歇性的阻尼振荡（见图 15-6）。

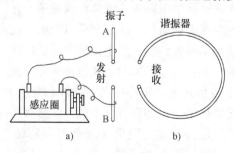

图 15-5 赫兹实验

a）发射装置 b）接收装置

为了探测由振子发射出来的电磁波，赫兹采用的接收装置是一个圆形铜环，环两端的端点上也焊有一对与振子相同的磨光的黄铜球，在其中也留有火花间隙（见图 15-5b），间隙的距离可利用螺旋做微小调节。该接收装置称为谐振器。将谐振器放在距振子一定的距离处，适当地选择其方位，并使之与振子谐振。赫兹发现，在发射振子的间隙有火花跳过的同时，谐振器的间隙里也有火花跳过，这样，他在实验中初次观察到电磁振荡在空间的传播。

以后，赫兹利用振荡电偶极子和谐振器进行了许多实验，观察到振荡电偶极子辐射的电磁波与由金属面反射回来的电磁波叠加产生的驻波现象，并测定了波长，这就令人信服地证实了振荡电偶极子发射的确实是电磁波。此外，他还证明了这种电磁波与光波一样具有偏

图 15-6　赫兹振子产生间歇性的阻尼振荡

振性质，能产生折射、反射、干涉、衍射等现象。因此，赫兹初步证实了麦克斯韦电磁理论的预言：有电磁波存在；光波本质上也是电磁波。

15.2.3　振荡电偶极子的辐射

上述的电磁辐射振源是振荡电偶极子，它可看作是一个电偶极子做简谐振动，振荡电偶极子的电偶极矩 p 可用下式表示：

$$p = p_0 \cos\omega t \tag{15-7}$$

式中，p_0 是电偶极矩的振幅；ω 是角频率。

由于振荡电偶极子的正、负电荷间距不断地交替变化，因而电场和磁场也随着时间不断变化。如果我们把振荡电偶极子的运动简化为正、负电荷相对于它们的公共中心做简谐运动，则其电场线的变化如图 15-7 所示。设 $t=0$ 时，正、负电荷都在图 15-7a 的原点处，然后正、负电荷分别向上、下移动至某一距离时，两电荷间的某一条电场线形状如图 15-7b 所示。接着，两电荷逐渐向中心靠近，电场线的形状也跟随着改变，如图 15-7c 所示。继之，它们又回到中心处重合（完成前半个周期的简谐运动），其电场线便汇成团状，而随着两电荷互易位置，新的电场线出现了，如图 15-7d 所示。显然，在后半个周期的过程中则形成了一条与上述回转方向相反的闭合电场线，如图 15-7e 所示。闭合电场线的形成表明，振荡电偶极子所激发的是涡旋电场。

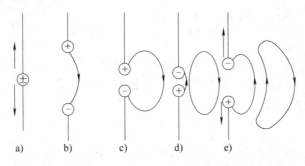

图 15-7　振荡电偶极子附近的电场线变化过程示意图

以上只分析了振荡电偶极子附近电场线的形成过程，而磁场线则是与电场线垂直的闭合曲线。图 15-8 画出了某时刻振荡电偶极子周围电磁场的大致分布情况。图中闭合曲线代表电场线，⊗ 和 · 分别表示穿入纸面和由纸面穿出的磁场线。这些磁场线是环绕电偶极子轴线的同心圆。随着时间的推移，电场线和磁场线便以波的传播速度向外扩张，由近及远地辐射出去的波的角频率为 ω，与 LC 振荡器的频率相同。两种变化场一起形成了以速度 c 从天线向外传播的电磁波。

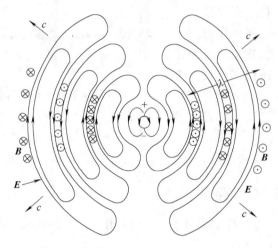

图 15-8　振荡电偶极子周围的电磁场分布

振荡电偶极子所激发的电场和磁场的波函数，需由麦克斯韦方程组求解得出，由于推导过程较复杂，下面直接给出其结果。

如图 15-9 所示的极坐标系，振荡电偶极子位于原点 O，其电偶极矩 p 的方向沿图中极轴的方向。在半径为 r 的球面上取任意点 Q，其径矢 r 沿着波的传播方向并与极轴方向成 θ 角。计算结果表明：点 Q 处的电场强度 E、磁场强度 H 和矢径 r 三个矢量互相垂直，并成右手螺旋关系，E 和 H 的数值分别为

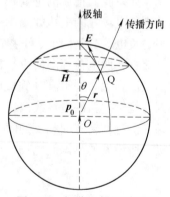

$$E = \frac{\mu p_0 \omega^2 \sin\theta}{4\pi r}\cos\omega\left(t - \frac{r}{u}\right) \qquad (15\text{-}8)$$

$$H = \frac{\sqrt{\varepsilon\mu}\, p_0 \omega^2 \sin\theta}{4\pi r}\cos\omega\left(t - \frac{r}{u}\right) \qquad (15\text{-}9)$$

图 15-9　振荡电偶极子电磁辐射方向

式（15-8）和式（15-9）就是距离振荡电偶极子足够远处的球面电磁波的波函数。式中，u 为电磁波的传播速度，它与介质的电容率 ε 和磁导率 μ 的关系为

$$u = \frac{1}{\sqrt{\varepsilon_0\varepsilon_r\mu_0\mu_r}} = \frac{1}{\sqrt{\varepsilon\mu}} \qquad (15\text{-}10)$$

在离振荡电偶极子很远的地方，若只考虑小范围内的情形，θ 和 r 的变化很小，E 和 H 的振幅可以看作是常量，于是式（15-8）和式（15-9）可分别写成

$$E = E_0 \cos\omega\left(t - \frac{r}{u}\right) \tag{15-11}$$

$$H = H_0 \cos\omega\left(t - \frac{r}{u}\right) \tag{15-12}$$

这就是平面电磁波的波函数，E_0、H_0 分别为电场强度和磁场强度的振幅。图 15-10 是平面电磁波的示意图。电场 E 沿 y 轴方向振动，磁场 H 沿 z 轴方向振动，波沿 Ox 轴的正向传播。在离振荡电偶极子很远的区域，电磁波已呈现为平面波。

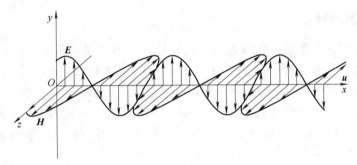

图 15-10　平面电磁波示意图

15.2.4　电磁波的特性

根据以上论述，可将电磁波的特性归纳如下：

1. 电磁波是横波

由于电场强度 E 和磁场强度 H 都垂直于波的传播方向，所以电磁波是横波，E、H、u 三者互相垂直，构成右手螺旋系（见图 15-10）。应当指出，E 和 H 只在各自所处的平面内振动的这一特性，称为横波的偏振性。所以，电磁波具有偏振性。

2. E 和 H 同相位

这在式（15-8）、式（15-9）、式（15-11）、式（15-12）中可看出，即在任何时刻、任何地点，E 和 H 都是同相变化的。

3. E 和 H 的数值成比例

将式（15-8）、式（15-9）相除即得

$$\frac{E}{H} = \frac{\sqrt{\mu}}{\sqrt{\varepsilon}} \quad 或 \quad \sqrt{\varepsilon}\,E = \sqrt{\mu}\,H \tag{15-13}$$

因 $\mu H = B$，再由式（15-13）可得出波速 u 与电场强度和磁感应强度大小的关系为

$$\frac{E}{B} = u$$

4. 电磁波传播速度 u 的大小取决于介质的性质

由式（15-10）可见，对于真空，$\varepsilon_r = 1$，$\mu_r = 1$，所以电磁波在真空中的波速为

$$u = \frac{1}{\sqrt{\varepsilon_0\mu_0}} \tag{15-14}$$

将 $\varepsilon_0 = 8.854 \times 10^{-12} \text{F/m}$，$\mu_0 = 4\pi \times 10^{-7} \text{H/m}$ 代入上式，得电磁波在真空中的波速为

$$u = \frac{1}{\sqrt{8.854 \times 10^{-12} \times 4\pi \times 10^{-7}}} \text{m/s} \approx 2.998 \times 10^8 \text{m/s} = c$$

这个数值与光在真空中的速度完全相等。由此推断光是电磁波,这就把光和电磁波统一了起来。

以上结论虽然是从振荡电偶极子得出的,但它具有普遍性,适用于任何做加速运动的微观带电粒子所辐射的电磁波。例如,分子和原子中运动的带电粒子,加速器中被加速的带电粒子等所发射的电磁波都具有这些性质。

15.2.5 电磁波的能量

电场和磁场都具有能量,随着电磁波的传播,就有能量的传播,这种以电磁波形式传播出去的能量叫作辐射能。显然,辐射能传播的速度和方向就是电磁波传播的速度和方向。

按照第 14 章中引入的能流密度的概念,若电磁场的能量密度为 w,则在介质不吸收电磁能量的条件下,单位时间内通过单位截面积的能量,叫作电磁波的能流密度,也称为波强,用 S 表示,即

$$S = wu \tag{15-15}$$

已知电场和磁场的能量密度分别为

$$w_e = \frac{1}{2}\varepsilon E^2, \quad w_m = \frac{1}{2}\mu H^2$$

故电磁场的能量密度

$$w = w_e + w_m = \frac{1}{2}(\varepsilon E^2 + \mu H^2)$$

于是,式(15-15)为

$$S = \frac{u}{2}(\varepsilon E^2 + \mu H^2)$$

将式(15-13)和式(15-10)代入,整理得

$$S = EH \tag{15-16}$$

由于 E、H 和电磁波的传播方向 u 三者互相垂直,并成右手螺旋关系(见图 15-10),而辐射能的传播方向与电磁波的传播方向 u 同向,故式(15-16)可用矢量表示为

$$S = E \times H \tag{15-17}$$

式中,S 为电磁波的能流密度矢量,也叫作坡印廷矢量。对平面电磁波,能流密度的平均值为

$$\bar{S} = \frac{1}{2}E_0 H_0 \tag{15-18}$$

式中,E_0、H_0 分别为电场强度和磁场强度的振幅。$\bar{S}$ 也称为平均波强。

振荡电偶极子在单位时间内辐射出去的能量,叫作辐射功率,用 P 表示。同样地,辐射功率的平均值用 $\bar{P}$ 表示。对于与波传播方向垂直的某截面 A,其平均辐射功率 $\bar{P} = \bar{S}A$。

【例 15-1】　某电台的平均辐射功率为 15kW，若能流均匀分布在以电台为中心的半个球面上，（1）求离电台为 10km 处的平均波强；（2）在 10km 处的一个小空间范围内视电磁波为平面波，求该处电场和磁场强度的振幅。

【解】　因能流均匀分布在以电台为中心的半个球面上，所以

（1）离电台为 10km 处的平均波强为

$$\bar{S} = \frac{\bar{P}}{2\pi r^2} = \frac{15 \times 10^3}{2\pi \times (10 \times 10^3)^2}J/(m^2 \cdot s) = 2.39 \times 10^{-5}J/(m^2 \cdot s)$$

（2）依题意，可视电磁波在真空中传播，由式（15-18）、式（15-13）和式（15-14），有

$$\bar{S} = \frac{1}{2}E_0 H_0 = \frac{1}{2}E_0 \frac{\sqrt{\varepsilon_0}}{\sqrt{\mu_0}}E_0 = \frac{1}{2}\varepsilon_0 c E_0^2$$

或

$$\bar{S} = \frac{1}{2}E_0 H_0 = \frac{1}{2}\frac{\sqrt{\mu_0}}{\sqrt{\varepsilon_0}}H_0^2 = \frac{1}{2}\mu_0 c H_0^2$$

在 10km 处的一个小空间范围内电场和磁场强度的振幅分别为

$$E_0 = \sqrt{\frac{2\bar{S}}{\varepsilon_0 c}} = \sqrt{\frac{2 \times 2.39 \times 10^{-5}}{8.85 \times 10^{-12} \times 3 \times 10^8}}V/m = 0.134V/m$$

$$H_0 = \sqrt{\frac{2\bar{S}}{\mu_0 c}} = \sqrt{\frac{2 \times 2.39 \times 10^{-5}}{4\pi \times 10^{-7} \times 3 \times 10^8}}A/m = 3.56 \times 10^{-4}A/m$$

15.2.6　电磁波谱

自从赫兹应用电磁振荡的方法产生电磁波，并证明了电磁波的性质与光波的性质相同以后，人们又进行了许多实验，不仅证明光是一种电磁波，而且发现了更多形式的电磁波。1895年伦琴发现了一种新型的射线，后来称之为 X 射线；1896 年贝克勒耳又发现了放射性辐射。

科学实践证明，X 射线和放射性辐射中的一种 γ 射线都是电磁波。这些电磁波本质是相同的，只是频率与波长有很大差别。例如，光波的频率比无线电波的频率要高很多，而 X 射线和 γ 射线的频率则更高。为了对各种电磁波有个全面了解，我们可以按照波长或频率的顺序把这些电磁波排列成图表，就是电磁波谱，大致可分为无线电波、视频波、微波、红外线、可见光、紫外线、X 射线、γ 射线，如图 15-11 所示。不同波段电磁波的大致用途及产生方式如下：

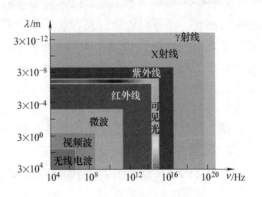

图 15-11　电磁波谱

1. 无线电波

在电磁波谱中，波长最长的是无线电波。一般将频率低于 3×10^{11} Hz 的电磁波统称为无线电波。无线电波通常是由电磁振荡电路通过天线发射出去的。无线电波按波长的不同又分为长波、中波、短波、超短波、微波等波段。其中，长波的波长在 3km 以上，微波的波长

小到 0.1mm。

不同波长（频率）的电磁波有不同的用途。广播电台使用的频率在中波波段；电视台使用的频率在超短波波段；用来测定物体位置的雷达、无线电导航等使用的频率在微波段。

无线电波就其传播特性而言，长波、中波由于波长很长，衍射现象显著，所以从电台发射出去的电磁波能够绕过高山、房屋而传播到千家万户；短波的波长较短，衍射现象减弱，主要靠地球外的电离层与地面间的反射，故能传得很远。超短波、微波由于波长小而几乎只能按直线在空间传播，但因地球表面是球形的，需设中继站，以改变其传播方向，使之克服地球形状将电信号传到远处。电视、远距离通信、雷达都采用微波。当前，多用同步通信卫星作为微波中继站。一般只需有三颗同步通信卫星，就可将无线电信号传送到地球上大部分地区。表 15-1 列出了各波段无线电波的用途。

表 15-1 各波段无线电波的用途

名称	长波	中波	中短波	短波	米波	微波
波长	30 000~3 000m	3 000~200m	200~50m	50~10m	10~1m	1~0.001m
频率	10~100kHz	100~1 500kHz	1.5~6MHz	6~30MHz	30~300MHz	300~300 000MHz
主要用途	越洋长距离通信和导航	无线电广播	电报通信	无线电广播电报通信	视频无线电广播、电视、广播、无线电导航	电视、雷达、无线电导航及其他专门用途

2. 红外线

在微波和可见光之间的一个广阔波段范围的电磁波，叫作红外线。它在电磁波谱中位于可见光的红光部分之外，人眼看不见，波长比红光更长，是 1800 年英国天文学家赫歇尔（W. Herschel）首先探测到的。

红外线是由炽热物体辐射出来的，例如人体就是一个红外线源。红外线的显著特性是热效应大，能透过浓雾或较厚大气层而不易被吸收。所谓热辐射，主要就是指红外线辐射。

红外线虽然看不见，但可以通过某些材料（如氯化钠或锗等）做成透镜或棱镜使特制的底片感光，还可以通过"图像转换器"转换成可见的图像。根据这些性质可进行红外照相，并制成"夜视"仪器在夜间观察物体。例如红外雷达、红外通信都是定向发射红外线；还有，由于坦克、人体、舰艇等都会发射红外线，故在夜间或浓雾天气可用红外夜视仪进行侦察，因此，红外线在军事上有重要的用途。另外，物质的分子结构和化学成分同它所吸收的红外线的波谱有密切关系，因此，研究物质对红外线的吸收情况可以分析物质的组成和分子结构。化学工程中广泛应用红外线分析就是利用了此原理。

3. 可见光

可见光的波长范围在 390~760nm 之间，如图 15-12 所示，它在整个电磁波谱中只占很小的一部分，这些电磁波能使人眼产生光的感觉，所以叫作光波。人眼所看见的不同颜色的光，实际上是不同波长的电磁波，白光则是各种颜色（红、橙、黄、绿、青、蓝、紫）的可见光的混合。波长最长的可见光是红光（630~760nm），波长最短的光是紫光（390~430nm）。

因为光波的波长比无线电波更短，它在传播时的直线性、反射和折射性质就比超短波、微波更为显著；仅当光通过小孔、狭缝等时，才明显地显示出衍射现象。

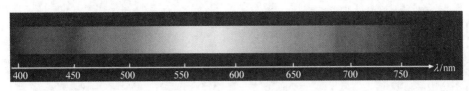

图 15-12　各种波长的可见光

4. 紫外线

波长比可见光的紫光短的称为紫外线，紫外线有显著的化学效应（使照相底片感光）、荧光效应和生理作用（杀菌），它是人类视觉所不能感受的，只能利用特殊仪器来探测。炽热物体的温度很高（例如太阳）时，就会辐射紫外线。紫外线的杀菌能力较强，在医疗上有其应用；许多昆虫对紫外线特别敏感，可用紫外灯来诱捕其中的害虫；另外，波长为290~320nm 的紫外线对生命有害，而臭氧对太阳辐射中的上述紫外线的吸收能力极强，有95% 以上可被它吸收。臭氧层在地球上方 10~50km 之间，它是地球生物的保护伞。

无论可见光、红外线或紫外线，它们都是由原子或分子等微观客体的振荡所激发的。

5. X 射线

X 射线的波长范围在 0.01~10nm 之间，由高速电子流轰击（金属靶）原子中内层电子产生。它的穿透本领较大，工业上用于金属探伤和晶体结构分析，医学上用于检查肺部和骨骼中的病变等。由于 X 射线的波长与晶体中原子间距离的线度相近，因此在科学研究中，常用 X 射线来分析晶体的结构，它已经成为人们认识微观世界的一种有效武器。

6. γ 射线

放射性辐射 γ 射线的波长是从 0.001nm 左右算起，直到无穷短的波长，它由放射性的原子核中放射出来或高能粒子碰撞原子核所产生，许多放射性同位素都发射 γ 射线。γ 射线穿透力极强，可用于金属探伤等，是原子武器的主要杀伤因素之一。γ 射线也是人类研究天体，认识宇宙的强有力武器。

由上述我们看到，电磁波谱中各波段主要是按照得到和探测它们的方式的不同来划分的。随着科学技术的发展，各波段都已冲破界限与其相邻波段重叠起来。目前在电磁波谱中除了波长极短的一端以外，不再留有任何未知的空白了。

思考题

15-1　在 LC 振荡电路中，当电容器放电完毕时，回路中还有电流吗？为什么？

15-2　试比较机械振荡中的简谐振动和电磁振荡中的无阻尼自由振荡。二者有哪些区别？有哪些类似？

15-3　在 LC 振荡中，电场能量和磁场能量是怎样交替转换的？

15-4　普通的 LC 振荡电路为什么不能用来有效地辐射电磁波？要有效地把电磁能量发送出去，振荡电路必须具备什么条件？

15-5　振荡电偶极子在足够远处辐射的电磁波具有何特点？在空间任一点，同一时刻的振动矢量 E 和 H 的量值和振动位相有何关系？它们的方向和电磁波的传播方向又有何关系？

15-6　电磁波是横波还是纵波？为什么？

15-7　什么是坡印廷矢量？它的物理意义如何？

15-8　何谓电磁波谱？各种电磁波的辐射机制如何？特性如何？

习 题

15-1 一振荡电路，由自感为 1.2×10^{-3} H 的线圈和电容为 3.0×10^{-8} F 的电容器所组成，线路中的电阻可以略去，求振荡频率。

15-2 若收音机的调谐电路所用线圈的自感为 2.6×10^{-4} H，要听 $535 \sim 1\,605$ kHz 的广播，问与线圈连接的可变电容的最大值和最小值各为多少？

15-3 在 LC 电路中，如果 $L = 2.6 \times 10^{-4}$ H，$C = 1.2 \times 10^{-10}$ F，初始时电容器两极板间的电势差为 1V，且电流为零。试求：

(1) 振荡频率；

(2) 最大电流；

(3) 在任意时刻电容器两极板间的电场能量、自感线圈中的磁场能量；

(4) 证明在任意时刻电场能量和磁场能量之和等于初始的电场能量。

15-4 一振荡电路，已知 $L = 1.015$ H，$C = 0.025\mu$F，电路中的电阻可忽略不计，电容器上电荷最大值为 2.5×10^{-6} C。

(1) 写出电路接通后，电容器两极板间的电势差、电路中的电流随时间变化的方程；

(2) 写出电场能量、磁场能量及总能量随时间变化的方程；

(3) 求 $t_1 = T/8$ 和 $t_2 = T/4$ 时，电容器两极板间的电势差、电路中的电流、电场能量和磁场能量的值。

15-5 设有一电磁波在真空中传播，电磁波通过某点时，该点的 $E = 50$V/m，试求该时刻该点的 B 和 H 的大小，以及电磁场能量密度和坡印廷矢量的大小。

15-6 一均匀平面电磁波在真空中传播，其电场强度的最大值是 1.00×10^{-4} V/m，问磁场强度的最大值是多少？

15-7 一气体激光器发出的激光光强可达 3.0×10^{18} W/m²，计算其对应的电场强度和磁场强度的振幅。

15-8 求下列各种波长的电磁波在真空中的频率：

(1) 0.1nm（X 射线）；

(2) 5.893×10^{-7} m（钠黄光）；

(3) 1.37m（电视）；

(4) 280m（中波广播）。

 物理学家简介

赫 兹

赫兹（H. R. Hertz, 1857—1894），德国物理学家，1857 年 2 月 22 日生于汉堡。父亲为律师，后任参议员，家庭富有。赫兹在少年时期就表现出对实验的兴趣，12 岁时便有了木工工具和工作台，以后又有了车床，常常用以制作简单的实验仪器。他 1876 年入德累斯顿工学院学习工程，由于对自然科学的爱好，转入慕尼黑大学学习数学和物理，第二年又转入柏林大学，在亥姆霍兹指导下学习并进行研究工作。1880 年他以纯理论性工作的《旋转导体电磁感应》论文获得博士学位，成为亥姆霍兹的助手。1883 年他到基尔大学任教，1885—1889 年任卡尔斯鲁厄大学物理学教授。他在物理学上的主要贡献是发现电磁波。当时人们对电磁理论的认识还很不一致。1879 年，亥姆霍兹为柏林科学院

赫兹

设计的重金悬赏中，提出了用实验证明以下课题：变化磁力必然使绝缘体介质极化（产生位移电流），而位移电流又必然产生磁效应，这两个假设在空气或真空中也同样成立。如果成功，电磁学就能"从无路的荒原"中走出来，验证麦克斯韦电磁波的理论和预言。

赫兹首先在 1884 年他的一篇理论性论文中提出源和场统一的思想，通过引入磁流矢势把麦克斯韦方程改写为四个矢量方程，这为他后来的重要实验奠定了思想基础。但当时还缺乏产生和检验快速振荡的仪器，因而他还不敢接受亥姆霍兹要求他研究上述课题的要求。

1886 年 10 月，赫兹在物理实验室仓库发现了两个演示用的大线圈，他还发现，当初级线圈有脉动电流时，近旁未闭合的次级线圈打出了火花，而且次级线圈在某些位置上没有火花发生（"中性点"）。赫兹敏锐地抓住这一偶然现象，相信柏林科学院的问题能够解决了。随后他进行了一系列实验：设计出直线型开放振荡器以产生频率极高的电振荡；设计出带火花隙的单线线圈作为检验器（火花的距离可以调节）。接着，于 1887 年 11 月 5 日，他在《论绝缘体中电扰动产生的电磁效应》一文中叙述了利用上述高频发射器与检测器检验出金属与绝缘板（如沥青、纸、干木、石蜡、汽油槽）对周围电磁场（包括各中性点）的影响，从而证明了绝缘介质中产生的迅速交替极化即位移电流的存在，获得了柏林科学院奖。

为了证明这种位移电流也存在于空气或真空中，他在 1888 年 1 月通过驻波方法测出了电磁波的速度。办法是在一间空间为 1.5m×8.6m×6m 的暗室的墙上钉一块 4m×2m 的锌板，用来反射电磁波并与发射波叠加形成驻波，利用小车上的检验器测出波节（无火花）与波腹（火花最强），由此可根据测出的驻波波长与波源频率算出电磁波速度，并证明与光波速度一致。赫兹还进一步在 1888 年夏季证明了电磁波与光波有同样的性质：直线传播（通过垂直方向的锌板有阴影区）、反射（高 2m、孔径为 1.2m 的抛物面反射镜使电磁波聚焦）、折射（高 1.2m、顶角为 30°的沥青棱镜使电磁波偏折，折射率为 1.69）、偏振（通过钢丝屏做成的金属栅）等。1888 年 1 月 21 日，赫兹完成了他的著名论文《论电动力学作用的传播速度》，这成了人们规定电磁波发现的日期。赫兹做的这些实验对于确立麦克斯韦理论的地位具有十分重大的意义。爱因斯坦评价说："只是等到赫兹以实验证实了麦克斯韦电磁的存在以后，对新理论的抵抗才被打垮。"可以说，赫兹的卓越实验为麦克斯韦的理论添上了至关重要的一笔，其后迅速发展起来的无线通信技术，则是直接受惠于赫兹的无与伦比的实验。

赫兹的研究工作还包括气象、材料硬度等方面，尤其在光电效应与阴极射线等方面，成果更为突出。他 1891 年开始撰写《力学原理》一书，试图通过力学把物理学各领域统一起来。

物理学大师们对赫兹的工作给予高度评价。爱因斯坦指出，"伟大的变革是由法拉第、麦克斯韦和赫兹带来的"，说明了赫兹的工作对物理学发展所起的不可磨灭的作用。普朗克在一封信中赞扬他："在人们关注电波的时候，赫兹是这一代的冠军。我们物理学会的成员沐浴着他的光辉，也将分享他的荣耀。"但遗憾的是他英年早逝，在他的能力和经历正要把他推向对物理学做更大贡献的关头，他的生命结束了，年仅 37 岁。为了纪念他的卓越贡献，将频率的单位命名为赫兹。

第 16 章　光 的 干 涉

　　光（这里主要指可见光）是人类以及各种生物生活不可或缺的最普通的要素。人们所以能看到客观世界中绚丽多彩、瞬间万变的景象，就是因为眼睛接收物体发射、反射或散射光的缘故。光学是物理学的一个重要组成部分，但对它的规律和本性的认识却经历了漫长的过程，世界上最早的关于光学知识的文字记载是我国的《墨经》（公元前 400 多年）。从 17 世纪到 19 世纪，关于光的本性曾有过两种互相对立的学说，即牛顿的微粒说和惠更斯的波动说。微粒说就是在机械观的基础上，认为光是一些微粒组成的，光线就是这些"光微粒"的运动路径。就是说，光是从光源发出的微粒流，在真空均匀媒质中，这些微粒做匀速直线运动。所以微粒说能够较好解释光沿直线传播、折射和反射的规律。但是微粒说在说明折射时，认为光在水中的传播速度大于在空气中的传播速度。惠更斯明确地提出了光是一种波动，认为光在水中的传播速度小于在空气中的传播速度。但波动说认为光是某种媒质中的波动，这种媒质称为"以太"，后来菲涅耳又把"以太"当作一种弹性体，这光便被认为是"以太"中的弹性波了。这种波动说称为光的机械波动说，以区别于后来的电磁波说。波动说也能够解释当时光的反射定律和折射定律，而且还解释了方解石的双折射现象，但因为当时波动说不能很好地解释直线传播定律，而且没有建立起系统的有说服力的理论，所以在很长时间内波动说都没能得到承认。在 19 世纪以前微粒说一直占据着统治地位，直到 19 世纪初才开始发生许多有利于波动说的变化。1801 年托马斯·杨（T. Young）对薄膜颜色做出解释并用双缝实验显示出光的干涉现象。干涉现象是波动特征，微粒流不能产生干涉现象。杨的工作对光的波动说是一重要贡献，只是由于杨的见解大部分是定性表达的，所以没能得到普遍承认。1835 年菲涅耳（A. J. Fresnel）对惠更斯原理做了补充，形成了今天人们所熟悉的惠更斯-菲涅耳原理，用这个原理不仅能解释光沿直线传播的定律，而且还能解释光通过障碍物时所发生的衍射现象。实际上。当时牛顿已觉察到许多光现象可能需要用波动来解释，牛顿环就是一例，不过他当时未能做出这种解释。直到进入 19 世纪，才由托马斯·杨和菲涅耳从实验和理论上建立起一套比较完整的光的波动理论，使人们正确地认识到光就是一种波动，而光沿直线前进只是光的传播过程的特殊情形，并且傅科（J. B. L. Foucault，1819—1868）和斐索（A. H. L. Fizeau，1819—1896）各自用自己的实验测出了光在水中的传播速度比空气中小，使光的波动说取得了决定性的胜利。由于当时托马斯·杨和菲涅耳对光波的理解还持有机械论的观点，即光是在一种介质中传播的波，关于传播光的介质是什么的问题，虽然对光波的传播规律的描述甚至实验观测并无直接的影响，但终究是波动理论的一个"要害"问题。在 19 世纪的中期，麦克斯韦和赫兹等找到了光和电磁波之间的联系，奠定了光的电磁理论的基础，使人们对光波的认识更深入了一步，但关于"介质"的问题还是矛盾重重，有待解决。最终解决这个问题的是 19 世纪末迈克耳孙-莫雷的实验，这一实验的结论证实电磁波（当然包括光波）是一种可独立存在的物质，它的传播不需要任何介质。到了 19 世纪末期和 20 世纪初期，人们通过对黑体辐射、光电效应和康普顿效应的研究，又无可怀疑地证实了光的粒子性，形成了一种具有崭新内涵的微粒学说。面对这两种各有坚实实验基础的波动说和微粒说，以及随后爱因斯坦建立的相对论理论，人们对光的本性的认识又向前迈进了一大步，即承认光具有波粒二象性。由于光具有波粒二象性，所以对光的全面描述需运用量子力学的理论，根据光的量子性从微观过程上研究光与物质相互作用的学科叫作量子光学。

20 世纪 60 年代激光的发现，使光学的发展又获得了新的活力。激光技术与相关学科相结合，导致了光全息技术、光信息处理技术、光纤技术等的飞速发展。非线性光学、傅里叶光学等现代光学分支逐渐形成，带动了物理学及其相关学科的不断发展。

本书主要是讨论波动光学，作为基础理论，在本章、第 17 章、第 18 章重点仅是阐述波动光学的基本原理和一些相关的应用。

16.1 相干光

相干光

太阳光，正如彩虹所显示的，其中含有可见光的全部颜色。彩虹中各种颜色之所以显示出来，是因为入射光中各种不同波长的光穿过雨滴时偏转了不同的角度。

肥皂泡和油膜也能显示各种明亮的颜色。这是光波的一种叠加现象——干涉。

干涉现象是波动过程的基本特征之一。在上一章已经指出：频率相同、振动方向相同、相位相同或相位差保持恒定的两个波源发出的波是相干波，在两相干波相遇的区域内，有些点的振动始终加强，有些点的振动始终减弱或完全抵消，即产生干涉现象。对于光波来说，振动的是电场强度 E 和磁场强度 H，其中能引起人眼视觉和底片感光的是 E，也就是说在光和物质相互作用过程中主要是电矢量起作用，所以人们把 E 叫作光矢量。若两束光的光矢量满足相干条件，则它们是相干光，相应的光源叫作相干光源。机械波或无线电波的波源可以连续地振动，发出连续不断的正弦波，相干条件比较容易满足，观察这些波的干涉现象比较方便。而光波情况有所不同，例如，在房间里放着两个发光频率完全相同的钠光灯，在它们所发出的光都能照到的区域是不可能观察到光强有明暗变化的。这表明两个独立的光源即使频率相同，也不能构成相干光源。这是由光源发光本质的复杂性所决定的。这缘由和普通光源的发光机理有关，下面我们来说明这一点。

光源的发光是其中大量的分子或原子进行的一种微观过程，微观客体的发光过程是一种量子过程。现代物理学理论已完全肯定分子或原子的能量只能具有离散的值，这些值称作能级。氢原子的能级如图 16-1 所示。能量最低的状态叫基态，其他能量较高的状态都叫激发态。由于外界条件的激励，如通过碰撞、电致、热辐射等，原子就可以处在激发态中。处于激发态的原子是不稳定的，它会自发地回到低激发态或基态，完成高能级向低能级的跃迁过程。通过这种跃迁，原子的能量减小，也正是在这种跃迁过程中，原子向外发射电磁波，该电磁波就携带着原子所减少的能量。这一跃迁过程所经历的时间是很短的，约为 10^{-8} s，这就是一个原子一次发光所持续的时间。光是电磁波，一个原子每一次发光就只能发出一段长度有限、频率一定（实际上频率是在一个很小范围内）和振动方向一定（电磁波是横波）的光波，如图 16-2 所示。这一段光波叫作一个波列，其实，波列的长度还与发光的微观客体所处的环境有关。

当然，一个原子经过一次发光跃迁后，还可以再次被激发至较高的能级，因而又可以再次发光。因此，原子的发光都是断续的。

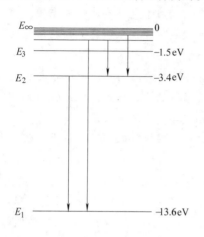

图 16-1　氢原子的能级及发光跃迁

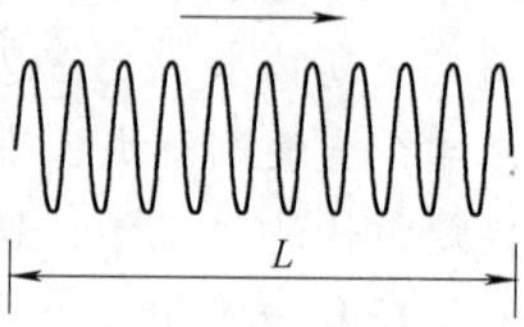

图 16-2　一个波列的示意图

在普通的光源内，有非常多的原子在发光，这些原子的发光远不是同步的。这是因为在这些光源内原子处于激发态时，是自发地向低能级跃迁的，是按照一定的概率发生的。各个原子的各次发光完全是相互独立、互不相关的。它们每次何时发光不确定，每次发出的波列的频率和振动方向也是不可能相同的。我们所见到的光是由光源中的众多原子所发出的、许许多多相互独立的波列组成的，如图 16-3 所示。尽管在有些条件下（如在单色光源内）能实现这些波列的频率基本相同，但是两个相同的光源或是同一光源上的两部分发的光在空间 P 点叠加时，这些波列的振动方向也不可能都相同，特别是相差更不可能保持恒定，如图 16-4 所示。因而合振幅不可能稳定，也就不可能观察到光的强弱在空间稳定分布的干涉现象了。

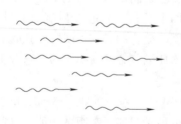

图 16-3　普通光源中的波列彼此独立

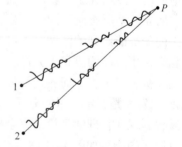

图 16-4　波列在空间 P 点叠加

怎样才能获得两束相干光呢？利用普通光源获得相干光的方法的基本原理之一是：利用反射或折射等方法使它"一分为二"，即把由光源上同一点发的光设法分成两部分，沿两条不同的路径传播并相遇，这时，原来的一个波列都被分成了频率相同、振动方向相同、相位差恒定的两部分，然后再设法使这两部分光重新叠加起来。这样，这两部分光将满足相干条件而成为相干光。当它们相遇时就能产生干涉现象。这种方法称为**分振幅法**（本质上说是分能量法，因为振幅与能量相关）。

如图 16-5 所示，A、B 分别为某油膜的两个表面，入射光 a 中某一个波列 W 在界面 A 上分成两部分，一部分在界面 A 上反射形成波列 W_1，另一部分从界面 A 折射直至在界面 B 上再反射形成波列 W_2。因为 W_1、W_2 是同一点发的光分成的两部分，这样它们的频率相同、振动方向相同，最后它们在空间某一点相遇时的相位差决定于两波列行进的光程差，又因为相遇时两部分光的光程差是恒定的，所以可以产生干涉。对于入射光 a 中的其他波列，都可按同样的道理分析。

由上面分析可知，分振幅法的原理是利用反射、折射把波面上某处的振幅分成两部分，再使它们相遇从而产生干涉现象。我们在日常生活中看到的油膜、肥皂膜所呈现的彩色，就是一种光的干涉现象。如前所说，因为当太阳光照射油膜时，经油膜上、下两面反射的光形成相干光束，如有些地方红光得到加强，有些地方绿光得到加强，等等，这样就可看到油膜呈现出彩色条纹。

除了分振幅法以外，还有一种用分光来获得相干光的方法，称为**分波阵面法**，如图 16-6 所示。图中，点光源或线光源发出球面波或柱面波，在同一波阵面上取出两点 S_1 和 S_2，这两部分波阵面元发出的子波满足相干光的一切条件，是相干光源，它们到达屏幕 P 上将产生相干叠加。下面将要介绍的杨氏双缝、双镜和劳埃德镜等光的干涉实验，都是利用分波阵面法实现的。

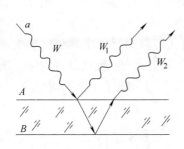

图 16-5 分振幅法获得相干光

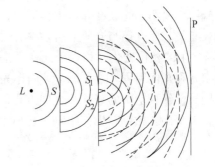

图 16-6 用分波阵面法获得相干光

还有一点要注意，当两相干光源到达观察点的光程差大于波列长度 L 时，这相当于一个相干波列已经过了观察点了，另一个相干波列才到达观察点，这样，两相干光就无法相遇叠加，也无法产生干涉。所以，对两相干光的光程差有限制，我们把能观察到干涉条纹时允许的最大光程差称为**相干长度**，显然，相干长度就等于波列的长度。或者说光源在同一时刻发的光分为两束后又先后到达某一观察点，只有当这先后到达观察点的时间差小于某一值时，才能在观察点产生干涉，把这个值称为**相干时间**。可见光波的波列越长，其相干性越好。激光的波列较普通光源长很多，所以激光的相干性很好。

16.2 光程

相位差的计算在分析光的叠加现象时十分重要。光在真空中所行进的

光程

几何路程就是光传播的光程。但是，因为同一频率的光在不同介质中的传播速度不同，对应地，在不同介质中，光波的波长也不同，这时光在其中的传播光程就不再是其行进的几何路程。在此，我们来分析光程的概念。

如图16-7所示，设有一频率为ν的单色光，它在真空中的波长为λ，传播速度为c，当它在折射率为n的介质中传播时，传播速度变为

$$v = \frac{c}{n}$$

光在介质中频率不变，若以λ'表示光在介质中的波长，则

$$\lambda' = \frac{v}{\nu} = \frac{c}{n\nu} = \frac{\lambda}{n} \tag{16-1}$$

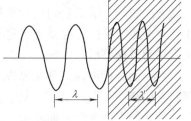

图16-7 同频率的光
在不同介质中传播

式（16-1）表明，同一束光在不同介质中传播时，由于介质的折射率不同，所以波长不同。一定频率的光在折射率为n的介质中传播时，其波长为真空中波长的$1/n$。波行进一个波长的距离，相位相应地变化了2π。光振动的相位沿传播方向逐点落后，若光波在该介质中传播的几何路程为r，则相位的变化为

$$\Delta\varphi = \frac{r}{\lambda'}2\pi = \frac{nr}{\lambda}2\pi \tag{16-2}$$

式（16-2）表明，光波在介质中传播时，其相位的变化不仅与光波传播的几何路程和真空中的波长有关，而且还与介质的折射率有关。同一频率的光在折射率为n的介质中通过几何路程r所发生的相位变化，相当于光在真空中通过nr的几何路程所发生的相位变化。所以把折射率n和几何路程r的乘积nr，叫作光程。它实际上是把光在介质中通过的路程按相位变化相同折合到真空中的路程。这样折合的好处是可以统一地用光在真空中的波长λ来计算光的相位变化。相位差也称相差，它和光程差的关系是

$$相位差 = \frac{光程差}{\lambda}2\pi \tag{16-3}$$

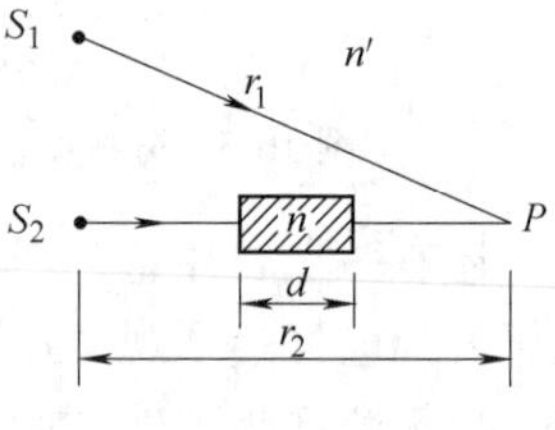

图16-8中有两种介质，折射率分别为n和n'。由两光源发出的光到达P点所经过的光程分别是$n'r_1$和$n'(r_2 - d) + nd$，它们的光程差为$n'(r_2 - d) + nd - n'r_1$。由此光程差引起的相位差就是

$$\Delta\varphi = \frac{[n'(r_2 - d) + nd - n'r_1]}{\lambda}2\pi$$

图16-8 光程的计算

式中，λ是光在真空中的波长。

在干涉和衍射装置中，经常要用到透镜。下面利用图16-9简单说明透镜的**等光程性**。

平行光通过透镜后，各光线会聚在焦点或焦平面上某一点，形成一亮点，如图16-9a、b所示。由于平行光的同相面与光线垂直，所以从入射平行光内任一与光线垂直的平面算起，直到会聚点，各光线的光程都是相等的。在图16-9a、b中，从a、b、c到F或F'的三条光线都是等光程的。A、B、C为垂直于入射光束的同一平面上的三个点，光线AaF在空气中

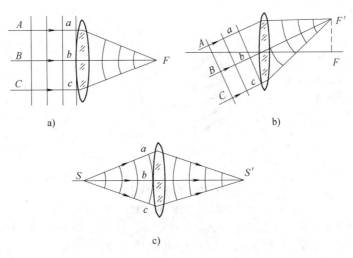

图 16-9　透镜不产生附加光程差

传播的路径长，在透镜中传播的路径短；而光线 *BbF* 在空气中传播的路径短，在透镜中传播的路径长。因为透镜的折射率大于空气的折射率，所以折算成光程，各光线光程将相等，透镜各点的厚度需按此要求设计制作。这就是说，透镜可以改变光线的传播方向，但不附加光程差。在图 16-9c 中，物点 *S* 发出的光经透镜成像为 *S′*，说明物点和像点之间各光线也是等光程的。

16.3　分波阵面法的干涉

16.3.1　杨氏双缝干涉

1. 双缝干涉原理

托马斯·杨在 1801 年成功做了一个光的干涉实验。图 16-10a 是杨氏双缝干涉的实验装置示意图。图中 *S* 是一线光源，它通常是用强的

分波阵面法干涉

单色光照射的一条狭缝而形成。其后有一个遮光屏，屏上开有两条平行的细缝 S_1、S_2，二者的长度方向平行于线光源 *S*。S_1、S_2 离光源 *S* 等距离，S_1、S_2 之间的距离为 *d*，P 是一个与遮光屏平行的白屏，它与遮光屏的距离为 *D*。通常实验中能获得明显的干涉图样，总是使 *D*≫*d*，例如 *D*≈1m，而 *d*≈10^{-4}m（原因在下面原理分析中给出）。

实验中，由光源 *S* 发出的光的波阵面同时到达 S_1、S_2，由于 S_1、S_2 是由 *S* 发出的同一波阵面的两部分，这种产生光的干涉的方法就是分波阵面法。在叠加区域置放接收屏，就能看到在屏上有等距离的明暗相间的条纹出现。这种现象只能用光是一种波动来解释，杨还通过他的实验测出了光的波长。这是历史上首次通过实验证实了光的波动性。

下面定量地分析双缝干涉形成明、暗条纹所应满足的条件。图 16-10b 所示的是杨氏双缝干涉的光路图，考虑屏上任一点 *Q*，从 S_1、S_2 到 *Q* 的距离分别为 r_1、r_2。从 *S* 到 S_1、S_2 等距离，S_1、S_2 是两个同相波源，初相差为零。因此，在 *Q* 处 S_1、S_2 叠加后光波的强度就

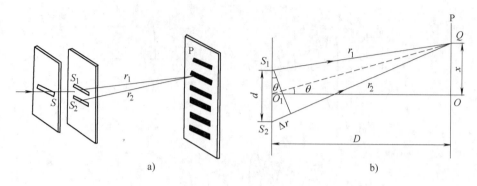

图 16-10 双缝干涉原理

a) 双缝干涉实验装置示意图 b) 双缝干涉实验光路图

仅由从 S_1、S_2 到 Q 点的光程差决定。从图 16-10b 可知，此光程差为

$$\delta = \Delta r = r_2 - r_1 \approx d\sin\theta \tag{16-4}$$

式中，θ 称为 Q 点的角位置，即 S_1、S_2 的中垂线 O_1O 到 O_1Q 之间的夹角。通常这一夹角很小。根据同方向同频率简谐振动叠加的规律，当从 S_1 和 S_2 到 Q 点的光程差为

$$\delta = d\sin\theta = \pm k\lambda, \quad k = 0,1,2,\cdots \tag{16-5}$$

也就是从 S_1 和 S_2 发出的光到达 Q 点的相位差为

$$\Delta\varphi = \frac{\delta}{\lambda}2\pi = \pm 2k\pi, \quad k = 0,1,2,\cdots \tag{16-6}$$

此时两束光在 Q 点叠加的合振幅最大，因而叠加的光强最大，就形成明亮的条纹。这种合成振幅最大的叠加称作相长干涉。式（16-5）就给出了明条纹中心的角位置 θ，其中 k 称为明条纹的级次。$k=0$ 的明条纹称为零级明纹或中央明纹，$k=1,2,\cdots$ 的分别称为第 1 级明纹、第 2 级明纹……。当从 S_1 和 S_2 到 Q 点的光程差为

$$\delta = d\sin\theta = \pm (2k-1)\frac{\lambda}{2}, \quad k = 1,2,3,\cdots \tag{16-7}$$

也就是从 S_1 和 S_2 发出的光到达 Q 点的相位差为

$$\Delta\varphi = \frac{\delta}{\lambda}2\pi = \pm (2k-1)\pi, \quad k = 1,2,3,\cdots \tag{16-8}$$

此时叠加后的合振幅最小，叠加的光强最小而形成暗纹。这种叠加称作相消干涉。式（16-7）就给出了暗条纹中心的角位置 θ，其中 k 称为暗条纹的级次。

光程差为其他值的各点，光强介于最明和最暗之间。

在实际实验中，可以在屏上看到稳定分布的明暗相间条纹，这与上面给出的结果相符。中央为零级明纹，两侧对称地分布着各级次的明暗相间的条纹。若以 x 表示 Q 点在屏上的线位置，则由图 16-10b 可得它与角位置的关系为

$$x = D\tan\theta$$

当 θ 很小时，$\tan\theta \approx \sin\theta$，与式（16-5）联立可得明纹中心的位置为

$$x = \pm k\frac{D}{d}\lambda, \quad k = 0,1,2,\cdots \tag{16-9}$$

同样地，θ 很小时，$\tan\theta \approx \sin\theta$，与式（16-7）联立可得暗纹中心的位置为

$$x = \pm(2k-1)\frac{D}{d}\frac{\lambda}{2}, \ k=1,2,3,\cdots \quad (16\text{-}10)$$

相邻两明纹或暗纹间的距离都是

$$\Delta x = \frac{D}{d}\lambda \quad (16\text{-}11)$$

此式表明 Δx 与级次 k 无关，因而条纹是等间隔地排列的。实验上可以根据式（16-11）中 Δx 与 D、d 值的关系测出相应数值来求出光的波长。由式（16-11）可知，因为可见光的波长数量级都较小，要求人眼能分辨出 Δx 的间隔，需要 $D\gg d$。

以上讨论的是单色光的双缝干涉，如果用白光做实验，则除了 $k=0$ 的中央明纹的中部是全部的单色光汇聚处仍显示为白光外，在中央明纹两侧，各种波长同一级次的明纹，由于波长不同而位置不同，同级明纹位置错开而变成了彩色条纹，级次稍高的各种颜色条纹将发生重叠以致模糊，分不清条纹和级次了。白光干涉条纹的这一特点在干涉测量中可用来判断是否出现了零级条纹。

【例 16-1】 在双缝干涉实验中，两缝间距为 0.30mm，用单色光垂直照射双缝，在离缝 1.2m 的屏上测得中央明纹一侧第 5 级暗纹与另一侧第 5 级暗纹之间的距离为 22.78mm。求所用单色光的波长，并说出它是什么颜色的光？

【解】 按题意，两第 5 级暗纹之间包含的相邻条纹间隔数应为 9，即

$$\Delta x = \frac{22.78}{9}\text{mm} = 2.531\text{mm}$$

根据式（16-11）有

$$\lambda = \frac{d\Delta x}{D} = \frac{0.3\times10^{-3}\times2.531\times10^{-3}}{1.2}\text{m} = 632.8\text{nm}$$

故此单色光是红光。

【例 16-2】 如图 16-11 所示，当双缝干涉装置一条狭缝后面盖上折射率为 $n=1.58$ 的云母片时，观察到屏幕上的干涉条纹移动了 9 个条纹间距。已知光波的波长为 550nm，求云母片的厚度 b。

【解】 由题可知，盖上云母片后，原来中间的 0 级处成了 -9 级条纹的位置，设此位置离缝的距离为 r，则

$$\delta = [(r-b)+nb]-r = (n-1)b = 9\lambda$$

$$b = \frac{9\lambda}{n-1} = \frac{9\times550\times10^{-9}}{1.58-1}\text{m} = 8.53\times10^{-6}\text{m}$$

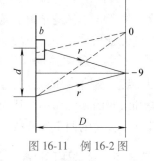

图 16-11 例 16-2 图

思考：若两缝分别盖上两厚度相同、折射率不同的薄片，如何分析，能得出它们的折射率之差？

2. 双缝干涉的光强分布

设图 16-10 中狭缝 S_1、S_2 发出的光波单独到达屏上任一点 Q 处的振幅分别为 A_1、A_2，光强分别为 I_1、I_2，则根据式（14-20），两光波叠加后的振幅为

$$A = \sqrt{A_1^2 + A_2^2 + 2A_1A_2\cos(\varphi_2 - \varphi_1)} \qquad (16\text{-}12\text{a})$$

其中，$\varphi_2 - \varphi_1 = 2\pi\Delta r/\lambda$，叠加后的光强为

$$I = I_1 + I_2 + 2\sqrt{I_1 I_2}\cos(\varphi_2 - \varphi_1) \qquad (16\text{-}12\text{b})$$

假定 $A_1 = A_2 = A_0$，则 $I_1 = I_2 = I_0$，于是，式（16-12b）可化简成

$$I = 4I_0\cos^2\left(\pi\frac{\Delta r}{\lambda}\right) \qquad (16\text{-}13)$$

由上式，在 $\Delta r = \pm k\lambda\,(k=0,1,2,\cdots)$ 的地方，可得光强 $I = 4I_0$，是明条纹的最亮处；而对应在 $\Delta r = \pm(2k-1)\lambda/2\,(k=1,2,\cdots)$ 的各处，光强 $I = 0$，是暗条纹的最暗处。由图 16-12 可以看出，从能量的观点来看，干涉使光的能量进行了重新分布，而光的能量总值仍是守恒的。

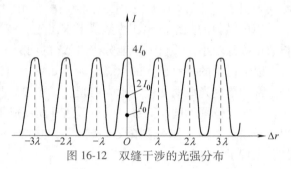

图 16-12 双缝干涉的光强分布

*3. 缝宽对干涉条纹的影响

进行双缝干涉实验，由于从普通光源的不同部位发出的光是不相干的，因而在分波阵面的干涉装置中，需要用点光源或线光源。实际的线光源（或被照射的缝）总有一定宽度。实验表明，当光源的宽度逐渐增大时，干涉条纹的明暗对比度将下降，如果逐渐增加光源狭缝 S 的宽度，则屏幕上的条纹就会变得逐渐模糊起来，当达到一定宽度时，最后干涉条纹完全消失。这是因为 S 内所包含的各小部分 $S', S'', \cdots$ 其实是非相干波源，如图 16-13 所示，它们互不相干，而且由 S' 发出的光与 S'' 发出的光通过双缝到达点 B 的光程差并不相等，即 S'、S'' 发出的光将各自满足不同的干涉条件。当 S' 发出的光经过双缝后恰好在点 B 形成干涉极大的光强时，S'' 发出的光可能在点 B 形成干涉较小的光强，由于 S'、S'' 是非相干光源，它们在点 B 形成的合光强只是上述结果的简单相加，即非相干叠加，不会出现明显的明暗相间的干涉条纹。所

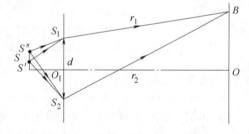

图 16-13 缝宽对干涉条纹的影响

以，缝 S 越宽，所包含的非相干子波源越多，合光强的分布结果是最暗的光强不为零，使最亮和最暗的差别缩小，从而造成干涉条纹的模糊甚至消失。只有在光源 S 的线度较小时，才能获得较清晰的干涉条纹，这一特性称为光场的空间相干性。

16.3.2 菲涅耳双镜

图 16-14 是菲涅耳双镜实验装置的示意图。M_1、M_2 是两个平面镜，它们的交角很小。S 是线光源，其长度方向与两镜面的交线轴 C 平行。S 发出的同一波阵面的光，一部分在 M_1 上反射，另一部分在 M_2 上反射，所有反射光线的反向延长线汇聚，分别形成虚像 S_1 和 S_2，于是经过 M_1 和 M_2 反射到达屏幕 H 上的两束光可以看成相当于分别由虚光源 S_1 和 S_2 发出的，而这两束光来自同一线光源的同一波阵面，它们是相干光。在它们相遇的区域（图 16-14 中

AB 间部分）将产生干涉现象。为使线光源 S 的光不直接照射屏幕 H，用遮光板 L 将 S 和 H 隔开。在屏幕 H 的 AB 区域中就可观察到明暗相间的干涉条纹。其干涉形成明、暗纹所应满足的条件与杨氏双缝干涉相同，其中虚光源 S_1 和 S_2 相当于双缝光源。

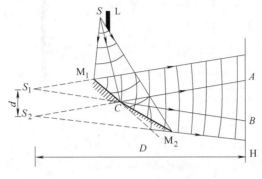

图 16-14　菲涅耳双镜实验装置的示意图

16.3.3　劳埃德镜

图 16-15 是劳埃德镜实验装置的示意图。图中 MN 为一反射镜，从狭缝 S_1 射出同一波阵面的光，一部分直接射到屏幕 E 上，另一部分掠射到反射镜 MN 上，反射后到达屏幕上。各反射光反向延长可汇聚于 S_2，反射光可看成是由虚光源 S_2 发出的。S_1、S_2 也构成一对相干光源。图中屏幕上在入射光与反射光重叠区域 AB 可以观察到明、暗相间的干涉条纹。

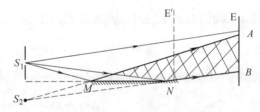

图 16-15　劳埃德镜实验装置的示意图

劳埃德镜实验不但显示了光的干涉现象，而且还显示了当光由折射率较小（光速较大）的介质射向折射率较大（光速较小）的介质时，反射光的相位发生了跃变。实验时若把屏幕拉到和镜面相接触的 E′ 位置，此时从 S_1、S_2 发出的光到达接触点 N 的光程相等，相差为零，在 N 处似乎应出现明纹，但是实验结果在接触处是暗纹。这表明，直接射到 N 处的光与由镜面反射出来的光在 N 处的相位相反，即相差为 π。由于入射光的相位不可能发生变化，所以只能是反射光（从空气射向玻璃反射）的相位跃变了 π。进一步实验都表明：光从光速较大（折射率较小）的介质射向光速较小（折射率较大）的介质时，反射光的相位较之入射光的相差跃变了 π。由于这一相位跃变相当于反射光与入射光之间附加半个波长（$\lambda/2$）的光程差，故常称为半波损失。

在前面叙述的双镜干涉实验中，因为 M_1 和 M_2 两平面镜上反射的两束光都发生了 π 的相位跃变，所以两者之间没有附加光程差。

【例 16-3】　在如图 16-16 所示的劳埃德镜实验中，线光源 S_1 到镜面的距离为 1mm，光源与屏的距离为 $D=1.5$m，镜的全长为 $D/2$，且镜的一端到屏的距离为 $D/4$。（1）求干涉区上下两边到屏中 O 的距离 AO 与 BO；（2）若入射光波长为 600nm，求相邻两明纹间的距离，并问屏上能观察到几条明纹？

【解】　（1）依题意由图可知两光源 S_1、S_2 间的距离 $d=2$mm，$OC=d/2=1$mm，由图中的几何关系可得

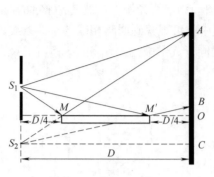

图 16-16 例 16-3 图

$$\frac{AO}{AC}=\frac{AO}{AO+d/2}=\frac{MO}{D}$$

得 $$AO = 3d/2 = 3\text{mm}$$

由 $$\frac{BO}{BC}=\frac{BO}{BO+d/2}=\frac{M'O}{D}$$

得 $$BO = d/6 = 1/3\text{mm}$$

（2） $$\delta=d\sin\theta+\frac{\lambda}{2}\approx d\tan\theta+\frac{\lambda}{2}=d\frac{x}{D}+\frac{\lambda}{2}$$

$\delta=k\lambda$ 时干涉加强，故得劳埃德镜干涉明纹的位置为

$$x = \left(k-\frac{1}{2}\right)\frac{D}{d}\lambda$$

相邻两明纹间的距离为

$$\Delta x = \frac{D}{d}\lambda = \frac{1.5}{2\times10^{-3}}\times600\times10^{-9}\text{m} = 0.45\text{mm}$$

$k=1$ 时，

$$x_1 = \left(1-\frac{1}{2}\right)\frac{D}{d}\lambda = 0.5\times0.45\text{mm} = 0.225\text{mm} < BO = \frac{1}{3}\text{mm}(\text{在干涉区外})$$

$$x_2 = \left(2-\frac{1}{2}\right)\frac{D}{d}\lambda = 1.5\times0.45\text{mm} = 0.675\text{mm} > BO = \frac{1}{3}\text{mm}(\text{在干涉区内})$$

$k=k_A$ 时，

$$x_A = \left(k_A-\frac{1}{2}\right)\frac{D}{d}\lambda = \left(k_A-\frac{1}{2}\right)\times0.45\text{mm} = AO = 3\text{mm}$$

可得 $k_A=7.17$，即在干涉区内对应明纹的最高级次为 7，可观察到明纹的条数为 7-1=6 条。

【例 16-4】 如图 16-17 所示，射电信号的接收器 B 置放在湖面上方 $h=0.50\text{m}$ 处，当某射电星 A 从地平面渐渐升起时，接收器可测到一系列信号极大值。已知射电星 A 所发射的无线电波的波长 $\lambda=20\text{cm}$，求出现第一个极大值时射电星 A 的射线与湖面的夹角 α。

【解】 由图 16-17 可知，接收器测得的电磁波是射电星发射的信号直接到达接收器的部分与经湖面反射的部分相互干涉的结

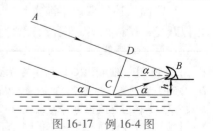

图 16-17 例 16-4 图

果，因此，可以用类似劳埃德镜的方法分析和计算。由于射电星 A 离湖面较远，湖面范围可认为不大，故射电星发射的电磁波到达湖面时可视为平面波，CD 为同相面。C 点有半波损失，因此，两光线汇聚在 B 点时光程差为

$$\delta = \overline{BC} - \overline{BD} + \lambda/2 = \frac{h}{\sin\alpha}(1 - \cos2\alpha) + \frac{\lambda}{2}$$

出现第一个极大值的条件为 $\delta=\lambda$，即

$$\frac{h}{\sin\alpha}(1 - \cos2\alpha) + \frac{\lambda}{2} = \lambda$$

$$\sin\alpha = \frac{\lambda}{4h} = \frac{20 \times 10^{-2}}{4 \times 0.5} = 0.1$$

得

$$\alpha = 5.74°$$

16.4 分振幅法的干涉

16.4.1 劈形膜干涉——等厚条纹

图 16-18a 所示是一种观察劈（楔）形薄膜干涉的实验装置。产生干涉的部件是一个劈尖形状的介质薄片或膜（也常用空气膜），简称劈尖。它的两个表面是平面，其间有一个很小的夹角。实验时使平行单色光近乎垂直地入射到劈面上。为了说明干涉的形成，我们来分析在介质表面上 A 点入射的光线，此光线到达 A 点时，一部分在 A 点反射，成为反射光线 1，另一部分折射入介质内部，到达介质下表面时又被反射，然后再通过上表面透射出来成为光线 2（实际上，由于 θ 角很小，入射线、透射线与反射线都几乎重合）。因为这两条光线是来自同一条入射光线，即是通过分振幅法得到相干光。从介质膜上、下表面反射的光就在膜的上表面附近相遇而发生干涉，此时只要在介质表面上就能观察到干涉条纹。为了定量说明劈形膜的干涉，我们在图示中将 θ 角放大（见图 16-18b）。设上下两平面的折射率为 n_1，其间所夹的薄膜折射率为 n，而 $n_1>n$。图中用 e 表示入射点处膜的厚度，则两束相干的反射光在相遇时的光程差是由于光线 2 在介质膜中经过了 $2e$ 的几何路程，其对应的光程为

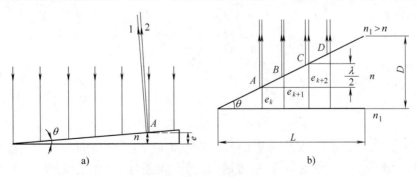

图 16-18 劈形膜干涉

a）劈形膜干涉的实验装置　b）劈形膜干涉原理分析

$2ne$。由于介质膜相对于两平面为光疏介质（$n_1 > n$），这样在膜下表面反射时有半波损失，在膜上表面反射时没有，这个反射时的差别就引起了附加的光程差 $\lambda/2$，所以两束相干的反射光在相遇时的光程差为

$$\delta = 2ne + \frac{\lambda}{2} \tag{16-14}$$

由于膜的厚度 e 各处不同，所以光程差也不同，因而会产生相长干涉或相消干涉。产生明纹的条件是

$$2ne + \frac{\lambda}{2} = k\lambda, \quad k = 1,2,3,\cdots \tag{16-15}$$

产生暗纹的条件是

$$2ne + \frac{\lambda}{2} = (2k+1)\frac{\lambda}{2}, \quad k = 0,1,2,\cdots \tag{16-16}$$

上面式子中的 k 是干涉条纹的级次。以上两式表明，每级明或暗条纹都与一定的膜厚 e 相对应。因此，在介质膜上表面的同一条干涉条纹所对应薄膜的厚度 e 相同，故称此干涉条纹为等厚条纹。如果膜上、下两平面是光学平整的，由于劈尖的等厚条纹是平行于棱边的，所以等厚条纹是与棱边平行的明暗相间的直条纹，如图 16-19 所示。在棱边处 $e=0$，由于半波损失，两相干光的光程差为 $\lambda/2$，相差为 π，因而形成暗纹。

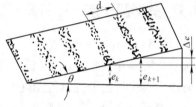

图 16-19　等厚干涉条纹

若以 d 表示相邻两条明纹或暗纹的中心距离，则由图 16-19 可求得

$$d = \frac{\Delta e}{\sin\theta} \tag{16-17}$$

式中，θ 为劈尖顶角；Δe 为相邻两条明纹或暗纹对应的薄膜的厚度差。对相邻的两条明纹，由式（16-15）有

$$\begin{cases} 2ne_{k+1} + \dfrac{\lambda}{2} = (k+1)\lambda \\[2mm] 2ne_k + \dfrac{\lambda}{2} = k\lambda \end{cases} \Rightarrow \Delta e = e_{k+1} - e_k = \frac{\lambda}{2n}$$

代入式（16-17），得

$$d = \frac{\lambda}{2n\sin\theta} \tag{16-18}$$

通常 θ 是很小的，所以 $\sin\theta \approx \theta$，上式又可写为

$$d = \frac{\lambda}{2n\theta} \tag{16-19}$$

上式中各物理量的值对不同级次的条纹而言都相同，d 是常量，这表明，劈尖干涉形成的条纹是等间距的，条纹间距与劈尖角 θ 有关。θ 越大，条纹间距越小，条纹越密。由式（16-19）同样可知，因为可见光的波长数量级都较小，要求人眼能分辨出两条纹的间隔 d，只能在劈尖角度 θ 很小时才能观察到。

由式（16-19）可知，若折射率 n 和波长 λ 已知，则通过测出条纹间距 d 可求得劈尖角 θ。

在工程上，常利用这一原理测定细丝直径、薄片厚度等。还可利用等厚条纹特点检验工件的平整度，这种检验方法能检查出不超过 $\lambda/4$ 的凹凸缺陷。

【例 16-5】 图 16-20 是测细丝直径的装置图，图中 T 是显微镜，L 为透镜，M 为倾斜 45° 角放置的半透明半反射平面镜，把金属细丝夹在两块平玻璃片 G_1、G_2 之间形成空气劈尖。单色光源 S 发出的光经透镜 L 后成为平行光，经 M 反射后垂直射向劈尖，自空气劈尖上、下两面反射的光相互干涉，从显微镜 T 中可观察到明暗交替、均匀分布的干涉条纹，如图所示。若金属丝和棱边间距离为 28.880mm，用波长 589.3nm 的钠黄光垂直照射，测得 30 条明纹间的总距离为 4.295mm，求金属丝的直径。

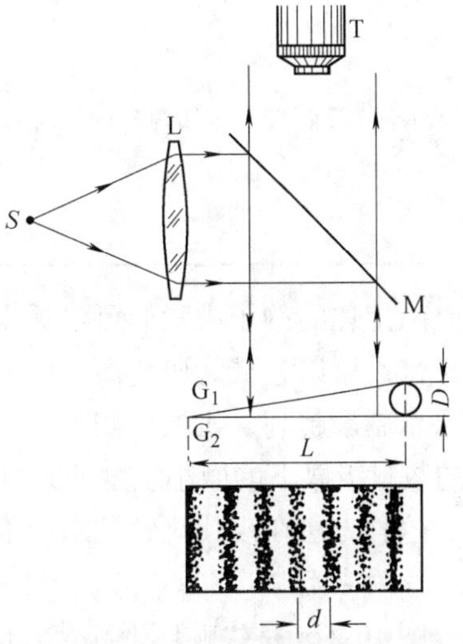

【解】 设劈尖的角度为 θ，空气劈的折射率 $n=1$，由式（16-18）有

$$d = \frac{\lambda}{2\sin\theta} \approx \frac{\lambda}{2\tan\theta}$$

即

$$\tan\theta = \frac{\lambda}{2d} \qquad (1)$$

由图 16-20 所示的几何关系可得

$$\frac{D}{L} = \tan\theta \qquad (2)$$

由式（1）、式（2）可得

$$D = L\frac{\lambda}{2d} = 28.880 \times \frac{589.3\times10^{-9}}{2\times\frac{4.295}{29}} \text{m}$$

$$\approx 5.746\times10^{-5}\text{m} = 5.746\times10^{-2}\text{mm}$$

图 16-20　应用等厚干涉
测细丝直径

【例 16-6】 利用等厚条纹可以检验精密加工工件表面的质量。在工件上放一平玻璃，并使其间形成一空气劈尖（见图 16-20）。今观察到干涉条纹示意图如图 16-21a 所示。试根据纹路弯曲方向判断工件表面上纹路是凹还是凸？并求纹路深度 h。

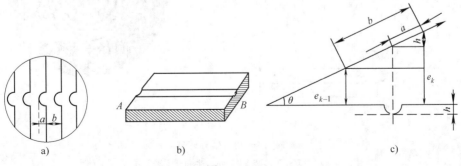

图　16-21

a）干涉条纹　b）工件表面纹路　c）计算纹路深度用图

【解】 由于平玻璃下表面是光学平整的，所以若工件表面也是平整的，空气劈尖的等厚条纹应为平行于棱边的直条纹。现在条纹有局部弯向棱边，说明在工件表面的相应位置处有一条垂直于棱边的不平的纹路。因为同一条等厚条纹对应相同的膜厚度，所以在同一条纹上，弯向棱边的部分和直的部分所对应的膜厚度应该相等。越接近棱边，膜的厚度应越小，图中在同一条纹上近棱边处和远棱边处厚度相等，这说明工件表面的纹路是凹下去的，如图 16-21b 所示。条纹图中 b 是条纹间隔，a 是条纹弯曲深度。要计算纹路凹下的深度 h，由图 16-21c 中的几何关系可知

$$\frac{h}{\Delta e} = \frac{a}{b}$$

因为对空气膜而言，相邻两条纹间对应膜的厚度差 $\Delta e = \lambda/2$，故

$$h = \Delta e \frac{a}{b} = \frac{a\lambda}{2b}$$

从上述的例子中我们可以看出，由于等厚干涉条纹可以将薄膜厚度的分布情况直观地表现出来，所以它成为研究薄膜性质的一种很重要的手段。现代科学技术的发展对度量精确性的要求越来越高，机械检测手段已难达到高精确度的要求了，但光的干涉条纹可以将在波长 λ 的数量级以下的微小线度的差别反映出来，这就提供了检验精密器械或光学器件的重要方法，这种方法在现代科学技术中的应用非常广泛。下面再介绍几个应用实例。

1. 牛顿环

图 16-22a 是牛顿环干涉装置图，在一块平玻璃板上放置一个曲率半径 R 很大的平凸透镜，平玻璃板与平凸透镜之间形成一个薄劈形空气层，当单色平行光垂直入射于平凸透镜时，可以在平凸透镜下表面处观察到一组干涉条纹（为了使光源 S 发出的光能垂直射向空气层并观察反射光，在装置中加进了一个 45° 放置的半反射半透射的平面镜 M）。图 16-22b 中的条纹是以接触点为中心的同心圆环，称为牛顿环。

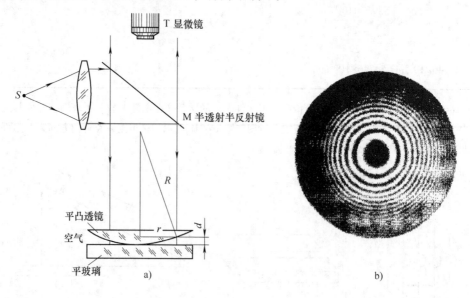

图 16-22 牛顿环

a) 牛顿环干涉装置图 b) 牛顿环干涉图样

如图 16-22a 所示，当垂直入射的单色平行光透过平凸透镜后，在空气层的上下表面发生反射形成两束向上的相干光。这两束相干光在空气薄层的上表面处相遇而发生干涉，这两束相干光的光程差为

$$\delta = 2d + \frac{\lambda}{2}$$

式中，d 是空气薄层的厚度，$\lambda/2$ 是光在空气层的下表面，即在与平玻璃板的分界面上反射时产生的半波损失。由于这一光程差是由空气薄层的厚度 d 所决定的，与劈形膜干涉相似，所以牛顿环也是一种等厚条纹。而空气膜的等厚线是以 O 为中心的同心圆，所以干涉条纹成为明暗相间的环。形成明环的条件为

$$\delta = 2d + \frac{\lambda}{2} = k\lambda，\ k = 1,2,3,\cdots$$

形成暗环的条件为

$$\delta = 2d + \frac{\lambda}{2} = (2k + 1)\frac{\lambda}{2}，\ k = 0,1,2,\cdots$$

在中心处 $d=0$，由于有半波损失，两相干光光程差为 $\lambda/2$，所以形成一个暗斑。为了求得环半径 r 与 R 的关系，由图 16-22a 可知

$$r^2 = R^2 - (R - d)^2 = 2Rd - d^2$$

因为 $R \gg d$，上式中略去 d^2，为

$$r^2 = 2Rd$$

由明环的条件得

$$d = \frac{2k - 1}{4}\lambda，\ k = 1,2,3,\cdots$$

所以明环的半径为

$$r = \sqrt{\frac{(2k - 1)}{2}R\lambda}，\ k = 1,2,3,\cdots \tag{16-20}$$

由暗环的条件得

$$d = \frac{k\lambda}{2}，\ k = 0,1,2,\cdots$$

所以暗环的半径为

$$r = \sqrt{kR\lambda}，\ k = 0,1,2,\cdots \tag{16-21}$$

从上述得出的环半径的结果可知，环的半径 r 与环级次的平方根成正比，所以牛顿环的干涉图样越向外纹环越密，如图 16-22b 所示。

其实，牛顿环的实验也可以观察到透射光的干涉条纹，它们和反射光干涉条纹明暗互补，即反射光为明环处，透射光为暗环。

牛顿环在光学实验中有很实际的应用，例如可以测量光波的波长。在工业上则利用牛顿环来检查透镜的质量，即由看到的牛顿环（又叫光圈）的情况，检测出透镜和样品的差异。

【例 16-7】 用氦氖激光器发出的波长为 633nm 的单色光做牛顿环实验，测得第 k 个暗环的半径为 5.63mm，第 $k+5$ 个暗环的半径为 7.96mm，求平凸透镜的曲率半径 R。

【解】 应用式（16-21）有

$$r = \sqrt{kR\lambda}, \; r_{k+5} = \sqrt{(k+5)R\lambda}$$

可得

$$5R\lambda = r_{k+5}^2 - r_k^2$$

$$R = \frac{r_{k+5}^2 - r_k^2}{5\lambda} = \frac{(7.96^2 - 5.63^2) \times 10^{-6}}{5 \times 633 \times 10^{-9}}\text{m} = 10.0\text{m}$$

2. 干涉膨胀仪

由以上讨论可知，如将空气劈尖的上表面（或下表面）往上（或往下）平移 $\lambda/2$ 的距离，则光线在劈尖上下往返一次所引起的光程差就要增加（或减少）一个 λ。这时，劈尖表面上每一点的干涉条纹都要发生明-暗-明（或暗-明-暗）的变化，即原来亮的地方变暗后又变亮（或原来暗的地方变亮后又变暗），视觉上就像干涉条纹在水平方向上移动过一条。这样数出在视场中移过条纹的数目，就能测得劈尖表面平移的距离。干涉膨胀仪就是利用这个原理制成的。图 16-23 是干涉膨胀仪的结构示意图，它有一个用线膨胀系数较小的由石英制成的套框，框内放置一上表面磨成稍微倾斜的样品，框顶放一平板玻璃，这样，在玻璃和样品之间构成一空气劈尖。温度升高，空气劈尖各处的厚度发生变化，使干涉条纹发生了移动，测出视场条纹移过的数目，就可算得劈尖下表面位置相对套框的升高量，若套框的膨胀系数已知，就可求出样品的线膨胀系数。

3. 薄膜厚度的测定

在制造半导体元件时，经常要在硅片上生成一层很薄的二氧化硅膜，要测量其厚度，可采用一定的手段（包括化学腐蚀）将二氧化硅薄膜制成劈尖形状（见图 16-24），与例 16-5 类似，测出劈尖干涉明纹的数目，就可算出二氧化硅薄膜的厚度。

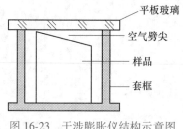

图 16-23 干涉膨胀仪结构示意图

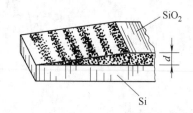

图 16-24 测量 SiO_2 薄膜厚度示意图

16.4.2 平行膜干涉——等倾条纹

如图 16-25a 所示，如果使一条光线斜入射到均匀的、厚度为 e、折射率为 n 的平行薄膜上，它在入射点 A 分成反射和折射两部分，一部分由薄膜上表面点 A 反射光线 1，另一部分折射至薄膜下表面，在点 B 反射光线 2，光线 1、2 是两条平行光线，经透镜 L 会聚于焦平面 FF'（屏幕）上。由于光线 1、2 是同一入射光分出的两部分，它们经历了不同的路径而有

分振幅法干涉——
等倾干涉

恒定的相位差，因此它们是相干光。在实验室观察平行薄膜干涉条纹的实验装置如图 16-25b 所示。S 为一面光源，M 为半反半透平面镜，L 为透镜，P 为置于透镜焦平面上的屏。先考虑发光面上一点发出的光线，其中以相同倾角入射到膜表面上的光线在同一圆锥面上，它们的反射线经透镜会聚后应分别相交于焦平面上的同一个圆周上。因此，平行薄膜的干涉条纹称为等倾条纹（同一条干涉条纹是由相同倾斜角入射的光汇聚而成的）。形成的等倾条纹是一组明暗相间的同心圆环，如图 16-25c 所示。设薄膜上方为空气，由图 16-25a 可得光线 1、2 的光程差为

$$\delta = n(\overline{AB} + \overline{BC}) - \overline{AD} + \frac{\lambda}{2}$$

上式中，$\lambda/2$ 是光线 1 由于从空气射向薄膜反射有半波损失而附加的。

由图 16-25a 中的几何关系有

$$\overline{AB} = \overline{BC} = \frac{e}{\cos\gamma}, \ \overline{AD} = \overline{AC}\sin i = 2e\tan r\sin i$$

根据折射定律 $\sin i = n\sin\gamma$，将这些关系代入波程差式中，可得

$$\delta = 2n\overline{AB} - \overline{AD} + \frac{\lambda}{2} = 2n\frac{e}{\cos\gamma} - 2e\tan\gamma\sin i + \frac{\lambda}{2} = 2ne\cos\gamma + \frac{\lambda}{2} \quad (16\text{-}22)$$

上式也可写成

$$\delta = 2e\sqrt{n^2 - \sin^2 i} + \frac{\lambda}{2} \quad (16\text{-}23)$$

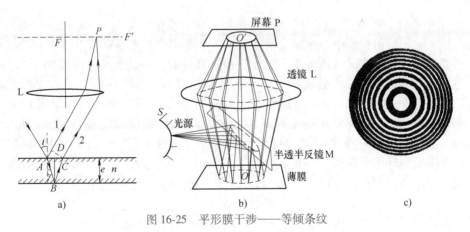

图 16-25 平形膜干涉——等倾条纹

上式表明，光程差决定于倾角（即入射角 i），凡以相同倾角 i 入射到厚度均匀的平行膜上的光线，经膜上、下表面反射后产生的相干光束有相等的光程差，因而它们干涉相长或相消的情况一样。因此，这样形成的干涉条纹称为等倾条纹，也就是说等倾条纹就是等倾角光线交点的轨迹。平行薄膜干涉形成明环的条件是

$$\delta = 2e\sqrt{n^2 - \sin^2 i} + \frac{\lambda}{2} = k\lambda, \ k=1,2,3,\cdots \quad (16\text{-}24)$$

暗环的条件是

$$\delta = 2e\sqrt{n^2 - \sin^2 i} + \frac{\lambda}{2} = (2k+1)\frac{\lambda}{2}, \ k=0,1,2,\cdots \quad (16\text{-}25)$$

由于方向相同的平行光线将被透镜会聚到焦平面上同一点，所以由光源上不同点发出的光线，凡有相同倾角的，它们形成的干涉环都将重叠在一起，总光强为各个干涉环光强的非相干相加，因而明暗对比更为鲜明，这也就是观察等倾条纹时使用面光源的道理。

如果观察从薄膜透过的光线，也可以看到干涉环，它和图 16-25c 所显示的反射干涉环是互补的，即反射光为明环处，透射光为暗环处。

现在我们来讨论如果改变平行膜的厚度后，视场中干涉圆环有何变化以及干涉圆环的疏密情况。

例如用波长为 λ 的单色光观察等倾条纹，看到视场中心为一亮斑，外面围以若干圆环，如图 16-25c 所示。设薄膜的折射率为 n，今若慢慢增大薄膜的厚度，则看到的干涉圆环会有什么变化呢？根据式（16-22）有

$$\delta = 2ne\cos\gamma + \frac{\lambda}{2}$$

式中，γ 为折射角。等倾干涉明环的条件为

$$\delta = 2ne\cos\gamma + \frac{\lambda}{2} = k\lambda \tag{16-26}$$

由上式可知，薄膜厚度 e 一定时，越靠近中心，入射角 i 越小，折射角 γ 也越小，$\cos\gamma$ 越大，所以光程差 δ 越大，k 也越大。这说明，越靠近中心，环纹的级次越高。在中心处，$\gamma=0$，级次最高。光程差 δ 为

$$\delta = 2ne + \frac{\lambda}{2} = k_c\lambda \tag{16-27}$$

式中，k_c 是中心亮斑的级次。该中心亮斑外围亮环的级次依次为 $k_c-1, k_c-2, \cdots$，当慢慢增大薄膜的厚度 e 时，最初看到中心变暗，但逐渐又一次看到中心为亮斑，由式（16-27）可知，这一中心亮斑级次比原来的应该加 1，变为 k_c+1，其外面亮环的级次依次应为 $k_c, k_c-1, k_c-2, \cdots$，这意味着将看到在中心处冒出了一个新的亮斑（级次为 k_c+1），而原来的中心亮斑（k_c）扩大成了第一圈亮纹，原来的第一圈（k_c-1）变成了第二圈……如果再增大薄膜厚度，中心还会变暗，继而又冒出一个亮斑，级次为 k_c+2，而周围的圆环又向外扩大一环。这就是说，当薄膜厚度慢慢增大时，将会看到中心的光强发生周期性的变化，不断冒出新的亮斑，而周围的亮环也不断地向外扩大。由式（16-27）因为 Δe 很小（通过类似两边求微分）可得在中心处薄膜的厚度改变量 Δe 与级次变化量 Δk_c 的关系式为

$$2n\Delta e = \Delta k_c\lambda$$

由上式可知，每冒出一个亮斑（$\Delta k_c=1$），意味着薄膜厚度增加量为

$$\Delta e = \frac{\lambda}{2n} \tag{16-28}$$

与此相反，如果慢慢减小薄膜厚度，则会看到圆环一个一个向中心缩进，而在中心处亮斑一个一个地消失。薄膜厚度每缩小 $\lambda/2n$，中心就有一个亮斑消失。由式（16-26）因为 $\Delta\gamma$ 很小（类似两边求微分）可得

$$-2ne\sin\gamma\Delta\gamma = \Delta k\lambda$$

令 $\Delta k=1$，可得相邻两环对应的折射角的角间距为

$$-\Delta\gamma = \gamma_{k+1} - \gamma_k = \frac{\lambda}{2ne\sin r}$$

由此式可知，越向外的环纹对应的入射角 i 越大，折射角 γ 也越大，$\sin\gamma$ 值增大，$\Delta\gamma$ 值减小，所以等倾干涉环是一组内疏外密的圆环，如图 16-25c 所示。如果增大薄膜厚度 e，则等倾条纹的角间距 $\Delta\gamma$ 变小，相邻两环的角间距变小，同一视场中看到的环数将越来越多，因而条纹越来越密。

利用薄膜干涉可以测定光波的波长或薄膜的厚度，而且还可提高或降低光学器件的透射率。

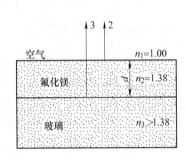

图 16-26 例 16-8 图

【例 16-8】 在一折射率为 $n_3 > 1.38$ 的玻璃基片上均匀镀一层折射率为 $n_2 = 1.38$ 的透明介质膜氟化镁（MgF_2）。今使波长为 λ 的单色光由空气（折射率为 $n_1 = 1.00$）垂直射入到介质膜表面上（见图 16-26），若想使黄绿光（波长为 552nm）在介质膜上、下表面反射的光干涉相消，介质膜厚度至少应为多少？

【解】 分析本题情况可知，在透明介质膜氟化镁上、下表面的反射光都有相位跃变，故没有附加光程差。设介质膜厚度为 d，使两反射光干涉相消的条件是

$$\delta = 2n_2 d = (2k-1)\frac{\lambda}{2}, \quad k = 1,2,3,\cdots$$

$k = 1$ 时对应的介质膜的厚度最小，为

$$d_{min} = \frac{\lambda}{4n_2}$$

对于波长为 552nm 的黄绿光，上式结果为

$$d_{min} = \frac{552}{4 \times 1.38}nm = 100nm = 0.1\mu m$$

思考：本例题如果是使黄绿光在介质膜上、下表面反射的光干涉相长，介质膜厚度至少应为多少？

因为入射光的能量是一定的，如果反射光相消，那么透射光就加强。对应的这种使透射光加强的膜称为增透膜。为了减小反射光的损失，在光学仪器中常常应用增透膜。根据例 16-8 的结果，一定厚度的薄膜只对应于一种波长的光。在照相机和助视光学仪器中，往往使膜厚度对应于人眼最敏感的黄绿光的波长。

由上面的分析我们知道，也可以利用适当厚度的介质膜来加强反射光，由于反射光一般较弱，所以实际上是利用多层介质膜来制成高反射膜。适应各种要求的干涉滤光片（只使某种色光通过）也是根据类似的原理制成的。

【例 16-9】 一油轮漏出折射率为 1.20 的油，在海水的表面上形成一层薄薄的油污，污染了某海域，若海水折射率为 1.30，问：

（1）如果太阳正位于海域上空，一直升机的驾驶员从机上向下观察，他所正对的油层厚度为 460nm，则他将观察到油层呈什么颜色？

（2）如果一潜水员潜入该区域水下，他又将观察到油层呈什么颜色？

【解】 此现象是属于薄膜干涉。太阳光垂直照射在海面上，驾驶员和潜水员所看到的分别是反射光的干涉和透射光的干涉结果。

（1）由于油层的折射率小于海水的折射率但大于空气的折射率，所以在油层上、下表面反射的太阳光

均发生了 π 的相位跃变。设油的折射率为 n_1，海水的折射率为 n_2，则两反射光之间的光程差为

$$\delta = 2n_1 d$$

干涉相长条件为

$$2n_1 d = k\lambda,\ k = 1,2,3,\cdots$$

对应的波长为

$$\lambda = \frac{2n_1 d}{k},\ k = 1,2,3,\cdots$$

将 $n_1 = 1.20$，$d = 460\text{nm}$ 代入得

$$k = 1,\ \lambda = 1104\text{nm}（红外，可见光以外）$$
$$k = 2,\ \lambda = 552\text{nm}（绿光）$$
$$k = 3,\ \lambda = 368\text{nm}（紫外，可见光以外）$$

由以上分析可知，直升机的驾驶员看到的是波长为 552nm 的绿光。

（2）同理，由于油层的折射率小于海水的折射率但大于空气的折射率，所以太阳光在油层下表面反射时有 π 的相位跃变，而透射光无 π 的相位跃变。则两透射光（一光线是经反射后再透射）之间的光程差为

$$\delta = 2n_1 d + \frac{\lambda}{2}$$

干涉相长条件为

$$2n_1 d + \frac{\lambda}{2} = k\lambda,\ k = 1,2,3,\cdots$$

对应的波长为

$$\lambda = \frac{2n_1 d}{k - \frac{1}{2}},\ k = 1,2,3,\cdots$$

将 $n_1 = 1.20$，$d = 460\text{nm}$ 代入得

$$k = 1,\ \lambda = 2\ 208\text{nm}（可见光以外）$$
$$k = 2,\ \lambda = 736\text{nm}（红光）$$
$$k = 3,\ \lambda = 441.6\text{nm}（紫光）$$
$$k = 4,\ \lambda = 315.4\text{nm}（紫外，可见光以外）$$

所以，潜水员看到的油膜呈紫红色。

16.4.3　迈克耳孙干涉仪

迈克耳孙干涉仪是 100 多年前迈克耳孙为了研究光速问题而精心设计的，它是用分振幅法产生双光束干涉的仪器。迈克耳孙干涉仪光路如图 16-27 所示。

图中 M_1 和 M_2 是两面精密磨光光学平整的平面反射镜，分别安装在相互垂直的两臂上。其中 M_2 固定，M_1 通过精密丝杠的带动可以沿臂轴方向移动。在两臂相交处放一与两臂成 45°角的平行平面玻璃板 G_1，在 G_1 的后表面镀有一层半透明半反射的薄银膜，该银膜的作用是将入射光束分成振幅近于相等的透射光束 2 和反射光束 1。因此，G_1 称为分光板。

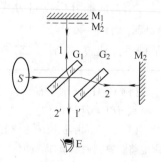

图 16-27　迈克耳孙
干涉仪光路

　　由面光源 S 发出的光射向分光板 G_1，经分光后形成两部分，透射光束 2 通过另一块与 G_1 完全相同而且平行于 G_1 放置的玻璃板 G_2（无银膜）射向 M_2，经 M_2 反射后又经过 G_2 到达 G_1，再经半反射膜反射到 E 处，为反射光线 2′；反射光束 1 射向 M_1 经 M_1 反射后透过 G_1 也射向 E 处，为反射光线 1′。两相干光束 1′ 和 2′ 发生干涉，其干涉图样可在 E 处观察。由光路图 16-27 看出，由于玻璃板 G_2 的插入，光束 1 和光束 2 同样都是三次通过玻璃板，这样，光束 1 和光束 2 的光程差与在玻璃板中的光程无关了。因此，玻璃板 G_2 称为补偿板。分光板 G_1 后表面的半反射膜，在 E 处看来，使 M_2 在 M_1 附近形成一虚像 M_2'，光束 2′ 如同从 M_2' 反射。因而干涉所产生的图样就如同由 M_1 和 M_2' 之间产生空气膜一样。当 M_1、M_2 相互严格垂直时，M_1、M_2' 之间形成平行空气膜，这时可以观察到等倾条纹；当 M_1、M_2 不严格垂直时，M_1、M_2' 之间就如同形成空气劈尖，这时可观察到等厚条纹。当 M_1 移动时，空气膜层厚度改变，可以观察条纹的变化（如前述讨论的改变薄膜厚度观察条纹变化的情况）。图 16-28 是迈克耳孙干涉仪实验中 M_1、M_2 之间关系变化时对应的干涉条纹。迈克耳孙干涉仪的主要特点是两相干光束在空间上是完全分开的，并且可用移动反射镜或在光路中加入另外介质的方法改变两光束的光程差，这就使干涉仪具有广泛的用途，如用于测长度、测折射率和检查光学元件的质量等。1887 年迈克耳孙曾用他的干涉仪做了著名的迈克耳孙-莫雷实验，它的结果是相对论的实验基础之一。

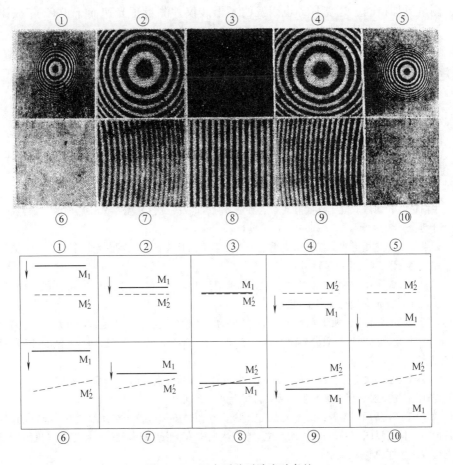

图 16-28　迈克耳孙干涉实验条纹

【例 16-10】 在迈克耳孙干涉仪的两臂中，分别插入长为 10cm 的玻璃管，其中一个抽为真空，另一个储有压强为 $1.013×10^5$Pa 的空气。设所用光波波长为 546nm。实验时，向真空玻璃管中逐渐充入空气，直至压强达到 $1.013×10^5$Pa 为止。在此过程中，观察到 107.2 条干涉条纹的移动，试求空气的折射率 n。

【解】 设真空玻璃管充入空气前，两相干光的光程差为 δ_1，充入空气后两相干光的光程差为 δ_2，根据题意，有

$$\delta_1 - \delta_2 = 2l(n - 1)$$

因为干涉条纹每移动一条，对应于光程变化一个波长，所以

$$2l(n - 1) = 107.2\lambda$$

故空气的折射率为

$$n = \frac{107.2\lambda}{2l} + 1 = \frac{107.2×546×10^{-7}}{2×10} + 1 = 1.000\,29$$

从上述的分析可知，迈克耳孙干涉仪的特点是光源、两反射面、接收器（观察者）四个部分在空间完全分开，东西南北各占据一方，这便于在光路中插入其他器件。用它可以观察与薄膜干涉相当的许多现象，例如可观察到等厚条纹、等倾条纹以及条纹的各种变动情形。用迈克耳孙干涉仪可以方便地进行各种精密检测，现在很多其他干涉仪是由它派生的。随着激光技术的发展，在干涉仪中已广泛采用激光作为光源，这使迈克耳孙干涉仪的应用更为方便，测量更加精确。迈克耳孙也因发明了干涉仪并测量了光速而于 1907 年获诺贝尔物理学奖。

🔗 思考题

16-1 为什么两个独立的同频率的普通光源发出的光波叠加时不能得到光的干涉图样？

16-2 钠黄光波长为 589.3nm，若以一次发光延续时间 10^{-6}s 计算，一个波列中的波数有多少？

16-3 在杨氏双缝实验中，如有一条狭缝稍稍加宽一些，屏幕上的干涉条纹有什么变化？如把其中一条狭缝遮住，将发生什么现象？

16-4 如果把杨氏双缝实验放在水面之下进行，干涉条纹将发生怎样的变化？

16-5 用白色线光源做双缝干涉实验时，若在缝 S_1 后面放一红色滤光片，S_2 后面放一绿色滤光片，问能否观察到干涉条纹？为什么？

16-6 如果两束光是相干的，在两束光重叠处总光强如何计算？如果两束光是不相干的，又怎样计算？（分别以 I_1 和 I_2 表示两束光的光强）

16-7 如图 16-29 所示，在杨氏双缝实验中，如果把其中的一个缝封闭，并以平面镜放在两缝的垂直平分线上，则光屏上的干涉条纹会有什么变化？

16-8 如图 16-30 所示，由相干光源 S_1 和 S_2 发出的单色相干光波，分别通过两种媒质（折射率分别为 n_1 和 n_2 且 $n_1>n_2$）射到这两种媒质分界面上的一点 P，已知 $S_1P=S_2P=r$。问这两列光波的几何路程是否相等，光程差是多少？

16-9 窗玻璃也是一块电介质板，但在通常日光照射下，为什么我们观察不到干涉现象？

16-10 若用白光照射竖直放置的肥皂薄膜，可看到什么现象？

16-11 如图 16-31 所示，若劈尖的上表面向上平移（见图 16-31a），干涉条纹会发生怎样的变化？若劈尖的上表面向右平移（见图 16-31b），干涉条纹又会发生怎样的变化？若劈尖的角度增大（见图 16-31c），干涉条纹又将会发生怎样的变化？

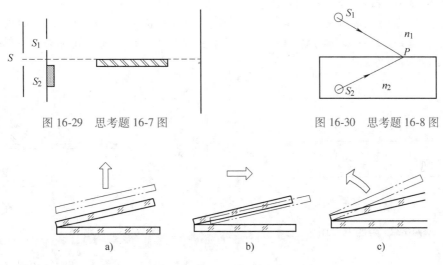

图 16-29 思考题 16-7 图 　　　　图 16-30 思考题 16-8 图

图 16-31 思考题 16-11 图

16-12 在双缝干涉实验中,

(1) 缝间距 d 不断加大时,干涉条纹如何变化? 为什么?

(2) 当缝光源 S 在垂直于轴线向下或向上移动时,干涉条纹如何变化?

(3) 当缝光源 S 的缝逐渐加宽时,干涉条纹如何变化?

(4) 在双缝之一的后面放置一块折射率为 n 的透明薄膜,干涉条纹如何变化?

16-13 用光通过一段路程的时间和周期也可以算出相应的相差。试比较光通过介质中一段路程的时间和通过相应光程的时间来说明光程的物理意义。

16-14 观察肥皂泡膜的干涉时,先看到彩色图样,然后图样随膜厚度的变化而改变。当彩色图样消失呈现黑色时,肥皂膜破裂,为什么?

16-15 隐形飞机之所以很难被敌方雷达发现,是由于飞机表面覆盖了一层电介质(如塑料或橡胶)从而使入射的雷达波反射极微。试说明这层电介质是怎样减弱反射波的。

16-16 用白光做光源,可以做到迈克耳孙两臂长度精确地相等。为什么?

16-17 牛顿环和迈克耳孙干涉仪实验中的圆条纹均是从中心向外、由疏到密、明暗相间的同心圆,试说明这两种干涉条纹不同之处。若增加薄膜的厚度,这两种条纹将如何变化? 为什么?

16-18 劈尖干涉中两相邻条纹间的距离相等,为什么牛顿环干涉中两相邻条纹间的距离不相等?

16-19 在牛顿环实验装置中,如果平玻璃由冕牌玻璃($n=1.52$)和火石玻璃($n=1.75$)组成,透镜用冕牌玻璃制成,而透镜与平玻璃间充满二硫化碳($n=1.62$)。试说明在单色光垂直照射下反射光的干涉图样是怎样的,并大致将其画出来。

习 题

16-1 汞弧灯发出的光通过一滤光片后照射双缝干涉装置。已知缝间距 $d=0.60mm$,观察屏与双缝相距 $D=2.5m$,并测得相邻明纹间距离 $\Delta x=2.27mm$ 。试计算入射光的波长,并指出属于什么颜色。

16-2 由光源 S 发出的 $\lambda=600nm$ 的单色光,自空气入射入折射率 $n=1.23$ 的一层透明物质,再射入空气(见图 16-32)。若透明物质的厚度 $d=1cm$,入射角 $\theta=30°$,且 $SA=BC=5cm$ 。求:

(1) θ_1 为多大?

(2) 此单色光在这层透明物质里的频率、速度和波长各是多少?

（3）S 到 C 的几何路程为多少？光程为多少？

16-3 劳埃德镜干涉装置如图16-33所示，光源 S_0 和它的虚像 S_1 位于镜左后方20cm的平面内，镜长30cm，并在它的右边缘处放一毛玻璃屏幕。如果从 S_0 到镜的垂直距离为2mm，单色光的波长为720nm，试求镜的右边缘到第一条明纹的距离。

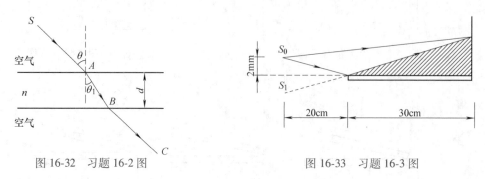

图 16-32　习题 16-2 图　　　　　　图 16-33　习题 16-3 图

16-4 一双缝实验中两缝间距为0.15mm，在1.0m远处测得中央明纹同侧的第1级和第10级暗纹之间的距离为36mm。求所用单色光的波长。

16-5 利用劳埃德镜观察干涉条纹，条纹间隔为0.005cm，所用的波长为589nm，如果光源和屏的距离为0.3m，问光源放在镜面上方多高的地方？

16-6 在菲涅耳双镜实验中，若光源离两镜交线的距离是1m，屏距交线2m，所用单色光的波长是500nm，所得干涉条纹的间距为1mm，试计算两反射镜的夹角。

16-7 沿南北方向相隔3.0km有两座无线发射台，它们同时发出频率为 2.0×10^5 Hz 的无线电波。南台比北台无线电波的相位落后 $\pi/2$。求在远处无线电波发生相长干涉的方位角（相对于东西方向）。

16-8 用很薄的、折射率为1.58的云母片覆盖在双缝实验中的一条缝上，这时屏幕上的零级明条纹移到原来的第7级明条纹位置上，如果入射光波长为550nm，试问此云母片的厚度为多少？

16-9 用白光垂直入射到间距为0.25mm的双缝上，距离缝1.0m处放置屏幕。求第2级干涉条纹中紫光和红光极大点的间距（白光的波长范围是400~760nm）。

16-10 让一束水平的氦氖激光器发出波长为632.8nm的激光垂直照射双缝，在缝后2.0m处的墙上观察到中央明纹和第1级明纹的间隔为14cm。

（1）求双缝的间距；

（2）在中央条纹以上还能看到几条明纹？

16-11 在空气中有一厚度为500nm的薄油膜（$n=1.46$），并用白光垂直照射到此膜上，试问在300nm到700nm的范围内，哪些波长的光反射最强？

16-12 一折射率为1.5的玻璃表面附有一层折射率为1.32的透明薄膜，今用一波长连续可调的单色光束垂直照射透明薄膜。当波长为485nm时，反射光干涉相消。当波长增为670nm时，反射光再次干涉相消。求薄膜的厚度。

16-13 如图16-34所示，一长12.21cm的玻璃片叠加在另一玻璃片上，并用0.1mm厚度的金属带从一端塞入它们之间，使两玻璃片成一小角度。以波长为546nm的光从玻璃片顶上照射，从反射光可以观察到每厘米有多少条干涉条纹？

16-14 如图16-35所示，与上题原理同，将金属带换成金属丝，用589nm的钠光照射，从图示之劈尖正上方的中点处（即 $L/2$ 处）观察到条纹向左移动了10条，求金属丝直径 D 膨胀了多少？若在金属丝的上方观察又可看到几条条纹移动？

16-15 如果观察到肥皂水薄膜（$n=1.33$）的反射光呈深黄色（$\lambda=590.5$nm），且这时薄膜法线与视线间的角度为 $i=45°$，问薄膜最薄的厚度是多少？

16-16 若透镜表面涂一层 MgF_2（$n = 1.38$）透明物质薄膜，利用干涉来降低玻璃表面的反射。试问，为了使透镜在可见光谱的中心（550nm）处产生极小的反射，这层薄膜最少厚度多少？

16-17 白光照射到折射率为 1.33 的肥皂膜上，若从 45° 角方向观察薄膜呈现绿色（500nm），试求薄膜最小厚度。若从垂直方向观察，肥皂膜正面呈现什么颜色？

图 16-34　习题 16-13 图　　　　　　　　图 16-35　习题 16-14 图

16-18 用单色光观察牛顿环，测得某一明环的直径为 3.00mm，它外面第 5 个明环的直径为 4.60mm，平凸透镜的半径为 1.03m，求此单色光的波长。

16-19 当牛顿环装置中的透镜与平面玻璃之间充以某种液体时，某一级干涉条纹直径由 1.40cm 变成 1.27cm 时，试求该液体的折射率。

16-20 折射率为 n、厚度为 d 的薄玻璃片放在迈克耳孙干涉仪的一臂上，问两光路光程差改变量是多少？

16-21 用迈克耳孙干涉仪可以测量光的波长，某次测得可动反射镜移动距离（$L = 0.322\,0$mm 时，等倾条纹在中心处缩进 1 204 条条纹，试求所用光的波长。

16-22 迈克耳孙干涉仪的两臂中，分别放入长 0.2m 的玻璃管，一个抽成真空，另一个充以 1atm 的氩气。今用汞绿线（$\lambda = 546$nm）照明，在将氩气徐徐抽出最终也达到真空的过程中，发现有 205 个条纹移过视场，问氩气在 1atm 时的折射率是多少？

📖 阅读材料

一、激光技术简介

激光是诞生于 20 世纪 60 年代初的一项重要技术成就。激光的发展迄今为止只不过 50 余年，然而其基本原理却可追溯到 20 世纪初。

早在 1917 年，著名的物理学家爱因斯坦就预言了原子中同时存在自发辐射和受激辐射，并建立了它们的半经典理论，从而奠定了激光理论的基础。

按照爱因斯坦的理论，处在激发态的原子，其辐射必定通过两种途径（自发辐射和受激辐射）来实现。

从本质而言，自发辐射和受激辐射都是电磁波，但是这两种电磁波所具有的特点却有很大差别。自发辐射是原子内部的自然过程，和其周围的原子无关，因此，不同原子自发辐射，各光子间并无必然联系，它们不是相干的。而受激辐射则不然。理论上可以证明：受激辐射出的光子和入射的光子（激励原子使之产生受激辐射的光子）的运动形态完全相同，它们同方向、同位相、同频率，是相干的。因此，虽然诸原子的情况可能不同，但只要入射到物质上的光是相干光，则由此而引起的物质内诸原子的受激辐射就是相干光。这是自发辐射和受激辐射之间的本质区别。

光通过物质时，光子数是增加还是减小，取决于受激吸收与受激辐射哪个过程占优势，这又取决于处于高、低能态的原子数。热平衡状态下原子在各能级上的分布服从玻尔兹曼定律，即在温度为 T 时，处于能级 E_i 上的原子数为

$$n_i = Ae^{-E_i/kT}$$

原则上讲，只要有入射光便可引起受激辐射，从而可以得到激光。但是实际上远非如此。在热平衡态下，处于激发态的粒子数远少于处于基态的粒子数，此时可以证明受激辐射的几率和自发辐射的概率比为

$$R = \frac{1}{e^{h(E_2-E_1)/kT} - 1}$$

室温下，对波长为600nm的可见光，有

$$R \approx 10^{-35}$$

这表示在室温下可见光区域，受激辐射可以忽略，因而一般光源的发射都是自发辐射。这表明在热平衡态下想获得激光是绝对不可能的。

要产生激光，要使光放大，就要使处于激发态的原子数大于低能态上的原子数，这种分布与正常分布相反。要使媒质中处于激发态 E_2 的粒子数 N_2 大于处于基态 E_1 的粒子数 N_1，此时物质处在非平衡的亚稳态。若 $N_2 > N_1$，我们就称为媒质中发生了粒子数反转。很显然，只有通过外界对物质的作用才能实现这种状态。实现这种状态的具体方式称为抽运（亦称激励或泵浦），从外界输入能量，把低能级上的原子激发到高能级上去，使工作物质实现粒子数反转。

只有具有亚稳态能级的工作物质才能实现粒子数反转，图 16-36 是 He-Ne 激光器能级图。

处于粒子数反转的物质称为激活物质，它的存在仅是激光振荡的必要条件。工作物质激活后虽能产生光放大，但所得到的光的方向性和单色性都很差，强度也很微弱。若要获得激光辐射，还要引入适当的正反馈。激光器中起正反馈作用的元件是光学谐振腔。最简单的光学谐振腔是由两个放在工作物质两边的反射镜组成，如图 16-37 所示。光在谐振腔内传播时，形成以反射镜为节点的驻波，加强的光必须满足驻波条件：它能提供连续的、大量的相干光做入射光，使得激活物质在其作用下产生相干受激辐射，获得具有实用意义的激光。

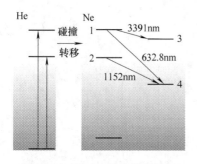

图 16-36　He-Ne 激光器能级图

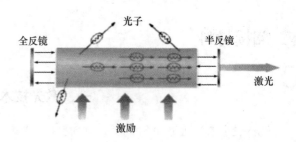

图 16-37　光学谐振腔

从上面的论述可以看出，激光原理和产生激光的技术并不十分复杂，20世纪初的科技水平已经完全可以制作产生激光的仪器，那么为什么激光会迟至20世纪60年代才诞生呢？原来，20世纪40年代前，物理学工作者处在以狭义相对论和量子力学的诞生为标志的物理学革命的浪潮之中。这段时间内，人们紧张地致力于基础理论的研究，这些研究使得核物理和粒子物理等新学科相继建立。直到20世纪50年代，人们的注意力才转移到激光上来。激光的发展，很大程度上得益于第二次世界大战中发展起来的雷达技术。大战对雷达、电信工程的需要促进了这方面的研究。无线电通信中，为了增加传送的信息量，就要提高载波频率。在寻找高频载波的过程中，人们于1954年发明了微波激射器，从而打开了激光技术的大门。1958年，汤斯（C. H. Townes）和肖洛（A. L. Schawlow）发表了一篇文章，探讨把微波激射技术扩展到光频段的可能性及物理条件，这篇文章后来被视为激光时代的开端。在此基础上，休斯研究室的梅曼（T. H. Maiman）发明了世界上第一台激光器，为激光技术奠定了基础。

激光的特点和普通光波不同，它具有方向性好、单色性好、能量集中、相干性好等优点。因而它一经产生便迅猛发展，并获得了广泛的应用。激光的诞生，使得传统光学得到了进一步的发展，并产生了一些

崭新的领域，如全息技术、非线性光学等。同时，激光的产生也为深入研究物质微观结构、分子运动规律等提供了重要手段。

二、全息照片拍摄简介

人眼之所以可以识别物体的颜色、明暗、位置、大小、形状和远近等，是因为物体上各点发出的光信号的频率、振幅以及相位不同的缘故。通常的照片只记录光信号的强度。所谓的"全息照片"就是要把物体上发出的全部光信号信息，包括光波的振幅和相位都记录下来，再利用适当的方法得到物体的立体图像。

全息照片的拍摄是利用了光的干涉现象，首先把激光器射出的激光束通过分光镜分成两束，一束激光在照射到被摄物体上后照到感光底片上，这束光叫物光；另一束激光直接投射到底片上，称为参考光（见图 16-38a）。参考光和物光是彼此相干的。实际上所用仪器设备以及被拍摄物体的尺寸都比较大，这就要求光源有很强的时间相干性和空间相干性。激光，作为一种相干性很强的强光源正好满足了这些要求，而用普通光源则很难做到。这正是激光出现后全息技术才得到长足发展的原因。

干涉条纹记录光波的强度的原理是容易理解的。因为射到底片上的参考光的强度是各处一样的，但物光的强度则各处不同，其分布由物体上各处发来的光决定，这样参考光和物光叠加干涉时形成的干涉条纹在底片上各处的浓淡也不同。这浓淡就反映了物体上各处发光的强度，这一点与普通照相类似。

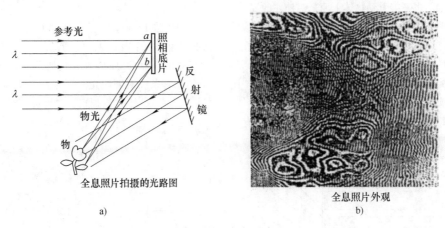

图 16-38　全息照片

干涉条纹是怎样记录相位的呢？物体上某一发光点，它发的光和参考光在底片上形成干涉条纹。如图 16-38a 所示，设 a、b 为某相邻两条暗纹（底片冲洗后变为透光缝）所在处，与物点的距离为 r。要形成暗纹，在 a、b 两处的物光和参考光必须都反相。由于参考光在 a、b 两处是相同的（如图设参考光平行垂直入射，但实际上也可以斜入射），在底片上同一处，来自物体上不同发光点的光，由于它们的入射方向或 r 不同，与参考光形成的干涉条纹的间距就不同，因此底片上各处干涉条纹的间距（以及条纹的方向）就反映了物光波相位的不同，这不同实际上反映了物体上各发光点的位置（前后、上下、左右）的不同。整个底片上形成的干涉条纹实际上是物体上各发光点发出的物光与参考光所形成的干涉条纹的叠加。这就把相位不同转化为干涉条纹间距（或方向）不同，从而被感光底片记录下来。这种方法是普通照相方法中不曾有的。

照相技术是利用了光能引起感光乳胶发生化学变化这一原理。这种化学变化的程度随入射光强度的增大而增大，因而冲洗过的底片上各处会有明暗之分。普通照相使用透镜成像原理，底片上各处乳剂化学反应的深度直接由物体各处的明暗决定，因而底片就记录了明暗，或者说，记录了入射光波的强度或振幅。全息照相不但记录了入射光波的强度，而且还记录了入射光波的相位。之所以能如此，是因为全息照相利用了光的干涉现象。

从被摄物体上反射出来的物光有不同的振幅和相位，和参考光干涉后在感光底片上形成干涉条纹，这些干涉条纹记录了被摄物体的全部信息。图 16-38b 就是一张全息照片外观。

由上述可知，用全息照相方法获得的底片并不直接显示物体的形象，而是一幅复杂的条纹图像，这些条纹记录了物体的光学全息。

观察一张全息照片所记录的物体的形象时，只需用拍摄该照片时所用的同一波长的照明光（亦称再现光）沿原参考光的方向照射照片即可。这时，在照片的背面向照片看，就可看到在原位置处原物体的完整的立体形象，而照片就像一个窗口一样，如图 16-39 所示。之所以能有这样的效果，是因为光的衍射的缘故。仍考虑两相邻的条纹 a 和 b，这时它们是两条透光缝，照明光透过它们将发生衍射。沿原方向前进的光波不产生成像效果，只是强度受到照片的调制而不再均匀。原来从物体上 O 点发来的物光方向的那两束衍射光，其光程差一定是波长 λ。这两束光被人眼会聚将叠加形成 +1 级极大，这一极大正对应于发光点 O。由发光点 O 原来的底片上各处造成的透光条纹透过的光的衍射的总效果就会使人眼感到在原来 O 所在处有一发光点 O'。发光体上所有发光点在照片上产生的透光条纹对入射照明光的衍射，就会使人眼看到一个在原来位置处的一个原物的完整的立体虚像。注意，这个立体虚像真正是立体的，其突出特征是：当人眼换一个位置时，可以看到物体的侧面像，原来被挡住的地方这时也显露出来了。普通照片不可能做到这一点。人们看普通照片时也会有立体的感觉，那是因为人脑对视角的习惯感受，如远小近大等。在普通照片上无论如何也不能看到物体上原来被挡住的那一部分。

用照明光照射全息照片时，还可以得到一个原物的实像，如图 16-40 所示。从 a 和 b 两条透光缝衍射的、沿着和原来物光对称的方向的那两束光，其光程差也正好相差一个波长 λ。它们将在和 O' 点对于全息照片对称的位置上相交干涉加强形成 −1 级极大。从照片上各处由 O 点发出的光形成的透光条纹所衍射的相应方向的光将会聚于 O'' 点而成为 O 点的实像。整个照片上的所有条纹对照明光的衍射的 −1 级极大将形成原物的实像。但在此实像中，由于原物的"前边"变成了"后边"，"外边"翻到了"里边"，和人对原物观察不相符而成为一种"幻视像"，所以很少有实际用处。

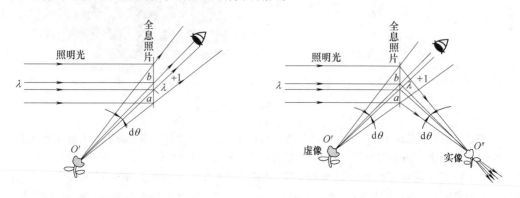

图 16-39　全息照片虚像的形成　　　　　图 16-40　全息照片的实像

全息照片还有一个重要特征是通过其一部分，例如一块残片，也可以看到整个物体的立体像。这是因为拍摄照片时，物体上任一发光点发出的物光在整个底片上各处都与参考光发生干涉，因而在底片上各处都有该发光点的记录。取照片的一部分用照明光照射时，这一部分上的记录就会显示出该发光点的像。对物体上所有发光点都是这样，所不同的只是观察的"窗口"小了一点。这种点-面对应记录的优点是用透镜拍摄普通照片时所不具有的。普通照片与物是点点对应的，撕去一部分，这一部分就看不到了。

以上所述是平面全息的原理，在这里，照相底片上乳胶层厚度比干涉条纹间距小很多，因而干涉条纹是两维的。如果乳胶层厚度比干涉条纹间距大，则物光和参考光有可能在乳胶层深处发生干涉而形成三维干涉图样。这种光信息记录是所谓的体全息。

全息照相技术发展到现阶段，已发现它有大量的应用，如全息显微术、全息 X 射线显微镜、全息电影、全息干涉计量术、全息存储、特征字符识别等。

除光学全息外，还发展了红外、微波、超声全息术，这些全息技术在军事侦察或监视上具有重要意义。如对可见光不透明的物体，往往对超声波"透明"，因而超声全息可用于水下侦察和监视，也可用于医疗透视以及工业无损探伤等。

三、引力波探测装置

2017 年诺贝尔物理学奖颁发给了激光干涉引力波天文名（Laser Interferometer Gravitational-Wave Observatory，LIGO）研究所的三位美国物理学家，以表彰他们在 LIGO 探测器和引力波观测方面做出的决定性贡献。1916 年，爱因斯坦基于广义相对论预言了引力波的存在。广义相对论认为引力是时空弯曲的一种效应。通常而言，在一个给定的体积内，包含的质量越大，这个体积边界处的时空曲率就越大。在某些特定环境之下，加速的质量能够使这个曲率产生变化，并且以波的形式向外以光速传播，形成引力波。

LIGO 探测器由两台基于迈克耳孙干涉仪原理建造的设备组成，分别位于相距 3 002km 的美国南海岸利文斯顿镇和美国西北海岸汉福德镇，每一台臂长 4km，由直径为 1.2m 的真空钢管组成。当时空弯曲的涟漪到达干涉仪时，两臂的空间产生不同的压缩或拉伸，导致两臂的光程差发生变化，光探测器将探测到两臂激光束的干涉变化，据此判断引力波的情况，如图 16-41 所示。

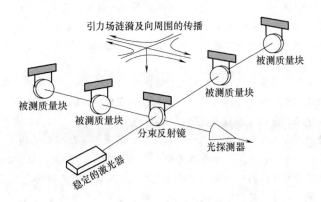

图 16-41　LIGO 探测器

引力波的发现是对广义相对论预言的验证，为进一步在宇宙学尺度和强引力场验证广义相对论提供了可能，同时打开了探索宇宙的新窗口。我国也积极参与了这一国际最前沿、最基本的科学研究。

中国科学院高能物理研究所领衔的"阿里计划"在海拔 5 250m 的西藏阿里建设了全球海拔最高的观测站，观测和研究原初引力波。原初引力波是宇宙开端产生的引力波，蕴含着宇宙起源的奥秘。探测到原初引力波，不仅可以从另一方面检验爱因斯坦引力理论，更重要的是验证宇宙起源和演化模型，比如暴胀、反弹、循环等。"阿里计划"将给出一张北天区宇宙微波背景辐射极化最好的天图。

中国也在积极推进空间引力波探测项目。空间引力波探测不受地面噪声干扰和地面球面效应的影响，有利于提高探测灵敏度；空间环境温度低，热稳定性好，有利于降低热噪声。目前我国主要有两大预研的项目，分别是中国科学院的"空间太极计划"和中山大学的"天琴计划"。"太极计划"的主要科学目标是观测双黑洞并合和极大质量比天体并合时产生的引力波辐射，以及其他的宇宙引力波辐射过程。2019 年 8 月 31 日，我国首颗空间引力波探测技术实验卫星"太极一号"成功发射，标志着"太极计划"第一步任务目标已成功实现。"天琴计划"将发射 3 颗全同卫星，组成等边三角形阵列，形似太空里架起一把竖琴，目标是探测宇宙深处 1mHz~1Hz 的低频引力波。

物理学家简介

托马斯·杨

托马斯·杨（T. Young, 1773—1829），英国物理学家、医生，波动光学的奠基人，1773年6月13日生于英国萨默塞特郡的米尔弗顿。他出身于商人和教友会会员的家庭，自幼智力过人，有神童之称，2岁会阅读，4岁能背诵英国诗人的佳作和拉丁文诗，9岁掌握车工工艺，能自制一些物理仪器，9~14岁自学并掌握了牛顿的微分法，学会多种语言（法、意、波斯、阿拉伯等）。尽管父母送他进过不少学校，但他主要把自学作为获得科学知识的主要手段，曾先后在伦敦大学、爱丁堡大学和哥廷根大学学习医学。由于他对生理光学和声学的强烈兴趣（对声学的爱好与他的音乐和乐器演奏才能密切有关，他能弹奏当时的各种乐器），后来转而研究物理学。托马斯·杨1801—1803年任皇家研究院教授，1811年起在伦敦行医，1818年起兼任经度局秘书，领导《海事历书》的出版工作，同时还担任英国皇家学会国际联络秘书，为大英百科全书撰写过40多位科学家传记。他的一生曾研究过多种学科（物理、数学、医学、天文、地球物理、语言学、动物学、考古学、科学史等），并精通绘画和音乐。他在科学史上堪称百科全书式的学者，但更以物理学家著称于世。托马斯·杨1829年5月10日在英国伦敦逝世，终年56岁。

托马斯·杨

托马斯·杨是波动光学的奠基人之一。他对光、声振动的实验研究，使他确信二者的相似性和波动说的正确性。在关于光的本性的争论中，1801年正是微粒说占上风的时期，他发表了《关于光和声的实验与研究提纲》的论文，文中他公开向牛顿提出挑战："尽管我仰慕牛顿的大名，但是我并不因此而认为他是万无一失的。我遗憾地看到，他也会弄错，而他的权威有时甚至可能阻碍科学的进步。"他从水波和声波的实验出发，大胆提出：在一定条件下，重叠的波可以互相减弱，甚至抵消。从1801年起，他在担任皇家学院的教授期间，完成了干涉现象的一系列杰出的研究工作。他做了著名的杨氏干涉实验，先用双孔后来又用双缝获得两束相干光，在屏上得到干涉花样。这一实验为波动光学的复兴做出了开创性的工作，由于它的重大意义，已作为物理学的经典实验之一流传于世。他还发现利用透明物质薄片同样可以观察到干涉现象，进而引导他对牛顿环进行研究，他用自己创建的干涉原理解释牛顿环的成因和薄膜的彩色，并第一个近似地测定了七种颜色的光的波长，从而完全确认了光的周期性，为光的波动理论找到了又一个强有力的证据。

1803年，托马斯·杨发表了"物理光学的实验和计算"一文，力图用他自己发现的干涉现象解释衍射现象，以便把干涉和衍射联系起来，文中还提出当光由光密媒质反射时，光的相位将改变半个波长即所谓半波损失。

1817年，他在得知阿拉果和菲涅耳共同进行偏振光干涉实验后，曾于同年1月12日在给阿拉果的信上提出了光是横波的假设。

在生理光学方面，他做出了一系列贡献。早在1793年（20岁时），他向皇家学会提交了第一篇论文，题为"视力的观察"，第一次发现人的眼睛晶状体的聚光作用，提出人眼是靠调节眼球的晶状体的曲率，达到观察不同距离的物体的观点。这一观点是他经过了大量的实验分析得出的。它结束了长期以来对人眼为什么能看到物体的原因的争论，并因此于1794年被选为皇家学会会员。他提出颜色的理论，即三原色原理，认为一切色彩都可以从红、绿、蓝三种原色的不同比例混合而成，这一原理已成为现代颜色理论的基础。

1807年，托马斯·杨出版了《自然哲学和机械技术讲义》2卷，在这本内容丰富的著作中，除了叙述他的双缝干涉实验外，还首先使用"能量"的概念代替"活力"，并第一个提出材料弹性模量的定义，引入一个表征弹性的量——弹性模量（也称杨氏模量）。

他是一个热爱知识和追求真理的学者，有顽强的自修能力和自信心，曾因辨识了一块埃及古石碑上的象形文字而对考古学做出贡献，就在他逝世前仍致力于编写埃及字典的工作。他以一生中没有虚度过一天而感到最大的满足。

第 17 章 光 的 衍 射

17.1 光的衍射现象 惠更斯-菲涅耳原理

17.1.1 光的衍射现象

在波动一章中我们已经指明，机械波和电磁波都有衍射现象。光作为一种电磁波，在传播中若遇到障碍物，当其尺寸与光的波长差不多时，光就不再遵循直线传播的规律，而是会传播到障碍物的阴影区域并形成明暗相间的条纹，这就是光的衍射现象。例如，在图 17-1 中，一束平行光通过狭缝 K 以后，由于缝的宽度比波长大得多，所以屏幕 E 上的光斑和狭缝形状几乎完全一致，这时光可看成是沿直线传播的。若缩小缝的宽度直至它与光波波长差不多，这时在屏幕上就会出现如图 17-2 所示的明暗相间的衍射条纹。类似的衍射现象还很多，如一束光线遇到一细小的圆形障碍物时，在障碍物后方会形成圆盘衍射图样，即在障碍物阴影的中央呈现一个比圆形障碍物线度大得多的亮斑，叫泊松亮斑⊖。

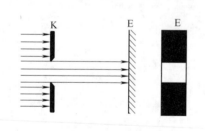

图 17-1　缝宽比波长大
得多时光直线传播

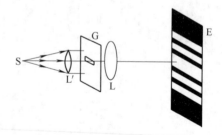

图 17-2　缝宽与波长差
不多时光发生衍射

17.1.2 惠更斯-菲涅耳原理

在第 14 章中我们曾用惠更斯原理定性地解释了波的衍射。但是惠更斯原理不能定量地给出衍射波在各个方向上的强度。菲涅耳由波的叠加和干涉原理提出了"子波相干叠加"

⊖　按物理学史记载，此斑虽是按菲涅耳理论得到的，但却是泊松发现的，所以称为泊松亮斑。详见本章后"物理学家简介"。——编辑注

的理论，由此对惠更斯原理做了较全面的物理性的补充。菲涅耳认为，从同一波面上各点发出的子波是相干波，波传播到空间某一点时，该点的波强是各子波进行相干叠加的结果。这一经过物理性补充而发展了的惠更斯原理，称为惠更斯-菲涅耳原理。

在图 17-3 中，设 dS 为某波阵面 S 上的任一面元，它是发出球面子波的**子波源**。而空间中任一点 P 的光振动则取决于波阵面 S 上所有面元发出的子波在该点相互叠加（干涉）的总效应。菲涅耳明确指出，球面子波在点 P 的振幅正比于面元的面积 dS，反比于面元到点 P 的距离 r，与 r 和 dS 的法线方向 e_n 之间的夹角 θ 有关，θ 越大，在点 P 处的振幅越小，当 $\theta \geqslant \pi/2$ 时，振幅为零。空间中任一点 P 处光振动的相位则仍由 dS 到点 P 的光程确定。因此，点 P 处的光矢量 E 的大小应由下述积分决定，即

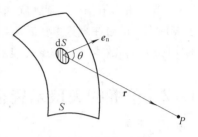

图 17-3 子波相干叠加

$$E = C\int_S \frac{K(\theta)}{r}\cos\left[2\pi\left(\frac{t}{T} - \frac{r}{\lambda}\right)\right]\mathrm{d}S \qquad (17\text{-}1)$$

式中，C 是比例常数；$K(\theta)$ 称为倾斜因数，它随 θ 增大而减小；T 和 λ 分别是光波的周期和波长。式（17-1）的积分一般是比较复杂的，只有在较简单情况下方可求得其解。但现在可利用计算机强大的计算功能进行求解了。

17.1.3 菲涅耳衍射和夫琅禾费衍射

通常依照光源、衍射孔（或障碍物）、屏三者的相对位置，可将衍射分成两种类型。第一种是近场衍射，称为菲涅耳衍射，就是光源 S 或显示衍射图样的屏 P 与衍射孔（或障碍物）之间的距离是有限的，如图 17-4a 所示。另一种是远场衍射，叫作夫琅禾费衍射，是将光源和屏都移到无限远处，即光源和屏与衍射孔（或障碍物）之间的距离是无限的，如

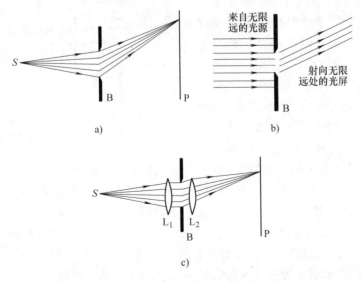

图 17-4 菲涅耳衍射和夫琅禾费衍射

图 17-4b 所示。在夫琅禾费衍射中，光到达衍射孔（或障碍物）和到达屏幕时的波前都是平面（波线即平行光）。在实验室中，常把光源放在透镜 L₁ 的焦点上，把屏幕 P 放在透镜 L₂ 的焦面上，如图 17-4c 所示，利用透镜 L₁、L₂ 压缩空间，从而实现孔（或障碍物）前的光（平行光）和经孔（或障碍物）衍射的光（平行光）都满足夫琅禾费衍射的远场条件。由于夫琅禾费衍射在理论上比较简单，实验条件也较容易实现，并且夫琅禾费衍射有许多重要的实际应用，故本书只讨论夫琅禾费衍射。

17.2 单缝的夫琅禾费衍射

单缝衍射

17.2.1 单缝的夫琅禾费衍射

上面已经说过，当一束平行光垂直照射一个宽度与光的波长差不多的狭缝时，光会绕过狭缝的边缘向阴影区域衍射，利用透镜 L 将衍射光会聚到焦平面处的屏幕 P 上，便形成衍射条纹，这种条纹叫作单缝衍射条纹，如图 17-2 所示。下面我们将分析单缝衍射条纹形成的原因，从而总结夫琅禾费衍射的规律，以便理解其他衍射现象。图 17-5 是单缝衍射光路示意图，AB 为狭缝的截面，其宽度为 a，按照惠更斯-菲涅耳原理，波面 AB 上的各点都可以成为相干的子波源。将子波源的衍射光线（子波射线）与入射方向（图示平行向右入射）的夹角 θ 称为衍射角，当 θ=0 时，子波射线沿入射方向，就是图 17-5 中的光线①，它们经透镜 L 会聚于焦点 O，由于 AB 是同相面，而透镜又不附加光程差，所以它们到达点 O 时仍保持相同的相位而互相加强。于是，在正对狭缝中心的 O 处将是一条明纹的中心，这条明纹叫作中央明纹。

当 θ 为其他任意角时，例如考虑与入射方向成 θ 角的子波射线，如图 17-5 中的光线②。平行光束②经透镜会聚于屏幕上 Q 点，由于光束②中各子波射线到达 Q 点的光程并不相等，所以它们在点 Q 的相位也不相同。因为与子波射线垂直的面 BC 是同相面，所以从 AB 面发出的各子波在点 Q 有相位差是由于在 BC 前、从 AB 面到 BC 面间的各子波射线经历的光程不同引起的。由图 17-5 可见，狭缝的最上端点 A 发出的子

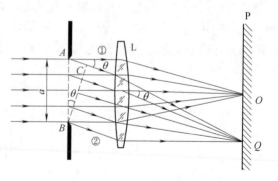

图 17-5 单缝的夫琅禾费衍射

波射线和最下端点 B 发出的子波射线到达 Q 点的光程差 $\delta=\overline{AC}=a\sin\theta$，这是光束②中子波射线的最大光程差。由于光束②中各子波射线间的光程差是连续变化的，它们会聚（相干叠加）后的光强该如何呢？为此，菲涅耳提出了半波带法，简洁明了地分析了各子波射线相干叠加的规律。下面我们利用菲涅耳的半波带法来讨论单缝的夫琅禾费衍射。

如图 17-6 所示，我们选取一组衍射角为 θ 的子波射线汇聚在屏上 P 点的情况来分析。在图 17-7 中，将 AC 分成 k 等份（或者说将 BC 或者 BA 分成 k 等份都一样），对应地就是将波面 BA 切割成了 k 个波带，并使相邻两带上的对应点发出的射线在 P 点的光程差为半个波

长，这样的波带称为半波带，于是，一个等份就是一条半波带，将波面 BA 分成了 k 条半波带。菲涅耳提出的利用这样的半波带来分析衍射图样的方法称为半波带法。当 k 为奇数时，如图 17-7a 所示，$k=3$，因为是均分的，所有半波带的子波射线强度都是相等的，相邻两半波带上各对应点的子波射线到达 P 点时的光程差都是半波长，两两相互干涉相消，最后只剩一条半波带未被抵消，可以会聚在 P 点，P 点为明纹的中心。衍射角 θ 越大，同样按半波长切割出来的半波带的截面积越小，半波带发出的子波射线的强度就越弱，明纹的光强越小。当 $\theta=0$ 时，各子波射线的光程相同，相位差等于零，通过透镜汇聚在透镜的焦平面上，这就是中央明纹（或零级明纹），其中心位置 O 光强最大。当 k 为偶数时，如图 17-7b 所示，$k=4$，这时相邻的两半波带上各对应点的子波射线两两相互干涉相消，没有剩余的半波带，也就是没有剩余的子波射线到达 P 点，此时 P 点处为暗纹的中心位置。所以，奇数个半波带相互干涉的总效果呈现为明纹；偶数个半波带相互干涉的总效果呈现为暗纹。至于其他任意的衍射角 θ，AC 一般不能恰巧分成整数个半波带，此时，衍射光束的强度介于最明和最暗之间的区域。

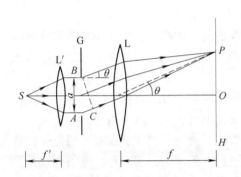

图 17-6　单缝的夫琅禾费衍射光路图

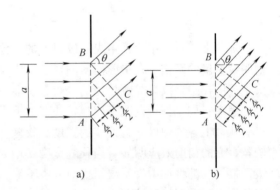

图 17-7　半波带

将上述诸结论用数学表达式表示，中央明纹的条件为

$$\theta=0$$

前面已设狭缝宽为 a，则衍射明纹的条件为

$$a\sin\theta = \pm(2k+1)\frac{\lambda}{2}, \quad k=1,2,3,\cdots \tag{17-2}$$

式中，$k=1,2,3,\cdots$ 分别叫作第 1 级明条纹、第 2 级明条纹、第 3 级明条纹……

衍射暗纹的条件为

$$a\sin\theta = \pm 2k\frac{\lambda}{2} = \pm k\lambda, \quad k=1,2,3,\cdots \tag{17-3}$$

式中，$k=1,2,3,\cdots$ 分别叫作第 1 级暗条纹、第 2 级暗条纹、第 3 级暗条纹……

式（17-2）和式（17-3）中的正负号表示条纹对称分布于中央明纹的两侧。将中央明纹两侧正负第 1 级暗纹中心之间的距离定义为中央明纹的宽度。

提醒注意：式（17-2）、式（17-3）与杨氏干涉条纹的明、暗条件在形式上相反，切勿混淆。

总之，单缝衍射条纹是在中央明纹两侧对称分布着明暗条纹的一组衍射图样。上述内容中已做分析了，明条纹的亮度将随 θ 的增大而下降，致使明暗条纹的分界越来越不明显，所以实验中一般只能看到中央明纹附近的若干条明、暗条纹。

由图 17-6 的几何关系可方便地求出条纹的宽度。通常在能观察清楚条纹的情况下，衍射角都比较小，可以认为 $\sin\theta \approx \tan\theta \approx \theta$，于是条纹在屏上距中心位置 O 的距离 $OP = x$ 可写为

$$x = f\tan\theta \approx f\theta \tag{17-4}$$

从式（17-4）与式（17-3）可得第 1 级暗纹距中心 O 的距离为

$$x_1 = f\tan\theta \approx f\sin\theta = f\frac{\lambda}{a}$$

所以中央明纹的宽度为

$$\Delta x = 2x_1 = 2f\frac{\lambda}{a} \tag{17-5}$$

其他任意相邻两暗纹中心间的距离（就是对应的两暗纹间的那级明纹宽度）为

$$\Delta x = x_{k+1} - x_k = f\frac{\lambda}{a} \tag{17-6}$$

综合上述得出结论：中央明纹以外的其他衍射明纹的宽度均相等，中央明纹的宽度为其他明纹宽度的两倍。在单缝衍射图样中，中央明纹既宽又亮，两侧的明纹则窄而暗，这和杨氏干涉图样中条纹呈等宽等亮的分布有明显不同。

思考：如果保持缝宽不变，将狭缝上下平移，衍射条纹是否有变化？

从以上各式中可知，条纹的宽度与狭缝宽度 a 成反比，当狭缝宽度 a 很小时，条纹图样较宽，光的衍射效应明显。当狭缝宽度 a 增大时，条纹图样变窄；当狭缝宽度 a 很宽时，各级衍射条纹都将往中央明纹靠拢而分辨不清，只能观察到一条亮纹，实际上，这条亮纹几乎就是线光源 S 通过透镜所成的几何光学的像，相应于从单缝射出的光是直线传播的平行光。由于几何光学是以光的直线传播为基础的理论，所以说几何光学是波动光学在 $\lambda/a \to 0$ 时的极限情形。对于透镜成像而言，仅当衍射不显著时，才能形成几何像。如果衍射不能忽略，则透镜所成的像将不是物的几何像，而是一个衍射图样。同样，如果透镜线度太小，所成的像也是失真的。

另外，当缝宽 a 一定时，由式（17-2）或式（17-3）可以看出，如果入射光的波长越长，相同级次对应的衍射角也越大。因此，若以白光入射，单缝衍射图样中除了中央明纹仍是白色外，其两侧则依次呈现为一系列由紫到红的彩色条纹，级次稍高点就模糊了。

这里需要说明的是，第 16 章我们讨论的是有关光的干涉，本章是分析光的衍射，而干涉和衍射实际上都是子波射线相干叠加的表现。那么，干涉和衍射有什么区别呢？从本质上而言确实无区别，只是习惯上总是把那些有限多（缝）（分立的）光束的相干叠加归入干涉，而将波阵面上（连续变化的）无穷多子波射线的相干叠加归结为衍射。这样一来，两者常常会出现于同一现象中。例如，双缝干涉的图样实际上是两缝发出的光束的干涉和每个缝自身发出的光的衍射的综合效果。下节讨论的光栅衍射就是多光束干涉和单缝衍射的综合效果。

单缝衍射的规律在技术中也有诸多应用，如可运用单缝衍射测量光波的波长，也可以进行微小线度的测定以及雷达监测，等等。

【例 17-1】 在一单缝夫琅禾费衍射实验中，缝宽 $a=5\lambda$，缝后透镜焦距 $f=40\mathrm{cm}$，试求第 1 级明纹和中央明纹的宽度。

【解】 由式（17-6）可得第 1 级和第 2 级暗纹中心间隔即第 1 级明纹的宽度为

$$\Delta x = x_2 - x_1 = f\frac{\lambda}{a} = f\frac{\lambda}{5\lambda} = \frac{40}{5}\mathrm{cm} = 8\mathrm{cm}$$

中央明纹的宽度为其他明纹宽度的 2 倍，即为 $2\Delta x = 16\mathrm{cm}$。

【例 17-2】 一单色平行光垂直入射一单缝，其衍射第 3 级明纹位置恰好与波长为 600nm 的单色平行光垂直入射该缝时的第 2 级明纹的位置重合，试求该单色光的波长。

【解】 设 λ_k 为 k 级明纹对应的单色平行入射光的波长，由式（17-2）可得

$$a\sin\theta_2 = \pm(2\times2+1)\frac{\lambda_2}{2} \quad (k = 2)$$

$$a\sin\theta_3 = \pm(2\times3+1)\frac{\lambda_3}{2} \quad (k = 3)$$

依题意有

$$\frac{5\lambda_2}{2} = \frac{7\lambda_3}{2}$$

得

$$\lambda_3 = \frac{5\lambda_2}{7} = \frac{5\times600}{7}\mathrm{nm} = 429\mathrm{nm}$$

【例 17-3】 如图 17-8 所示，一雷达位于路边 15m 处，它的射束与公路成 15°角。假如发射天线输出口的宽度为 0.10m，发射的微波波长为 18mm，则在它的监视范围内的公路长度大约为多少？

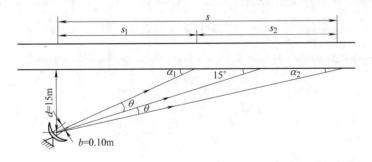

图 17-8 例 17-3 图

【解】 将雷达天线的输出口看成是单缝，它发出衍射波。由于雷达距离公路较远，故可按夫琅禾费衍射近似计算。因衍射波的能量主要集中在中央明纹的范围内，由此来估算出雷达在公路上的监视范围。由式（17-3）有

$$a\sin\theta = \lambda \quad (k=1)$$

上式中的 θ 对应于第 1 级暗纹的衍射角，可得

$$\theta = \arcsin\frac{\lambda}{a} = \arcsin\frac{18\times10^{-3}}{0.1} = 10.37°$$

如图监视范围内公路的长度为

$$s_2 = s - s_1 = d(\cot\alpha_2 - \cot\alpha_1)$$
$$= 15 \times [\cot(15° - 10.37°) - \cot(15° + 10.37°)] \text{ m}$$
$$= 153 \text{ m}$$

*17.2.2 单缝衍射图样的光强分布

下面利用旋转矢量法来讨论单缝衍射图样的光强分布。在第 13 章中,我们曾经将简谐运动用旋转矢量来表示。两个同方向、同频率的简谐运动的合成看成两个矢量叠加,并由平行四边形法则求出。而 N 个同方向、同频率的简谐运动的合成则可由 N 个矢量叠加而求得。如图 17-6 所示,平行光垂直透射到狭缝上,狭缝平面成为一波阵面。设狭缝面积被等分为 N 条等宽半波带(N 是很大的数),要求光强分布必须求出 N 条波带发出的子波射线在 P 点叠加的合振动的振幅。因为各条半波带是等宽的,且是连续变化的,所以可以认为每条波带发出的子波射线对应的振幅相等。而且,每相邻两条半波带间对应的位相差也相等。这样,对于 N 个同方向、同频率的简谐运动,设每条半波带对应的振幅都为 A_0,相邻半波带的相位差均为 $\Delta\varphi$,则合振动仍为简谐运动,由例 13-10 的结果,其合振幅为

$$A = A_0 \frac{\sin\left(N\frac{\Delta\varphi}{2}\right)}{\sin\frac{\Delta\varphi}{2}}$$

相邻两半波带对应点发出的子波射线传到 P 点时的光程差都是

$$\delta = \frac{a\sin\theta}{N}$$

其中,θ 为衍射角,对应的位相差为

$$\Delta\varphi = \frac{2\pi}{\lambda}\delta = \frac{2\pi}{\lambda}\frac{a}{N}\sin\theta$$

代入上式合振幅中得

$$A = A_0 \frac{\sin\left(\frac{N}{2}\frac{2\pi}{\lambda}\frac{a}{N}\sin\theta\right)}{\sin\left(\frac{1}{2}\frac{2\pi}{\lambda}\frac{a}{N}\sin\theta\right)}$$

上式中由于 N 很大,故可表示为

$$A = NA_0 \frac{\sin\left(\frac{\pi a}{\lambda}\sin\theta\right)}{\frac{a\pi}{\lambda}\sin\theta} \tag{17-7}$$

若令 $u = \frac{\pi a}{\lambda}\sin\theta$,则式(17-7)又可写为

$$A = NA_0 \frac{\sin u}{u}$$

光强与振幅的平方成正比,有

$$I = A^2 = (NA_0)^2 \frac{\sin^2 u}{u^2} = I_0 \frac{\sin^2 u}{u^2} \tag{17-8}$$

这就是单缝衍射光强 I 的分布函数。显然，对于在给定缝宽 a 和波长 λ 的情形下，光强 I 是衍射角 θ 的函数，其分布曲线如图 17-9 所示。

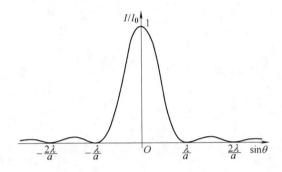

图 17-9　单缝衍射的光强分布曲线

式（17-8）中，$I_0 = (NA_0)^2$。由式（17-8）可决定衍射图样上最大与最小光强出现的方向。

当 $u = \pm k\pi$，即 $a\sin\theta = \pm k\lambda$（$k = 1, 2, 3, \cdots$）时，$I = 0$，光强为零，式（17-8）决定光强最小的方向；

当 $\theta = 0$，$\lim\limits_{u \to 0} \dfrac{\sin u}{u} = 1$，此时 $I = I_0 = (NA_0)^2$，整个衍射图样中光强最大，这是因为 N 个子波射线到达该点时光程相同，相位相同，所以振动最强；

其他明纹中心处，I 均为极大值，故可令 $\mathrm{d}I/\mathrm{d}u = 0$，可得 $u = \tan u$，此方程的解为

$$u = 0, \pm 1.43, \pm 2.459, \pm 3.471, \cdots$$

其中 $u = 0$ 就是上式的中央明纹，其他的 u 值对应于

$$a\sin\theta = \pm 1.43\lambda, \pm 2.459\lambda, \pm 3.471\lambda, \cdots$$

这与菲涅耳的半波带法得出的各级明纹的条件

$$a\sin\theta = \pm(2k+1)\lambda/2 = \pm 1.5\lambda, \pm 2.5\lambda, \pm 3.5\lambda, \cdots$$

很接近，表明菲涅耳的半波带法是很好的近似方法。

17.3　圆孔衍射　光学仪器的分辨率

圆孔衍射　光学
仪器的分辨率

17.3.1　圆孔衍射

上节讨论的是狭缝衍射的现象。而在实际应用中，光学仪器所采用透镜的边缘大多是圆形的，而且大多是通过平行光或近似平行光成像的，所以夫琅禾费圆孔衍射具有重要的意义。若在单缝衍射的装置中用圆孔代替狭缝，前面也已经说明，光通过小圆孔时，同样也会产生衍射现象，如图 17-10 所示。当单色平行光垂直照射小圆孔时，在透镜 L 的焦平面处，屏幕 P 上将出现中央为亮圆斑，周围为明、暗交替的环形的衍射图样。中央光斑较亮，叫作艾里（Airy）斑。如图 17-11 所示，若艾里斑的直径为 d，透镜的焦距为 f，圆孔直径为

D，单色光波长为 λ，设艾里斑对透镜光心的张角为 2θ，则由理论计算可得 θ 与圆孔直径 D、单色光波长 λ 有如下关系：

$$\theta = 1.22\frac{\lambda}{D} \tag{17-9}$$

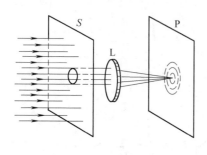

图 17-10　圆孔衍射

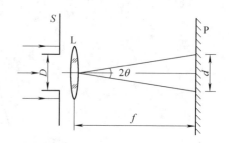

图 17-11　艾里斑的直径为
d 对透镜光心的张角

17.3.2　光学仪器的分辨率

利用光学仪器观察线度微小的物体时，不仅要求光学仪器有一定的放大倍数，还要有足够的分辨本领，才能清晰地观察线度微小的物体。光学仪器中的透镜、光阑等都相当于一个个透光的小圆孔，例如眼睛的瞳孔及望远镜、显微镜、照相机等的物镜，在成像过程中都是一些衍射孔。从几何光学的观点来说，物体通过光学仪器成像时，每一个物点就有一个对应的像点，但由于光的衍射，像点已不是一个几何的点，而是有一定大小的艾里亮斑。对相距很近的两个物点，其相对应的两个艾里斑就会互相重叠甚至无法分辨出两个物点的像。可见，从波动光学角度来看，即使是没有任何像差的理想成像系统，由于光的衍射，也会使光学仪器的分辨能力受到限制。

那么，光学仪器的分辨本领与哪些因素有关呢？对应怎样的情形才认为可以被分辨？瑞利提出了一个标准，称为瑞利判据。瑞利判据的意思是，对于两个强度相等的不相干的点光源（物点），如果其中一个点光源衍射图样的主极大刚好和另一个点光源衍射图样的第 1 个极小相重合，则两个点光源（物点）恰好被这个光学仪器所分辨，如图 17-12 所示。

以透镜 L 作为光学仪器，恰好能分辨时，两物点对透镜的张角称为最小分辨角，用 θ_0 表示（见图 17-12）。透镜的最小分辨角也叫角分辨率，将它的倒数称为透镜的分辨率。

对直径为 D 的圆孔的夫琅禾费衍射而言，中央衍射斑的角半径为衍射斑的中心到第 1 个极小的角距离。根据瑞利判据，

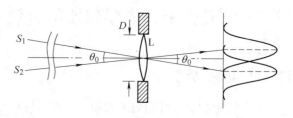

图 17-12　透镜最小分辨角

当两个衍射斑的角距离等于衍射斑的角半径时，两个相应的物点恰能分辨，所以角分辨率 θ_0 与图 17-11 中的 θ 相同，即相应的分辨率为

$$R = \frac{1}{\theta_0} = \frac{D}{1.22\lambda} \tag{17-10}$$

图 17-13 可以说明光学仪器的分辨率。在图 17-13a 中，两点光源 S_1 与 S_2 相距较远，两个艾里斑中心的距离大于艾里斑的半径 $d/2$，这时，两衍射图样虽然部分重叠，但重叠部分的光强较艾里斑中心处的光强要小，因此，两物点的像是能够被分辨的。

在图 17-13b 中，两点光源 S_1 与 S_2 相距恰好使两个艾里斑的中心距离等于一个艾里斑的半径，根据瑞利判据，此时恰能分辨。

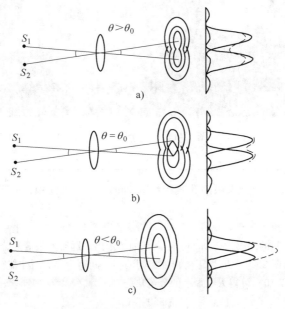

图 17-13 光学仪器的分辨率
a）能分辨 b）恰能分辨 c）不能分辨

而在图 17-13c 中，两点光源 S_1 与 S_2 相距很近，两个艾里斑的中心距离小于一个艾里斑的半径，此时两个衍射图样重叠，两物点就不能被分辨了。

式（17-10）表明，分辨率的大小与仪器的孔径 D 和光波波长有关。因此，大口径的物镜对提高仪器的分辨率有利。1990 年发射的哈勃太空望远镜（见图 17-14）其凹面物镜的直径为 2.4m，角分辨率约为 0.1″〔（角）秒〕，在大气层外 615km 的高空绕地球运行。它采用计算机图像处理技术，把图像资料传回地球。它可观察 130 亿光年远的太空深处，已经发现了 500 亿个星系。但这也不能满足科学家的期望，目前科学家们正在设计制造凹面物镜的直径大得多的太空望远镜，用以取代哈勃太空望远镜，期望能观察到"大爆炸"开端的宇宙实体。

对于显微镜，要提高其分辨率，可以采用极短波长的光照射。在可见光的范围内，对光学显微镜而言，使用 $\lambda = 400nm$ 的紫光照射物体来进行显微观察，最小分辨距离约为 200nm，最大放大倍数约为 2 000，这已是光学显微镜的极限。因为电子具有波动性（可参看有关量子物理书籍），当加速电压为几十万伏时，电子的波长可以实现至约 $10^{-1}nm$，所以电子显微镜可获得很高的分辨率。在现代技术中，电子显微镜已成为研究微观粒子结构的重要仪器。

图 17-14 哈勃太空望远镜

【例 17-4】 在通常亮度下，人眼瞳孔直径约为 3mm，在可见光中，人眼最灵敏的黄绿光波长为 550nm，问

(1) 人眼的最小分辨角多大?

(2) 远处两根细丝之间的距离为 2.0mm，问人与细丝距离多远时人眼恰能分辨?

(3) 若物体放在距人眼 25cm（明视距离）处，则两物点间距为多大时才能被分辨?

【解】 (1) 由式（17-10）可得人眼最小的分辨角为

$$\theta_0 = 1.22\frac{\lambda}{D} = 1.22\frac{550\times10^{-9}}{3\times10^{-3}}\text{rad} = 2.2\times10^{-4}\text{rad}$$

(2) 设细丝间的距离为 Δs，人与细丝间相距 L，两细丝对人眼的张角为 θ，恰能分辨时 $\theta=\theta_0$，因 θ 很小，有

$$\theta=\theta_0=\frac{\Delta s}{L}$$

于是得

$$L=\frac{\Delta s}{\theta_0}=\frac{2.0\times10^{-3}}{2.2\times10^{-4}}\text{m}=9.1\text{m}$$

若超过这个距离，则人眼不能分辨。

(3) 设两物点间距离为 d，它们与人眼的距离 $l=25\text{cm}$ 时，此时恰好能被分辨，故有

$$d=l\theta_0=25\times2.2\times10^{-4}\text{cm}=0.055\text{mm}$$

两物点间的距离大于这个数值时才能清楚分辨。

【例 17-5】 毫米波雷达发出的波束比常用的雷达波束窄，这使得毫米波雷达不易受到反雷达导弹的袭击。(1) 有一毫米波雷达，其圆形天线直径为 55cm，发射频率为 220GHz 的毫米波，试计算其波束的角宽度；(2) 将此结果与普通船用厘米波雷达发射的波束的角宽度进行比较，设船用雷达波长为 1.57cm，圆形天线直径为 2.33m。

【解】 (1) 雷达发射的波是由圆形天线发射出去的，可以看成是圆孔的衍射波，其能量主要集中在艾里斑的范围内，故雷达波束的角宽度就是艾里斑的角宽度。频率为 220GHz 的雷达波的波长为

$$\lambda_1 = \frac{c}{\nu} = \frac{3 \times 10^8}{220 \times 10^9} \text{m} = 1.36 \times 10^{-3} \text{m}$$

对应的艾里斑的角宽度为

$$\theta_1 = 2.44 \frac{\lambda_1}{D_1} = 2.44 \times \frac{1.36 \times 10^{-3}}{55 \times 10^{-2}} \text{rad} = 0.006\ 03 \text{rad}$$

（2）同理，可算出船用雷达波束的角宽度为

$$\theta_2 = 2.44 \frac{\lambda_2}{D_2} = 2.44 \times \frac{1.57 \times 10^{-2}}{2.33} \text{rad} = 0.016\ 4 \text{rad}$$

对比上面计算结果可知，尽管毫米波雷达天线直径较小，但其发射的波束角宽度仍然小于厘米波雷达波束的角宽度，原因就是毫米波的波长较短。

实际中大气对雷达波有吸收作用，且吸收的能量随波长的不同而不同。对于频率为 220GHz 的毫米波，大气的吸收较少，故毫米波雷达常选用这一频率为发射频率。

17.4 光栅衍射

光栅衍射

17.4.1 光栅

广义地说，具有周期性的空间结构或光学性能（如透射率、折射率）的衍射阑统称为光栅。例如，由许多等宽的狭缝等间距地排列起来形成的光学元件就是光栅。在一块很平的玻璃上用金刚石刀尖或电子束刻出一系列等宽等距的平行刻痕，刻痕处因漫反射而不大透光，就成为不透光部分，未刻过的部分是透光的狭缝，这样就做成了透射光栅，如图 17-15a 所示。在表面粗糙度值很小的金属表面上刻出一系列等间距的平行细槽，就做成了反射光栅，如图 17-15b 所示。更简易的光栅可用照相的方法制造，印有一系列平行而且等间距的黑色条纹的照相底片就是透射光栅。光栅的衍射场明显地表现出多光束干涉的基本特征。利用光栅可以进行光谱分析和物质结构分析。光栅是光学中很重要的器件，对现代科技有着重要的作用。

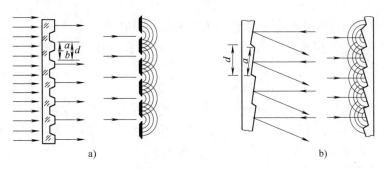

图 17-15　光栅
a）透射光栅　b）反射光栅

在一些实用光栅中，每毫米内有几十条、上千条甚至几万条刻痕。一块 100mm×100mm 的光栅上可能刻有 $10^4 \sim 10^5$ 条刻痕，显然这在工艺上要求非常精密，故原刻光栅是非常贵

重的。

通常设光栅的每一条透光部分宽度为 a，不透光部分宽度为 b（见图 17-15），$a+b=d$。d 叫作光栅常量。

光照射光栅后的强度如何分布呢？光栅有许多狭缝，各个狭缝发出的光与双缝干涉一样将发生干涉。在 17.2 节中我们讲了单缝衍射的规律，所以每个狭缝发出的子波射线会产生衍射。光通过光栅后的光强分布正是由各缝之间的干涉和每缝的衍射决定的。下面分析光栅衍射现象和衍射规律。

17.4.2 光栅衍射条纹的形成

1. 光栅各个狭缝发出光束的干涉

（1）主极大明纹 以 N 表示光栅 G 的总缝数，并设平面单色光波垂直入射到光栅表面上。这时，可以认为各缝共形成 N 个间距都是 d 的同相的子波波源，它们沿每个方向都发出频率相同、振幅相同的子波射线，且相邻两缝间对应点的子波射线间的相位差都是相等且恒定的。对应衍射角为 θ 的一组平行光，如图 17-16 所示，经过透镜 L 会聚在屏上 P 点，形成多光束干涉。不同衍射角的各组平行光会聚在屏上的不同点，就形成干涉条纹，如图 17-17 所示。

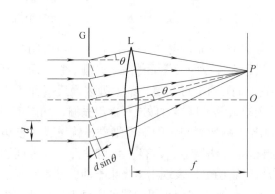

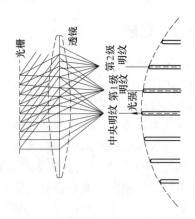

图 17-16　衍射角为 θ 的平行光的干涉　　图 17-17　三组不同衍射角的平行光的干涉

现在分析任意一组衍射角为 θ 的平行光（见图 17-16），光栅上从上到下，相邻两缝发出的光到达 P 点时的光程差都是相等的。由图 17-16 可知，这一光程差为 $d\sin\theta$。所以，形成明纹的条件是

$$d\sin\theta = \pm k\lambda, \ k = 0,1,2,\cdots \qquad (17\text{-}11)$$

就是说，当满足式（17-11）时，所有缝发出的光到达 P 点时都将是同相的，它们的干涉是相长干涉，从而在 θ 方向形成明条纹。和这些明条纹相应的光强的极大值叫**主极大**，式（17-11）是决定主极大位置的方程，叫作光栅方程。

如果将 N 个缝发出的光束当作 N 个光矢量，满足光栅方程的干涉主极大对应的 N 个光矢量相位都相同，即相邻两光矢量的光程差等于波长的整数倍，将出现明纹。此时，相当于 N 个方向相同矢量的叠加，合矢量的值为各分矢量值的代数和，即 P 点的合振幅 A 为来自一条缝的光的振幅 A_0 的 N 倍，即 $A=NA_0$。图 17-18a 是 $N=6$ 的光栅主极大的叠加情况，此情况对应的相邻两光矢量的相位差 $\Delta\varphi=0,2\pi,4\pi,\cdots$，而光强与振幅的平方成正比，所以主极

大的光强是一条狭缝光强的 N^2 倍，这就是说，光栅多光束形成的条纹的亮度要比单缝发出的光的亮度高得多。

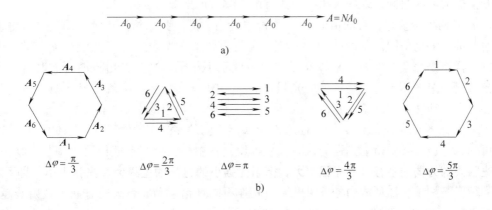

图 17-18

a) $N=6$ 的光栅主极大的叠加情况 b) $N=6$ 的光栅光矢量叠加相消情况

（2）暗纹和次明纹 双缝干涉相消的条件是两光矢量间的相位差为 π。而 N 个光矢量干涉相消，对应的情况如何呢？两主极大之间暗纹的情况又如何呢？下面我们还用振幅矢量法来分析。如果光栅上各条狭缝在衍射角 θ 方向上的衍射光相互干涉后完全相消，即 N 个光矢量叠加相消，就会出现光栅衍射的暗纹。N 个狭缝的光振动的 N 个光矢量叠加后完全相消，从矢量合成为零的角度来说，这意味着 N 个光矢量必须构成封闭多边形。现在我们用一个实例来说明并给予总结，仍以 $N=6$ 的光栅为例，图 17-18b 列出了 6 个光矢量叠加相消的所有情况。

由图 17-18b 看出，若相邻两光矢量振动的相位差 $\Delta\varphi = \pi/3$、$2\pi/3$、π、$4\pi/3$、$5\pi/3$（在 0 至 2π 之间），其合振幅均为零。所以，归结为一般情况，当相邻两光矢量间（光束间）的相位差满足

$$\frac{2\pi}{\lambda}d\sin\theta = k'\frac{\pi}{3}, \quad k' = 1,2,3,4,5$$

即

$$d\sin\theta = k'\frac{\lambda}{6}, \quad k' = 1,2,3,4,5$$

时出现暗纹。推广到 N 个狭缝的情况，产生暗纹的条件为

$$d\sin\theta = k'\frac{\lambda}{N}, \quad k' = 1,2,3,\cdots,(N-1) \tag{17-12}$$

其实，上面仅分析了 θ 在 0 至 2π 之间可能出现暗纹的情况，而在（$\pm 2\pi \sim \pm 4\pi$）、（$\pm 4\pi \sim \pm 6\pi$）等之间也能出现暗纹，还有，式（17-12）中 k′ 取值应去掉 $k' = kN$ 的情况，因为这属于出现主极大明纹的情况，所以 k′ 应取如下数值：

$$k' = \pm 1, \pm 2, \cdots, \pm(N-1); \pm(N+1), \pm(N+2), \cdots, \pm(2N-1); \pm(2N+1), \cdots$$

可见，在两个相邻的主极大明纹之间有 N−1 条暗纹。

既然在相邻两主明纹之间有 N−1 条暗纹，那么在两暗纹之间一定还存在一些明纹，之所以产生这些光强不为零区域是因为从各缝发射出来的光叠加时总有许多缝的光干涉相消，

剩余的光强比主极大光强要小很多。就是说，这些地方虽然光振动没有全部抵消，却是部分抵消。计算表明，这些明纹的强度仅为主极大明纹强度的4%左右，所以称为**次明纹**或**次极大**。两主极大明纹之间出现的次明纹的数目由暗纹数可推知为 $N-2$ 条。

（3）光栅各个狭缝自身的衍射　在分析单缝衍射后，我们给过思考，结论是单缝上下平移时，屏上的衍射图样是不动的。因此，实验中如果让光栅中的 N 条缝轮流开放，屏上获得的图样将是完全一样的。假如 N 条狭缝彼此互不相干，当 N 个缝同时开放时，屏上的图样分布仍与单缝相同，只是各处的光强增大了 N 倍。实际上，N 条狭缝是相干的（各缝间的多光束干涉在上面已叙述），因此，屏上实际的图样与单缝大不相同。

（4）光栅的光强分布曲线　综合这 N 个狭缝之间的多光束干涉和 N 个狭缝自身的衍射结果可知，主极大要受衍射光强的影响，或者说，各主极大要被单缝衍射所调制。结果是，衍射光强大的方向的主极大其光强也大，衍射光强小的方向的主极大其光强也小，即不同 θ 方向的衍射光相干叠加形成的各级主极大的光强不同（衍射角 θ 越大的方向子波射线越弱，这在惠更斯-菲涅耳原理中也已指出）。图17-19给出了 $N=5$ 时光栅衍射图样的光强分布图，其中，上方图给出了互不相干的5个狭缝衍射图样的光强分布（图样与图17-9单缝图样类似）；中间图给出的是相干的5个狭缝干涉图样的光强分布；综合上面两图，下方图是5个狭缝对应的5个相干光束干涉和5个互不相干的单缝衍射共同决定的光栅衍射的总光强。

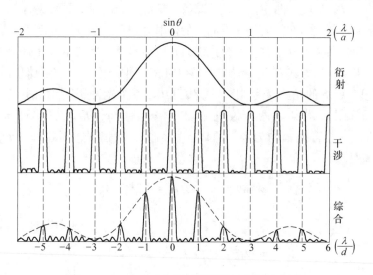

图17-19　$N=5$ 时光栅衍射图样的光强分布图

光栅的缝很多（N 很大）还有一个明显的效果：使主极大明条纹变得很窄、很亮。这一现象说明如下：以0级主极大明条纹为例，它出现在 $\theta=0$ 处。在稍稍偏过一点的 θ' 方向上，如果光栅的最上一条缝和最下一条缝发出的光的光程差等于波长 λ，即

$$Nd\sin\theta' = \lambda$$

此时，θ' 的位置就是1级暗纹的中心位置。与单缝衍射的半波带法类似，可以将 N 个缝发出的 N 个光束分成两个半波带，则光栅上下两半宽度内相应点的光束到达屏上都是反相的，它们都将干涉相消以至于总光强为零。这时，对应的 θ' 只能是非常小，所以，由上式可得 $\theta' \approx \lambda/Nd$，由它所限制的0级主极大明条纹的角宽度将是 $2\theta' = 2\lambda/Nd$，可看出是随 N 的增

大而减小。另一方面，由光栅方程（17-11）求得 0 级主极大明条纹到第 1 级明条纹的角距离为 $\theta_1 > \sin\theta_1 = \lambda/d$，比较 θ_1 与 θ'，θ_1 要比 $2\theta'$ 的 $N/2$ 倍还大。由此可得出：由于 N 很大，所以 0 级主极大明条纹宽度要比它和第 1 级明条纹的间距小得多。对其他级主极大明条纹的分析结果也一样，所有主极大明条纹的宽度比它们的间距小得多。

综上所述，如果光栅的缝数 N 很大，其结果是在两相邻主极大明纹之间布满了暗纹和光强极弱的次明纹。因此，在主极大明纹之间实际上是一暗区，明纹分得很开且很细，由于光强集中在窄小的区域内，条纹变得很亮。所以光栅衍射图样的特点是：在黑暗的背景上呈现一系列分得很开的细窄亮线。

图 17-20 是两张光栅衍射图样的照片。虽然所用光栅的缝数不多，但其明条纹的特征已显示得很明显了。

图 17-20　光栅的衍射图样

a) $N=5$　b) $N=6$

（5）缺级现象和缺级条件　从上述分析中已经清楚，实际上，光栅衍射条纹就是由 N 个狭缝的衍射光相互干涉形成的。那么，在衍射角 θ 方向上将同时是每个缝自身的衍射光，N 个光束相互干涉的合效应实际上就是，即使 θ 方向满足了光栅方程使干涉结果为一主极大明纹，但若该 θ 方向恰好又符合单缝衍射相消的式（17-3），结果就只能是暗纹了。这是因为，在此方向上根本没有衍射光到达，对应这一级的主极大明纹不会出现，此现象称为**缺级现象**。所以，缺级的条件是同时满足以下两方程：

$$d\sin\theta = (a+b)\sin\theta = \pm k\lambda, \ k=0,1,2,\cdots \quad （干涉相长）$$

$$a\sin\theta = \pm 2k'\frac{\lambda}{2} = \pm k'\lambda, \ k'=1,2,3,\cdots \quad （衍射相消）$$

两式相除得

$$\frac{a+b}{a} = \frac{d}{a} = \frac{k}{k'}$$

即

$$k = k'\frac{a+b}{a} = k'\frac{d}{a} \tag{17-13}$$

将式（17-13）称为光栅缺级条件式。由式（17-13）可知，如果 k' 与光栅常量 d 的乘积 $k'd$ 与缝宽 a 构成整数比，就会发生缺级现象（k' 为衍射暗纹的级次，k 为衍射主极大的级次）。例如 $d/a=3$，即在 $k=\pm3,\pm6,\pm9,\cdots$ 等这些主极大明纹应该出现的地方，实际都观察不到它们。例如从图 17-19 与图 17-21 都可看出 $N=5$、$d/a=3$ 光栅的缺级现象，图中主极大 $k=\pm3$、±6 级对应的光强为零，没有条纹出现，即缺级。

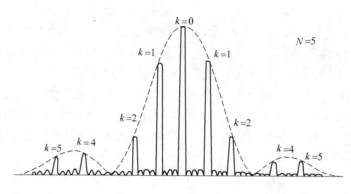

图 17-21 光栅的缺级现象

【例 17-6】 在一次双缝实验中，光源的波长为 405nm，两缝间距离 d 为 19.44μm，缝宽 a 为 4.050μm。考虑来自两条缝的光的干涉，也考虑通过一条缝的光的衍射，在衍射包络线的中央峰内有几条干涉条纹?

【解】 单缝衍射中央峰的边界是每个缝单独形成的衍射图样的第一极小，即

$$a\sin\theta = \lambda$$

双缝干涉主极大满足光栅方程，即

$$d\sin\theta = k\lambda$$

考虑把双缝干涉主极下放入单缝衍射中央峰内，得

$$k = \frac{d}{a} = \frac{19.44}{4.05} = 4.8$$

上面结果表明：单缝衍射图样的中央峰内有 $k=0$、1、2、3、4 的主极大，这样对称算来，中央峰内应有 9 条干涉条纹。

思考：若夫琅禾费衍射的中央极大包络线内恰好有 13 条干涉明纹，两缝间距离 d 与缝宽 a 应有何关系?

【例 17-7】 有一四缝光栅，如图 17-22 所示。缝宽为 a，光栅常量 $d=2a$。其中 1 缝总是开的，而 2、3、4 缝可以开也可以关闭，波长为 λ 的单色平行光垂直入射光栅。在下列条件下：（1）关闭 3、4 缝；（2）关闭 2、4 缝；（3）4 条缝全开，试画出夫琅禾费衍射的相对光强分布曲线 I/I_0-$\sin\theta$ 示意图。

【解】 （1）关闭 3、4 缝时，四缝光栅变为双缝，且 $d/a=2$，±2 级缺，所以在中央极大包络线内可观察到级次为 0、±1 级共 3 条谱线。

（2）关闭 2、4 缝时，仍为双缝，但光栅常数 d 变为 $4a$，$d/a=4$，所以在中央极大包络线内可观察到级次为 0、±1、±2、±3 级共 7 条谱线。

（3）4 条缝全开时，$d/a=2$，所以在中央极大包络线内可观察到级次为 0、±1 级共 3 条谱线。与（1）不同的是，主极大明纹的宽度和相邻两主极大之间的光强分布不同。

上述三种情况下光栅衍射的相对光强分别如图 17-23a、b、c 所示，注意三种情况下都有缺级现象。

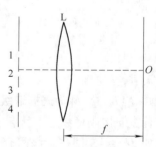

图 17-22 例 17-7 图

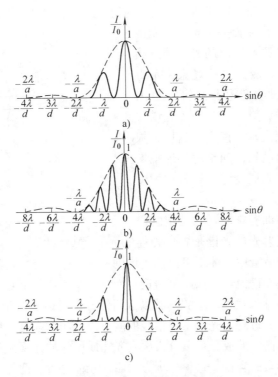

图 17-23 相对光强分布

a）关闭 3、4 缝，$N=2$ b）关闭 2、4 缝，$N=2$ c）4 缝全开，$N=4$

17.4.3 衍射光谱

单色光经过光栅衍射后形成各级既细又亮的明纹，从而可以精确地测定其波长。如果用白光照射到光栅上，由光栅方程可知，在光栅常量 d 一定时，主极大明纹衍射角 θ 的大小和入射光的波长有关。各种波长的单色光将产生各自的衍射条纹，除中央明纹由各色光混合仍为白光外，其两侧将按波长由短到长的次序自中央向外侧依次分开排列，干涉图样中，每级次都有这样的一组谱线（当然，级次稍高些的条纹将会发生重叠以致模糊不清），即其两侧的各级明纹都由紫到红对称排列着，这些彩色光带叫作衍射光谱，如图 17-24 所示。由于波长短的光的衍射角小，波长长的光的衍射角大，所以紫光（图中以 V 表示）靠近中央明纹，红光（图中以 R 表示）远离中央明纹。从图中还可以看出，第 2 级与第 3 级光谱中有部分谱线是彼此重叠的。

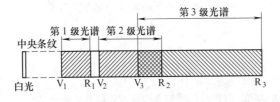

图 17-24 衍射光谱

衍射光栅广泛应用于确定从灯到恒星范围内的光源发出的光的波长。

观察光栅光谱的实验装置——光栅分光镜如图 17-25 所示。从光源 S 发出的光，经过狭缝 S_1 进入平行光管 C 后成为平行光束，垂直入射到光栅 G 上，通过改变望远镜的角度 θ，可以观察全部衍射图样。对应于某一级光谱线的 θ 角可以精确地在刻度盘上读出。这样，根据光栅方程就可以算出波长。如果把望远镜换成照相机，就可以摄取光栅光谱，这就成为光栅摄谱仪。

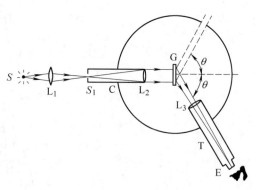

图 17-25　光栅分光镜

各种元素或化合物都有它们自己特定的谱线。例如，炽热固体发射光的光谱是各色光连成一片的连续光谱；放电管中气体所发出的光谱则是由一些具有特定波长的分立的明线构成的线状光谱；也有一些光谱由若干条明带组成，而每一明带实际上是一些密集的谱线，这类光谱叫带状光谱，是由分子发光产生的，所以也叫作分子光谱。由于不同元素（或化合物）各有自己特定的光谱，通过测定光谱中各谱线的波长以及相对强度，就可以确定该物质的成分及其含量。所以，由谱线的成分可以分析出发光物质所含的元素或化合物，还可以从谱线的强度定量地分析出元素的含量，这种分析方法叫作光谱分析。此外，还可以运用光栅衍射原理和信号转换技术制成光栅秤、光栅信号显微镜等，这在科学研究和工程技术上都有着广泛的应用。

【例 17-8】 在白光垂直照射下，利用光栅可以产生多少完整的光谱？问哪一级光谱中的哪种波长的光开始与其他谱线重叠？

【解】 可见光中波长最短的是紫光，紫光的波长 $\lambda_z = 400\text{nm}$，波长最长的是红光，红光的波长 $\lambda_h = 760\text{nm}$。按光栅方程 $d\sin\theta = k\lambda$，对第 k 级光谱，最先重叠的谱线是紫光的第 $k+1$ 级与红光的第 k 级。要产生完整的光谱，即要求紫光的第 $k+1$ 级对应的衍射角要大于与红光的第 k 级对应的衍射角，由

$$d\sin\theta_k = k\lambda_h$$
$$d\sin\theta_{k+1} = (k+1)\lambda_z$$

即

$$(k+1)\lambda_z > k\lambda_h$$
$$(k+1)400 > 760k$$

可知，只有 $k=1$ 才满足上式，所以只能产生一个完整的可见光谱，而第 2 级和第 3 级光谱即有重叠现象出现。

设第 2 级光谱中波长为 λ 的光与第 3 级的紫光谱线开始重叠，即

$$(k+1)\lambda_z = k\lambda$$

将 $k=2$ 代入得

$$\lambda = \frac{3}{2}\lambda_z = 1.5 \times 400\text{nm} = 600\text{nm}$$

即波长大于等于 600nm 的光的第 2 级谱线都与第 3 级短波长的紫光重叠了。

【例 17-9】 已知平面透射光栅常量 $d=6.328\times10^{-3}$ mm，若以波长 $\lambda=632.8$ nm 的氦氖激光垂直入射在这个光栅上，发现第 4 级缺级。凸透镜的焦距为 1.5m。试求：

（1）屏上第 1 级亮条纹与第 2 级亮条纹的距离；

（2）屏幕上所呈现的全部亮条纹数。

【解】　（1）依题意由光栅方程可得

$$\begin{cases} d\sin\theta_1 = \lambda \\ d\sin\theta_2 = 2\lambda \end{cases} \quad 即 \quad \begin{cases} \sin\theta_1 = \lambda/d \\ \sin\theta_2 = 2\lambda/d \end{cases}$$

若凸透镜的焦距为 f，则第 1 级亮条纹与第 2 级亮条纹距中央亮条纹的线距离分别为

$$x_1 = f\tan\theta_1,\ x_2 = f\tan\theta_2$$

因为 $\dfrac{\lambda}{d}=0.1$，较小，所以 θ 也比较小，近似取 $\tan\theta_1 \approx \sin\theta_1$，$\tan\theta_2 \approx \sin\theta_2$，则

$$x_1 = f\frac{\lambda}{d},\ x_2 = f\frac{2\lambda}{d}$$

在屏幕上第 1 级与第 2 级亮条纹的间距近似为

$$\Delta x = f\frac{2\lambda}{d} - f\frac{\lambda}{d} = f\frac{\lambda}{d} = \frac{632.8\times10^{-6}}{6.328\times10^{-3}}\times1\,500\text{mm} = 150\text{mm} = 15\text{cm}$$

（2）由光栅方程可得

$$k = \frac{d\sin\theta}{\lambda},\ k_{max} = \frac{d\sin90°}{\lambda} = \frac{d}{\lambda} = \frac{6.328\times10^{-3}}{632.8\times10^{-6}} = 10$$

考虑到 $k=\pm4$、±8 缺级，$k=10$ 正好在 90° 方向上，无法观察到，则屏幕上呈现的全部亮条纹数为

$$2\times(9-2)+1 = 15$$

17.5　X 射线衍射

1895 年伦琴发现，受高速电子撞击的金属会发射出射线，这种射线人眼看不见，具有很强的穿透能力，在当时是前所未知的一种射线，故称为 **X 射线**（又称伦琴射线）。由于 X 射线的发现具有重大的理论意义和实用价值，伦琴于 1901 年获得了首届诺贝尔物理学奖。

图 17-26a 所示为 X 射线管的结构原理图，G 为真空玻璃泡，管内密封着阴极 K 和阳极 P，由电源 E_1 对 K 供电，使之发出电子流，这些电子在高压电源 E_2 的强电场作用下，高速撞击阳极 P（金属靶），从而产生出 X 射线。阳极中有冷却液，以带走电子撞击所产生的热量。图 17-26b 是 X 射线管实物图。

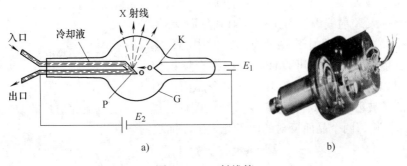

图 17-26　X 射线管

实验表明，X 射线在磁场或电场中仍沿直线前进，这说明 X 射线是不带电粒子流。人们后来认识到，X 射线是一种波长很短（频率很高）的电磁波，波长在 0.01～10nm 之间，大约等于原子的直径。

既然 X 射线是一种电磁波，它也会有干涉和衍射现象。但是，由于 X 射线波长太短，用普通光栅观察不到 X 射线的衍射现象，而且也无法用机械方法制造出适用于 X 射线的光栅。德国物理学家劳厄于 1912 年提出，晶体的晶格在三维空间里有周期性的结构，它对于波长较短的 X 射线来说，应该是一个理想的三维光栅（前面我们所讨论的光栅都是一维的，即衍射阑的结构只在空间的一个方向上有周期。除了一维光栅外，还可以有二维光栅、三维光栅）。劳厄进行了实验，第一次圆满地获得了 X 射线的衍射图样（劳厄发现了 X 射线的衍射效应，也于 1914 年获得了诺贝尔物理学奖），从而证实了 X 射线的波动性。劳厄实验装置简图如图 17-27a 所示，PP′为铅板，铅板上有一小孔，X 射线由小孔通过，C 为晶体，E 为照相底片。一束具有连续波长的 X 射线穿过铅板上的小孔射到一单晶片上，衍射的 X 射线使照相底片感光。结果发现，在照相底片上形成按一定规则分布的许多斑点，图 17-27b 是 X 射线通过 NaCl 晶体后投射到底片上形成的衍射斑，称为**劳厄斑**。对劳厄斑的定量研究涉及空间光栅的衍射原理，这里不做介绍。

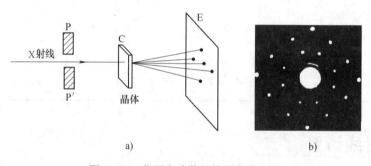

图 17-27 劳厄实验装置简图和劳厄斑

1913 年，布拉格父子提出了一种解释 X 射线衍射的方法，并做了定量的计算（他们也因此获得 1915 年的诺贝尔物理学奖）。他们把晶体看成是由一系列彼此相互平行的原子层（晶面）所组成的，各晶面间距离用 d 表示，如图 17-28 所示。小圆点表示晶体点阵中的原子（或离子），当 X 射线照射到它们时，按照惠更斯-菲涅耳原理，这些原子就成为波源，向各方向发出子波射线，也可以说入射波被原子散射了。例如，当一束 X 射线以掠射角 φ 入射到晶面上时，晶体中每一个微粒都是发射子波射线的衍射中心，它向各个方向发射子波射线。可以证明，在符合反射定律的方向上可以得到强度最大的射线，各个晶面上衍

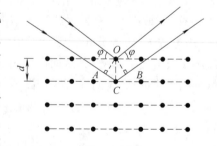

图 17-28 导出布拉格公式图示

射中心发出的子波射线相干叠加，就形成衍射图样，这一强度也随掠射角的改变而改变。由图 17-28 可知，相邻两个晶面反射的两条光线干涉加强的条件为

$$2d\sin\varphi = k\lambda, \quad k = 1, 2, 3, \cdots \tag{17-14}$$

此式称为**布拉格公式**。

在图 17-28 中，由于晶体的空间点阵排列规则，当 X 射线从不同的方向照射晶体时，从不同方向看去，可以看到晶粒将形成取向不相同、间距也各不相同的许多晶面族。当 X 射线入射到晶体表面上时，对于不同的晶面族，掠射角 φ 不同，晶面间距 d 也不同。凡是满足式（17-14）条件的，都能在相应的反射方向得到加强。因此，在科学技术中可以由此原理探测物质的内部结构。

布拉格公式是 X 射线衍射的基本规律，它的应用是多方面的。若由别的方法测出了晶面间距 d，就可以根据 X 射线衍射实验由掠射角 φ 算出入射 X 射线的波长，从而研究 X 射线谱，进而研究原子结构。反之，若用已知波长的 X 射线投射到某种晶体的晶面上，由出现最大强度的掠射角 φ 可以算出相应的晶面间距 d，从而研究晶体结构和材料性能。这些研究在科学和工程技术上都是很重要的。例如，利用对大生物分子 DNA 晶体的成千张 X 射线衍射照片，可以分析显示出 DNA 分子的双螺旋结构，如图 17-29 所示，从而使生物科学的研究产生了重大突破。

图 17-29　DNA 分子双螺旋结构

【例 17-10】　以铜为阳极靶材料的 X 射线管发出的 X 射线主要是波长 $\lambda_1 \approx 0.15$nm 的特征谱线。当它以掠射角 $\varphi_1 = 11°15'$ 照射某一组晶面时，在反射方向上测得一级衍射极大，求该组晶面的间距。若用以钨为阳极靶材料的 X 射线管所发出的、波长连续的 X 射线照射该组晶面，在 $\varphi_2 = 36°$ 的方向上可测得什么波长的 X 射线的一级衍射极大值？

【解】　由布拉格公式

$$2d\sin\varphi_1 = \lambda_1$$

得晶面间距为

$$d = \frac{\lambda_1}{2\sin\varphi_1} = \frac{0.15}{2\times\sin 11°15'}\text{nm} = 0.38\text{nm}$$

若以连续波长的 X 射线入射，令

$$2d\sin\varphi_2 = \lambda_2$$

$$\lambda_2 = 2\times 0.38\times\sin 36°\text{nm} = 0.45\text{nm}$$

X 射线技术已成为人们认识微观世界的有利工具，它带动自然科学中的许多其他学科，推动科学进步。它不仅为表面、高密度等离子体等提供高空间、时间分辨的精密诊断手段，也在医学、生物科学、生物育种等方面有极大的贡献。特别是 X 射线的波长达 2.3~4.5nm 波段是活细胞全息照相和显微照相的唯一光源。X 射线技术的应用已产生了多项诺贝尔奖，预计还会产生。

🔗 思考题

17-1　在日常经验中，为什么声波的衍射比光波的衍射更加显著？

17-2 为什么无线电波能绕过建筑物，而光波却不能？为什么隔着山可以听到中波段的电台广播，而电视广播却很容易被高大建筑物挡住？

17-3 衍射的本质是什么？干涉和衍射有什么区别与联系？

17-4 在观察夫琅禾费衍射的装置中，透镜的作用是什么？

17-5 在单缝的夫琅禾费衍射实验中，试讨论下列情况下衍射图样的变化：

（1）狭缝变宽；

（2）单缝垂直于透镜光轴上下平移；

（3）入射光的波长变长；

（4）线光源 S 垂直透镜光轴上下平移；

（5）单缝沿透镜光轴向观察者平移。

17-6 若以白光垂直照射衍射光栅，不同彩色的光会有不同的衍射角，问可见光中，哪一色光的衍射角最大？

17-7 平行的单色光正射在单缝以及光栅上时都可以观察到衍射条纹，但为什么二者出现明条纹的条件不同？

17-8 一台光栅摄谱仪备有三块光栅，它们每毫米刻痕分别为 1 200 条、600 条、90 条。

（1）如果用此仪器测定 700~1 000nm 波段的红外线波长，应选用哪一块光栅？为什么？

（2）如果用来测定可见光波段的波长，应选用哪一块光栅？为什么

17-9 多缝干涉时，主极大的条件是 $d\sin\theta=k\lambda$，极小的条件是 $N d\sin\theta=k'\lambda$，试问：

（1）当主极大条件满足时，任意两缝沿 θ 角射出的光是否干涉相长？

（2）当极小条件满足时，任意两缝沿 θ 角射出的光是否相互减弱？

17-10 如何说明无论光栅的缝数有多少，各主极大的角位置总是和有相同缝宽和缝间距的双缝干涉主极大的角位置相同？

习 题

17-1 波长为 700nm 的红光正入射到一单缝上，缝后置一透镜，焦距为 0.70m，在透镜焦距处放一屏，若屏上呈现的中央明条纹的宽度为 2mm，问该缝的宽度是多少？假定用另一种光照射后，测得中央明条纹的宽度为 1.5mm，求该光的波长。

17-2 一单缝用波长为 λ_1 和 λ_2 的光照明，若 λ_1 的第 1 级衍射极小与 λ_2 的第 2 级衍射极小重合，问：

（1）这两种波长的关系如何？

（2）所形成的衍射图样中是否还有其他极小重合？

17-3 有一单缝，缝宽为 0.1mm，在缝后放一焦距为 50cm 的凸透镜，用波长为 546.1nm 的平行光垂直照射单缝，试求位于透镜焦平面处屏上中央明纹的宽度。

17-4 用波长为 632.8nm 的激光垂直照射单缝时，其夫琅禾费衍射图样第 1 级极小与单缝法线的夹角为 5°，试求该缝宽。

17-5 波长为 20m 的海面波垂直进入宽 50m 的港口，在港内海面上衍射波的中央波束的角宽是多少？

17-6 一单色平行光垂直入射一单缝，其衍射第 4 级明纹位置恰与波长为 600nm 的单色光垂直入射该缝时衍射的第 3 级明纹位置重合，试求该单色光的波长。

17-7 用肉眼观察星体时，星光通过瞳孔的衍射在视网膜上形成一个亮斑。

（1）瞳孔最大直径为 7.0mm，入射光波长为 550nm，星体在视网膜上像的角宽度多大？

（2）瞳孔到视网膜的距离为 23mm，视网膜上星体的像的直径多大？

（3）视网膜中央小凹（直径 0.25mm）中的柱状感光细胞每平方毫米约 1.5×10⁵ 个，星体的像照亮了

几个这样的细胞？

17-8 在迎面驶来的汽车上，两盏前灯相距120cm。试问在汽车离人多远的地方，眼睛恰能分辨这两盏前灯？设夜间人眼瞳孔直径为5.0mm，入射光波长为550nm。

17-9 据说间谍卫星上的照相机能清楚识别地面上汽车的牌照号码。

(1) 若被识别的牌照上的字划间的距离为5cm，在160km高空，卫星上照相机的角分辨率应多大？

(2) 此照相机的孔径需多大？光的波长按500nm计算。

17-10 一光栅每厘米刻有4 000条线，计算在第2级光谱中，氢原子的 α 和 δ 谱线间的角间隔（以度为单位）。已知 α 和 δ 谱线的波长分别为656nm和410nm，假定是正入射。

17-11 两束波长分别为450nm和750nm的单色光正入射在光栅上，它们的谱线落在焦距为1.50m的透镜的焦平面上，它们的第1级谱线之间的距离为 6×10^{-2}m，问光栅常量为多少？

17-12 以氦放电管发出的光正入射某光栅，若测得波长为668nm的单色光衍射角为20°，如在同一衍射角下出现了更高级次的氦谱线，波长为447nm，问光栅常量最小应为多少？

17-13 一束光线正入射到衍射光栅上，当分光计转过 φ 角时，在视场中可看到第3级光谱内波长为440nm的条纹。问在同一角 φ 上，可看见波长在可见光范围内的其他条纹吗？

17-14 某单色光垂直入射到一每厘米刻有6 000条线的光栅上，如果第1级谱线的偏角为20°，试问入射光的波长如何？它的第2级谱线将在何处？

17-15 波长600nm的单色光垂直入射在一光栅上，第2级明条纹出现在 $\sin\theta = 0.2$ 处，第4级缺级，试问：

(1) 此光栅常量为多少？

(2) 光栅上狭缝可能的最小宽度 a 为多少？

(3) 按上述选定的 d、a 值，试问在光屏上可能观察到的明条纹有多少条？

17-16 波长为500nm的单色光垂直入射到光栅上，如果要求第1级谱线的衍射角为30°，问光栅每毫米应刻几条线？如果单色光不纯，波长在0.5%范围内变化，则相应的衍射角变化范围 $\Delta\theta$ 如何？如果光栅上下移动而保持光源不动，衍射角 θ 有何变化？

17-17 波长为500nm的单色光，以30°入射角斜入射到光栅上，发现原正入射时的中央明条纹的位置现在改变为第2级光谱的位置。求此光栅每毫米上共有多少条刻痕？最多能看到几级光谱？

17-18 若单色光的波长不变，试画出下列几种情况下衍射的光强度分布曲线 I-$\sin\theta$ 示意图，并标出各图横坐标标度值。

(1) $N = 1$；

(2) $N = 2$，$d/a = 2$（画出单缝衍射中央包络线的主极大即可）；

(3) $N = 4$，$d/a = 4$（画出单缝衍射中央包络线的主极大即可）；

(4) $N = 5$，$d/a = 3$（画出单缝衍射中央包络线的主极大即可）。

17-19 波长为600nm的单色光垂直入射在一光栅上，第2、3级明条纹分别出现在 $\sin\theta = 0.2$ 与 $\sin\theta = 0.3$ 处，第4级缺级。若光栅的缝数为6，试画出单缝衍射中央包络线的主极大衍射的光强度分布曲线 I-$\sin\theta$ 示意图，并标出横坐标标度值。

17-20 以波长为 1.10×10^{-10}m 的X射线照射岩盐晶面，实验测得在X射线与晶面的夹角（掠射角）为11°30′时获得第1级极大的反射光。问：

(1) 岩盐晶体原子平面之间的间距 d 为多大？

(2) 如以另一束待测的X射线照射岩盐晶面，测得X射线与晶面的夹角为17°30′时获得第1级极大反射光，则待测的X射线的波长是多少？

17-21 对于同一晶体，分别以两种X射线实验，发现已知波长为9.7nm的X射线在与晶面成30°掠射角处给出第1级反射极大，而另一未知波长的X射线在与晶面成60°掠射角处给出第3级反射极大。试求此未知X射线的波长。

17-22 北京天文台的米波综合孔径射电望远镜由设置在东西方向上的一列共 28 个抛物线组成（见图 17-30）。这些天线用等长的电缆连到同一个接收器上（这样各电缆对各天线接收的电磁波信号不会产生附加相差），接收由空间射电源发射的 232MHz 的电磁波。工作时各天线的作用等效于间距为 6m、总数为 192 的一维天线阵列。接收器收到的从正天顶上的一颗射电源发来的电磁波将产生极大强度还是极小强度？在正天顶东方多大角度的射电源发来的电磁波将产生第 1 级极小强度？又在正天顶东方多大角度的射电源发来的电磁波将产生下一级极大强度？

图 17-30 习题 17-22 图

📖 阅读材料

一、光 导 纤 维

光导纤维又称光学纤维，是能传导光信号的纤维材料，一般是直径仅几微米的带包层的圆柱形石英玻璃纤维。

光导纤维传光利用的是不同折射率介质界面的全反射现象，即光从折射率大的光密介质以大于一定角度射向折射率小的光疏介质时，光在界面会发生全反射而全部折回光密介质。这一定的角度称为全反射临界角。光导纤维的纤芯是光密介质，而包层是光疏介质，传输的光信号只要在界面的入射角大于临界角，光就在纤芯中曲折反射前进而不会泄漏。这种带包层的光纤称为芯皮型光纤。纤芯和包层的折射率在界面突然变化的芯皮型光纤称为阶跃光纤；而折射率从纤芯的高折射率逐渐过渡变化到高层的低折射率，光在纤芯中波浪式前进的芯皮层光纤称为梯度型光纤。这是 20 世纪末应用较多的两种芯皮型光导纤维。

还有一类传光原理不同的自聚集光导纤维。这类光纤的材料和结构使传输的光会自动向光纤中心轴线靠拢，犹如光通过凸透镜聚焦一样，也可保证光在传输中不会泄漏。

20 世纪末常用的光导纤维材料是超纯石英玻璃。但由于石英玻璃纤维脆性较大，连接也很复杂，在应用上难度较大。近年塑料光纤的研制发展很快。至于四氯化硅液体光纤，尚属试验阶段，离实用还有距离。

光导纤维作为现代光通信的传光关键器件，主要有以下特点。①传输损耗小。一般损耗小于 20dB/km，20 世纪末已有小于 0.2dB/km 的超低损耗光纤问世。②容量大，即同时可通过的信息量大。20 世纪末已有一对光纤同时传送 150 万路电话和 2 000 套彩色电视的记录，比现有的 1 800 路中同轴电缆载波通信的容量大 800 倍以上。③传输质量高，抗干扰、保密性好。光信号传输过程中失真、畸变、误差都小，也不受磁干扰。④具有足够的强度和可绕性，不仅加工、使用方便，耐久性好，而且可以任意弯曲传光。⑤材料来源广，成本低。20 世纪末成本仅为 0.25~1.5 美元/km，并在继续下降，同时节约了大量有色金属材料。

光导纤维主要用于激光-光导纤维通信，并已从电话、电报、电视发展到计算机网络和连接其他电子设备的信息传输，可用于资料检索、文字图像处理、银行财务经济往来、医疗诊询等。光纤还可用于传感器，做成能"感觉"声、味、热、磁、力等信息的人工感官。20 世纪末已制成光导纤维温度计、速度计、电流计、磁场计以及光纤陀螺、光纤水听器等，并已开始用于传输光能，制成"激光刀"进行手术和切割、焊接工程材料等。近年还研制出紫外光纤、红外光纤、耐辐射光纤、荧光光纤和光纤激光器等新型光导纤维，应用范围已超越一般的通信技术，而开始在空间技术、生物工程、能源工程等新技术领域大显身手，成为引人注目的基础新技术。图 17-31~图 17-34 是几张与光导纤维有关的照片。

图 17-31　48 芯光缆
横截面

图 17-32　现代通信用的
光缆-光导纤维

图 17-33　用光导纤维制作的
内窥镜，可观察人体的内脏

图 17-34　用光导纤维做
手术不用开刀

二、中国天眼

中国天眼（Five-hundred-meter Aperture Spherical radio Telescope，FAST）是我国自主设计、建造的 500m 口径球面射电望远镜（见图 17-35），也是目前世界最大的单天线射电望远镜，其灵敏度在世界第二大望远镜的 2.5 倍以上，可大幅拓展人类的视野，用于探索宇宙起源和演化。FAST 采用馈源索支撑系统和可变形的主动反射面。巨型反射面由铺在索网结构上的 4 450 个小单元拼接而成，依靠 2 225 个促动器拉伸索网实现主动变形；6 根长约 600m 的悬索将馈源舱吊于反射面上方，形成光机电一体化的馈源指向与跟踪系统。

FAST 位于中国贵州省黔南布依族苗族自治州境内，于 2011 年 3 月 25 日动工兴建，2016 年 9 月 25 日

图 17-35 中国天眼

落成启用并开始试运行，2020 年 1 月 11 日通过国家验收工作，正式开放运行。寻找脉冲星是 FAST 排在最前列的目标。脉冲星是快速自转的中子星，它能够发射严格周期性脉冲信号，可以成为人类在宇宙中航行的"灯塔"，为深空和星际飞行的航天器提供自主导航信息服务。对脉冲星的观测研究不仅具有重要的物理意义，而且具有重要应用价值。2018 年 4 月 18 日，FAST 首次发现毫秒脉冲星，并获得国际认证。截至 2023 年 2 月，已发现超 740 颗脉冲星。

FAST 诞生于我国与国际天文学发展的互动与融合进程，实现了从跟进到占据先机的转变。曾任 FAST 工程首席科学家兼总工程师的南仁东先生说："我们没有退路，我们的国家也没有退路。我们只能从高科技当中，冲出一条属于自己的路。"

1993 年，国际无线电科学联盟大会在日本东京召开。会上，科学家提出希望在全球电波环境继续恶化前联合建造大射电望远镜，接收更多来自外太空的讯息。南仁东跟同事说："咱们也建一个吧。"为此，他毅然辞去薪酬比国内高近百倍的工作，回到祖国。为了给 FAST 工程选址，1994 年到 2006 年的 12 年间，南仁东坚持实地考察，带着 300 多幅卫星遥感图，跋涉在祖国西南的大山里，踏勘上百个窝凼，先后对比了 1 000 多个洼地，最终在贵州省黔南自治州平塘县克度镇大窝凼找到了完美的台址。之后，他正式提出利用喀斯特地形建造大型射电望远镜的设想。2016 年 9 月，"中国天眼"落成启用前，南仁东已罹患肺癌，并在手术中伤及声带。患病后依然带病坚持工作，尽管身体不适合舟车劳顿，仍从北京飞赴贵州，亲眼见证了自己耗费 22 年心血的大科学工程落成。2019 年 9 月 17 日，中国国家主席习近平签署主席令，授予南仁东"人民科学家"国家荣誉称号。

南仁东（1945—2017）

三、中国巡天空间望远镜

由于受到地球大气层、电离层、臭氧层和地磁场等综合因素影响，地基光学望远镜观测能力有限。太空光学望远镜可以消除上述因素的不利影响，更精确地研究宇宙天体。中国巡天空间望远镜（Chinese Survey Space Telescope，CSST）将于 2024 年前后投入科学运行，规划任务寿命 10 年。CSST 将成为探索星辰大海的旗舰级空间天文设施，是人类新的"飞天巨眼"。

作为中国空间站的光学舱，巡天空间望远镜将架设一套口径 2m 的光学系统，并且配备一系列最先进的探测器。望远镜的大小相当于一辆大客车，立起来有 3 层楼高，重达十几吨。发射升空后，它将在约 400km 高的近地轨道上运行，重点开展近紫外可见光、近红外波段的巡天观测。CSST 主要分成巡天平台和巡天光学设施两部分，前者提供太空飞行动力，后者是 CSST 的主体载荷，包括 5 台观测设备：巡天模块、太赫兹模块、多通道成像仪、积分视场光谱仪和系外行星成像星冕仪。

CSST 巡天相机的镜片口径略小于哈勃望远镜（2.4m），但在同等深度和精度基础上，CSST 的观测广度是哈勃望远镜的 300 倍，可以比较快地完成大范围宇宙观测。CSST 平时观测时远离空间站共轨独立飞行，也会主动与空间站对接进行补给或维修。以空间站作为太空母港，方便 CSST 的维修或更换升级，从而保障其在 10 年寿命期内可以正常运行，有效避免出现类似哈勃望远镜遭遇故障约 3 年无法修复的情况，而且可以延长在轨寿命，实现超期"服役"。

物理学家简介

一、惠 更 斯

惠更斯（C. Huygens，1629—1695），荷兰物理学家、天文学家、数学家，他是介于伽利略与牛顿之间的一位重要的物理学先驱。

惠更斯 1629 年 4 月 14 日出生于海牙，父亲是大臣、外交官和诗人，常与科学家往来。惠更斯自幼聪明好学，思维敏捷，多才多艺，13 岁时就自制一架车床，16 岁时进莱顿大学攻读法律和数学，两年后转入布雷达大学，1655 年获法学博士学位，随即访问巴黎，在那里开始了他重要的科学生涯。他 1663 年访问英国，并成为刚建不久的皇家学会会员。1666 年，他应路易十四邀请任刚建立的法国科学院院士。惠更斯体弱多病，全身心献给科学事业，终生未婚。1695 年 7 月 8 日惠更斯逝于海牙。

惠更斯

惠更斯处于富裕宽松的家庭和社会条件中，没受过宗教迫害的干扰，能比较自由地发挥自己的才能。他善于把科学实践与理论研究结合起来，透彻地解决某些重要问题，形成理论与实验结合的工作方法与明确的物理思想，他留给人们的科学论文与著作 68 种，《全集》有 22 卷，在碰撞、钟摆、离心力、光的波动说和光学仪器等多方面做出了贡献。他最早取得成果的是数学，他研究过包络线、二次曲线、曲线求长法，发现悬链线"摆线"与抛物线的区别，他是概率论的创始人。

在 1668—1669 年英国皇家学会碰撞问题征文悬赏中，他是得奖者之一。他详尽地研究了完全弹性碰撞问题（当时叫"对心碰撞"），死后综合发表于《论物体的碰撞运动》（1703）中，包括 5 个假设和 13 个命题。他纠正了笛卡儿不考虑动量方向性的错误，并首次提出完全弹性碰撞前后动量的守恒。他还研究了岸上与船上两个人手中小球的碰撞情况并把相对性原理应用于碰撞现象的研究。

惠更斯从实践和理论上研究了钟摆及其理论。1656 年他首先将摆引入时钟做成摆钟以取代过去的重力齿轮式钟。他在《摆钟》（1658）及《摆式时钟或用于时钟上的摆的运动的几何证明》（1673）中提出著名的单摆周期公式，研究了复摆及其振动中心的求法。他通过对渐伸线、渐屈线的研究找到等时线、摆线，研究了三线摆、锥线摆、可倒摆及摆线状夹片等。

在研究摆的重心升降问题时，惠更斯发现了物体系的重心与后来欧拉称之为转动惯量的量，还引入了反馈装置——"反馈"这一物理思想今天更显得意义重大。他设计了船用钟和手表平衡发条，大大缩小了钟表的尺寸。他还用摆求出重力加速度的准确值，并建议用秒摆的长度作为自然长度标准。

惠更斯提出了他的离心力定理，他研究了圆周运动、摆、物体系转动时的离心力以及泥球和地球转动时变扁的问题等。这些研究对于后来万有引力定律的建立起了促进作用。他提出过许多既有趣又有启发性的离心力问题。

他设计制造的光学和天文仪器精巧超群，如磨制了透镜，改进了望远镜（用它发现了土星光环等）与显微镜，惠更斯目镜至今仍然采用，还有几十米长的"空中望远镜"（无管、长焦距、可消色差）、展示星空的"行星机器"（即今天的天文馆雏形）等。

惠更斯在 1678 年给巴黎科学院的信和 1690 年出版的《光论》一书中都阐述了他的光波动原理，即惠更斯原理。他认为每个发光体的微粒把脉冲传给邻近一种弥漫媒质（"以太"）微粒，每个受激微粒都变成一个球形子波的中心。他从弹性碰撞理论出发，认为这样一群微粒虽然本身并不前进，但能同时传播向四面八方行进的脉冲，因而光束彼此交叉而不相互影响，并在此基础上用作图法解释了光的反射、折射等现象。《光论》中最精彩的部分是对双折射提出的模型，用球和椭球方式传播来解释寻常光和非常光所产生的奇异现象，书中有几十幅复杂的几何图，昭星了他的数学功底。

二、菲 涅 耳

菲涅耳（A. J. Fresnel，1788—1827），法国土木工程师、物理学家，波动光学的奠基人之一。他1788年5月10日生于诺曼底的布罗利耶城，1827年7月14日卒于巴黎附近的阿夫赖城。菲涅耳生长在建筑师的家庭，从小体弱多病。开始学习进程较慢，转学到巴黎工艺学院以后，他的数学才能逐渐被教师所重视。后又转学到桥梁道路工程学院，在该校毕业并获得工程师称号，此后即在法国的各部门担任道路修建工作。大约从1814年开始，他对光学产生了兴趣，并对它进行了研究，他的科学研究是用业余时间自费进行的，因此花费了他有限的收入。在菲涅耳的晚年，他的科学研究成果受到普遍的承认。1823年他被选为巴黎科学院院士，1825年被批准为英国伦敦皇家学会会员，1827年获伦敦皇家学会授予的伦福德奖章。

菲涅耳

菲涅耳只活了39岁，但在这短暂的一生中，他却为物理学做出了多方面的贡献。他的主要成就大多集中在光学的衍射和偏振方面。他的研究工作的特点是精心设计实验，并将实验结果和波动说理论进行比较，进而建立完善的理论，再由实验和计算加以验证。可以说他的一生，为波动光学从实验到理论的建立起了不可磨灭的功勋。

由于不懂英文，菲涅耳开始时并不知道托马斯·杨的工作。他从实验和数学两方面对干涉和衍射现象进行了广泛而深入的研究。例如用菲涅耳双镜等实验阐述干涉原理：以极小的角度相交的两束光线的振动，在一方的节与另一方的腹相合时就相互削弱。他对圆孔、圆屏、直边等各种情况进行了衍射实验研究和理论计算，后人称之为菲涅耳衍射。1815年，他向巴黎科学院提出了第一篇论文"光的衍射"，这篇论文一开头就批评了微粒说，认为它引进的种种假设如微粒因色而异、突变等说明不了光为什么具有一定速度，而波动说全不需要任何假设。论文中提出了他的衍射理论及其实验根据。1816年，他又陆续提交了关于反射光栅和半波带法的论文。

1817年3月，巴黎科学院决定将衍射理论作为1819年数理科学的悬奖项目。5人评审委员会中拉普拉斯、比奥和泊松是微粒说的支持者，盖-吕萨克中立，只有阿拉果一人支持波动说。在安培和阿拉果的鼓励下，菲涅耳改变了对悬赏不感兴趣的态度，于1818年4月提交了论文。论文用严格的数学证明将惠更斯原理发展为后来所谓的惠更斯-菲涅耳原理，即进一步考虑了各个次波叠加时的相位关系。这就圆满地解释了光的反射、折射、干涉、衍射等现象，消除了波动说的最大困难是对光的直进现象的解释。此外，论文中还用半波带法给出了各种实验结果的积分计算。支持微粒说的泊松发现了菲涅耳未注意的推论：圆板阴影的中心应该有一亮点。阿拉果立即用实验进行了验证。菲涅耳本人也根据泊松提出对圆孔的其他补充问题顺利地用实验给出了回答，科学院一反初衷，决定将奖金授予菲涅耳。由此，波动说得到了巨大胜利。

但还需要用波动说进一步解释偏振现象。在这方面，菲涅耳受杨氏双缝干涉实验的启发，和阿拉果合作进行了各种实验，发现了偏振光的干涉现象，从而进一步论证了光的横波性（1821），发现了光的圆偏振和椭圆偏振现象，并从波动观点加以解释；他用波动说解释了光的偏振面的旋转（1823），还用光的横波性及弹性理论导出了关于反射光和折射光振幅的著名公式——菲涅耳公式，从而解释了法国物理学家马吕斯（E. L. Mallis，1775—1812）所发现的光在反射时的偏振现象和双折射现象，为晶体光学奠定了基础。

另外，他对地球是否拖曳以太的问题进行过研究，还利用多级透镜的仪器对灯塔照明系统做了改进。

三、伦 琴

伦琴（W. K. Rontgen，1845—1923），德国实验物理学家，1845年3月27日生于莱茵兰州的伦内普镇。他3岁时全家迁居荷兰并入荷兰籍，1865年进入苏黎世联邦工业大学机械工程系，1868年毕业，1869年获苏黎世大学博士学位，并担任了声学家A. 孔脱（A. Kundt）的助手。他1870年随孔脱返回德国，并先后到维尔茨堡大学及斯特拉斯堡大学工作，1894年任尔茨堡大学校长，1900年任慕尼黑大学物理学教授和物理研究所主任，1923年2月10日因患癌症在慕尼黑逝世。

伦琴

伦琴一生在物理学许多领域中进行过实验研究工作，如对电介质在充电的电容器中运动时的磁效应、气体的比热容、晶体的导热性、热释电和压电现象、光的偏振面在气体中的旋转、光与电的关系、物质的弹性、毛细现象等。他一生中最重要的贡献是X射线的发现。1895年11月8日，伦琴在进行阴极射线的实验时将管子密封起来，以避免干扰，第一次观察到放在射线管附近涂有氰亚铂酸钡的屏上发出的微光。他以严谨慎重的态度，连续六个星期在实验室里废寝忘食地进行研究，最后他确信这是一种尚未为人们所知的新射线。1895年12月28日伦琴报告了这一重大发现。1901年诺贝尔奖第一次颁发，伦琴由于这一发现而获得了这一年的物理学奖。

伦琴年轻时受到过成为一名工程师的训练，培养出非凡的动手能力和熟练的操作技能，养成了自己动手制造实验设备和仪器的习惯。在研究上的精确实验方法使他成为物理测量技术上的权威。他的一生自始至终献身于实验和研究事业。在1894年出任大学校长的演说中他指出："实验是能使我们揭开自然界奥秘的最有力最可靠的手段，也是判断假说应当保留还是放弃的最后鉴定。"顽强的追求、广博的学识、严谨的工作作风、敏锐的观察能力，使他能高瞻远瞩地揭示出前人所未予注视的新现象。正如柏林科学院在致伦琴的贺信中所说："许多外行人也许认为幸运是主要的因素。但是，了解您的创作个性特点的人将会懂得，正是您，一位摆脱了一切成见的、把完善的实验艺术同最高的科学诚意和注意力结合起来的研究者，应当得到做出这一伟大发现的幸福。"

伦琴是一位谦虚而高尚的人。最初有人提议将他发现的新射线定名为"伦琴射线"，伦琴却坚持"X射线"这一名称。当柏林通用电气协会建议以高价换取新发现的专利权时，遭到伦琴的坚决拒绝。伦琴得到的诺贝尔奖金也遵他的遗嘱，交给维尔茨堡大学作为科研经费使用。当他的发现引起全球轰动时，他在一封信中却懊恼地说："整整四个星期，我没有可能做一个实验！我再也认不出我的工作了。"

第 18 章　光　的　偏　振

光的干涉和衍射现象都证明了光具有波动性，但光的干涉、衍射现象都不能说明光是纵波或是横波。本节将要讨论的光的偏振现象，可以清楚地显示光波是横波，因为只有横波才有偏振效应。这样，光和电磁理论就完全一致了，或者说，这也是光电磁理论的一个有力证明。前面叙述的内容已指明了电场矢量是光矢量。在光的偏振现象中发现，光波中光矢量的振动方向总和光的传播方向垂直，光波的这一基本特征就叫光的偏振，说明电磁波是横波。光的横波性只表明光矢量与光的传播方向垂直，但在与传播方向垂直的二维空间里光矢量还可能有各种各样的振动状态，我们通常将各种振动状态称为光的偏振态。本章首先介绍各种偏振态的区分，然后说明如何获得线偏振光和如何检验线偏振光。由于晶体的双折射现象和光的偏振有直接的关系，本章对单轴晶体双折射的规律和如何利用双折射现象产生和检测椭圆偏振光和圆偏振光以及偏振光的干涉现象也做简要的分析。

18.1　光的偏振状态

实际中最常见的光的偏振态大致可分为：自然光、线偏振光、部分偏振光、圆偏振光和椭圆偏振光。

光的偏振状态

18.1.1　自然光

我们知道，普通光源发出的光是由组成这光源的大量原子或分子发出的，各个原子或分子每次发出光的波列不仅相互不相关，而且光振动的方向也是杂乱无章的，彼此互不相关并呈随机分布。因此，普通光源发出的光是包含沿一切可能方向的横振动，平均地说来它们对于光的传播方向形成轴对称分布，哪个横方向都不比其他横方向强，如图 18-1a 所示，即在一切可能的方向上光矢量的振幅都相等。具有这种特点的光称为自然光。这时，如果将轴对称分布所有横振动沿两个相互垂直的方向投影，可得两方向振动的分振幅相等。这样，用两个相互垂直、振幅相等的分振动来表示自然光，如图 18-1b 所示，但这两个方向的分振动没有固定的相位关系。图 18-1c 为自然光的表示法，其中短线表示在纸面的光振动圆点表示垂直于纸面的光振动，且短线与圆点个数相等。

18.1.2　线偏振光

如果在垂直于其传播方向的平面内，光矢量 E 只沿单一方向振动，则这种光就是一种完全偏振光，称为线偏振光。线偏振光的光矢量方向和光的传播方向构成的平面叫振动面，

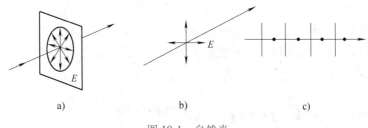

图 18-1　自然光

如图 18-2a 所示。线偏振光的两种图示法如图 18-2b 所示，其中短线表示光矢量在平行纸面内振动的线偏振光，点表示光矢量振动与纸面垂直的线偏振光。

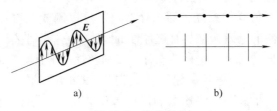

图 18-2　线偏振光

18.1.3　部分偏振光

部分偏振光是介于偏振光与自然光之间，这种光的振动虽然也是各方向都有，但不同方向的振幅大小不同，可看成是自然光和线偏振光的混合，称为部分偏振光，其示意图如图 18-3 所示。

图 18-3　部分偏振光示意图

自然界中我们看到的许多光都是部分偏振光，仰头见到的"天光"，俯首看到的"湖光"都是部分偏振光。

18.1.4　圆偏振光和椭圆偏振光

当一束光的光矢量 E 在沿着光的传播方向前进的同时，还绕着传播方向匀速转动，此时，如果光矢量的大小保持不变，则其光矢量的端点描绘的轨迹是圆，这种光称为圆偏振光；如果光矢量的大小不断改变，则其端点的轨迹是椭圆，这种光称为椭圆偏振光。

在 13.4 节的内容中对相互垂直的同频率简谐振动的合成已作过讨论，其结果就是式（13-28），且由于两相互垂直分振动的相位差不同，光矢量旋转的方向不同，有左旋或右旋之分，旋转矢量端点的轨迹就是圆或椭圆。各种情况如图 13-17 所示。就是说，根据相互垂直的振动合成的规律，圆或椭圆偏振光可以看成是两个相互垂直并有一定相差的偏振光的合成。如图 18-4 中的左旋圆偏振光就可以

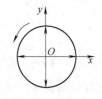

图 18-4　左旋光示意图

分解为沿 y 和 x 方向的两分振动，它们频率、振幅相等，而 x 方向振动的相位超前 y 方向振动 $\pi/2$；如果在同样情况下而两分振动的振幅不同，结果就合成左旋椭圆偏振光。

线偏振光可以通过实验获得，各种偏振光的获得和检验方法以及它们的应用在本章以后各节将进行阐述。

18.2　偏振片　起偏与检偏　马吕斯定律

18.2.1　偏振片

除了特殊光源（如激光）外，一般光源发出的光都是自然光，利用偏振片可以使自然光变成线偏振光。那么什么材料可以制成偏振片

偏振片 起偏与
检偏 马吕斯定律

呢？有些晶体对不同方向的电磁振动具有选择性的吸收，它能吸收某一方向的光振动，而只让与这个方向垂直的光振动通过，这种性质称为二向色性。把具有二向色性的材料涂敷于透明薄片（基片）上，就成为偏振片。偏振片最初是 1928 年一位 19 岁的美国大学生兰德（E. H. Land）发明的，是把一种针状粉末晶体（硫酸碘奎宁）有序地蒸镀在透明基片上做成的。1938 年则改为把聚乙烯醇薄膜加热，并沿一个方向拉长，使其中碳氢化合物分子沿拉伸方向形成链状，然后将此薄膜浸入富含碘的溶液中，使碘原子附着在长分子上形成一条条"碘链"。碘原子中的自由电子就可以沿碘链自由运动。这样的碘链就成了导线，而整个薄膜也就成了偏振片。沿碘链方向的光振动不能通过偏振片，垂直于碘链方向的光振动则能通过偏振片。通常将偏振片能透过光的振动方向称为偏振化方向或透振方向。这种偏振片制作容易，价格便宜。现在大量使用的就是这种偏振片。

偏振片的应用很广泛，如汽车夜间行车时为了避免对方汽车灯光晃眼以保证行车安全，可以在汽车的挡风玻璃和车灯前装上与水平方向成 45° 角，而且向同一方向倾斜的偏振片。这样，相向行驶的汽车可以都不必熄灯，各自前方的道路仍然照亮，同时也不会被对方车灯晃眼了。偏振片也可用于制成太阳镜和照相机的滤光镜。有的太阳镜和观看立体电影的眼镜其左右两个镜片就是用偏振片做的，它们的偏振化方向互相垂直。

图 18-5 中画出了两个平行放置的偏振片 P_1 和 P_2，它们的偏振化方向分别用它们上面的虚平行线表示（通常也用双箭号表示偏振化方向）。

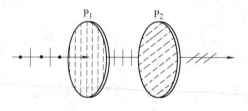

图 18-5　偏振片

18.2.2　起偏与检偏

在图 18-5 中，当自然光垂直入射偏振片 P_1 时，由于只有平行于 P_1 偏振化方向的光矢量才能透过，所以透过的光就变成了线偏振光。因为自然光中光矢量对称均匀，所以，如果将 P_1 绕光的传播方向慢慢转动，透过 P_1 的光强将不随 P_1 的转动而变化，但它只有入射光强的一半。使自然光成为线偏振光的装置叫作起偏器。像 P_1 偏振片用来产生偏振光时，就叫它起偏器。再使透过 P_1 形成的线偏振光入射于偏振片 P_2，这时，如果将 P_2 绕光的传播方向慢慢转动，则因为只有平行于 P_2 偏振化方向的光振动才允许通过，透过 P_2 的光强将随

P_2 的转动而变化。当 P_2 的偏振化方向平行于入射光的光矢量方向时，透射光强最强；当 P_2 的偏振化方向垂直于入射光的光矢量方向时，光强为零，称为消光。将 P_2 旋转一周时，透射光光强出现两次最强，两次消光。这种情况只有在入射到 P_2 上的光是线偏振光时才会发生，因而这也就成为识别线偏振光的依据。这一现象也表示光波不具有沿传播方向的振动，从而证实了光的横波性质。当像 P_2 这样的偏振片用来检验光的偏振状态时，就叫它检偏器。

18.2.3 马吕斯定律

如图 18-6 所示，P_1、P_2 分别表示起偏器和检偏器的偏振化方向，以 A_0 表示从 P_1 出射的线偏振光光矢量的振幅。当 P_1 的偏振化方向与检偏器 P_2 的偏振化方向成 α 角时，透过检偏器 P_2 的光矢量振幅 A 只是 A_0 在偏振化方向的投影分量，即 $A = A_0 \cos\alpha$。因此，若以 I_0 表示入射 P_2 的线偏振光的光强，那么透过检偏器 P_2 后的光强为

$$I = I_0 \cos^2 \alpha \qquad (18-1)$$

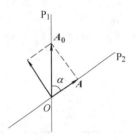

图 18-6 马吕斯定律
推导用图

式（18-1）称为马吕斯定律。由此式可见，当 $\alpha = 0$ 或 π 时（P_1、P_2 的偏振化方向平行），则 $I = I_0$，光强最大。当 $\alpha = \pm \pi/2$ 时（P_1、P_2 的偏振化方向相互垂直），则 $I = 0$，没有光从检偏器射出，这就是消光位置。当 α 为其他值时，光强 I 介于 0 和 I_0 之间。

【例 18-1】 有两个偏振片，一个用作起偏器，一个用作检偏器，当它们的偏振化方向之间的夹角为 30° 时，一束单色自然光穿过它们，出射光强为 I_1，当它们的偏振化方向之间的夹角为 60° 时，另一束单色自然光穿过它们，出射光强为 I_2，且 $I_1 = I_2$。求两束单色自然光的强度之比。

【解】 设第一束单色自然光的强度为 I_{10}，第二束单色自然光的强度为 I_{20}。透过起偏器出射后它们的强度都为原来的一半。根据马吕斯定律有

$$I_1 = \frac{I_{10}}{2} \cos^2 30°$$

$$I_2 = \frac{I_{20}}{2} \cos^2 60°$$

依题意上两式相等，得

$$\frac{I_{10}}{I_{20}} = \frac{\cos^2 60°}{\cos^2 30°} = \frac{1}{3}$$

【例 18-2】 在两块正交偏振片（偏振化方向相互垂直）P_1、P_3 之间插入另一块偏振片 P_2，如图 18-7 所示。光强为 I_0 的自然光垂直入射于偏振片 P_1，求转动 P_2 时，透过 P_3 的光强 I 与转角的关系。

【解】 透过各偏振片的光振幅矢量如图 18-8 所示，其中 α 为 P_1、P_2 的偏振化方向间的夹角。由于各偏振片只允许和自己偏振化方向相同的偏振光透过，所以透过各偏振片的光振幅的关系为

$$A_2 = A_1 \cos\alpha$$

$$A_3 = A_2 \cos\left(\frac{\pi}{2} - \alpha\right)$$

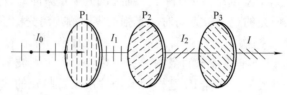

图 18-7 例 18-2 图（1）

所以

$$A_3 = A_1 \cos\alpha \cos\left(\frac{\pi}{2} - \alpha\right)$$

$$= A_1 \cos\alpha \sin\alpha = \frac{1}{2} A_1 \sin 2\alpha$$

于是有

$$I_3 = \frac{1}{4} I_1 \sin^2 2\alpha$$

由于 $I_1 = I_0/2$，所以得

$$I = I_3 = \frac{1}{8} I_0 \sin^2 2\alpha$$

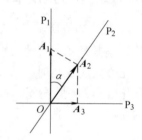

图 18-8 例 18-2 图（2）

18.3 反射光和折射光的偏振

反射光和折
射光的偏振

作为一种波动，光在两种各向同性介质分界面上的行为除了传播方向可能改变外，还有能流的分配、相位的跃变和偏振态的变化等。一般情况下，自然光通过介质分界面反射和折射后都不再是自然光，而是部分偏振光。在反射光中垂直于入射面的光振动多于平行振动，折射光中平行于入射面的光振动多于垂直振动，如图 18-9 所示。这一现象是马吕斯于 1808 年发现的。自然美景中的"湖光山色"的"湖光"就是部分偏振光，这是光被湖面反射的缘故。

反射光和折射光的偏振化程度与入射角 i 有关，设 n_2 为折射媒质的折射率，n_1 是入射媒质的折射率，实验证明，当入射角 i 等于某一特定值 i_0 时有

$$\tan i_0 = \frac{n_2}{n_1} \tag{18-2}$$

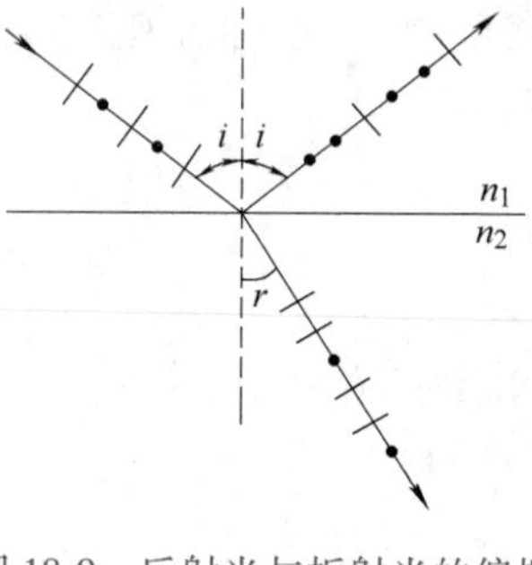

此时，反射光为线偏振光，这时的 i_0 称为**全偏振角**。就是说，当入射角等于全偏振角时，反射光全部是线偏振光，它的振动面与入射面垂直。但是，此时反射光虽然是线偏振的，但因为反射光分配到的能流小，光强较弱，折射光能流大，光强较强。所以，这时折射光仍然是部分偏振光，虽然如此，此时折射光的偏振化程度也已达最大了，如图 18-10 所示。例如，对于一般的光学玻璃，入射角是 i_0 的入射光中平行于入射面的光振动全部被折射，垂直于入射面的光振动的光强约有 85% 也被折射，反射的只占 15%。式（18-2）是 1812 年由布儒斯特（Brewster）

图 18-9 反射光与折射光的偏振

从实验确定的，称为布儒斯特定律，后来的麦克斯韦电磁场方程从理论上严格证明了这一定律。这个特定的入射角 i_0 称为起偏振角，亦称为布儒斯特角。

式（18-2）可写为

$$\frac{\sin i_0}{\cos i_0} = \frac{n_2}{n_1}$$

由折射定律

$$\frac{\sin i_0}{\sin \gamma} = \frac{n_2}{n_1}$$

两式相除得

$$\sin \gamma = \cos i_0$$

所以

$$\gamma + i_0 = \frac{\pi}{2}$$

上式结果说明，当入射角为起偏角时，反射光与折射光互相垂直。

例如，自然光从空气射向折射率为 1.33 的水面反射时，起偏振角 $i_0 = 53.1°$；从空气射向折射率为 1.5 的玻璃反射时，起偏振角为 $i_0 = 56.3°$。

由于反射光的能流小，折射光的偏振化程度低，为了增强反射光的强度和折射光的偏振化程度，可以把许多相互平行的玻璃片装在一起，构成一玻璃片堆，如图 18-11 所示。让自然光以布儒斯特角入射玻璃片堆，光将在各层玻璃面上反射和折射，可以使反射光的光强得到加强，同时折射光中的垂直分量也因多次被反射而减小。当玻璃片足够多时，透射光也接近线偏振光了，而且透射偏振光的振动面和反射偏振光的振动面相互垂直。这样，利用玻璃堆可以获得两束振动面相互垂直的线偏振光。

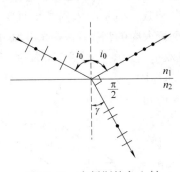

图 18-10　布儒斯特角入射

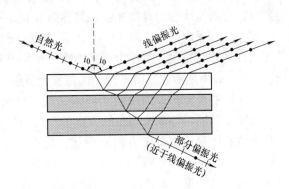

图 18-11　玻璃堆使自然光起偏

*18.4　光的双折射

18.4.1　光的双折射现象

当一束光通过各向同性媒质（例如玻璃、水等）的表面时，通常它的折射光只有一束。

但是当一束光通过各向异性媒质（例如方解石等晶体）的表面时，它的折射光却有两束，这种现象称为双折射。下面以方解石为例来分析光的双折射现象。

　　方解石（又称冰洲石）晶体的化学成分是碳酸钙（$CaCO_3$），它很容易沿三个方向被击裂，形成平行六面体，它的每一个面都是锐角为78°、钝角为102°（更精确的说是78°5′和101°53′）的平行四边形。用一束细平行光射在透明的方解石表面上，在晶体内将出现传播方向稍有不同的两束折射光，如果光束足够细，晶体又足够厚，则从晶体射出来的两束光可以完全分开，如图18-12a所示。通过这种晶体看一个发光点时，可以看到两个像点。例如在纸上画一个黑点，把透明方解石放在纸上，从上面看下去可以看见两个黑点。转动方解石时，其中一点固定不动，另一点绕它转动。

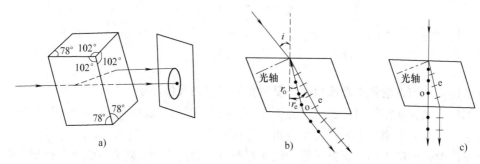

图 18-12　方解石双折射

　　不仅方解石具有双折射现象，大多数透明晶体或多或少都有双折射现象，将能产生双折射现象的晶体称为双折射晶体。立方系晶体（如岩盐晶体）没有双折射现象。

　　如图18-12b所示，令一束光线以入射角 i 投射到方解石晶体的表面上，晶体中产生两条折射线，一条光线 o 遵守折射定律，这条光线在入射面内，且当 i 改变时，保持不变地遵守折射定律，这条光线称为寻常光线，简称为 o 光；另一条光线 e 不遵守折射定律，且这条光线不一定在入射面内，当 i 改变时，比值 $\sin i/\sin r$ 不是一个常数，而是随入射角 i 而变化，这条光线称为非常光线，简称为 e 光。即使在 $i=0$ 即光线垂直入射的情况下，o 光沿原方向进行，e 光一般不是沿原方向进行，而是发生折射，仍然有双折射现象，如图18-12c所示。

　　产生双折射现象的原因是由于寻常光线与非常光线在晶体中传播的速度不相同，寻常光线在晶体中各个方向的传播速度相同，而非常光线的传播速度却随方向而变化。即在晶体中每一方向都有两种光速，一是寻常光线的速度，一是非常光线的速度，在一般情况下这两种速度不相等。但晶体内部有一特殊方向，光沿这一方向传播，寻常光线与非常光线的传播速度相等，因而光沿这方向传播时，不发生折射。这一特殊方向称为晶体的光轴。在图18-13中，A、B 两顶点连线的方向就是方解石的光轴。光轴仅标志一定的方向，并不限于某一条特殊的直线，因为经过每一点都可作一直线与光轴平行。只具有一个光轴的晶体（如方解石和石英等）称为单轴晶体。有些晶体（例如云母、硫黄等）具有两个光轴，称为双轴晶体。光通过双轴晶体时，可以观察到比较复杂的现象。本章仅讨论单轴晶体。

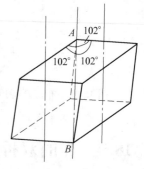

图 18-13　方解石光轴

如上所述，在单轴晶体中，o 光沿各方向的传播速度相同，所以从晶体中一点光源（或称子波波源）发出的 o 光的波阵面是球面，但 e 光沿各方向的传播速度不相同，所以 e 光的波阵面不是球面，可以证明是旋转椭球面，如图 18-14 所示。因为在光轴方向 o 光与 e 光的传播速度相切，所以球面与椭球面相切于光轴上两点，此两点的连线就是旋转椭球面的旋转轴。假设图 18-14 中的球面和椭球面是从 O 点发出的光沿径向传播、经过单位时间后的波阵面，从图中看出，在垂直于光轴方向两光线的速度相差最大。因为旋转椭球面的赤道为圆平面，所以在与光轴

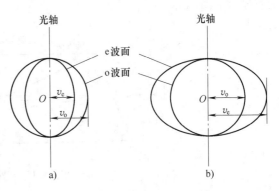

图 18-14　o 与 e 光的波面

垂直的平面上，各方向 e 光的传播速度相同。设寻常光线的传播速度用 v_o 表示，折射率用 n_o 表示，非常光线在垂直于光轴方向上的传播速度用 v_e 表示，折射率用 n_e 表示，真空中光速用 c 表示，则有 $n_o = c/v_o$，$n_e = c/v_e$。n_o 和 n_e 称为晶体的主折射率，它们是晶体的两个重要光学参量。表 18-1 列出了几种单轴晶体的主折射率。

表 18-1　几种单轴晶体的主折射率（对绿光）

晶体	n_o	n_e
方解石	1.658	1.486
石英	1.544	1.553
电气石	1.669	1.638
冰	1.309	1.313

有些晶体，如石英，$v_o > v_e$，亦即 $n_o < n_e$，球面包围椭球面，这种晶体称为正单轴晶体，如图 18-14a 所示；另外有些晶体，$v_o < v_e$，亦即 $n_o > n_e$，椭球面包围球面，这种晶体称为负单轴晶体，如图 18-14b 所示，如方解石等。

在晶体中，某光线的传播方向和光轴方向所组成的平面叫作该光线的主平面。o 光振动方向垂直于它的主平面，e 光振动方向在其主平面内。

一般情况下，因为 e 光不一定在入射面内，所以 o 光、e 光的主平面并不重合。在特殊情况下，即当光轴在入射面内时，o 光、e 光的主平面以及入射面重合在一起。当光线在晶体的某一表面入射时，此表面的法线与晶体的光轴所构成的平面叫作主截面。方解石的主截面是一平行四边形。当自然光沿着一定的方向射入方解石晶体时，入射面是主截面，由检偏器可以检测到 o 光、e 光都是偏振光。且在这种情况下，o 光的振动垂直于主截面，而 e 光的振动则在主截面内。

18.4.2　偏振棱镜

由于天然方解石晶体厚度有限，不可能把 o 光和 e 光分得很开，但利用晶体的双折射，可以研制出许多精巧的复合棱镜，以获得平面偏振光。尼科耳棱镜就是用方解石晶体经过加工制成的偏振棱镜，由于它的特殊构造，可将 o 光和 e 光分离开来。如图 18-15 所示，图中

的平行四边形是尼科耳棱镜的主截面。通过平行四边形的对角并与主截面相垂直的平面把方解石切割成两部分，再用加拿大树胶粘合起来。下面说明尼科耳棱镜的偏振原理。

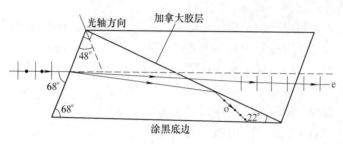

图 18-15　尼科耳棱镜

对于单色钠黄光而言，方解石的 $n_o = 1.658$，$n_e = 1.486$，加拿大树胶的折射率 $n = 1.55$，介于两者之间。当自然光从左方射入棱镜并到达方解石与树胶的分界面时，对 o 光而言，由于树胶的折射率小于方解石的折射率，使 o 光产生全反射，并被涂黑了的底边所吸收。对 e 光而言，情况恰相反，所以 e 光透过树胶层射出。这样，自然光就转换为光振动在主截面上的偏振光了。这是苏格兰物理学家尼科耳（W. Nicol, 1768—1851）于 1825 年发明的，称为尼科耳棱镜。实验室中常用尼科耳棱镜作起偏器或检偏器。

有一些晶体，如电气石，吸收寻常光线的性能特别强，1mm 厚的电气石几乎可以把全部寻常光线吸收掉，对寻常光线与非常光线有选择性地吸收，这种性能称为二色性。利用二色性也可以制成起偏振器，例如电气石可以作起偏器用。但这种起偏器的缺点是对各种颜色的非常光线亦有选择性吸收，使偏振光带有颜色。

18.4.3　惠更斯原理对双折射现象的解释

我们以方解石晶体为例，根据惠更斯原理，利用作图法来解释双折射现象。自然光入射到晶体上时，波阵面上的每一点都可作为子波波源，向晶体内发出球面子波和椭球面子波。作所有各点子波的包络面，即晶体中 o 光和 e 光的波面。从入射点引向相应子波波面与光波面的切点的连线方向就是所求晶体中 o 光、e 光的传播方向。如图 18-16a 所示为平行光垂直入射负晶体，光轴在入射面内，并与晶面平行。在这种情况下，入射波波阵面上各点同时到达晶体表面，波阵面 AB 上每一点同时向晶体内发出球面子波和椭球面子波，两子波波面在光轴上相切，各点所发子波波面的包络面为平面。这种情况下，入射角为零，o 光沿原方向传播，e 光也沿原方向传播，但是两者的传播速度不同，所以 o 波面和 e 波面不相重合，到达同一位置时，两者间有一定的相位差。双折射的实质是 o 光、e 光的传播速度不同，折射率不同。对于这种情况，尽管 o 光、e 光传播方向一致，应该说还是有双折射的。

在图 18-16b 中，光轴也在入射面内，并平行于晶面，但是入射光是斜入射的。平行光斜入射时，入射波波阵面 AC 不能同时到达晶面。当波阵面上 C 点到达晶面 B 点时，AC 波阵面上除了 C 点以外的其他各点发出的子波，都已在晶体中传播了各自相应的一段距离，其中 A 点发出的子波波面如图 18-16b 所示，各点所发子波的包络面都是与晶面斜交的平面。从入射点 B 向由 A 发出的子波波面引切线，再由 A 点向相应切点 O、E 引直线，可以确定光的传播方向。

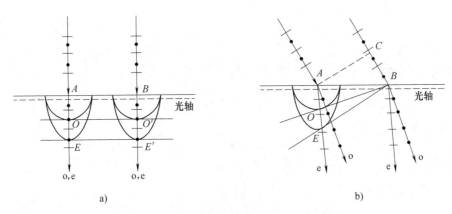

图 18-16　负单轴晶体中 o 光、e 光的传播方向

18.4.4　椭圆偏振光和圆偏振光

前面已说过，利用振动方向互相垂直、频率相同的两个简谐运动能够合成椭圆或圆运动的原理，可以获得椭圆偏振光和圆偏振光，装置如图 18-17 所示。图中 P 为偏振片，C 为单轴晶片，与 P 平行放置，其厚度为 d、主折射率为 n_o 和 n_e，光轴（用平行的虚线表示）平行于晶面，并与 P 的偏振化方向成夹角 α。

当单色自然光通过起偏器 P 后，成为线偏振光，其振幅为 A，光振动方向与晶片光轴夹角为 α。线偏振光射入晶片后，产生双折射，o 光振动垂直于光轴，振幅为 $A_o = A\sin\alpha$。e 光振动平行于光轴，振幅为 $A_e = A\cos\alpha$。这种情况下，o 光、e 光在晶体中沿同一方向传播，但由于传播速度不同，所以两束光通过晶片后有一定相位差，为

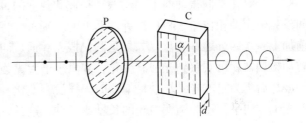

图 18-17　获得椭圆偏振光

$$\Delta\varphi = \frac{2\pi}{\lambda}(n_o - n_e)d \qquad (18\text{-}3)$$

这两束振动方向相互垂直而相差一定的光互相叠加，就形成椭圆偏振光。

18.4.5　波片

根据两束振动方向相互垂直的 o 光和 e 光的相位差的表达式（18-3），如果选择适当的晶片厚度 d 使得相位差

$$\Delta\varphi = \frac{2\pi}{\lambda}(n_o - n_e)d = \frac{\pi}{2}$$

时，则通过晶片后的光就是正椭圆偏振光，与这相位差对应的光程差为

$$\delta = (n_o - n_e)d = \frac{\lambda}{4}$$

对应的晶片厚度 d 为

$$d = \frac{\lambda}{4(n_o - n_e)} \tag{18-4a}$$

使 o 光和 e 光的光程差等于 $\lambda/4$ 的晶片称为四分之一波片。当 o 光、e 光的相差为

$$\Delta\varphi = \frac{2\pi}{\lambda}(n_o - n_e)d = \pi$$

时，相应的光程差为

$$\delta = (n_o - n_e)d = \frac{\lambda}{2}$$

对应的晶片厚度 d 为

$$d = \frac{\lambda}{2(n_o - n_e)} \tag{18-4b}$$

使 o 光和 e 光的光程差等于 $\lambda/2$ 的晶片称为二分之一波片，也常称为半波片。很明显，波片是对特定波长而言的，对其他波长不适用。波片也是光学实验中重要的器件。

因为圆偏振光与自然光、椭圆偏振光与部分偏振光通过检偏器后光强的变化规律相同，所以检偏器无法将它们区分开来。但是我们知道，圆偏振光和自然光或者椭圆偏振光和部分偏振光之间的根本区别是，它们分解后相位的关系不同。圆偏振光和椭圆偏振光是由两个有确定相位差的互相垂直的光振动合成的，合成光矢量有规律地旋转；而自然光和部分偏振光不同，分解在不同振动面上的光振动是彼此独立的，因而表示它们的两个互相垂直的振动之间没有恒定的相位差，根据这种性质上的区别可以将它们区分开来。通常的办法是在检偏器前加上一块四分之一波片。如果是圆偏振光，通过四分之一波片后就变成线偏振光，这样再转动检偏器就可观察到光强有变化，并出现最大光强和消光。如果是自然光，它通过四分之一波片后仍为自然光，转动检偏器时光强没有变化。检验椭圆偏振光时，要求四分之一波片的光轴方向平行于椭圆偏振光的长轴或短轴，这样，椭圆偏振光通过四分之一波片后也变为线偏振光。而部分偏振光通过四分之一波片后仍然是部分偏振光，因而也就可以将它们区分开了。

在图 18-17 的装置中，如果没有偏振片 P，自然光直接射入晶片，尽管也产生双折射，但是，o 光、e 光之间没有恒定的相位差，因而是不会获得椭圆偏振光和圆偏振光的。

【例 18-3】　如图 18-18a 所示，在两偏振片 P_1、P_2 之间插入四分之一波片 C，并使其光轴与 P_1 的偏振化方向成 45°角。光强为 I_0 的单色自然光垂直入射于 P_1，转动 P_2，求透过 P_2 的光强 I。

【解】　通过两偏振片和四分之一波片的光振动其振幅关系如图 18-18b 所示，图中 P_1、P_2 分别表示两偏振片的偏振化方向，C 表示波片的光轴方向，α 为 P_2 与 C 间的夹角。通过 P_1 后的线偏振光的振幅为 A_1。因为光轴与 P_1 的偏振化方向成 45°角，所以通过四分之一波片后是圆偏振光，它的两个相互垂直的分振动的振幅为

$$A_o = A_e = A_1\cos 45° = \frac{\sqrt{2}}{2}A_1$$

透过 P_2 后分振动振幅为

$$A_{2o} = A_o\cos(90° - \alpha) = A_o\sin\alpha$$
$$A_{2e} = A_o\cos\alpha$$

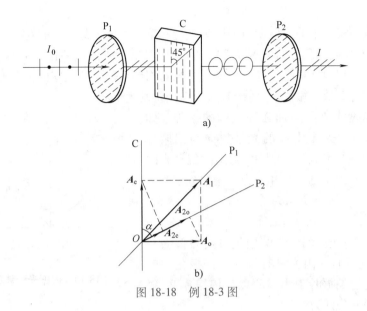

图 18-18　例 18-3 图

可知它们的相位差为 $\pi/2$，合振幅的平方为

$$A^2 = A_{2o}^2 + A_{2e}^2 = \frac{1}{2}A_1^2$$

即

$$I = \frac{1}{2}I_1$$

因为 $I_1 = I_0/2$，所以透过 P_2 的光强 $I = \frac{1}{4}I_0$。

*18.5　偏振光的干涉

18.5.1　偏振光的干涉

实现偏振光干涉的实验装置如图 18-18a 所示，取偏振化方向互相垂直的 P_1、P_2 两块偏振片（或尼科耳棱镜）分别做起偏器和检偏器，C 为一双折射晶片，它的光轴和晶面平行。一束单色自然光垂直地投射在偏振片 P_1 上，如果取出晶片 C，P_2 后视场是黑暗的，放入晶片 C，当晶片 C 的光轴与偏振片 P_1 的偏振化方向成一适当的角度时，P_2 后视场便由黑暗变为明亮，这是两束偏振光干涉的结果。自然光通过偏振片 P_1 后变为偏振光，它的振动方向就是偏振片 P_1 的偏振化方向，这束偏振光垂直投射在晶片上，因而也垂直于晶片的光轴，这束光进入晶片后分解为振动方向互相垂直的 o 光和 e 光，因光轴与晶面平行，o 光和 e 光沿同一方向行进不分开，o 光的振动方向垂直于光轴方向，而 e 光的振动方向则平行于光轴方向，在进入晶片之前这两束光没有相位差，但由于这两束光在晶片中的传播速度不相同，所以从晶片射出时这两束光有相位差。设 n_o 为晶片对 o 光的折射率，n_e 为晶片对 e 光的主折射率，d 为晶片的厚度，因而它们的光程差为

$$\delta = (n_o - n_e)d$$

这两束光线中每一束的光振动可分解为平行和垂直于偏振片 P_2 的偏振化方向的分振动，因为只有平行于 P_2 偏振化方向的振动才能通过 P_2 射出，所以从偏振片 P_2 射出的两束光振动方向相同，频率相同，从晶片射出后这两束光的相位差是保持恒定的，它们具有干涉的一切必要条件，因此，从偏振片 P_2 射出时这两束光将发生干涉。

下面分析这两束光干涉加强和减弱的条件。如图 18-19 所示，设 α 为晶片 C 的光轴方向与偏振片 P_1 的偏振化方向的夹角，A_1 为从 P_1 射出的偏振光的振幅，则从晶片 C 射出的 o 光和 e 光的振幅分别为

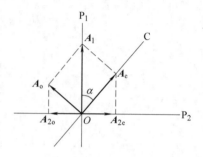

$$A_o = A_1 \sin\alpha \tag{18-5}$$

$$A_e = A_1 \cos\alpha \tag{18-6}$$

图 18-19 偏振光干涉的振幅矢量

如图 18-19 所示，偏振片 P_1 的偏振化方向与偏振片 P_2 的偏振化方向垂直，因为只有平行于偏振化方向的分振动才能通过偏振片射出，所以从偏振片 P_2 射出的两束光的振幅分别为

$$A_{2o} = A_o \cos\alpha \tag{18-7}$$

$$A_{2e} = A_e \sin\alpha \tag{18-8}$$

将式（18-5）、式（18-6）代入式（18-7）、式（18-8）得

$$A_{2o} = A_1 \sin\alpha \cos\alpha$$

$$A_{2e} = A_1 \sin\alpha \cos\alpha$$

可见这两束光线的振幅相等，但振动方向相反。o 光和 e 光从晶片 C 射出时的光程差引起的相位差为

$$\frac{2\pi}{\lambda}(n_o - n_e)d$$

又因 A_{2o} 与 A_{2e} 两个振动方向相反，有相位差 π（相当于有相位突变），故总的相位差为

$$\Delta\varphi = \frac{2\pi}{\lambda}(n_o - n_e)d + \pi \tag{18-9}$$

干涉加强和减弱的条件为：当

$$\Delta\varphi = \frac{2\pi}{\lambda}(n_o - n_e)d + \pi = 2k\pi, \ k = 1,2,\cdots$$

即当

$$\delta = (n_o - n_e)d = (2k-1)\frac{\lambda}{2} \tag{18-10}$$

时干涉加强，视场最亮；当

$$\Delta\varphi = \frac{2\pi}{\lambda}(n_o - n_e)d + \pi = (2k+1)\pi, \ k = 1,2,\cdots$$

即当

$$\delta = (n_o - n_e)d = k\lambda \tag{18-11}$$

时干涉减弱，视场最暗。

上述的实验如果采用白光光源，白光的连续光谱中有的波长的光适合式（18-11）的条件，这种波长的光即从白光中消失，因而视场中出现色彩。这种现象称为色偏振。

在偏振光干涉的实验装置中，偏振片 P_1 的作用是产生线偏振光，晶片 C 的作用是把线偏振光分解为互相垂直的两个分振动，并使这两个分振动具有一定的相位差，而偏振片 P_2 的作用是把这两个分振动整合到一个方向上，同方向的线偏振光才能发生干涉，不同方向的线偏振光不能发生干涉。

从偏振光干涉原理的分析可知，如果不用偏振片 P_1 而是让自然光直接投射在晶片 C 上，就不能产生干涉现象，这是因为虽然自然光进入晶片 C 后亦同样分解为两个互相垂直的分振动 o 光和 e 光，但这两个分振动在进入晶片 C 之前没有固定的相位差，从晶片 C 射出时也没有固定的相位差，当然不会有干涉现象产生。

18.5.2　光弹性效应

一些透明物质如塑料、玻璃、环氧树脂等非晶体通常是各向同性的，不会产生双折射现象，但是，当它们受到机械力作用而发生形变时将失去各向同性的特征而变成和晶体一样具有双折射性质。物质的这种现象称为光弹性效应，亦称应力双折射。

如图 18-20 所示，将一块透明的物体 A 放在两块正交的偏振片 P_1、P_2 之间，当它受到沿 OO' 方向的机械力压缩或拉伸时，它就变成类似于以 OO' 为光轴的单晶体而具有双折射性质。如果采用单色光源入射，并设 n_o 及 n_e 分别为物体 A 对这种单色光的 o 光和 e 光的主折射率，实验表明，$n_o - n_e$ 与应力 F 成比例，即

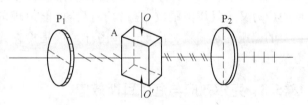

图 18-20　介质受压缩或拉伸产生双折射

$$n_o - n_e = kF$$

式中，k 为比例系数，它与物质 A 的材料有关。如果物体的厚度为 d，那么，通过物体 A 后 o 光和 e 光的光程差为

$$\delta = (n_o - n_e)d = kFd$$

与这光程差相对应的相位差为

$$\Delta\varphi = \frac{\delta}{\lambda}2\pi = \frac{2\pi}{\lambda}(n_o - n_e)d = 2\pi\frac{kFd}{\lambda}$$

由上式可知，当应力 $F=0$ 时，$\Delta\varphi=0$，视场最暗（因为再经过 P_2 后相位变化了 π）；当 F 由零逐渐增加时，δ 亦逐渐增加，视场由暗逐渐变亮；当 F 增加到使 $\Delta\varphi=\pi$ 时，视场最亮，以后又由亮变暗；当 F 增加到使 $\Delta\varphi=2\pi$ 时，视场又变为最暗。这表明，应力双折射现象是随应力而变化的。

在应力双折射中，如果形变物体受力是均匀的，则视场中各处明暗相同；如果形变物体受力是不均匀的，应力分布也不均匀，则视场中出现干涉条纹，应力越集中的地方各向异性越强，干涉条纹越细密。光测弹性仪就是利用这个原理用来检测应力分布的仪器，它在实际中有广泛的应用。例如，为了测定机械零件、桥梁或水坝等物体在外力作用下其内部应力的分布情况，可用塑料做成待测物体模型，并按照实际使用时的受力情况对模型按比例施力。

把模型放在两块正交偏振片之间，就可以看到干涉图样的条纹形状，分析干涉图样就可以算出物体内部的应力分布情况。图 18-21 表示一横梁平放在两支撑点上在其中央加压力后所产生的应力条纹图。

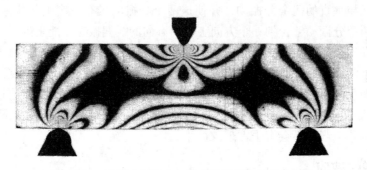

图 18-21　横梁支撑点上加压力后所产生的应力条纹

经过很好退火的玻璃或塑料是各向同性的，若退火不好，就会使某局部应力冻结在里面，内应力会产生一定程度的各向异性，因而会产生双折射现象。制造各种光学元件（如透镜、棱镜）的玻璃中不应有内应力，因为内应力会大大影响光学元件的性质，但这种内应力又不是用肉眼或一般检验仪器所能发现的，如果把这种玻璃做成片状放在两块正交的偏振片之间就会出现干涉图样。这是检查光学玻璃退火后是否残存内应力的有效方法。

18.5.3　克尔效应与泡克耳斯效应

电场也可以使某些物质产生双折射。如图 18-22 所示，图中 B 是盛满某种液体如硝基苯（$C_6H_5NO_2$）的容器，放在两块正交偏振片 P_1、P_2 之间。B 容器内有一对平行电极板，两极板间不加电压时，视场是黑暗的，此时液体没有双折射性质，当两极板间加上电压时，视场由暗变亮，这说明液体在电场作用下已变为双折射体了。这一现象是克尔（J. Kerr）于 1875 年发现的，称为克尔效应。实验表明，这种双

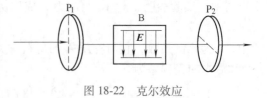

图 18-22　克尔效应

折射体的光轴在电场 E 的方向，其折射率差 $n_o - n_e$ 与 E^2 成正比，即

$$n_o - n_e = kE^2$$

式中，k 为比例系数，称为该液体的克尔常数。

克尔效应最重要的特点是弛豫时间（即折射率差 $n_o - n_e$ 随 E 的变化而变化所需的时间）极短（约为 $10^{-9}s$），所以利用上述原理制成的高速光闸（光的断续器）、电光调制器（利用电信号来改变光的强弱的器件）等，在高速摄影、光速测距、激光通信、激光电视等方面有广泛的应用。

另外，某些晶体，如磷酸二氢铵（$NH_4H_2PO_4$，简称为 ADP）在加上电场后也能改变其各向异性的性质。这些晶体在自由状态下是单轴晶体，但在电场作用下变成双轴晶体，沿原来的光轴方向产生双折射效应。这种效应与克尔效应不同，这种效应是线性的，即折射率差

$n_o - n_e$ 与电场强度的大小 E 成正比。这一现象是泡克耳斯（F. Pockels）于 1893 年发现的，称为泡克耳斯效应。

🔗 思考题

18-1　用一个偏振片对着自然光看，并以自然光为轴转动，为什么强度不会改变？用两个偏振片观察自然光时，转动一个偏振片时为什么光的强度就会变化？如果两个偏振片一起转动，光的强度有什么变化？

18-2　根据振动的分解可以把自然光看成是两个互相垂直振动的合成，而一个振动的两个分振动是同相的，可为什么自然光分解的两个相互垂直的振动之间无确定的相位关系？

18-3　通常偏振片的偏振化方向是没表明的，你有什么方法确定偏振片的偏振化方向？

18-4　在图 18-23 所示的各种情况中，当非偏振光或偏振光分别以起偏角 i_0 或任意入射角 i 入射于透明媒质界面时，问反射光和折射光各属于何种性质的光？（用点和短线把振动方向表示出来）

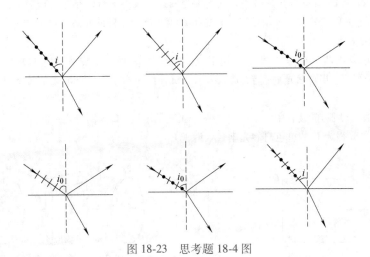

图 18-23　思考题 18-4 图

18-5　一束光入射到两种透明介质的分界面上时，发现只有透射光而无反射光。试说明这束光是怎样入射的？其偏振状态如何？

18-6　参看偏振光干涉的实验装置图 18-18，在两正交的偏振片 P_1、P_2 之间插入一块双折射晶片 C，试问在下述两种情况下，能否观察到干涉条纹？

（1）晶片的光轴方向与第一个偏振片的偏振化方向平行；

（2）晶片的光轴方向与第一个偏振片的偏振化方向垂直。

18-7　在偏振光干涉的实验装置中，如果去掉偏振片 P_1 或 P_2，能否产生干涉效应？

18-8　当单轴晶体的光轴方向与晶体表面成一定角度时，一束与光轴方向平行的光入射到该晶体表面，这束光射入晶体后，是否会发生双折射？

18-9　如何用实验鉴别线偏振光、圆偏振光、自然光？

18-10　用什么方法可区别半波片和 1/4 波片？

📄 习　题

18-1　当两偏振片的方向成 30° 夹角时，透射光强为 I_1，若入射光不变，而当两偏振片的偏振化方向成

45°夹角时，则透射光强如何变化？

18-2 使自然光通过两个偏振化方向成60°夹角的偏振片，透射光强为 I_1，今在这两偏振片之间再插入另一偏振片，它的偏振化方向与前两偏振片均成30°角，则透射光光强为多少？

18-3 一束平行的自然光以58°角入射到一平面玻璃的表面上，反射光是全偏振光。问（1）折射光的折射角是多少？（2）玻璃的折射率是多少？

18-4 一束光以起偏角 i_0 入射到一平面玻璃的上表面，试证明玻璃下表面的反射光也是偏振光。

18-5 一束光射入装在玻璃容器（$n=1.50$）的液体上，并从底部反射，反射光与容器底部成42°37′角度时是完全偏振光，求液体的折射率。

18-6 一束光是自然光和平面偏振光的混合，当它通过一偏振片时发现透射光的强度取决于偏振片的取向，其强度可以变化5倍，求入射光中两种光的强度各占入射光强度的几分之几？

18-7 已知从一池静水的表面反射出来的太阳光是线偏振光，此时，太阳在地平线上多大仰角处？（水的折射率取1.33）

18-8 用方解石割成一个正三角形棱镜，其光轴与棱镜的棱边平行，亦即与棱镜的正三角形横截面相垂直。今有一束自然光射入棱镜，为使棱镜内 e 光折射线平行于棱镜的底边，该入射光的入射角 i 应为多少？已知 $n_o=1.66$，$n_e=1.49$。

18-9 棱镜 ABCD 由两个45°的方解石棱镜组成，如图18-24所示，棱镜 ABD 的光轴平行于 AB，棱镜 BCD 的光轴垂直于图面。当自然光垂直于 AB 入射时，试在图中画出 o 光和 e 光的传播方向及光矢量振动方向。

18-10 在图18-25所示的装置中，P_1、P_2 为两个正交偏振片，C 为四分之一波片，其光轴与 P_1 的偏振化方向夹角为60°。光强为 I_1 的单色自然光垂直入射于 P_1。

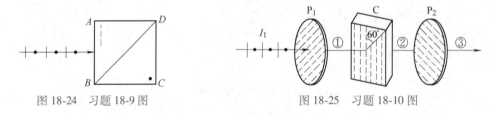

图 18-24　习题18-9图　　　　图 18-25　习题18-10图

（1）试说明图中①，②，③各区光的偏振状态，并在图上大致画出；

（2）计算各区光强。

18-11 试计算用方解石晶体制成的对波长分别为 $\lambda_1=589.3$nm 的钠黄光和 $\lambda_2=546.1$nm 的汞灯绿光的 1/4 波片的最小厚度。（设方解石晶体对两种波长的光的主折射率大致相同，$n_o=1.658$，$n_e=1.486$）

18-12 某晶体对波长632.8nm的主折射率为 $n_o=1.66$，$n_e=1.49$。将它制成适用于该波长的四分之一波片，晶片至少要多厚？该四分之一波片的光轴方向如何？

阅读材料

一、旋　光　现　象

法国物理学家阿拉果（D. F. J. Arago）于1811年发现，当偏振光沿光轴方向通过某些透明介质后，它的振动面将以光的传播方向为轴旋转一定的角度，这种现象称为旋光现象。能产生旋光效应的物质称为旋光性物质，例如石英、食糖溶液、酒石酸溶液等都是旋光性较强的物质。

如图18-26所示，当偏振光沿光轴方向通过石英晶体时，其偏振面会旋转过一定的角度 θ。实验表明，

角度 θ 与光线在晶体中通过的路程成正比，即有

$$\theta = \alpha l$$

式中，α 称为晶体的旋光率。不同晶体的旋光率不同，且 α 还与光的波长有关。例如，石英对波长为 589nm 的黄光，旋光率为 $21.75°/mm$，对波长为 408nm 的紫光，旋光率为 $48.9°/mm$。

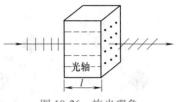

图 18-26　旋光现象

对旋光性的液体，偏振光通过时，偏振面旋转的角度 θ 除了与光线在晶体中通过的路程成正比外，还与液体的浓度有关。

同一种旋光物质由于使光振动面旋转的方向不同，分为左旋和右旋。迎着光线望去，光振动面沿顺时针方向旋转的称为右旋物质，反之称为左旋物质。

1825 年，菲涅耳对旋光现象做了解释，他假设偏振光是由频率相同而旋转方向相反的两个圆偏振光组成，而这两种圆偏振光在物质中的速度不同。如图 18-27 所示，设晶体中右旋圆偏振光的速度 v_R 大于左旋圆偏振光的速度 v_L。在进入旋光物质前时刻，设偏振光光振动达到最大振幅。此时两个圆偏振光的电矢量 E_R 和 E_L 开始从偏振方向分别向右、左方向转动。在旋光物质中通过相同的路程，而在离开旋光物质的时刻，E_R 转过的角度 φ_R 比 E_L 转过的角度 φ_L 大，两者合振动方向已转过的角度 θ 由图 18-27 可看出为

$$2\theta = \varphi_R - \varphi_L = \frac{2\pi l}{\lambda}(n_L - n_R)$$

$$\theta = \frac{\pi}{\lambda}(n_L - n_R)l$$

式中，n_L 和 n_R 分别为旋光物质对左旋和右旋圆偏振光的折射率。上式说明，偏振光的偏振面旋转的角度与光线在旋光物质中通过的路程成正比。

图 18-27　旋光现象解释

为了验证自己的假设，菲涅耳曾用左旋（L）和右旋（R）石英棱镜交替胶合做成组合棱镜，如图 18-28 所示。当一束偏振光垂直入射时，在第一块晶体内两束圆偏振光不分离。当越过第一交界面时，由于右旋光的速度由大变小，相对折射率大于 1，所以右旋光靠近法线折射；而左旋光的速度由小变大，相对折射率小于 1，所以左旋光将远离法线折射。这样，两束圆偏振光就分开了。以后的几个分界面都有使两束圆偏振光分开的角度放大的作用，最后射出棱镜时就形成了两束分开的圆偏振光。

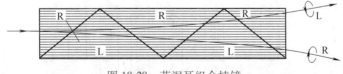

图 18-28　菲涅耳组合棱镜

石英晶体的旋光性是由于其中的原子排列具有螺旋形结构，而左旋石英和右旋石英中螺旋绕行的方向不同。无论内部结构还是天然外形，左旋和右旋晶体均互为镜像，如图 18-29 所示。溶液的左右旋光性是其中分子本身特殊结构引起的。如蔗糖分子，它们的原子组成是一样的，当空间结构不同时，这两种分子叫同分异构体，它们的结构也互为镜像，如图 18-30 所示。

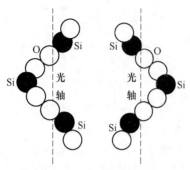
图 18-29 石英晶体的原子排列

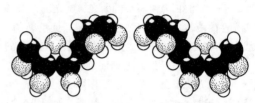
图 18-30 蔗糖分子的同分异构体

令人不解的是，人工合成的同分异构体，如左旋糖和右旋糖，总是左右旋分子各半，而来自生命物质的同分异构体，如由蔗糖或甜菜榨出来的蔗糖以及生物体内的葡萄糖则都是右旋的。生命总是选择右旋糖消化吸收，而对左旋糖不感兴趣。

利用人为方法也可产生旋光性，其中最重要的是磁致旋光，又称法拉第旋转效应。当偏振光通过磁性物质时，如果沿光的方向加磁场，就能发现偏振光的振动面也转过了一个角度。利用材料的这种性质可以制成光隔离器，控制光的传播。

二、"天极"伽马暴偏振探测仪

"天极"伽马暴偏振探测仪（POLAR），又称为"天极"望远镜，是由中国科学院高能物理研究所、瑞士日内瓦大学、瑞士保罗谢尔研究所和波兰核物理研究所等单位联合研制的世界上首台大面积、大视场、高精度的探测仪。2013 年 8 月完成初样研制，转入正样研制，2015 年完成正样研制，2016 年 9 月 15 日随"天宫二号"空间实验室发射升空。

伽马暴偏振探测仪的主要科学目标是高精度且系统性地测量伽马射线暴的偏振性质。如图 18-31 所示，该仪器由偏振探测器和电控箱两个单机组成，其中偏振探测器又由低压供电电路、高压供电电路、中心触发电路和探测单体组成，电控箱又由低压模块和主控单元组成。偏振探测器安装于天宫二号空间实验室的舱外，背对地球指向天空，可以有效地捕捉到伽马暴爆发过程中产生的伽马光子，并测量它们的偏振性质。伽马射线暴是宇宙深处大质量恒星爆发产生黑洞伴随的相对论喷流中产生的强烈伽马射线爆发现象。

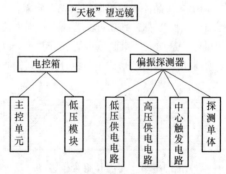
图 18-31 伽马暴偏振探测仪装置示意图

与以往其他同类型仪器相比，"天极"望远镜的有效探测面积更大，灵敏度更高，仪器标定准确，系统误差可控，数据可靠。在轨运行半年探测到 55 个伽马暴，伽马暴探测率达每年 100 个，超过设计指标，是国际上伽马暴探测率最高的探测器之一。探测数据有助于人类理解黑洞和中子星并合、太阳极端爆发等天体现象，从而了解宇宙如何演变，检验爱因斯坦的广义相对论。此外，基于 POLAR，国内首次实现了在轨观测到脉冲星并且成功实现脉冲星导航技术实验，提出了一个脉冲星导航新方法。

　　"天极"伽马暴偏振探测仪是我国载人航天工程典型的国际合作项目，其成功运行为下一代空间高能天文观测仪器的发展和进一步深化空间科学的国际合作奠定了坚实的技术基础，并且积累了宝贵的经验。后续的 POLAR-2 也已经正式入选中国空间站首批国际合作科学实验，预期 2025 年前后发射运行，其科学能力将有大幅度提高，有望为最终解决黑洞的形成和极端相对论喷流产生的重大科学问题做出关键贡献。

第 19 章　狭义相对论基础

　　前面讨论的力学都是以牛顿运动定律为基础的经典力学。牛顿力学理论是在 17 世纪形成的，在以后的两个多世纪里，牛顿力学对科学和技术的发展起了很大的推动作用，而自身也得到了很大的发展。经典力学的观点是：在所有的惯性参考系中，时间和空间的量度是绝对的，即它们不随行进的参考系而变化。直到 19 世纪末，物理学开始深入扩展到微观高速领域，并且随着电磁场理论的出现，人们对电、磁和光有了进一步的认识。于是人们发现，当物体的运动速度接近光速时，上述时空绝对量度的假定就不再成立了。所以，经典力学是宏观物体在远小于光速 c 的低速范围内运动规律的总结，故仅适用于低速范围，对于高速运动问题必须应用另外的理论，这就是爱因斯坦（A. Einstein）的相对论力学。

　　20 世纪初物理学取得了两个最伟大的成就，一个是相对论，另一个是普朗克的能量子假设。相对论是在研究传播电磁场的介质——以太的存在问题时产生的。但是，相对论的成就已经远远地超出了电磁场理论的范围，它给出了高速物体的力学规律，并从根本上改变了许多世纪以来所形成的有关时间、空间和运动的陈旧概念，建立了新的时空观，揭露了质量和能量的内在联系。尽管它的一些概念与结论和人们的日常经验大相径庭，但它已被大量实验证明是正确的理论。可以说，相对论力学既适用于低速运动、又适用于高速运动的情况，当物体做低速运动时，相对论力学就过渡为经典力学。现在，相对论已经成为现代物理学以及现代工程技术不可缺少的理论基础。本章简要讨论相对论的基础。

19.1　狭义相对论的基本原理

　　19 世纪末，在光的电磁理论发展过程中，一些科学家认为，电磁波传播和机械波一样也需要媒质，他们认为宇宙间充满一种叫作"以太"的介质，电磁波是靠以太来传播的，而且把"以太"选作是绝对静止的参考系，凡是相对于这个绝对参考系的运动叫作绝对运动，以区别于对其他参考系的相对运动。在分析与物体运动有关的电磁运动时，如果用伽利略变换对电磁现象的基本规律进行变换，则发现这些电磁规律对不同的惯性系并不具有相同的形式。似乎可以认为经典电磁学理论只有在相对于"以太"为静止的惯性系中才成立。前面说过，不能在一个惯性系中通过力学实验来发现自身所在的惯性系相对于其他惯性系的运动情况，只有借助于非力学实验才有可能实现。根据这个观点，当时有许多物理学家设计了各种实验去寻找"以太"参考系。其中，1887 年迈克耳孙（A. A. Michelson）和莫雷（E. W. Morley）的实验目的就是希望通过光学实验来测量地球相对于"以太"的速度。根据他们的设想，如果存在"以太"，而且"以太"又完全不为地球运动所拖曳，那么地球相对于"以太"的运动速度就是地球的绝对速度，利用地球绝对运动的速度和光速在方向上的不同，应该在所设计的干涉仪实验中得到某种预期的结果，从而求得地球相对于"以太"的绝对速度。迈克耳孙-莫雷的实验仪器原理在第 16 章所述的迈克耳孙干涉仪中已讲述，如图 19-1 所示，它的两臂长度 l_1 和 l_2 相等，即 $l_1=l_2$，且相互垂直。来自光源 S 的光被半涂银的镜子 C 分成两束相干光（1）和（2），光束（1）经 l_1 臂到 M 镜，反射后回到 C；光束（2）则经 l_2 臂到 M′镜，反射后也回到 C。设图中 v 是地球的绝对速度。按经典力学时空观，由于光束（1）和（2）相对于地球的速度各不相同，所以它们虽然行经相等的臂长，但所需的时间是不一样的，这种时间上的相差引起的光程差将在干涉仪中看到某种干涉条纹。如果再把仪器旋转 90°，使光束（1）和（2）相对于地球的速度发生变化，这样，它们通过两臂的时间差也随之发生变化，根据光波的干涉原理，其结果必然引起干涉条纹相应的移动。但是，迈克耳孙和莫雷在不同地理、不同季节条件下多次进行实验，却始终看不到干涉条纹的移动。值得深思的是：原本为验证"以太"参考系而进行的实验，却提出了否定"以太"参考

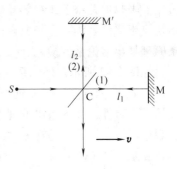

图 19-1　迈克耳孙-莫雷实验示意图

系的证据，狭义相对论正是在这种条件下破土而出的，我们将仅对惯性系的相对论称为狭义相对论。

1905 年，爱因斯坦撇开了"以太"假说和绝对参考系的观点，在分析前人各种实验的基础上，极具创新性地提出下述两条假设，作为狭义相对论的两条基本原理：

1. 相对性原理

物理定律在一切惯性参考系中都具有相同的数学表达形式。也就是说，在所有惯性系中描述的物理现象都是等价的。可以看出，狭义相对论的相对性原理不同于伽利略的相对性原理，它是伽利略相对性原理的推广。伽利略相对性原理说明了一切惯性系对力学规律的等价性，而狭义相对论的相对性原理却把这种等价性推广到包括力学定律和电磁学定律在内的一切自然规律上。这样"以太"假说就是不必要的了。

2. 光速不变原理

在彼此相对做匀速直线运动的任一惯性参考系中，所测得的光在真空中的传播速度都是相等的。这个原理说明真空中的光速是个恒量，它和惯性参考系的运动状态没有关系。光速不变原理直接否定了伽利略变换。按照伽利略变换，光速与观察者和光源之间的相对运动有关。光速不变原理已经在许多近代物理实验中被证实，如 1964 年到 1966 年，欧洲核子中心（CERN）在质子同步加速器中做了有关光速的精密实验测量，直接验证了光速不变原理，实验的结果是，在同步加速器中产生的 π 介子以 0.999 75c 的高速飞行，它在飞行中发生衰变，辐射出能量为 $6×10^9$eV 的光子，测得光子的实验室速度值仍是 c。在天文观察中也确定了光速不变原理。

按照光速不变原理可以很简单地解释迈克耳孙-莫雷的实验结果，因为在仪器中沿两臂来回传播的光速都是 c，所以两光束同时达到望远镜，不会有预期的时间差。

19.2 洛伦兹坐标变换式

爱因斯坦根据上述狭义相对论的两条基本原理建立了新的坐标变换公式，即洛伦兹（H. A. Lorentz）坐标变换式，用以代替伽利略坐标变换式（洛伦兹是一位理论物理学家，是经典电子论的创始人之一。其实当时他并不具有相对论的思想，对时空的观点并不正确，而爱因斯坦则是给予正确解释的第一人）。这种新的时空坐标变换关系以洛伦兹命名是因为最初是由洛伦兹为弥合经典理论中所暴露的缺陷而建立起来的。下面我们从狭义相对论的两条原理导出洛伦兹变换。

如图 19-2 所示，坐标系 S′以速度 u 相对于坐标系 S 做匀速直线运动，三对坐标轴分别平行，u 沿 x 轴正方向，x 轴与 x' 轴平行，且当 $t'=t=0$ 时，原点 O 与 O' 重合。设 P 为被观察的某一事件，在 S 系中的观察者看来，它是在 t 时刻发生在 (x,y,z) 处的，而在 S′系中的观察者看来，它却是在 t' 时刻发生在 (x',y',z') 处。这样，在表示同一事件的时空坐标 (x,y,z,t) 和 (x',y',z',t') 之间的洛伦兹变换关系中，$y=y'$，$z=z'$ 是显见的；其间的 x 和 t 所遵从的洛伦兹变换关系推导如下。

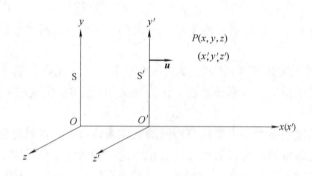

图 19-2 洛伦兹变换

根据相对性原理，从 S 系及 S′系观察同一事件所得的结果必须是一一对应的，要求变换必须是线性的。所以，必须认为时间和空间都是均匀的，它们之间的变换关系才能是线性关系。此外，还要求这个变换能在 $u \ll c$ 时必须转化为伽利略变换。据此，参考伽利略变换有

$$x = x' + ut'$$
$$x' = x - ut$$

按上述变换要求可写出变换式为

$$x = k(x' + ut') \tag{19-1a}$$
$$x' = k'(x - ut) \tag{19-1b}$$

根据狭义相对论的相对性原理，S 和 S′是等价的。这样，上面两个等式的形式就应该相同（除正负符号外），所以两式中的比例常数 k 和 k' 应该相等，取为 k，故有

$$x' = k(x - ut) \tag{19-2}$$

为了确定 k 值，必须根据光速不变原理，假设 $t = t' = 0$ 时从两惯性系的共同原点发出一光信号。那么，在任一瞬时 t，S 系的观察者在 t 时刻测出这光信号的波阵面在 x 轴的坐标为

$$x = ct$$

S′系的观察者在 t' 时刻测出这光信号的波阵面在 x' 轴的坐标为

$$x' = ct'$$

将这两式代入式（19-1a）和式（19-2），得

$$ct = k(ct' + ut') = kt'(c + u)$$
$$ct' = k(ct - ut) = kt(c - u)$$

上两式相乘得

$$c^2 tt' = k^2(c^2 - u^2) tt'$$

由此得

$$k^2 = \frac{c^2}{c^2 - u^2}$$

$$k = \frac{1}{\sqrt{1 - \dfrac{u^2}{c^2}}} \tag{19-3}$$

因为当 $x' > 0$ 及 $t' > 0$ 时，$x > 0$，故 k 取正值。将 k 值代入式（19-1）和式（19-2）得

$$x = \frac{x' + ut'}{\sqrt{1 - \dfrac{u^2}{c^2}}} \tag{19-4}$$

$$x' = \frac{x - ut}{\sqrt{1 - \dfrac{u^2}{c^2}}} \tag{19-5}$$

将式（19-5）代入式（19-4）可消去 x' 得

$$t' = \frac{t - \dfrac{u}{c^2}x}{\sqrt{1 - \dfrac{u^2}{c^2}}} \tag{19-6}$$

同理，联立式（19-4）和式（19-5）消去 x 得

$$t = \frac{t' + \dfrac{u}{c^2}x'}{\sqrt{1 - \dfrac{u^2}{c^2}}} \tag{19-7}$$

总结上述各式得洛伦兹变换式为

$$\begin{cases} x' = \dfrac{x - ut}{\sqrt{1 - \dfrac{u^2}{c^2}}} \\ y' = y \\ z' = z \\ t' = \dfrac{t - \dfrac{u}{c^2}x}{\sqrt{1 - \dfrac{u^2}{c^2}}} \end{cases} \tag{19-8}$$

其逆变换为

$$\begin{cases} x = \dfrac{x' + ut'}{\sqrt{1 - \dfrac{u^2}{c^2}}} \\ y = y' \\ z = z' \\ t = \dfrac{t' + \dfrac{u}{c^2}x'}{\sqrt{1 - \dfrac{u^2}{c^2}}} \end{cases} \tag{19-9}$$

若引用狭义相对论常用记号

$$\beta = \frac{u}{c}, \quad \gamma = \frac{1}{\sqrt{1 - \dfrac{u^2}{c^2}}} = \frac{1}{\sqrt{1 - \beta^2}}$$

则式（19-8）和式（19-9）可写为

$$\begin{cases} x' = \gamma(x - ut) \\ y' = y \\ z' = z \\ t' = \gamma\left(t - \dfrac{u}{c^2}x\right) \end{cases} \quad 和 \quad \begin{cases} x = \gamma(x' + ut') \\ y = y' \\ z = z' \\ t = \gamma\left(t' + \dfrac{u}{c^2}x'\right) \end{cases} \tag{19-10}$$

对于低速情况，$u \ll c$，$\beta \to 0$，$\gamma \to 1$，故式（19-10）化为

$$\begin{cases} x' = x - ut \\ y' = y \\ z' = z \\ t' = t \end{cases} \quad 和 \quad \begin{cases} x = x' + ut' \\ y = y' \\ z = z' \\ t = t' \end{cases} \tag{19-11}$$

式（19-11）就是伽利略变换及其逆变换，即在低速情况下洛伦兹变换可以转换为伽利略变换。

从洛伦兹变换式中还可看出，当 $u > c$ 时，$\gamma = (1 - u^2/c^2)^{-1/2}$ 成为虚数，这时洛伦兹变换失去意义。从这意义上说，自然界中任何物体的速度都不可能大于光速 c，光速 c 是自然界

中存在的极限速度，这已被现代科学实践所证实。

在洛伦兹变换中，不仅 x' 是 x、t 的函数，而且 t' 也是 x、t 的函数，并且还都与两个惯性系之间的相对速度 u 有关，这表明，洛伦兹变换集中地反映了相对论关于时间、空间和物质运动三者紧密联系的新观念。在牛顿力学中，时间、空间和物质运动三者都是相互独立、彼此无关的。

【例 19-1】　甲乙两人所乘飞行器沿 x 轴做相对运动。甲测得两个事件的时空坐标为 $x_1 = 6 \times 10^4$ m，$y_1 = z_1 = 0$，$t_1 = 2 \times 10^{-4}$ s，$x_2 = 12 \times 10^4$ m，$y_2 = z_2 = 0$，$t_2 = 1 \times 10^{-4}$ s，如果乙测得这两个事件同时发生于 t' 时刻，问：

（1）乙对于甲的运动速度是多少？

（2）乙所测得的两个事件的空间间隔是多少？

【解】　（1）设乙相对于甲的运动速度为 u，由洛伦兹变换可知，乙所测得的这两个事件的时间间隔应为

$$t_2' - t_1' = \frac{(t_2 - t_1) - \frac{u}{c^2}(x_2 - x_1)}{\sqrt{1 - \beta^2}}$$

按题意，$t_2' - t_1' = 0$，代入已知数据，有

$$t_2' - t_1' = \frac{(1 - 2') \times 10^{-4} - \frac{u}{c^2}(12 - 6) \times 10^4}{\sqrt{1 - \beta^2}} = 0$$

将 $c = 3 \times 10^8$ m/s 代入可得

$$u = -\frac{c}{2}$$

（2）由洛伦兹变换可知乙所测得的这两个事件的空间间隔为

$$x_2' - x_1' = \frac{(x_2 - x_1) - u(t_2 - t_1)}{\sqrt{1 - \beta^2}}$$

$$= \frac{(12 - 6) \times 10^4 - (-1.5 \times 10^8) \times (1 - 2) \times 10^{-4}}{\sqrt{1 - 0.5^2}} \text{m} = 5.2 \times 10^4 \text{m}$$

19.3　相对论速度变换公式

与伽利略速度变换式类似，可以根据洛伦兹坐标变换导出相对论速度变换公式。在 S 系中的速度表达式为

$$v_x = \frac{\mathrm{d}x}{\mathrm{d}t}, \quad v_y = \frac{\mathrm{d}y}{\mathrm{d}t}, \quad v_z = \frac{\mathrm{d}z}{\mathrm{d}t}$$

在 S′ 系中的速度表达式为

$$v_x' = \frac{\mathrm{d}x'}{\mathrm{d}t'}, \quad v_y' = \frac{\mathrm{d}y'}{\mathrm{d}t'}, \quad v_z' = \frac{\mathrm{d}z'}{\mathrm{d}t'}$$

由式（19-10）可求导得

$$\mathrm{d}x' = \gamma(\mathrm{d}x - u\mathrm{d}t)$$

$$dt' = \gamma \left(dt - \frac{u}{c^2}dx \right)$$

$$dy' = dy, \quad dz' = dz$$

可得

$$v_x' = \frac{dx'}{dt'} = \frac{dx - udt}{dt - \frac{u}{c^2}dx}$$

即有

$$v_x' = \frac{v_x - u}{1 - \frac{u}{c^2}v_x}, \quad v_y' = \frac{v_y\sqrt{1-\beta^2}}{1 - \frac{u}{c^2}v_x}, \quad v_z' = \frac{v_z\sqrt{1-\beta^2}}{1 - \frac{u}{c^2}v_x}$$

其逆变换为

$$v_x = \frac{v_x' + u}{1 + \frac{u}{c^2}v_x'}, \quad v_y = \frac{v_y'\sqrt{1-\beta^2}}{1 + \frac{u}{c^2}v_x'}, \quad v_z = \frac{v_z'\sqrt{1-\beta^2}}{1 + \frac{u}{c^2}v_x'} \quad (19\text{-}12)$$

由相对论速度变换公式可以得出如下结论:

1) 当速度 u、v 远小于光速 c 时,相对论速度变换式就转化为伽利略速度变换式

$$v' = v - u$$

这表明,在一般低速情况中,伽利略速度变换仍是适用的。只有当 u、v 接近于光速时,才需使用相对论速度变换。

2) 设想从 S′系的坐标原点 O' 沿 x' 方向发射一光信号,在 S′系中观察者测得光速 $v' = c$,在 S 系中的观察者,按相对论速度变换公式,算得该光信号的速度为

$$v = \frac{v' + u}{1 + \frac{u}{c^2}v'} = \frac{c + u}{1 + \frac{uc}{c^2}} = c$$

可见,光信号对 S 系和 S′系的速度都是 c,由于 u 是任意的,因而在任一惯性系中光速都是 c,即使在 $v = c$ 的极端情况,光速仍为 c,说明相对论速度变换遵从光速不变原理。

【例19-2】 在地面上测到有两个飞船 a、b 分别以 $+0.9c$ 和 $-0.9c$ 的速度沿相反方向飞行,如图 19-3 所示。求飞船 a 相对于飞船 b 的速度。

【解】 设 S 系被固定在飞船 b 上,则飞船 b 在其中为静止,而地面对此参考系以 $u = 0.9c$ 的速度运动。依题意,飞船 a 相对于地面的速度为 $0.9c$。则飞船 a 相对于飞船 b 的速度亦即相对 S 系的速度为

$$v_x = \frac{v_x' + u}{1 + \frac{u}{c^2}v_x'} = \frac{0.9c + 0.9c}{1 + \frac{0.9 \times 0.9c^2}{c^2}} = \frac{1.80c}{1.81} = 0.994c$$

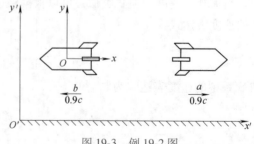

图 19-3 例 19-2 图

如用伽利略速度变换进行计算,结果为

$$v_x = v_x' + u = 0.9c + 0.9c = 1.8c > c$$

两者大相径庭，相对论给出 $v_x < c$。一般地说，按相对论速度变换，在 u 和 v' 都小于 c 的情况下，v 不可能大于 c。

19.4　狭义相对论时空观

可以看出，狭义相对论提出了一种不同于经典力学的全新的时空观。按照经典力学的观点，相对于一个惯性系，在不同地点同时发生的两个事件，相对于另一个与之做相对运动的惯性系而言也是同时发生的，即同时是绝对的。但相对论指出，同时性问题是相对的，不是绝对的。即在某个惯性系中在不同地点同时发生的两个事件，相对于另一个惯性系，就不一定是同时的了。时空的量度将因惯性系的选择而有所不同，这是狭义相对论时空观的具体反映。下面从洛伦兹变换式出发分别讨论时空的相对性。

19.4.1　"同时"的相对性

爱因斯坦认为：凡是与时间有关的一切判断，总是和"同时"这个概念相联系的。比如说"某列火车 7 点钟到达这里"，其意思指的是我的表指在 7 点和火车到达是同时的事件。如果从相对论基本假设出发，可以证明，在某个惯性系中同时发生的两个事件，在另一相对它运动的惯性系中并不一定同时发生。这一结论叫作同时的相对性。

为了说明同时的相对性，设想一辆高速匀速前进的列车为 S′系，车头和车尾分别装有两个标记 A′ 和 B′，如图 19-4 所示。当它们分别和地面（S 系）上的两个标记 A 和 B 重合时，各自发出一个闪光，在 AB 的中点 C 与 A′ 和 B′ 的中点 C′ 分别装有接收光信号的仪器。假设 A 与 A′ 和 B 与 B′ 重合时发出的两个光信号被装在地面固定点 C 的仪器"同时"接收到了，这就是说，这两个发生在不同地点的事件在 S 系的观察者（C 点）看来是同时发生的。而在 S′系观察者（C′点）看来是不是同时发生的呢？由于光信号从发出地点传递到 C 与 C′ 点是需要时间的，在这段时间内，列车向前运动着，所以从 AA′ 发出的光信号应先到达 C′ 点，再到达 C 点，而从 BB′ 发出的光信号则应先到达 C 点，再到达 C′点。在 S′系的观察者看来，列车中点 C′ 的仪器将先接收到来自前方 A′ 的闪光，然后再收到来自后方 B′ 的闪光。这两个发生在不同地点的事件不是同时发生的。由此可知，发生在不同地点的两个事件的同时性不是绝对的，而是相对的。下面用洛伦兹变换证明。

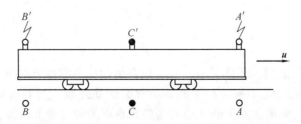

图 19-4　同时相对性的假设实验

假设在坐标系 S 中的观察者测得这两个事件同时发生的地点和时刻分别是 (x_1, y_1, z_1, t)

和 (x_2, y_2, z_2, t)。由洛伦兹变换公式可求出坐标系 S′中的观察者测得这两个事件的发生时刻为

$$t_1' = \frac{t - \dfrac{u}{c^2}x_1}{\sqrt{1 - \beta^2}}, \ \ t_2' = \frac{t - \dfrac{u}{c^2}x_2}{\sqrt{1 - \beta^2}}$$

$$t_2' - t_1' = \frac{\dfrac{u}{c^2}(x_1 - x_2)}{\sqrt{1 - \beta^2}}$$

在上式中，因 x_1 不同于 x_2，所以 $t_2' - t_1' \neq 0$，就是说在坐标系 S′中的观察者测得的这两个事件是先后发生的，其时间间隔为

$$\Delta t' = \frac{\dfrac{u}{c^2}(x_1 - x_2)}{\sqrt{1 - \beta^2}}$$

19.4.2 时间的相对性（时间膨胀）

在上述的讨论中得出，在不同惯性系中"同时"是一个相对的概念。那么，两个事件的时间间隔或一个过程的持续时间也应与参考系有关。

假设在坐标系 S 中的某点 $x = s$ 处，某事件发生了一个过程，由坐标系 S 来量度时，这个过程开始于 t_1，终止于 t_2，所经历的时间间隔是 $\Delta t = t_2 - t_1$。我们定义：在相对于过程发生的地点为静止的参考系中测得的时间间隔为"固有时"，用 τ_0 表示。在这种情形中，$\Delta t = t_2 - t_1$ 就是固有时 τ_0。

当从坐标系 S′中进行观测时，认为这一过程经历的时间 $\Delta t' = t_2' - t_1'$ 是"运动时"，用 τ 表示。根据洛伦兹变换，运动时 τ 为

$$\tau = t_2' - t_1' = \frac{t_2 - \dfrac{u}{c^2}x}{\sqrt{1 - \beta^2}} - \frac{t_1 - \dfrac{u}{c^2}x}{\sqrt{1 - \beta^2}}$$

$$= \frac{t_2 - t_1}{\sqrt{1 - \beta^2}} = \frac{\tau_0}{\sqrt{1 - \beta^2}}$$

即

$$\tau = \frac{\tau_0}{\sqrt{1 - \beta^2}} = \gamma \tau_0 \tag{19-13}$$

因为 $\gamma > 1$，所以运动时大于固有时，或者说在运动的参考系中观测，事物变化过程的时间间隔变大了，狭义相对论中将这种时间效应称为时间膨胀。如果用钟走的快慢来说明就是，S 系中的观察者总觉得相对于他运动的那只 S′系中的钟变慢了。即相对于事件发生的地点做相对运动的惯性系 S′中所测出的时间比相对于事件发生地点为静止的惯性系 S 中所测的时间长，因此说时间是相对的。在不同的惯性系中共同的结论是：对本惯性系做相对运动的钟变慢。最后要强调的是，时间膨胀或动钟变慢是相对运动的效应，并不是事物内部机制或

钟的内部结构有什么变化，它不过是时间量度具有相对性的客观反映。近代物理实验已证实了相对论的时间膨胀结论的正确性。

【例 19-3】　一飞船以 $9 \times 10^3 \text{m/s}$ 的速率相对于地面（假定为惯性系）匀速飞行。飞船上的钟走了 5s 的时间，用地面上的钟测量是经过了多少时间？

【解】　依题意，固有时为 5s，地面上的钟测出的为运动时，为

$$\tau = \frac{\tau_0}{\sqrt{1-\beta^2}} = \frac{5}{\sqrt{1-\left(\dfrac{9\times 10^3}{3\times 10^8}\right)^2}} \text{s} \approx 5.000\,000\,002\text{s}$$

此结果说明，对于飞船的速率来说（虽然看来飞船的速率很大），时间膨胀效应实际上是很难测量出来的。

【例 19-4】　带正电的 π 介子是一种不稳定的粒子。当它静止时，平均寿命为 $2.5 \times 10^{-8} \text{s}$，过后即衰变为一个 μ 介子和一个中微子。今产生一束 π 介子，在实验室测得它的速率为 $0.99c$，并测得它在衰变前通过的平均距离为 52m。这些测量结果是否一致？

【解】　如果用平均寿命和速率相乘，即

$$\Delta l = 0.99 \times 3 \times 10^8 \times 2.5 \times 10^{-8} \text{m} = 7.4\text{m}$$

这显然和实验结果不符合。若考虑相对论效应，2.5×10^{-8}s 是静止 π 介子的平均寿命，为固有时，当 π 介子运动时，在实验室测得的平均寿命应为

$$\tau = \frac{\tau_0}{\sqrt{1-\beta^2}} = \frac{2.5\times10^{-8}}{\sqrt{1-\left(\dfrac{0.99c}{c}\right)^2}}\text{s} = 1.8\times10^{-7}\text{s}$$

在实验室测得它衰变前通过的平均距离应为

$$\Delta l' = 0.99 \times 3 \times 10^8 \times 1.8 \times 10^{-7}\text{m} = 53\text{m}$$

这和实验结果符合得很好。

这是符合相对论的一个高能粒子的实验。实际上，近代高能粒子实验每次都在验证相对论，而相对论也每次都得到了证实。

19.4.3　长度的相对性（长度收缩）

根据洛伦兹变换，不仅时间的量度和参考系有关，长度的量度和参考系也有关。假设有一根固定在坐标系 S 中的直杆，它沿 x 轴的长度在 S 系中量度是 $l_0 = x_2 - x_1$，现在由运动坐标系 S′ 在某一时刻 t' 进行量度，测得该直杆的长度是 $l = x'_2 - x'_1$。相对论的观点是物体的长度相对于观察者为静止时与相对于观察者为运动时的量度情况是不相同的。在杆相对于观察者为静止（即在 S 系中观察）时，观察者对静止的杆两个端点坐标的测量，不论同时进行还是不同时进行，都不会影响测量的结果。我们把这种长度叫作该物体的固有长度或静长。上述 S 系中量度的 l_0 就是杆的固有长度。

如果杆相对于观察者运动（即在 S′ 系中观察）时，观察者对杆两个端点坐标的测量就必须同时进行，才能由此求出运动的杆的长度，否则，由先后测得的两端点坐标之差是不能代表运动杆的长度的。上述的 S′ 系中量度的 l 就是这种运动的杆的长度，所以必须强调两端是在某一时刻 t' 同时测量的。

下面根据洛伦兹变换来分析杆的静长 l_0 与运动长 l 之间的关系。

由于杆相对 S 是运动的，设用 u 表示杆相对 S 系的运动速率，用 x_1、x_2 和 x_1'、x_2' 分别代表杆沿 x 与 x' 轴方向长度的两个端点在坐标系 S 和 S′ 中的坐标，因为 x_1'、x_2' 都是在 t' 时刻测得的，所以根据式（19-10）有

$$x_1 = \frac{x_1' + ut'}{\sqrt{1 - \beta^2}} = \gamma(x_1' + ut')$$

$$x_2 = \frac{x_2' + ut'}{\sqrt{1 - \beta^2}} = \gamma(x_2' + ut')$$

上两式相减得

$$l_0 = x_2 - x_1 = \frac{x_2' - x_1'}{\sqrt{1 - \beta^2}} = \gamma(x_2' - x_1') = \gamma l$$

或

$$l = x_2' - x_1' = \sqrt{1 - \beta^2}(x_2 - x_1) = \frac{l_0}{\gamma} \tag{19-14}$$

因为 $\gamma > 1$，所以运动长度小于固有长度，固有长度（静长）最长。因此，我们的结论是，在相对物体有运动速度 u 的参考系中测得的沿运动速度 u 方向的物体长度 l，总比与物体相对静止的参考系中测得的固有长度 l_0 短，这个效应叫作长度收缩。

因为 $y = y'$，$z = z'$，可得与相对速度 u 方向相垂直的长度是不变的。

【例 19-5】 固有长度 $l_0 = 5\text{m}$ 的飞船以 $9 \times 10^3 \text{m/s}$ 的速率相对于地面（假定为惯性系）匀速飞行，相对于地面它的长度是多少？

【解】 依题意，固有长度为 5m，飞船运动时相对于地面它的长度为

$$l = l_0 \sqrt{1 - \beta^2} = 5 \times \sqrt{1 - \left(\frac{9 \times 10^3}{3 \times 10^8}\right)^2} \text{m} \approx 4.999\,999\,998\text{m}$$

此结果同样说明对于飞船的速率来说（虽然看来飞船的速率很大），长度缩短效应实际上是很难测量出来的。

【例 19-6】 参考例 19-4，试从 π 介子在其中静止的参考系来考虑 π 介子的平均寿命。

【解】 在前面提到的 π 介子实验中，也可认为整个实验室相对于 π 介子以 $0.99c$ 的速度运动，因此，实验室测得的距离 $l = 52\text{m}$ 为运动长度，在 π 介子参考系中测得的为固有长度，实验室长度服从长度收缩效应。这样，实验室相对 π 介子经历过的实验室距离为

$$l_0 = l \sqrt{1 - \beta^2} = 52 \times \sqrt{1 - (0.99)^2} \text{m} \approx 7.3\text{m}$$

实验室飞过这一段距离所用的时间为

$$\Delta t = \frac{l_0}{u} = \frac{7.3\text{m}}{0.99c} = 2.5 \times 10^{-8}\text{s}$$

这正好是静止 π 介子的平均寿命。

上式的例子说明，长度收缩效应完全是一种相对论效应，当物体运动速度大到可以和光速比拟时，这个效应是显著的；如果物体速度 $u \ll c$，$l_0 \approx l$，这个收缩效应微乎其微，可不考虑。

19.5　狭义相对论动力学基础

19.5.1　相对论质量

在牛顿力学中，质点的动量是 $p=mv$，在相对论力学中，动量的表达式仍然不变；动量守恒定律仍然被认为是一条基本的物理定律。不同的是，在牛顿力学中，质量被认为是与物体的运动速率无关的恒量，而相对论力学是基于洛伦兹变换的，自然认为物体的质量和自身的运动速率有关。

如图 19-5 所示，设想在 S'系中有一粒子，原来静止于原点 O'，在某时刻此粒子分裂为完全相等的两半 A、B，分别沿 x'轴的正反方向运动，根据动量守恒定律，这两半的速率应该相等，设为 u。设有另一参考系 S，以 u 的速率沿 x'负方向运动，在此参考系中，A 是静止的，B 以 2u 的速率沿 x 轴正向运动。若用 m_A 和 m_B 分别表示 A、B 的质量。A 相对 S 系的速度为零，根据洛伦兹变换，B 相对于 S 系的速度为

$$v_B = \frac{2u}{1 + \dfrac{u^2}{c^2}} \tag{19-15}$$

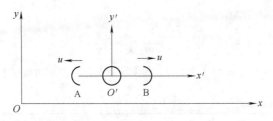

图 19-5　质量相对性的假设实验

方向沿 x 轴正向。粒子在分裂前相对于 S 系的速度，即 O'的速度为 u，设分裂前粒子的总质量为 $m_总$，它的动量为 $m_总 u$，分裂后两个粒子的总动量为 $m_B v_B$，根据动量守恒定律，应有

$$m_总 u = m_B v_B$$

可以认为，在 S 系中粒子在分裂前后质量是守恒的，即 $m_总 = m_A + m_B$，上式可写为

$$(m_A + m_B)u = \frac{2m_B u}{1 + \dfrac{u^2}{c^2}}$$

由上式可知，若按牛顿力学中质量与速率无关的观点，$m_A = m_B$，显然上式不能成立，就是说动量也不守恒了。为了使动量守恒定律在任何惯性系中都成立，且 $p=mv$ 形式不变，就不能认为质量与速率无关，而应该认为质量是自身速率的函数。这样，$m_A \neq m_B$，由上式可得

$$m_B = m_A \frac{1 + u^2/c^2}{1 - u^2/c^2} \tag{19-16}$$

联立式（19-15）、式（19-16）消去 u，可得

$$m_B = \frac{m_A}{\sqrt{1 - v_B^2/c^2}}$$

将上式写成普遍意义的形式：因为粒子 A 相对 S 系静止，它的质量称为静质量，用 m_0 表示，B 粒子是运动的，若用 v 表示运动粒子的速率，用 m 表示运动质量，则上式可写为

$$m = \frac{m_0}{\sqrt{1 - v^2/c^2}} \qquad (19\text{-}17)$$

这质量 m 也称为相对论质量。上式表示物体的相对论质量和它速率的关系，可以看出，同一个粒子相对于不同的参考系有不同的速率 v，故相对于不同的参考系，同一个粒子具有不同的相对论质量。

当 $v \ll c$ 时式（19-17）给出 $m \approx m_0$，可以认为物体的质量与速率无关，这是牛顿力学中的情况。可看出牛顿力学是相对论力学在 $v \ll c$ 时的近似。

一般而言，宏观物体所能达到的速度范围内，质量随速率的变化都是可以忽略不计的。但在微观粒子的实验中，粒子的速率经常可以很大，甚至接近光速，这时质量随速率的改变会非常显著。

【例 19-7】 电子在加速器中被加速到速率为 $0.98c$，此时电子的质量为其静止质量的多少倍？

【解】 由式（19-17）得

$$m = \frac{m_0}{\sqrt{1 - 0.98^2}} = 5.03 m_0$$

由式（19-17）还可看出，$v > c$ 时，m 将成为虚数，无实际意义，这也说明真空中的光速 c 是一切物体的极限速度。

19.5.2 相对论力学的基本方程

通过前面的讨论我们知道，在不同惯性系内，时空坐标遵守洛伦兹变换关系，所以要求物理规律符合相对性原理，也就是要求它们在洛伦兹变换下保持不变。在相对论力学中仍然定义质点动量的变化率为质点所受的力，即

$$\boldsymbol{F} = \frac{\mathrm{d}\boldsymbol{p}}{\mathrm{d}t} = \frac{\mathrm{d}}{\mathrm{d}t}(m\boldsymbol{v}) \qquad (19\text{-}18)$$

这里必须指明，牛顿第二定律用加速度表示的形式为 $F = ma = m\dfrac{\mathrm{d}v}{\mathrm{d}t}$，由于 m 随 v 变化，可以说牛顿第二定律用加速度表示的形式对伽利略变换是不变式，对洛伦兹变换不是不变式，所以它在相对论力学中不再成立。

根据式（19-17），相对论动量可表示为

$$\boldsymbol{p} = m\boldsymbol{v} = \frac{m_0\boldsymbol{v}}{\sqrt{1 - v^2/c^2}} \qquad (19\text{-}19)$$

这样，式（19-18）可写为

$$F = \frac{\mathrm{d}\boldsymbol{p}}{\mathrm{d}t} = \frac{\mathrm{d}}{\mathrm{d}t}\left(\frac{m_0\boldsymbol{v}}{\sqrt{1 - v^2/c^2}}\right) \qquad (19\text{-}20)$$

式（19-20）就是相对论力学的基本方程。

19.5.3　质量和能量的关系

当外力作用在静止质量为 m_0 （$v_0 = 0$）的自由质点上时，质点每经历位移 $\mathrm{d}\boldsymbol{r}$，根据动能定理，其动能的增量为

$$\mathrm{d}E_k = \boldsymbol{F} \cdot \mathrm{d}\boldsymbol{r}$$

用 E_k 表示粒子速率为 v 时的动能，则

$$E_k = \int_0^v \boldsymbol{F} \cdot \mathrm{d}\boldsymbol{r} = \int_0^v \frac{\mathrm{d}}{\mathrm{d}t}(m\boldsymbol{v}) \cdot \mathrm{d}\boldsymbol{r} = \int_0^v \boldsymbol{v} \cdot \mathrm{d}(m\boldsymbol{v})$$

因为

$$\boldsymbol{v} \cdot \mathrm{d}(m\boldsymbol{v}) = m\boldsymbol{v} \cdot \mathrm{d}\boldsymbol{v} + \boldsymbol{v} \cdot \boldsymbol{v}\mathrm{d}m$$

若仅考虑粒子的一维运动情况，上式为

$$v\mathrm{d}(mv) = mv\mathrm{d}v + v^2\mathrm{d}m$$

由式（19-17）可得

$$m^2c^2 - m^2v^2 = m_0^2c^2$$

上式两边求微分，有

$$2mc^2\mathrm{d}m - 2vm^2\mathrm{d}v - 2mv^2\mathrm{d}m = 0$$

即

$$c^2\mathrm{d}m = vm\mathrm{d}v + v^2\mathrm{d}m$$

将上式代入求 E_k 的积分式中得

$$E_k = \int_{m_0}^m c^2\mathrm{d}m$$

结果为

$$E_k = mc^2 - m_0c^2 = \frac{m_0c^2}{\sqrt{1 - v^2/c^2}} - m_0c^2 \qquad (19\text{-}21)$$

式（19-21）即为相对论动能公式，式中的 m 为相对论质量。式（19-21）表示相对论质量和能量的关系，也称为物体的**质能关系式**。

由上述讨论可以看出，相对论的动量变化率公式（19-18）和动量公式（19-19）在形式上都与经典力学的公式一样，只是把公式中的 m 看成相对论质量，即用式（19-17）代入即可。但是，相对论的动能公式中即使将 m 看成相对论质量，用式（19-17）代入，与牛顿力学中的动能公式在形式上还是不同的。

其实，当 $v \ll c$ 时，对于式（19-21）中右边第一项的分母可以展开为

$$\frac{1}{\sqrt{1 - v^2/c^2}} = 1 + \frac{1}{2}\frac{v^2}{c^2} + \frac{3}{8}\frac{v^4}{c^4} + \cdots \approx 1 + \frac{1}{2}\frac{v^2}{c^2}$$

将上式代入式（19-21）有

$$E_k = m_0c^2\left(1 + \frac{1}{2}\frac{v^2}{c^2}\right) - m_0c^2 = \frac{1}{2}m_0v^2$$

即当物体速度远小于光速时，上式和牛顿力学中的动能表达式完全一样。在一般情况下，动能要用式（19-21）计算。关于静止能量的利用，在近代原子能利用中已获实现。实际中，质能关系式在近代物理研究中非常重要，在原子核物理以及原子能利用方面，具有极其重要的意义。

由式（19-21）可得出粒子的速率由动能表示为

$$v^2 = c^2 \left[1 - \frac{1}{(1 + E_k / m_0 c^2)^2} \right] \tag{19-22}$$

式（19-22）表明，若不断对粒子做功，粒子的动能 E_k 不断增大，它的速率也逐渐增大。但无论 E_k 增大到多少，它的速率都不能无限增大，而有一极限值，就是 c。这里我们再次得到，对任意粒子而言，真空中的光速 c 就是它的极限速率。

19.5.4　相对论能量

式（19-21）中右边的两项都具有能量的量纲，$m_0 c^2$ 表示粒子静止时具有的能量，mc^2 表示粒子以运动速率 v 运动时具有的能量，这能量在相对意义上是粒子的总能量，用 E 表示，则

$$E = mc^2 \tag{19-23}$$

粒子运动速率为零时，总能量就是静能

$$E_0 = m_0 c^2 \tag{19-24}$$

这样，式（19-21）可以写成

$$E_k = E - E_0 \tag{19-25}$$

即粒子的动能为该时刻粒子的总能量和静能之差。

在相对论中，爱因斯坦引入了经典力学中从未有过的创新见解，就是把 $m_0 c^2$ 叫作物体的静止能量，把 mc^2 叫作运动时的能量。我们都知道，质量和能量都是物质的重要属性，质量可以通过物体的惯性和万有引力现象显示出来，能量则可以通过物质系统状态变化时对外做功、传递热量等形式显示出来。质能关系式揭示了质量和能量是不可分割的，式（19-21）建立了这两个属性在量值上的关系，它表示具有一定质量的物质客体也必具有和这质量相当的能量。这是相对论最有意义的结论之一。

按相对论理论，几个粒子在相互作用（例如碰撞）的过程中，最一般的能量守恒式应为

$$\sum_i E_i = \sum_i m_i c^2 = 常量 \tag{19-26}$$

因为 c 是常数，所以式（19-26）中

$$\sum_i m_i = 常量 \tag{19-27}$$

这表示质量守恒。在历史上，质量守恒和能量守恒是分别发现的两条相互独立的自然规律。在相对论中两者完全统一起来了。应该说明，在科学史上，质量守恒只涉及粒子的静质量，而它仅是相对论质量守恒在能量变化很小（就相对论观点而言）时的近似。

例如，1kg 的水由 0℃ 被加热至 100℃ 时所增加的能量为

$$\Delta E = 4.18 \times 10^3 \times 100 \mathrm{J} = 4.18 \times 10^5 \mathrm{J}$$

而质量相应地只增加了

$$\Delta m = \frac{\Delta E}{c^2} = \frac{4.18 \times 10^5}{(3 \times 10^8)} \text{kg} = 4.6 \times 10^{-12} \text{kg}$$

这质量变化是极其微小的，不易被观察到。

当粒子能量变化比较大时，相对论给出的粒子的静质量是可以改变的。近代物理实验中，例如在放射性衰变、原子核反应以及高能粒子实验中，都无数次证明了相对论质能关系的正确性。

【例 19-8】 在核反应中，已知质子的质量为 1.007 28u，中子的质量为 1.008 66u（u 为原子质量单位，1u = 1.660×10⁻²⁷kg），两个质子和两个中子结合成一个氦核，实验测得氦核的质量为 4.001 5u，试问结合成一个氦核的核反应中放出多少能量？结合成 1mol 氦核的核反应中放出多少能量？

【解】 设用 m_p、m_n、m_α 分别表示质子、中子和氦核的质量。因为

$$2m_p + 2m_n = 2(1.007\ 28 + 1.008\ 66)\text{u} = 4.031\ 88\text{u}$$

反应前后质量差为

$$\Delta m = 2(m_p + m_n) - m_\alpha = (4.031\ 88 - 4.001\ 5)\text{u}$$
$$= 0.030\ 38\text{u} = 0.030\ 38 \times 1.660 \times 10^{-27} \text{kg}$$

与这质量差对应的能量差即为结合成一个氦核的核反应中放出的能量为

$$\Delta E = \Delta m c^2 = [0.030\ 38 \times 1.660 \times 10^{-27} \times (3 \times 10^8)^2] \text{J}$$
$$= 0.453\ 9 \times 10^{-11} \text{J}$$

结合成 1mol 氦核的核反应中放出的能量为

$$\Delta E = 6.022 \times 10^{23} \times 0.453\ 9 \times 10^{-11} \text{J}$$
$$= 2.733 \times 10^{12} \text{J}$$

这相对于燃烧 100t 煤时所产生的热量。

$\Delta E = \Delta m c^2$ 表示核反应前后总能的增量，即核反应中所释放的能量，反应前后质量的减小量为 Δm，称为质量亏损。这表明核反应中释放一定的能量相应于一定的质量亏损。由此可见，太阳因内部聚变不断辐射能量，从而太阳的质量将不断地减小。

【例 19-9】 设有两个静止质量都是 m_0 的粒子，以大小相同、方向相反的速度相撞，反应合成一个复合粒子。试求这个复合粒子的静止质量和运动速度。

【解】 设两个粒子的速率都是 v，复合粒子的质量为 $m_复$，速率为 v'，由动量守恒定律得

$$m_0 v - m_0 v = m_复 v' = 0$$

显然，$v' = 0$，$m_复$ 即为静止质量。由能量守恒定律得

$$m_复 c^2 = \frac{2m_0 c^2}{\sqrt{1 - \beta^2}}$$

$$m_复 = \frac{2m_0}{\sqrt{1 - \beta^2}}$$

上式可看成复合粒子的静止质量 $m_复 > 2m_0$，两者之差为

$$m_复 - 2m_0 = \frac{2m_0}{\sqrt{1 - \beta^2}} - 2m_0 = \frac{2E_k}{c^2}$$

上式中 $2E_k$ 为两粒子碰撞前的总动能，碰撞后，复合粒子的速度为零。

由此可见，动能相应的这部分能量转化为粒子的静止质量，从而使碰撞后复合粒子的静止质量增大了。

19.5.5 动量和能量的关系

在经典力学中，动能和动量的关系很容易由动量定理和动能定理得出，牛顿力学中质量可认为是常数，由

$$dE_k = \boldsymbol{F} \cdot d\boldsymbol{r} = \frac{d\boldsymbol{p}}{dt} \cdot d\boldsymbol{r} = \boldsymbol{v} \cdot d\boldsymbol{p} = \frac{\boldsymbol{p}}{m} \cdot d\boldsymbol{p}$$

若只考虑物体做一维运动，上式积分为

$$E_k = \int_0^p \frac{p}{m} dp = \frac{p^2}{2m} \tag{19-28}$$

这就是经典力学中动量和动能的关系。这个关系式对洛伦兹变换形式是不同的，所以不适用于高速运动。

将相对论能量公式 $E = mc^2$ 和动量公式 $p = mv$ 比较，可得

$$v = \frac{p}{E}c^2 \tag{19-29}$$

由能量公式得

$$E = mc^2 = \frac{m_0 c^2}{\sqrt{1 - v^2/c^2}} = \frac{E_0}{\sqrt{1 - v^2/c^2}}$$

将式（19-29）代入上式中，整理后得

$$E^2 = c^2 p^2 + m_0^2 c^4 = c^2 p^2 + E_0^2 \tag{19-30}$$

这就是相对论动量和能量关系式。上式的关系可用一直角三角形表示，如图 19-6 所示。

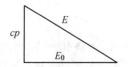

图 19-6 相对论动量与能量间的关系

式（19-30）对洛伦兹变换保持不变。对动能为 E_k 的粒子，用 $E = E_k + m_0 c^2$ 代入式（19-30）可得

$$E_k^2 + 2E_k m_0 c^2 = c^2 p^2$$

$$E_k(E_k + 2m_0 c^2) = c^2 p^2$$

将式（19-21）代入上式括号内得

$$E_k(mc^2 + m_0 c^2) = c^2 p^2$$

$$E_k = \frac{p^2}{m + m_0}$$

当 $v \ll c$ 时，粒子的质量 $m_0 \approx m$，于是上式为

$$E_k = \frac{p^2}{2m}$$

又回到式（19-28）经典力学的表示式了。

式（19-30）有很重要的意义，它不仅揭示了能量与动量间的关系，还反映了能量与动量的不可分割性与统一性，就像时间与空间一样。例如，把它用来分析光子，因为光子静止质量 $m_0 = 0$，可得光子的动量为 $p = E/c$，若光子的频率为 ν，它的能量为 $h\nu$，h 为普朗克常量，于是，$p = h/\lambda$，λ 为光的波长，即光子的动量与光的波长成反比。由此人们对光的本性的认识又更深入了。

【例 19-10】　设一质子以速率 $v = 0.80c$ 运动，已知它的静止能量 $E_0 = 938\mathrm{MeV}$。求其总能量、动能和动量。

【解】　质子的总能量为

$$E = mc^2 = \frac{E_0}{\sqrt{1 - v^2/c^2}} = \frac{938}{\sqrt{1 - 0.8^2}}\mathrm{MeV} = 1\ 563\mathrm{MeV}$$

质子的动能为

$$E_k = E - E_0 = (1\ 563 - 938)\mathrm{MeV} = 625\mathrm{MeV}$$

质子的动量为

$$p = mv = \frac{m_0 v}{\sqrt{1 - v^2/c^2}} = \frac{1.67 \times 10^{-27} \times 0.8 \times 3 \times 10^8}{\sqrt{1 - 0.8^2}}\mathrm{kg \cdot m/s} = 6.68 \times 10^{-19}\mathrm{kg \cdot m/s}$$

质子的动量也可由式（19-30）求得

$$p = \frac{\sqrt{E^2 - E_0^2}}{c} = \frac{\sqrt{1\ 563^2 - 938^2}\ \mathrm{MeV}}{c} = 1\ 251\mathrm{MeV}/c$$

说明：在核物理中经常用"MeV/c"表示粒子动量的单位。

　　上面我们叙述了狭义相对论力学的一些重要的基本结论。狭义相对论的建立是物理学发展史上的一个里程碑，具有深远的意义。与经典物理学相比，狭义相对论更客观、更真实地反映了自然界的规律。现在，狭义相对论已经成为研究宇宙星体、粒子物理以及一系列工程物理（例如核反应中能量的释放、带电粒子加速器的设计等）问题的基础。随着科学技术的不断发展，狭义相对论的作用将会越来越显著，相信它会有不断的新贡献，它在科学中的地位也会越来越突出。

🔗 思考题

19-1　相对论中运动物体长度缩短与物体线度的热胀冷缩是否是一回事？

19-2　正立方体静止时边长为 a，当它以速率 u 沿与它的一个边长平行的方向相对于 S' 系运动时，在 S' 系测得它的体积是多大？

19-3　有一枚以接近于光速相对于地球飞行的宇宙火箭，在地球上的观察者将测得火箭上的物体长度缩短，过程的时间延长，有人因此得出结论说：火箭上观察者将测得地球上的物体比火箭上同类物体更长，而同一过程的时间缩短。这个结论对吗？

19-4　在化学反应中，反应前的质量等于反应后的质量，若反应过程中放出大量的热量，考虑到相对论效应，则上面的说法有无修正的必要？

19-5　下面两种论断是否正确？

（1）在某个惯性系中同时、同地发生的事件，在所有其他惯性系中也一定是同时、同地发生的；

（2）在某个惯性系中有两个事件同时发生在不同地点，而在对该系有相对运动的其他惯性系中，这两个事件的发生却一定不同时。

19-6　经典力学相对性原理和狭义相对论的相对性原理有什么不同？

19-7　有两只相对运动的标准时钟 A 和 B，从 A 所在惯性系观察，哪个钟走得快？从 B 所在惯性系观察，又是如何呢？

19-8　洛伦兹变换与伽利略变换的本质差别是什么？如何理解洛伦兹变换的物理意义？

19-9 长度的量度和同时性有什么关系？为什么长度的量度和参考系有关？

19-10 在相对论中，对动量定义 $p=mv$ 和公式 $F=\mathrm{d}p/\mathrm{d}t$ 的理解与在牛顿力学中的有何不同？在相对论中，$F=ma$ 一般是否成立？为什么？

19-11 什么叫质量亏损？它和原子能的释放有何关系？

19-12 相对论的能量与动量的关系式是什么？相对论的质量与能量的关系式是什么？静止质量与静止能量的物理意义是什么？

习 题

19-1 设正负电子对撞机中电子和正电子以速度 $0.90c$ 相向飞行，它们之间的相对速度为多少？

19-2 一张宣传画 5m 见方，平行地贴于铁路旁边的墙上，一高速列车以 $2\times10^8\mathrm{m/s}$ 的速度接近此宣传画，这张画由司机观测将成为什么样子？

19-3 远方的一颗星以 $0.8c$ 的速度离开我们，接收到它辐射出来的闪光周期为 5 昼夜，求固定在此星上的参考系测得的闪光周期。

19-4 假设宇宙飞船从地球射出，沿直线到达月球，距离是 $3.84\times10^8\mathrm{m}$，它的速率在地球上被测得为 $0.30c$。根据地球上的时钟，这次旅行花多长时间？根据宇宙飞船所做的测量，地球和月球的距离是多少？试根据这个距离求出宇宙飞船上时钟所读出的旅行时间。

19-5 以速度 v 沿 x 方向运动的粒子，在 y 方向上发射一光子，求地面观察者所测得光子的速度。

19-6 π 介子是一不稳定粒子，平均寿命是 $2.6\times10^{-8}\mathrm{s}$（在它自己参考系中测得）。如果此粒子相对于实验室以 $0.8c$ 的速度运动，那么实验室坐标系中测量的 π 介子寿命为多长？π 介子在衰变前运动了多长距离？

19-7 设在宇航飞船中观察者测得脱离它而去的航天器相对它的速度为 $1.2\times10^8\mathrm{m/s}$。同时航天器发射一枚空间火箭，航天器中的观察者测得此火箭相对它的速度为 $1.0\times10^8\mathrm{m/s}$，两速度方向相同。问此火箭相对宇航员的速度为多少？

19-8 一原子核以 $0.5c$ 的速度离开一观察者而运动。原子核在它运动方向上向前发射一电子，该电子相对于核有 $0.8c$ 的速度；此原子核又向后发射了一光子指向观察者。问相对于静止观察者，

（1）电子具有多大的速度？

（2）光子具有多大的速度？

19-9 从地球上测得地球到最近的恒星半人马座 α 星的距离是 $4.3\times10^{16}\mathrm{m}$，设一宇宙飞船以速率 $0.999c$ 从地球飞向该星。

（1）飞船中的观察者测得地球和该星间的距离为多少？

（2）按地球上的钟计算，飞船往返一次需多少时间？如以飞船上的钟计算，往返一次的时间又为多少？

19-10 在 S 系中有一长为 l_0 的棒沿 x 轴放置，并以速率 u 沿 xx' 轴运动。若有一 S′ 系以速率 v 相对 S 系沿 xx' 轴运动，试问在 S′ 系中测得此棒的长度为多少？

19-11 若从一惯性系中测得宇宙飞船的长度为其固有长度的一半，试问宇宙飞船相对此惯性系的速度为多少？（以光速 c 表示）

19-12 如一观察者测出电子质量为 $2m_0$，问电子速率为多少？（m_0 为电子的静止质量）

19-13 某人测得一静止棒长为 l，质量为 m，于是求得此棒线密度为 $\rho=m/l$，假定此棒以速率 v 在棒长方向上运动，此人再测棒的线密度应为多少？若棒在垂直长度方向上运动，它的线密度又为多少？

19-14 设有一静止质量为 m_0、电荷量为 q 的粒子，其初速为零，在均匀电场 E 中加速，在时刻 t 时它所获得的速度是多少？如果不考虑相对论效应，它的速度又是多少？

19-15　设电子的速度分别为 $1.0\times10^6\,\mathrm{m/s}$、$2.0\times10^8\,\mathrm{m/s}$，试计算电子的动能各是多少？如用经典力学公式计算，电子的动能又各为多少？

19-16　两个氘核组成质量数为 4、相对原子质量为 4.001 5u 的氦核。试计算氦核放出的结合能。

19-17　太阳由于向四面空间辐射能量，每秒损失质量 $4\times10^9\,\mathrm{kg}$。求太阳的辐射功率。

19-18　在什么速度下粒子的动量比非相对论动量大两倍？在什么速度下它的动能等于它的静止能量？

19-19　一个电子从静止开始加速到 $0.1c$ 的速度，需要对它做多少功？速度从 $0.9c$ 加速到 $0.99c$ 又要做多少功？

19-20　20 世纪 60 年代发现的类星体的特点之一是它发出极强烈的辐射。这一辐射的能源机制不可能用热核反应来说明。一种可能的巨大能源机制是黑洞或中子星吞噬或吸食远处物质时所释放的引力能。问：

（1）1kg 物质从远处落到地球表面上释放的引力能是多少？释能效率（即所释放能量与落到地球表面的物质的静能的比）有多大？（地球的质量为 $5.98\times10^{24}\,\mathrm{kg}$）

（2）1kg 物质从远处落到一颗中子星表面时释放的引力能为多大？（设中子星的质量等于太阳的质量而半径为 10km）释能效率又是多大？（太阳的质量为 $1.99\times10^{30}\,\mathrm{kg}$）

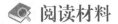 阅读材料

广义相对论简介

我们在第 19 章介绍的是 1905 年爱因斯坦建立的狭义相对论的一些基本内容，说明在所有惯性坐标系中物理学定律（不仅是力学定律）都具有相同的表示式，就是说狭义相对论仅适用于惯性系。对于非惯性系，物理规律又将如何？就连通常我们取的地球惯性系，因为地球有公转和自传，从严格意义上说它并非惯性系。为了将非惯性系也包括在相对论中，爱因斯坦于 1915 年提出包括非惯性系在内的相对论，由非惯性系入手，得出等效原理，进而又建立了研究引力本质和时空理论的广义相对论。广义相对论所涉及的数学知识较复杂，我们将只限于介绍广义相对论中的等效原理和广义相对论的相对性原理，因为这两个原理是广义相对论的基础。

1. 广义相对论中的等效原理

如图 19-7a 所示，火箭静止在地面惯性系上，火箭舱内的观察者将看到质点因引力作用而自由下落；在图 19-7b 中，火箭处于不受力的自由空间内，是个孤立火箭，质点是静止的。但当火箭突然获得一定的向上加速度（加速度恒定）时（此时火箭是非惯性系），火箭舱内的观察者将看到质点的运动是和图 19-7a 中完全相同的自由落体运动。

显然，如果火箭舱内的观察者不知道舱外的情况，在这个局部范围内，单凭这个实验，他将无法判断自己究竟是在自由空间相对于恒星做加速运动还是静止在引力场中。这是因为，由于惯性质量与引力质量相等，观察者无法根据上述两个实验来区分哪一个是在静止于地面的火箭舱内做的，哪一个是在自由空间中加速的火箭舱内做的。或者说在上述的图 19-7a、b 情况中，若观察者站在体重计上，他将发现：在两种情况中体重计的读数是一样的。就是说在处于均匀的恒定引力场影响下的惯性系中，所发生的一切物理现象可以和一个不受引力场影响，但以恒定加速度运动的非惯性系内的物理现象完全相同，这叫作广义相对论的等效原理。

2. 广义相对论的相对性原理

由于引力场在大尺度上并不均匀，质点在各处自由下落的加速度 g 是不同的。因此，自由下落的火箭舱实验室只代表局部的惯性系，这种惯性系叫作局部惯性系。在引力场中，总存在着许许多多的局部惯性系，这些局部惯性系之间是有相对速度的，可以在每一局部惯性系中应用狭义相对论的结论。

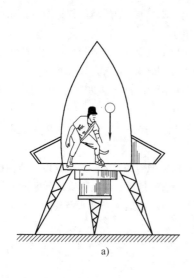
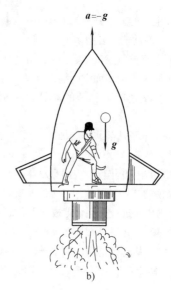

图 19-7

a）静止于引力场中的火箭　b）具有加速度的孤立火箭

由于引力场和加速效应等效，所以如果火箭舱在引力场中自由下落，火箭舱内的观察者将处于失重状态，这时在这个局部环境中，引力场的作用将被加速运动完全抵消。爱因斯坦据此把相对性原理推广到非惯性系，认为物理定律在非惯性系中可以和局部惯性系中完全相同，但在局部惯性系中要有引力场存在，或者说，所有非惯性系和有引力场存在的惯性系对于描述物理现象都是等价的，这叫作广义相对论的相对性原理。

3. 广义相对论时空特性的例子

建立在广义相对论的相对性原理之上的广义相对论，其实是考虑了引力场的相对论。由于引入了场的概念，因而在广义相对论中，认识到物质、空间和时间之间存在着比经典物理更为复杂和深刻的联系。在宇宙空间内物质积聚的地方存在着较强的引力场，它将直接影响时空的性质。

（1）引力场中光线弯曲　按照广义相对论等效原理，如果有一光束从实验室的小孔水平射入，如图 19-8 所示，实验室正以加速度 a 向上运动，实验室的观察者观测到光束的路径应是抛物线。观察者无法区分是空间实验室做加速运动，还是光好像具有质量的物体一样，在均匀引力场中做平抛运动。然而光速太快了，要观察光线在重力场中的弯曲是无法实现的。但是在宇宙空间中，由于太阳附近有强大的引力场，就有可能观测到光线在引力场中弯曲的现象。

图 19-9 所示为从星球射来的光线，经过太阳附近然后再照射到地球上所发生的偏转，这一现象在 1919 年 5 月 29 日的日食时被观测到。

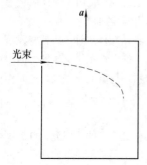

图 19-8　光线在引力场中弯曲

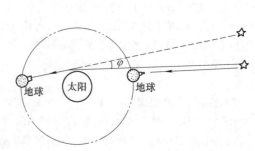

图 19-9　光线在太阳引力场中折射

（2）引力红移　广义相对论证明，在某点上的引力场越强，则处于引力场内的"钟"走得越慢。爱因斯坦由此预测了光谱线的红向移动，即由引力极强的远处恒星上所发射出来的某一元素的谱线其频率小于地球上所发射的这一元素谱线的频率，频率变小，波长变长。这种由于引力场作用发生的波长向长波方向移动的现象称为引力红移。1959 年，实验首次测出从太阳发出的光到达地球后，其谱线确实有红移现象，而且红移的量值与广义相对论的预言十分接近。

4. 黑洞

（1）经典黑洞　从经典力学的观点出发，若选无穷远处为引力势能零点，则地面上物体的引力势能为

$$-\frac{Gmm_{球}}{R} < 0$$

式中，m 为物体的质量；$m_{球}$ 和 R 分别为地球的质量和半径。忽略空气阻力时，只需给物体以引力势能同样大小的动能，物体就正好能摆脱地球的引力，由此得第二宇宙速度即逃逸速度为

$$v = \sqrt{\frac{2Gm_{球}}{R}}$$

这里的 v 就是物体离开地球吸引所需的最小发射速度。如果一个星球的密度非常巨大，即它的质量 $m_{球}$ 很大，半径 R 很小，它的引力将是非常巨大的，以致可能得出 $v>c$（光速）的结论，那么连光子也逃不出去，此时，质量为 $m_{球}$、半径为 R 的星球内部与外部断绝了一切物质与信息的交流，没有任何力量抵挡巨大质量在引力作用下从四面八方向里挤压，这种挤压在广义相对论中称为坍缩现象。随着坍缩过程的进行，这个星球的体积越来越小，密度越来越大，该星球就构成了一个极强的引力源，导致其周围的时空结构严重弯曲，以致任何物体一旦陷入，便犹如掉入了一个"无底洞"而不能复出，包括光子也是如此。因此，在某一半径（称临界半径）之内，任何物体甚至是电磁辐射都不能从它的引力作用下逃逸出来。这样，在宇宙空间如果出现了引力极强的星体，光束只要从它附近经过都将落入其中，而这个星体又没任何电磁辐射发射出来，这种星体被称为黑洞。

广义相对论中通常将只有质量的黑洞称为施瓦西黑洞；将具有质量又有电荷的黑洞称为里斯纳-诺兹特隆黑洞；将有质量且同时还在旋转的黑洞称为克尔黑洞；将质量、电荷和旋转三个特征全有的黑洞称为克尔-纽曼黑洞。质量、电荷和角动量是远方观察者仅能观测到的三个物理量，这就是广义相对论中著名的"黑洞无毛定理"，它是 1972 年由美国青年研究生贝肯斯坦提出的。广义相对论在研究黑洞时没有用到量子力学，所以通常将其称为经典黑洞。

因为黑洞无电磁辐射发射出来，所以它很难被探测到。直到 1964 年，天文学家发现宇宙中有颗星的谱线出现周期性的变红变紫，经计算在这颗星附近应有一颗质量很大，半径很小的伴星，但又观察不到这颗伴星的谱线，这颗星实际上是一个黑洞。此后科学家又陆续发现了一些黑洞。

（2）量子黑洞　将现代物理学中强有力的理论工具——量子力学和量子场论用于黑洞研究，不但使黑洞研究获得了巨大的生命力，而且使一些最基本的物理概念受到了触动。贝肯斯坦证明了黑洞具有温度。英国物理学家霍金认为，黑洞能通过热辐射辐射出能量，并在 1974 年从完全不同的角度发现了黑洞发射各种粒子并具有热辐射能谱的量子效应，把具有热辐射性质的黑洞称为霍金黑洞。

霍金从量子性质的角度证明了黑洞的质量 m 与温度 T 成反比的关系。霍金辐射机制可以由量子力学中的狄拉克理论来解释。狄拉克认为，真空中充满着正反粒子对，它们不断地"物化"一对实物粒子，分离开，再合并而湮灭，这种真空理论早已得到公认。在正反粒子对的产生和湮灭过程中有物理效应这已通过测量光谱中的"兰姆移动"而被证实。在黑洞世界的附近也充满着这些正反粒子对，它们产生了又分离开，再合并而湮灭。但由于黑洞的存在，使其中的一个粒子可能掉入黑洞，剩下的一个失去了与之湮灭的对象，它也可能落入黑洞，也可能逃逸到遥远的地方去，对远方的外部观察者来看，好像从黑洞发射出来的粒子。正反粒子对中一个具有正能量，另一个具有负能量，逃逸出来的一个是正能粒子，落入黑洞的一个是负能粒子，这就是霍金黑洞热辐射之说，其正确与否有待实验证实。图 19-10 是 3 张有关黑洞的照片。

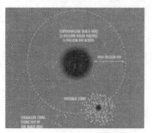

测量到的黑洞

黑洞吞噬着气体尘埃

最大最古老的黑洞

图 19-10 黑洞照片

相对论是关于空间、时间和引力的现代物理理论，在整个物理学史上具有深远的革命意义，由于它一方面揭示了空间和时间之间的相互联系，另一方面还揭示了时空性质和运动物质性质之间的相互联系，为近代科学的发展指明了方向，注入了巨大的动力，所以它成为20世纪物理学中最伟大的成就之一。

 物理学家简介

一、洛 伦 兹

洛伦兹（H. A. Lorentz，1853—1928），荷兰物理学家、数学家，1853 年 7 月 18 日生于阿纳姆，1870 年入莱顿大学学习数学、物理学，1875 年获博士学位，1877 年起任莱顿大学理论物理学教授，达 35 年。

洛伦兹是经典电子论的创立者。他认为电具有"原子性"，电的本身是由微小的实体组成的。后来这些微小实体被称为电子。洛伦兹以电子概念为基础来解释物质的电性质，并从电子论推导出运动电荷在磁场中要受到力的作用，即洛伦兹力。他把物体的发光解释为由原子内部电子的振动产生的。这样，当光源放在磁场中时，光源的原子内电子的振动将发生改变，使电子的振动频率增大或减小，导致光谱线的增宽或分裂。1896 年 10 月，洛伦兹的学生塞曼发现，在强磁场中钠光谱的 D 线有明显的增宽，即产生塞曼效应，证实了洛伦兹的预言。塞曼和洛伦兹共同获得了 1902 年的诺贝尔物理学奖。

洛伦兹

1904 年，洛伦兹证明，当把麦克斯韦的电磁场方程组用伽利略变换从一个参考系变换到另一个参考系时，真空中的光速将不是一个不变的量，从而导致对不同惯性系的观察者来说，麦克斯韦方程及各种电磁效应可能是不同的。为了解决这个问题，洛伦兹提出了另一种变换公式，即洛伦兹变换。用洛伦兹变换，将使麦克斯韦方程从一个惯性系变换到另一个惯性系时保持不变。后来，爱因斯坦把洛伦兹变换用于力学关系式，创立了狭义相对论。

如何解释 1887 年完成的迈克耳孙-莫雷实验，是当时摆在物理学家面前的一大难题。为了解释事实，洛伦兹大胆提出高速运动物体沿运动方向会发生收缩的假设，即洛伦兹-斐兹杰惹收缩。3 年后，作为辅助的数学手段又引入"地方时间"的假设，实质上洛伦兹已经建立了相对运动的两坐标系间的时空变化关系。1904 年他发表了著名的变换公式（洛伦兹变换）和质量与速度的关系式，并指出光速是物体相对于以太运动的极限速度。可以说，洛伦兹已经接近相对论的边缘，遗憾的是未能迈出最后一步。然而，他的研究成果对于后来的爱因斯坦创立狭义相对论提供了一定的启示。

此外，洛伦兹在当时物理学各个领域里都有很深的造诣，他在热力学、分子动理论和引力理论等方面都有贡献。洛伦兹还是一位优秀的教育家。在任教期间，他工作认真，治学严谨，讲授深刻，深受学生们的爱戴，培养了包括塞曼在内的一大批优秀人才。

洛伦兹于 1928 年 2 月 4 日在哈勒姆逝世。在举行葬礼那天，荷兰全国的电信、电话中止三分钟，以示哀悼。当时，爱因斯坦作为新一代理论物理学家的领袖和普鲁士科学院的代表在悼词中称他是"我们时代最伟大、最高尚的人"。

二、爱 因 斯 坦

爱因斯坦（A. Einstein，1879—1955）是 20 世纪最伟大的物理学家，科学革命的旗手。他 1879 年 3 月 14 日生于德国乌尔姆一个犹太人家庭。父亲和叔叔开的电气小工厂和家庭的自由派思想，使他童年就受到科学和哲学的启蒙加上音乐的熏陶。他从小脑中就充满许多奇思遐想，例如，他 4 岁时就奇怪为什么罗盘针总是转向南方？它周围有什么东西推动它？小学时排犹浪潮、军国主义教育方式和宗教礼仪等使他厌恶权威，他说："我这个教徒在 12 岁时突然终结了，通过阅读科普书籍，我很快领悟到圣经里的许多故事不是真的。我认为青年被政府用谎言故意地欺骗了。"12 岁时他一口气读完《几何学原理》，并练习用自己的方法证明定理。他特别喜欢读《自然科学通俗丛书》中如《力与物质》等书。13 岁时读了康德的《纯粹理性批判》，使他的思考转向宇宙、哲学和自然现象中的逻辑。他的数学物理很出色，但其余学业成绩不佳。15 岁时，即他中学毕业前一年本已准备

爱因斯坦

"因神经系统状况不佳"休学，学校却以其自由主义思想令其退学。他在辗转意大利和瑞士的高校入学考试中曾因无中学文凭和外语、生物课成绩不佳而落榜。1895 年他在阿劳中学过了一年愉快的学习生活。他随时将思考记入身边的小本，例如"追光问题"：观察者随光前进时，会不会看见电磁波形成停止的驻波？1896 年，他进入瑞士苏黎世联邦工业大学师范系（即数理系）。他喜欢在物理实验室观察实际现象，读科学原著和思考现代物理学中的重大问题。1900 年毕业后失业两年才到瑞士专利局任三级鉴定员，这里的七年是他辉煌的科学创造时期。1902~1905 年，他和两个青年朋友每晚阅读和讨论哲学与自然科学著作，戏称为"奥林比亚科学院"。1908 年他兼任伯尔尼大学编外讲师，1909 年离开专利局任苏黎世大学理论物理学副教授，1911 年任布拉格德国大学理论物理学教授，1912 年任母校苏黎世联邦工业大学教授，1914 年任柏林大学教授和威廉皇帝物理研究所所长。法西斯政权建立后，爱因斯坦受到迫害，被迫离开德国。他1933 年移居美国任普林斯顿高级研究院教授，直至 1945 年退休。

爱因斯坦是人类历史中最具创造性才智的人物之一。他一生中开创了物理学的四个领域：狭义相对论、广义相对论、宇宙学和统一场论。他是量子理论的主要创建者之一。他在分子运动论和量子统计理论等方面也做出重大贡献。

1905 年，爱因斯坦利用在专利局的业余时间写了 6 篇论文。其中 4 月、5 月、12 月的 3 篇是关于液体中悬浮粒子布朗运动的理论。他设想通过观测由分子运动的涨落现象所产生的悬浮粒子的无规则运动，来测定分子的实际大小，试图解决科学界和哲学界长期争论不休的原子是否存在的问题。3 月的论文《关于光的产生和转化的一个推测性的观点》把普朗克的量子概念应用到光的传播，认为光是由光量子组成的，它们既具有波动性又有粒子性，从而圆满地解释了光电效应（10 年后由密立根实验证实，因此爱因斯坦获得了 1921 年度诺贝尔物理学奖）。6 月在论运动物体的电动力学中，完整地提出了狭义相对性理论。由于

这三个不同领域中取得的历史性成就，才使他在1908年有缘进入学术机构工作。狭义相对论建立以后，爱因斯坦并不满足，力图把相对性原理推广到非惯性系。他从惯性质量与引力质量相等这一事实出发，经过10年艰苦探索，在1915—1916年创立了广义相对论。随后，爱因斯坦用广义相对论的结果来研究整个宇宙的时空结构，他1917年发表论文《根据广义相对论对宇宙学所做的考查》，以科学论据推论宇宙在空间上是有限无界的，这是宇宙观的一次革命。1924年他与印度物理学家玻色提出原子的量子统计理论，即玻色-爱因斯坦统计。1925年至1955年间，爱因斯坦几乎全力以赴地去探索统一场论。他力图把广义相对论再加以推广，使它不仅包括引力场，也包括电磁场，即寻求一种统一场理论。遗憾的是他始终没有成功。然而，从20世纪70年代开始，统一场论的思想以新的形式重新显示出生命力，为物理学未来的发展指出了方向。

爱因斯坦的科学成就与他的哲学思想密切相关，他坚持了一个自然科学家必然具有的自然科学唯物论的传统，吸收了斯宾诺莎等的唯理论思想以及休谟和马赫的经验论的批判精神，经过毕生对真理的追求和科学实践，形成了自己独特的科学思想和科学研究方法。坚信自然界的统一性和合理性，相信人的理性思维能力，求得对自然界的统一性和对称性的理解，是他生活的最高目标。统一性思想、简单性思想、相对性思想、对称性思想作为科学活动的指导思想始终贯穿和广泛应用于他的科学探索之中。他也是一位纯熟地运用实证、想象与逻辑、直觉与数学等科学方法的大师。

爱因斯坦在科学思想上的贡献，在历史上也许只有牛顿和达尔文可以媲美。爱因斯坦同时还以极大的热忱关心社会进步，关心人类命运。他一贯为反对侵略战争，反对军国主义和法西斯主义，反对民族压迫和种族歧视。1914年第一次世界大战爆发时，爱因斯坦在一份仅有4人赞同的反战宣言上签了名，后又积极参加地下反战组织的活动。战争结束后，他致力于恢复各国人民相互谅解的活动，为此到法、英、荷等地奔走呐喊。在匈牙利物理学家西拉德促动下，爱因斯坦于1939年建议罗斯福抢在德国之前研制原子弹。第二次世界大战结束前夕，当他获悉美国的原子弹轰炸人口稠密的日本城市时，大为震惊。对于自己曾给罗斯福写信一事感到无比懊悔。战后，他为开展反对核战争的和平运动和反对美国国内法西斯恐怖，进行了不懈的斗争。他对水深火热、饥寒交迫的旧中国劳动人民寄予深切同情。"九一八"事变后，他一再向各国呼吁采用联合的经济制裁制止日本对华侵略。1936年沈钧儒等"七君子"因抗日被捕，他积极参与营救和声援。像爱因斯坦这样在自然科学创造上有划时代贡献，在对待社会政治问题上又如此严肃、热情，是很难能可贵的。

纵观爱因斯坦的一生，可以说他不仅是一个伟大的科学家，又是一个富有哲学探索精神的杰出的思想家，同时也是一个有强烈正义感和社会责任感的世界公民。他的一生崇尚理性。他认为"人只有献身于社会，才能找出那实际上是短暂而有风险的生命的意义。一个人的真正价值首先取决于他在什么程度上和在什么意义上自我解放出来"。而这正是爱因斯坦一生的真实写照和完美体现。

1955年4月18日爱因斯坦逝世于普林斯顿。遵照他的遗嘱，不举行任何活动，不立纪念碑，骨灰撒在永远对人保密的地方，为的是不使任何地方成为圣地。

第 20 章　量子物理基础

在 19 世纪末，力学已经发展出一套分析理论，这些理论的众多应用使力学的正确性不容置疑；电磁学也总结出一套完备的麦克斯韦方程组，预言了电磁波的存在；光学统一于电磁学；热力学也建立了系统的理论；统计物理学则让人们从微观本质上对热现象有了更深的认识。当时大多数人都认为整个物理学大厦已经建立起来了，以后要做的仅仅是向大厦中添上几块砖瓦而已。

从 19 世纪末到 20 世纪初，在爱因斯坦提出相对论的同时，人类也开始研究微观粒子的运动规律。这个时期，有几个重大的实验无法用经典物理学的理论来解释，迫使物理学家跳出经典物理学的理论框架，去寻找新的途径，从而导致了量子理论的诞生。

20.1　黑体辐射　普朗克能量子假设

20.1.1　黑体辐射

1. 热辐射

在任何温度下，任何宏观物体都会从它表面上向外辐射电磁波，所辐射的电磁波能量和能量按波长的分布情况，都会随温度而变化，故称为热辐射。

热辐射是由大量带电粒子的无规则热运动引起的。物体中每个分子、原子或离子都在各自平衡位置附近以各种不同频率做无规则的微小振动，可以将这种带电粒子的振动系统看成是带电的谐振子系统，谐振子在振动过程中向外辐射出各种波长的电磁波，形成连续的电磁波谱。

物体除了具有辐射电磁波的本领外，同时还具有吸收和反射电磁波的本领。处于热平衡状态的物体在一段时间内向外辐射的能量与它从外界吸收的能量相同。

2. 绝对黑体

如果一个物体在任何温度下，对任何波长的电磁波都完全吸收，而不反射与透射，则称之为绝对黑体，简称黑体。

绝对黑体是一个理想化的模型。通常黑颜色的物体，开有一小孔的不透明空腔，远处的窗口等可近似看作是黑体。对于黑体，在相同温度下的辐射规律是相同的。

3. 单色辐射强度与辐射强度

在单位时间内，从温度为 T 的物体的单位表面积上发射的波长在 λ 到 $\lambda+d\lambda$ 范围内的辐射能 dE_λ 与波长间隔 $d\lambda$ 的比值称为物体的单色辐射强度，即

$$M(\lambda,\ T) = \frac{\mathrm{d}E_\lambda}{\mathrm{d}\lambda} \tag{20-1}$$

而单位时间内从物体单位面积上所发射的各种波长的总辐射能，称为辐射强度，即

$$M(T) = \int_0^\infty M(\lambda,\ T)\mathrm{d}\lambda \tag{20-2}$$

它们的单位均为 $\mathrm{W/m^2}$

20.1.2 黑体辐射的实验规律

黑体的单色辐射强度 $M(\lambda,T)$ 按波长的分布规律是黑体温度的函数，而与构成黑体的材料无关（见图 20-1）。

1. 斯特藩-玻尔兹曼定律

1879 年，斯特藩（J. Stefan）从实验中总结出黑体辐射强度与黑体温度的四次方成正比，即

$$M(T) = \sigma T^4 \tag{20-3}$$

式中，$\sigma = 5.67 \times 10^{-8}\,\mathrm{W/(m^2 \cdot K^4)}$，为斯特藩常量。1884年，玻尔兹曼（Boltzmann）从理论上证明了这一结论，所以称为斯特藩-玻尔兹曼定律。

2. 维恩位移定律

1893 年维恩（W. Wien）根据实验曲线得出：黑体单色辐射强度每一条曲线都有它自己的峰值，与峰值相对的波长用 λ_m 表示，则 λ_m 与黑体温度的关系为

$$\lambda_\mathrm{m} T = b \tag{20-4}$$

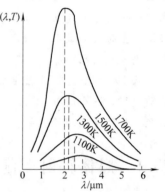

图 20-1 黑体单色辐射强度实验曲线

式中，$b = 2.898 \times 10^{-3}\,\mathrm{m \cdot K}$ 是与温度无关的常量，这一结论称为维恩位移定律，它指出，当温度升高时，黑体辐射强度的最大值要向短波方向移动。

说明：

1）在单色辐射强度图 20-1 中，每一条曲线下的面积表示黑体辐射强度按斯特藩-玻尔兹曼定律变化，随着温度的升高，曲线下的面积以温度的四次方在增大；此外，按维恩位移定律，每条曲线的峰值波长与温度成反比减少。

2）这两条定律是黑体辐射的基本定律，它们在现代科学技术中有广泛的应用，是测量高温以及遥感和红外跟踪等技术的物理基础。恒星的有效温度也是用此理论测量的。

【例 20-1】 问：（1）温度为 20℃ 的物体，其单色辐射强度曲线的峰值所对应的波长是多少？（2）若要使一物体的单色辐射强度曲线的峰值所对应的波长在红光谱线范围内，物体的温度应为多少？（3）以上两种情况下总辐射能的比率为多少？

【解】 （1）由维恩位移定律有

$$\lambda_\mathrm{m} = \frac{b}{T} = \frac{2.898 \times 10^{-3}}{293}\mathrm{m} \approx 9.89 \times 10^{-6}\mathrm{m} = 9.89\mu\mathrm{m}$$

此波长属于红外谱线范围。

（2）取红光谱线的波长为 $0.65\mu m$，由维恩位移定律有

$$T = \frac{b}{\lambda_m} = \frac{2.898 \times 10^{-3}}{6.50 \times 10^{-7}}K \approx 4.46 \times 10^3 K$$

（3）由斯特藩-玻尔兹曼定律，有

$$\frac{M_2}{M_1} = \left(\frac{T_2}{T_1}\right)^4 = \left(\frac{4.46 \times 10^3}{293}\right)^4 \approx 5.37 \times 10^4$$

【例 20-2】　实验测得太阳辐射波谱的峰值波长 $\lambda_m = 510nm$，设太阳可被近似看作黑体，试估算太阳表面的温度及其单位表面积的辐射功率。

【解】　根据维恩位移定律，太阳表面的温度大约为

$$T = \frac{b}{\lambda_m} = \frac{2.898 \times 10^{-3}}{510 \times 10^{-9}}K = 5\ 682K$$

再由斯特藩-玻尔兹曼定律可求出太阳的总辐射强度，即单位面积上的辐射功率为

$$M(T) = \sigma T^4 = (5.67 \times 10^{-8} \times 5\ 682^4)\ W/m^2 = 5.9 \times 10^7 W/m^2$$

20.1.3　黑体单色辐射的维恩公式和瑞利-金斯公式

斯特藩-玻尔兹曼定律和维恩位移定律是根据实验总结出来的规律，但是都没有涉及单色辐射强度的具体函数形式。许多物理学家力图从经典电磁理论和热力学理论出发，推导出符合实验结果的单色辐射强度的公式，并对黑体辐射按波长分布的实验结果做出理论解释，这就是 19 世纪末物理学上最引人注目的课题之一。其中最典型的有维恩公式和瑞利（Rayleigh）-金斯（J. Jeans）公式。

1. 维恩公式

1896 年，维恩根据热力学的普遍理论及实验数据的分析，假定谐振子的能量按频率的分布类似于麦克斯韦分子速率分布率，又由经典统计物理导出了半经验公式——维恩公式

$$M(\lambda, T) = \frac{c_1}{\lambda^5} \frac{1}{e^{c_2/\lambda T}} \tag{20-5}$$

式中，c_1、c_2 是两个由实验来确定的实验参量。在 1900 年前后，克鲍姆与鲁本斯发现，在短波段，维恩公式与实验曲线相吻合，而在长波段，维恩公式与实验曲线有明显的偏离（见图 20-2）。

2. 瑞利-金斯公式

1900 年瑞利根据能量按自由度均分定理，利用经典电动力学与统计物理学理论得到了黑体辐射的瑞利-金斯公式

$$M(\lambda, T) = C\lambda^{-4}T \tag{20-6}$$

式中，C 为常数。瑞利-金斯公式在长波段与实验曲线相符合，在短波段则完全不能适用，当 $\lambda \to 0$ 时，$M(\lambda, T) \to \infty$，这显然是不合理的，称为"紫外线灾难"（见图 20-2）。

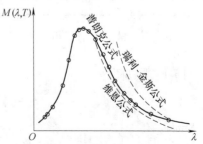

图 20-2　黑体辐射公式与实验曲线的比较

其他各种经典物理的辐射理论也都不能很好地解释黑体辐射问题。

20.1.4 普朗克公式、能量子假设

1. 普朗克公式

普朗克（M. Planck）试图把代表短波方向的维恩公式与代表长波方向的实验结果综合起来，结果在1900年10月从数学上用插值方法找到了一个经验公式

$$M(\lambda, T) = \frac{c_1}{\lambda^5} \frac{1}{e^{c_2/\lambda T} - 1} \tag{20-7}$$

即普朗克公式。

2. 普朗克能量子假设

由于普朗克公式与实验的惊人符合，普朗克相信这里必定存在一个非常重要又尚未被人们发现的东西。经过近两个月的努力，普朗克终于从理论上导出了他的黑体辐射公式。

普朗克认为，经典理论不能应用于分子、原子等微观运动，微观振子的能量不能取连续值。对于频率为 ν 的谐振子，其能量只能取最小能量 $E = h\nu$ 的整数倍，即

$$E = nh\nu, \quad n = 1, 2, 3, 4, \cdots \tag{20-8}$$

式中，$h = 6.626 \times 10^{-34} \text{J} \cdot \text{s}$，称为普朗克常量。上式即为普朗克能量子假设。

从能量子假设出发，应用玻尔兹曼统计规律可得出黑体辐射公式

$$M(\lambda, T) = \frac{2\pi h c^2}{\lambda^5} \frac{1}{e^{hc/k\lambda T} - 1} \tag{20-9a}$$

用频率表示为

$$M(\nu, T) = \frac{2\pi h \nu^3}{c^2} \frac{1}{e^{h\nu/kT} - 1} \tag{20-9b}$$

式中，c 为光速；k 为玻尔兹曼常量。该公式与实验符合得很好（见图20-2）。

普朗克抛弃了经典物理中的能量可连续变化、物体辐射或吸收的能量可以为任意值的旧观点，提出了能量子、物体辐射或吸收能量只能一份一份地按不连续的方式进行的新观点。这不仅成功地解决了热辐射中的难题，而且开创了物理学研究的新局面，标志着人类对自然规律的认识已经从宏观领域进入微观领域，为量子力学的诞生奠定了基础。普朗克由于发现能量量子化而在1918年获得诺贝尔奖。

【例20-3】 设一音叉尖端的质量为0.050kg，将其频率调到 $\nu = 480$Hz，振幅 $A = 1.0$mm。求尖端振动的量子数。

【解】 振动能量为

$$E = \frac{1}{2}kA^2 = \frac{1}{2}m(2\pi\nu)^2 A^2 = 0.227\text{J}$$

由 $E = nh\nu$，有

$$n = \frac{E}{h\nu} = \frac{0.227}{6.63 \times 10^{-34} \times 480} = 7.13 \times 10^{29}$$

可见音叉尖端这一宏观物体的振动量子数是非常之大的，这表明在宏观范围内，量子化效应是不明显

的（E_n 与 E_{n+1} 相差无几，可认为宏观物体的能量是连续变化的），只有在微观领域，量子化的效果才显著地表现出来。

20.2 光电效应

20.2.1 光电效应现象

光照射在某种金属导体上时，有可能使金属中的电子逸出金属表面，这种现象称为光电效应。所逸出的电子叫光电子，由光电子形成的电流叫光电流。为了使金属中的电子挣脱金属晶体点阵的束缚逸出金属表面，必须做一定数量的功，这个功称为电子的逸出功。

逸出功越大的金属，电子越不易逸出金属表面。使电子逸出的方法主要有：通过加热来提高电子热运动的能量，发射热电子，例如电子管、阴极射线管等；用高速带电粒子去撞击电子使其逸出；在光电效应中用光照射金属，使电子逸出。

如图 20-3 所示，单色光通过石英窗照射在阴极 K 上，在 A、K 间加上电压 U，则由检流计 P 可观察到有光电流 I 通过（说明阴极上有光电子产生，在加速电场的作用下飞向阳极 A 形成光电流）。实验发现以下几条规律：

1. 饱和电流与入射光光强成正比

改变外加电压 U 的大小，光电流也随之改变，最后趋于饱和，称为饱和电流 I_m；改变入射光强度，饱和电流 I_m 也随之改变，从实验知，饱和电流 I_m 与入射光强度成正比，也可认为单位时间内从阴极表面上逸出的光电子数与入射光强度成正比（见图 20-4）。

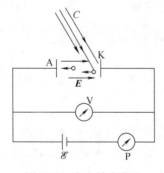

图 20-3 光电效应实验

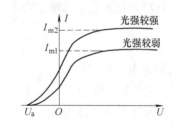

图 20-4 光电效应伏安特性曲线

2. 截止频率（红限）

对某一种金属来说，只有当入射光的频率大于某一频率 ν_0 时，光电子才能从金属表面逸出，电路中才有光电流，这个频率叫作截止频率（也称红限），如果入射光的频率小于截止频率，那么，无论光的强度多大，都没有光电子从金属表面逸出；而只要入射光的频率大于截止频率，哪怕再弱的光强，在光照射的同时，电路中立刻就有光电流出现。对不同的金属，逸出功不同，红限也不同。

3. 光电子的最大初动能与入射光频率成正比

当阴、阳极之间的电压 U 为零时，光电流并不为零，说明从阴极逸出的光电子具有一定的初动能；只有当两极板间存在反向电压（遏止电压）$U = -U_a$ 时，光电流才为零（见图 20-4）。因而，光电子的初动能为

$$\frac{1}{2}mv_m^2 = eU_a \tag{20-10}$$

式中，v_m 为光电子从阴极逸出的初速度。实验表明，光电子的初动能与入射光频率成正比，而与入射光的强度无关（见图 20-5）。

4. 光电效应的瞬时性

实验表明，即使光的强度非常弱，只要光的频率大于 ν_0。当光一照射到金属面上时，立刻就有光电子产生，时间滞后不超过 10^{-9} s。

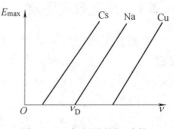

图 20-5　光电子的初动能
与入射光频率关系

光电效应的实验结果是经典理论无法解释的。按照电磁波理论，不论入射光的频率如何，只要有足够的照射时间，物体中的电子在电磁波作用下总是能够获得足够能量而逸出，因而不应存在红限频率；逸出电子的初动能也应随入射光强的增大而增大，和入射光的频率无关；当入射光的光强很小时，物质中的电子必须经过较长时间的积累，才有足够的能量而逸出，因而光电子的逸出也不应具有瞬时性。

20.2.2　爱因斯坦光子假说

1. 爱因斯坦光子假说

为了解释光电效应的实验事实，1905 年，爱因斯坦根据普朗克能量子假说而进一步提出的光子的概念，对光电效应的研究做出了决定性的贡献。

爱因斯坦光子假说的核心思想是：单色光由大量不连续的光子组成。频率为 ν（波长为 λ）的单色光，每个光子的能量和动量分别为

$$E = h\nu, \qquad p = \frac{h}{\lambda} \tag{20-11}$$

2. 爱因斯坦光电效应方程

当光子入射到金属表面时，一个光子的能量一次性地被金属中的一个电子全部吸收，这些能量的一部分消耗于从金属表面逸出时所做的功，另一部分转变成电子离开金属表面后的初动能。由能量守恒定律得出**爱因斯坦光电效应方程**

$$h\nu = \frac{1}{2}mv_m^2 + A \tag{20-12}$$

式中，A 为光电子从金属表面逸出时所做的功，称为逸出功。

应用上式可以很好地解释光电效应的实验规律：

1）入射光的强度是由单位时间内到达金属表面的光子数决定的。入射光强越大，单位时间内到达金属表面单位面积的光子就越多，产生的光电子数也越多，这些光电子全部到达阳极 A 时形成饱和电流，因而饱和电流的大小与入射光强度成正比。

2）对于给定的金属，逸出功 A 为定值，可见光子频率越高，光电子的初动能就越大，

当入射光频率低于红限频率，使 $h\nu_0<A$ 时，就不会有光电子逸出，即使入射光强很大，光子数很多，也不会产生光电效应。只有当入射光频率足够高，使每个光子的能量足够大时，电子才能克服逸出功而逸出金属表面。所以红限频率 $\nu_0=\dfrac{A}{h}$。对于不同的金属，A 不同，红限频率也不同，如表 20-1 所示。

表 20-1　几种金属的红限频率与逸出功

金属	红限频率 ν_0/Hz	逸出功/eV
钠 Na	4.39×10^{14}	1.82
钙 Ca	6.53×10^{14}	2.70
铀 U	8.75×10^{14}	3.62
钽 Ta	9.93×10^{15}	4.11
钨 W	1.08×10^{15}	4.47
镍 Ni	1.21×10^{15}	5.01

3）根据光电效应方程可以得出光电子的最大初动能为

$$\frac{1}{2}mv_m^2=h\nu-A=h(\nu-\nu_0)$$

它只依赖于照射光的频率，而与照射光的光强无关。

4）按照爱因斯坦光子理论，光照射到金属表面上，光子与金属内的电子发生碰撞，当电子一次性地吸收了一个光子后，便获得了 $h\nu$ 的能量而立刻从金属表面逸出，没有明显的时间滞后，这也正是光的粒子性表现。

【例 20-4】　铝表面电子的逸出功为 6.72×10^{-19}J，今有波长为 $\lambda=2.0\times10^{-7}$m 的光投射到铝表面上。试求：（1）由此产生的光电子的最大初动能；（2）遏止电压；（3）铝的红限波长。

【解】　（1）光子的能量为 $E=h\nu=hc/\lambda$，根据爱因斯坦光电效应方程 $h\nu=E_k+A$，产生的光电子的最大初动能为

$$E_k=h\nu-A=\left(\frac{6.63\times10^{-34}\times3\times10^8}{2.0\times10^{-7}}-6.72\times10^{-19}\right)\text{J}=3.23\times10^{-19}\text{J}$$

（2）遏止电压的公式为 $eU_a=E_k$，遏止电压为

$$U_a=\frac{E_k}{e}=\frac{3.23\times10^{-19}}{1.6\times10^{-19}}\text{V}=2.0\text{V}$$

（3）铝的红限频率为 $\nu_0=A/h$，红限波长为

$$\lambda_0=\frac{c}{\nu_0}=\frac{hc}{A}=\frac{6.63\times10^{-34}\times3\times10^8}{6.72\times10^{-19}}\text{m}=2.96\times10^{-7}\text{m}$$

【例 20-5】　钾的截止频率 $\nu_0=4.62\times10^{14}$Hz，以波长 $\lambda=435.8$nm 的光照射，求钾放出光电子的初速度。

【解】　根据爱因斯坦光电效应方程及红限频率与逸出功的关系得

$$h\nu=\frac{1}{2}mv^2+A=\frac{1}{2}mv^2+h\nu_0$$

整理得光电子的初速度为

$$v = \sqrt{\frac{2h}{m}\left(\frac{c}{\lambda} - \nu_0\right)}$$

$$= \sqrt{\frac{2 \times 6.626 \times 10^{-34}}{9.11 \times 10^{-31}}\left(\frac{3 \times 10^8}{435.8 \times 10^{-9}} - 4.62 \times 10^{14}\right)}\,\text{m/s} \approx 5.74 \times 10^5\,\text{m/s}$$

20.2.3 光的波粒二象性

从17世纪下半叶到18世纪，牛顿的光的微粒学说占有统治地位；19世纪20年代以后，光的波动理论、光的电磁理论的发展，使人们接受了光的波动学说；爱因斯坦不仅完美地解释了光电效应，还使人们对光的本性的认识有了质的飞跃：光同时具有波动性和粒子性，即波粒二象性。

在不同的条件下，光的表现会有所侧重，光在传播过程中表现出波动性，如干涉、衍射、偏振现象等，而光在与物质发生作用时表现出其粒子性，如光电效应、康普顿效应等。

利用光电效应中光电流与入射光强成正比的特性，可以制造光电转换器来实现光信号与电信号之间的相互转换。这些光电转换器如光电管等，广泛应用于光功率测量、光信号记录、电影、电视和自动控制等诸多方面。如光电控制电路、光电法测转速、光电倍增管、光电鼠标器等。

20.3 康普顿效应

1923年，康普顿（H. Compton）发现，单色X射线被物质散射时，散射线中除了有波长与入射线相同的成分外，还有波长较长的成分，这种波长变长的散射称为康普顿散射或康普顿效应。1927年，康普顿为此获诺贝尔物理学奖。

1. 实验装置与实验现象

如图20-6所示，R为X射线管，发出波长为λ_0的单色X射线。通过光阑D形成一束射线投射到散射物S（石墨）上。散射线通过光阑B形成定向的射线束，可由散射角φ表征。晶体C和电离室F的摄谱仪上可记录入射的散射线的波长及其强度。X射线管R和石墨S可以一起转动，以改变散射角φ。

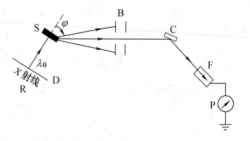

图20-6 康普顿散射实验装置示意图

实验发现：对一定的散射角φ，既有与入射线相同的波长λ_0，又有比入射光线更长的波长λ，而且$\Delta\lambda = \lambda - \lambda_0$随角$\varphi$的增大而增大，但与X射线的波长$\lambda_0$和散射物质无关。

2. 理论解释

用经典电磁波理论无法解释康普顿效应。电磁波通过散射物质时，物质中带电粒子做受迫振动，从入射波吸收能量，同时又作为新的波源向四周辐射电磁波，形成散射光。从波动观点来看，带电粒子做受迫振动的频率等于入射光的频率，因而散射光的频率或波长与入射光相同。

用光子的概念来解释就很容易了：如图 20-7 所示，频率为 γ_0 的入射的光子沿单位矢量 $\boldsymbol{n}_0$ 的方向运动，与散射物外层电子弹性碰撞后光子沿 φ 角散射出去，设碰撞后光子的频率为 γ，方向沿 $\boldsymbol{n}$，电子速度为 $\boldsymbol{v}$。在碰撞过程中，系统的动量与能量都守恒，由于反冲，电子带走一部分能量与动量，因而散射出去的光子的能量与动量都相应地减小，即 X 射线的波长变长。

在碰撞前电子的速度很小，可视为静止，而且相对于 X 射线中光子的能量来说，若选用石墨等物质，则电子在原子中的束缚能很小，可以近似地看成是自由电子，设碰撞前后电子质量分别为 m、m_0，则碰撞前后的动量守恒方程为

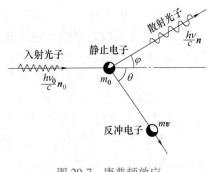

图 20-7　康普顿效应

$$\frac{h\nu_0}{c} = mv\cos\theta + \frac{h\nu}{c}\cos\varphi$$

$$0 = mv\sin\theta - \frac{h\nu}{c}\sin\varphi$$

碰撞前后的能量守恒方程为

$$m_0c^2 + h\nu_0 = h\nu + mc^2$$

其中 $m = \dfrac{m_0}{\sqrt{1-(v/c)^2}}$，为电子的运动质量，由以上几式可求出

$$h\nu\nu_0(1-\cos\varphi) = m_0c^2(\nu_0-\nu)$$

再由 $\nu_0 = \dfrac{c}{\lambda_0}$ 和 $\nu = \dfrac{c}{\lambda}$ 得

$$h(1-\cos\varphi) = m_0c(\lambda-\lambda_0)$$

故得出

$$\Delta\lambda = \lambda - \lambda_0 = \frac{h}{m_0c}(1-\cos\varphi) = \frac{2h}{m_0c}\sin^2\frac{\varphi}{2} \tag{20-13}$$

上式与实验结果完全相符。散射光中确有波长 $\lambda > \lambda_0$ 的射线，$\Delta\lambda = \lambda - \lambda_0$ 随 φ 角的增大而增大，且与散射物质无关。

【例 20-6】　康普顿散射中入射 X 射线的波长是 $\lambda = 0.70 \times 10^{-10}$ m，散射的 X 射线与入射的 X 射线垂直. 求：(1) 散射 X 射线的波长；(2) 反冲电子的动能 E_k；(3) 反冲电子的运动方向与入射 X 射线间的夹角 θ.

【解】　(1) 根据康普顿散射公式得波长变化为

$$\lambda = \lambda_0 + \frac{2h}{m_0c}\sin^2\frac{\varphi}{2} = \left(0.70\times10^{-10} + \left(\frac{2\times6.63\times10^{-34}}{9.1\times10^{-31}\times3\times10^8}\right)\sin^245°\right)\text{m} = 0.72\times10^{-10}\text{m}$$

(2) 反冲电子的动能为

$$E_k = hc\left(\frac{1}{\lambda_0} - \frac{1}{\lambda}\right) = \left(\frac{6.63\times10^{-34}\times3\times10^8}{0.70\times10^{-10}} - \frac{6.63\times10^{-34}\times3\times10^8}{0.72\times10^{-10}}\right)\text{J} = 7.9\times10^{-17}\text{J}$$

（3）由于

$$\tan\theta=\frac{hc/\lambda}{hc/\lambda_0}=\frac{\lambda_0}{\lambda}=\frac{0.7\times10^{-10}\mathrm{m}}{0.72\times10^{-10}\mathrm{m}}=0.972\,2$$

所以夹角为 $\qquad\qquad\qquad\qquad\qquad\theta=44.2°$

20.4 玻尔的氢原子理论

19 世纪末 20 世纪初，一些实验现象被相继发现，如电子、X 射线和放射性元素的发现等，表明原子是可以分割的，它具有比较复杂的结构，原子是怎样组成的？原子的运动规律如何？对这些问题的研究形成了原子的量子理论。

物理学上常采用以下两种方法来研究原子结构：

1）利用高能粒子对原子进行轰击，轰出未知粒子来研究（高能物理）。

2）观测在外界激发下，原子所发射的光辐射。

每一种原子的辐射都具有一定的特征光谱，它们是一条条离散的谱线——线状光谱，它只取决于原子自身，而与温度和外界压力无关。不同的原子有不同的谱线。因此，原子光谱是研究原子结构的一种重要手段。

20.4.1 氢原子光谱的规律

1853 年，瑞典的埃格斯特朗首先在可见光区域内观测到氢原子的线状光谱，1885 年，瑞士数学家巴尔末把氢原子的谱线归纳为一个简单的公式——巴尔末公式

$$\lambda=B\frac{n^2}{n^2-2^2},\quad n=3,4,5,\cdots \qquad(20\text{-}14)$$

式中，$B=364.56\mathrm{nm}$，为巴尔末系波长的极限值。氢原子光谱的巴尔末系如图 20-8 所示。

1896 年，里德伯（J. R. Rydberg）采用波数 $\sigma=\dfrac{1}{\lambda}$，将上式改成

$$\sigma=R_{\mathrm{H}}\left(\frac{1}{2^2}-\frac{1}{n^2}\right),\quad n=3,4,5,\cdots \qquad(20\text{-}15)$$

式中，$R_{\mathrm{H}}=10973731/\mathrm{m}$，为里德伯常量。

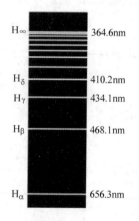

图 20-8 氢原子光谱的巴尔末系

氢原子的其他光谱也在 1908—1924 年相继得到。在紫外光区得到了莱曼系；在红外光区得到了帕邢系、布拉开系和普丰德系。各线系谱线的波数公式与可见光区的巴尔末系波数公式有相似的形式：

莱曼系（1914 年）$\qquad\sigma=R_{\mathrm{H}}\left(\dfrac{1}{1^2}-\dfrac{1}{n^2}\right),\ n=2,\ 3,\ 4,\ \cdots \qquad(20\text{-}16)$

帕邢系（1908 年）$\qquad\sigma=R_{\mathrm{H}}\left(\dfrac{1}{3^2}-\dfrac{1}{n^2}\right),\ n=4,\ 5,\ 6,\ \cdots \qquad(20\text{-}17)$

布拉开系（1922 年）　　　$\sigma = R_{\mathrm{H}}\left(\dfrac{1}{4^2} - \dfrac{1}{n^2}\right)$，$n = 5$，$6$，$7$，$\cdots$　　　　　　(20-18)

普丰德系（1924 年）　　　$\sigma = R_{\mathrm{H}}\left(\dfrac{1}{5^2} - \dfrac{1}{n^2}\right)$，$n = 6$，$7$，$8$，$\cdots$　　　　　　(20-19)

可将以上各式写成一个统一的公式

$$\sigma = R_{\mathrm{H}}\left(\frac{1}{m^2} - \frac{1}{n^2}\right)，\quad m = 1,2,\cdots;n = m + 1, m + 2,\cdots \tag{20-20}$$

当 m 取定值时，n 取大于 m 的整数，即可得一个线系；当 $n \to \infty$，对应的波长为该线系的极限波长。

20.4.2　原子的结构

1. 原子的汤姆孙模型

1903 年汤姆孙提出了一种原子结构模型：原子中的正电荷与质量均匀分布在一个球体内，而电子则一个个均匀地镶嵌于此球体中。

2. α粒子散射实验与卢瑟福的原子核式模型

1909 年，英国物理学家卢瑟福做了 α 粒子散射实验（见图 20-9）。α 粒子带正电荷$+2e$，质量是电子质量的 7 400 倍（$m = 7\,400 m_e$）。图中 R 为放射源；S 为小孔；F 为金属箔；T 为探测器。

实验发现：大部分 α 粒子穿过金箔后只偏转很小的角度，有少量 α 粒子的偏转角度大于 $90°$，甚至约有几万分之一的粒子被向后散射了。

α 粒子不可能被质量远小于它的电子所散射。这种情况就好比一发炮弹打到一张纸上而被纸弹回来一样不可思议。汤姆孙模型不能对散射角 $\theta > 90°$ 的情况给予解释，因而 α 粒子大角度散射否定了汤姆孙的原子模型。

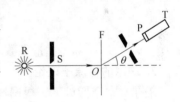

图 20-9　α粒子散射实验

1911 年，卢瑟福提出原子核式结构模型：原子的中心有一个很小的带正电的原子核，它几乎集中了原子的全部质量，而电子则围绕这个核转动，就如同行星绕太阳运转一样。

原子的核式结构可以解释粒子的大角度散射问题。卢瑟福根据自己的核式模型，认为 α 粒子大角度散射是 α 粒子被质量很大的带正电的原子核散射造成的，其轨道为双曲线，并由此导出了卢瑟福散射公式，它也与实验情况符合得很好。1913 年，盖革和马斯顿做了进一步的实验，证明了卢瑟福原子核式模型的正确性。

3. 原子核式结构模型的困难

卢瑟福提出的原子核式模型有充分的实验基础。但由经典电磁理论，绕核运动的电子既然在做加速运动，必将不断地以电磁波的形式辐射能量，辐射频率等于电子绕核转动的频率。于是，整个原子系统的能量就会不断减少，频率也将逐渐改变，所发光谱应是连续的。这与原子线状光谱的实验事实不符。同时，由于电子不断辐射能量，最终会落在核上。因此，按经典理论，卢瑟福的核式模型就不可能是稳定的系统。而事实上原子是相当稳定的。这说明经典理论在处理原子内电子的运动时遇到了不可克服的困难。

20.4.3 玻尔的氢原子理论

在 1913 年，丹麦杰出的物理学家玻尔（N. Bohr）发表了《论原子结构与分子结构》等三篇论文，提出了关于原子稳定性和量子跃迁的三条假设，从而圆满地解释了氢原子的光谱规律。玻尔的成功，使量子理论取得重大发展，推动了量子物理的形成，具有划时代的意义。玻尔于 1922 年 12 月 10 日诺贝尔诞生 100 周年之际，在瑞典首都接受了当年的诺贝尔物理学奖。

1. 玻尔假设

（1）定态假说　原子能够而且只能够稳定地存在于一些离散的能量状态之中。或者说，原子中的电子只可以在一些特定的轨道上运动，而不向外辐射能量，这时原子处于稳定状态（定态）并具有恒定的能量。

（2）跃迁假设　原子能量的任何变化，包括发射或吸收电磁辐射，都只能在两个定态之间以跃迁的形式进行。当电子从高能量 E_i 的轨道跃迁到低能量 E_j 的轨道上时，要发射一个能量为 $h\nu = E_i - E_j$ 的光子，或者说发出的光波频率为

$$\nu = \frac{E_i - E_j}{h} \tag{20-21}$$

（3）量子化条件　电子绕核运动时，只有电子角动量 L 等于 $h/2\pi$ 的整数倍的那些轨道才是稳定的，即

$$L = n\frac{h}{2\pi} \tag{20-22}$$

式中，$n = 1, 2, \cdots$ 称为主量子数。

2. 玻尔的氢原子理论

玻尔在以上假设下，根据经典的牛顿定律和库仑定律，形成了氢原子理论。

（1）轨道量子化　氢原子核外电子受静电力作用在半径为 r_n 的圆轨道上以速率 v_n 运动，有

$$m\frac{v_n^2}{r_n} = \frac{e^2}{4\pi\varepsilon_0 r_n^2}$$

又由量子化条件式（20-22），有

$$mv_n r_n = n\frac{h}{2\pi}$$

可得出允许的轨道半径

$$r_n = n^2\frac{\varepsilon_0 h^2}{\pi m e^2} = n^2 r_1 \tag{20-23}$$

其中，

$$r_1 = \frac{\varepsilon_0 h^2}{\pi m e^2} = 0.529 \times 10^{-10}\,\text{m} \tag{20-24}$$

为第一玻尔轨道半径。

（2）原子能级量子化　氢原子能量为

$$E_n = \frac{1}{2}mv_n^2 - \frac{e^2}{4\pi\varepsilon_0 r_n} = -\frac{me^4}{8\varepsilon_0^2 h^2}\frac{1}{n^2} = \frac{E_1}{n^2} \tag{20-25}$$

其中，

$$E_1 = -\frac{me^4}{8\varepsilon_0^2 h^2} = -13.6\mathrm{eV} \tag{20-26}$$

为氢原子的基态能量。可见，氢原子的能级也是量子化的。

（3）电子跃迁的辐射规律　当电子从外层的轨道 n 跃迁到内层的轨道 m 上时，发出的谱线波数为

$$\sigma = \frac{E_n - E_m}{hc} = \frac{me^4}{8\varepsilon_0^2 h^3 c}\left(\frac{1}{m^2} - \frac{1}{n^2}\right) \tag{20-27}$$

式中，$\frac{me^4}{8\varepsilon_0^2 h^3 c} = 1.097\times10^7\mathrm{m}^{-1}$，与里德伯常量的实验值 R_H 符合得非常好。这样，玻尔用半经典（电子的轨道运动）、半量子化（定态）的方法成功地解释了氢原子的光谱所呈现的规律性。

通常将氢原子最低能量状态称为基态（$n=1$），并依能量从低到高的顺序将其他能量状态分别称为第一激发态（$n=2$）、第二激发态（$n=3$）等等。图 20-10 是氢原子轨道跃迁图和能级跃迁图，从所有的激发态向基态跃迁的谱线构成了莱曼系；向第一激发态跃迁的谱线则形成了可见光区的巴尔末系；等等。

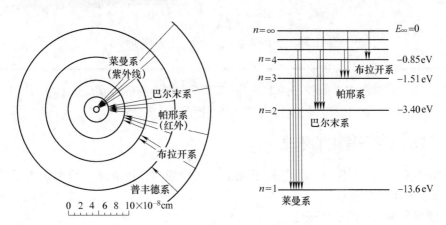

图 20-10　氢原子轨道跃迁图和能级跃迁图

【例 20-7】　设氢原子中电子从 $n=2$ 的状态被电离出去，问需要多少能量？

【解】　当 $n=1$ 时，基态能级的能量为

$$E_1 = -\frac{me^4}{8\varepsilon_0^2 h^2} \approx -13.6\mathrm{eV}$$

因此，氢原子能级公式为 $E_n = \dfrac{E_1}{n^2}$。当电子从 n 能级跃迁到 m 能级时放出（正）或吸收（负）光子的能量为

$$E=E_n-E_m=E_1\left(\frac{1}{n^2}-\frac{1}{m^2}\right)$$

电离时，m 趋于无穷大。当电子从 $n=2$ 的能级电离时要吸收的能量为

$$E=-13.6\left(\frac{1}{2^2}-\frac{1}{\infty^2}\right)\text{eV}=-3.4\text{eV}$$

因此，需要 3.4eV 的能量。

【例 20-8】　在气体放电管中，用携带着能量 12.2eV 的电子去轰击氢原子，试确定此时的氢原子可能辐射的谱线的波长。

【解】　氢原子所能吸收的最大能量就等于对它轰击的电子所携带的能量 12.2eV。氢原子吸收这一能量后，将由基态能级 $E_1=-13.6\text{eV}$ 激发到更高的能级。

$$E_n=-13.6\text{eV}+12.2\text{eV}=-1.4\text{eV}$$

由 $E_n=\dfrac{E_1}{n^2}$，可求得与激发态 E_n 相对应的 n 值

$$n=\sqrt{\frac{E_1}{E_n}}=3.12$$

因 n 只能取正整数，氢原子所能达到的能级对应于 $n=3$。这样，当电子从这个激发态跃迁回基态时，将可能发出三种不同波长的谱线，它们分别相应于 $n=3$ 到 $n=2$，$n=2$ 到 $n=1$，以及 $n=3$ 到 $n=1$。

因　　　　$$E_2=\frac{E_1}{2^2}=-\frac{13.6\text{eV}}{4}=-3.4\text{eV},\quad E_3=\frac{E_1}{3^2}=-\frac{13.6\text{eV}}{9}=-1.51\text{eV}$$

所以　　　　$$\lambda_{23}=\frac{hc}{E_3-E_2}=\frac{6.626\times10^{-34}\times3\times10^8}{[-1.51-(-3.4)]\times1.6\times10^{-19}}\text{m}=657\text{nm}$$

同理求出　　　　$$\lambda_{12}=\frac{hc}{E_2-E_1}=122\text{nm},\quad \lambda_{13}=\frac{hc}{E_3-E_1}=103\text{nm}$$

思考：（1）若本例中入射粒子的能量为 12.8eV，则会有几条谱线？（2）若用一光子入射，也要出现上述 3 条辐射谱线，则入射光子的能量应为多少？

20.4.4　玻尔氢原子理论的困难

氢原子的玻尔理论不仅解释了氢原子光谱的实验规律，还能够说明类氢离子的光谱规律。但它也存在着许多困难：

1. 不能解释多电子原子的光谱

对于复杂原子的光谱，即使是对只有两个电子的氦原子光谱，玻尔理论不但定量上无法处理，甚至在原则上就有问题。

2. 不能解释谱线的强度

玻尔理论不能提供处理光谱相对强度的系统方法，也不能用来处理非束缚态问题，如散射问题等。

3. 没有从根本上揭示出不连续性的本质

从理论上看，玻尔提出的与经典物理不相容的概念，如原子能量不连续的概念和角动量量子化条件等，多少带有人为的性质，并没有从根本上揭示出不连续性的本质。

玻尔理论的缺陷在于其理论体系上，它一方面否定了经典理论而提出定态和量子化能级

的概念，另一方面却又保留了经典力学的轨道概念，并用经典物理的定律来计算电子的稳定轨道，因此，它本身就是一个不自恰的理论。

玻尔理论问题的关键在于：经典的轨道概念与量子化概念本身是不相容的。但是玻尔理论将这两个不相容的概念硬性糅合起来，所以它不能从根本上揭示能量不连续的本质。理论和实践要求产生一个崭新的、比玻尔理论更加完善的理论来描述微观粒子的运动。量子力学就是在这个历史背景下应运而生的。

20.5　微观粒子的波动性

20.5.1　德布罗意假设

1923 年，德布罗意（L. V. de Broglie）依据爱因斯坦光的波粒二象性，大胆地设想，构成物质世界的实物粒子也同样具有波粒二象性。人们以往只注意到光的波动性而忽略了光的粒子性，但对于实物粒子可能正好相反，只注意到其粒子性而忽略了它的波动性。为了证实这一设想，1924 年，德布罗意又提出用电子在晶体上做衍射实验的想法。1927 年，戴维逊（J. Davisson）和革末（H. Germer）及汤姆孙分别完成了电子在晶体上的衍射实验，用实验证实了电子具有波动性。此后，人们相继证实了质子、中子、原子等微观粒子都具有波动性。德布罗意的设想得到了完全的证实，现在人们将这些实物粒子所具有的波动称为物质波或德布罗意波。

德布罗意认为：对于质量为 m、速度为 v 的自由粒子，可用能量 E 和动量 p 来描述它的粒子性，还可用频率 ν 和波长 λ 来描述它的波动性，它们之间的关系为

$$\nu = \frac{E}{h} = \frac{mc^2}{h} \quad 或 \quad E = h\nu = \hbar\omega \tag{20-28}$$

$$\lambda = \frac{h}{p} = \frac{h}{mv} \quad 或 \quad p = \frac{h}{\lambda} = \hbar k \tag{20-29}$$

*氢原子轨道角动量量子化的一种解释：

德布罗意提出，可以把原子定态与驻波联系起来。例如氢原子中，做稳定圆周运动的电子绕原子核转动一周之后，驻波应光滑地衔接起来，即要求圆周是波长的整数倍：

$$2\pi r = n\lambda, \quad n = 1, 2, \cdots$$

式中，r 为轨道半径。由上式可以得到波长，代入德布罗意公式，可以得到

$$p = n\frac{h}{2\pi r}, \quad n = 1, 2, \cdots$$

因而粒子的角动量为

$$L = rp = n\frac{h}{2\pi}, \quad n = 1, 2, \cdots$$

这正是玻尔的角动量量子化条件。

【例 20-9】　计算：（1）电子通过 100V 电压加速后的德布罗意波长；（2）质量为 $m = 0.01\text{kg}$、速度 $v = 300\text{m/s}$ 的子弹的德布罗意波长。

【解】 （1）电子经电压 U 加速后的动能为 $\frac{1}{2}mv^2 = eU$，有

$$v = \sqrt{\frac{2eU}{m}}$$

将 $e = 1.6 \times 10^{-19}$ C，$m = 9.11 \times 10^{-31}$ kg，$U = 100$ V，代入求得

$$v = 5.9 \times 10^{6} \text{m/s （远小于 } c\text{）}$$

故电子的波长为

$$\lambda_1 = \frac{h}{mv} = \frac{h}{\sqrt{2me}} \frac{1}{\sqrt{U}} = 0.123 \text{nm}\text{——X 射线量级}$$

（2）子弹的德布罗意波长为

$$\lambda_2 = \frac{h}{mv} = 2.21 \times 10^{-34} \text{m}$$

结果表明，电子的德布罗意波长与 X 射线和晶体的晶格常数相近，所以，利用晶体应该可以观察到电子的衍射现象，但子弹的德布罗意波长太短，无法测量，因而宏观物体的波动性不能从实验中观察到。

20.5.2 电子衍射——德布罗意假设的实验证明

1. 戴维逊-革末实验——电子从晶体表面的反射

1927 年，戴维逊和革末做了让电子束射向镍单晶靶的衍射实验，观察到了和 X 射线衍射类似的电子衍射现象，从而首先证实了电子波动性的存在。

实验装置如图 20-11 所示，电子从灯丝 K 飞出，经加速电场加速后，通过狭缝成为很细的电子束，投射到晶体 M 上，散射后进入电子探测器 B，由电流计 P 测量出电流。

实验时加速电压 $U = 54$ V，在 $\theta = 50°$ 处电流有一峰值。晶体点阵相当于天然光栅，如图 20-12 所示，电子束在两晶面反射加强的条件为

$$\Delta = 2d\sin\frac{\theta}{2}\cos\frac{\theta}{2} = k\lambda \quad \text{即} \quad d\sin\theta = k\lambda \qquad (20\text{-}30)$$

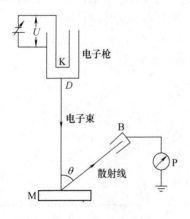

图 20-11 戴维逊-革末实验装置

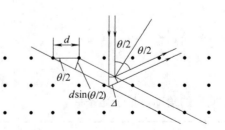

图 20-12 电子在晶体上的衍射

此时，电子的德布罗意波长 $\lambda = \dfrac{h}{p} = \dfrac{h}{\sqrt{2meU}} = 0.167\text{nm}$，再由 X 射线衍射实验测得镍单晶的

晶格常数 $d = 0.215\text{nm}$，求得满足相干加强条件的电子出射角度 $\theta = 51°$，和实验结果一致。

2. 汤姆孙实验——电子透过晶体薄膜的衍射

1927 年，汤姆孙（G. P. Thomson）也独立完成了电子衍射实验。如图 20-13 所示，让电子束通过薄金属箔后射到照相底片上，结果发现，与 X 射线通过金箔时一样，也产生了清晰的电子衍射图样（见图 20-14）。

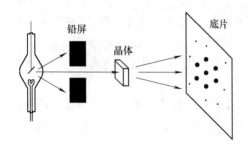

图 20-13　汤姆孙电子衍射实验

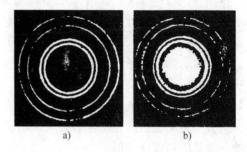

图 20-14　X 射线衍射与电子衍射图
a）X 射线衍射　b）电子衍射

以上两个实验充分说明，电子作为一种微观粒子，也像 X 射线一样具有波动性。戴维逊和汤姆孙因验证电子的波动性而分享了 1937 年的诺贝尔物理学奖。进入 20 世纪 30 年代以后，实验进一步发现，不但电子，而且一切微观粒子，如质子、中子、中性原子等都有衍射现象，从而表明它们都有波动性。

电子波动性最直接的实验证明为电子的单缝衍射实验。1961 年，约恩孙（C. Jönsson）制出了长为 $50\mu\text{m}$、宽为 $0.3\mu\text{m}$、缝间距 $1.0\mu\text{m}$ 的多缝，用 50kV 的加速电压加速电子，使电子束通过单缝、双缝、多缝等，均得到衍射图样。

20.5.3　德布罗意波的统计解释

考察电子双缝衍射实验：①如果入射电子流的强度很大，即单位时间内有许多电子通过双缝，则在底片上很快出现衍射图样；②如果入射电子流强度很小，电子几乎是一个一个通过双缝的，这时底片上就会出现一个一个的点，显示出电子的粒子性。开始时，这些点在底片上的位置看起来似乎是毫无规则地分布的，但是随着时间的延长，电子数目逐渐增多，它们在底片上的分布就逐渐形成了衍射图样，从而显示出电子的波动性（见图 20-15）。

电子双缝衍射实验表明：电子的衍射图样代表的是电子在空间出现的概率的大小。电子在屏上各个位置出现的概率并不是常数：有些地方出现的概率大，即出现干涉图样中的"亮条纹"；而有些地方出现的概率却可以为零，没有电子到达，显示"暗条纹"。

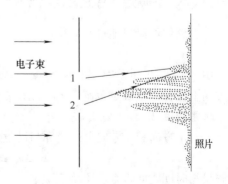

图 20-15　电子双缝衍射实验

玻恩（M. Born）认为，微观粒子的波动性与机械波、电磁波等不同，粒子在任何时候都还是一个粒子，粒子并没有变成"波"，只是粒子出现在空间不同地方的概率不同。因而微观粒子的波动性是一种统计意义上的波，即德布罗意波的强度和微观粒子在某处附近出现的概率密度成正比。

20.6 不确定关系

德国理论物理学家海森伯（W. Heisenberg）为量子力学的创立做出了巨大贡献，他提出的不确定关系与物质波的概率解释一起奠定了量子力学的基础。为此，他于1932年获得诺贝尔物理学奖。

按经典力学，粒子的运动具有决定性的规律，可同时用确定的坐标与确定的动量来描述宏观物体的运动。

在量子概念下，电子和其他物质粒子的衍射实验表明，粒子束所通过的圆孔或单缝越窄小，则所产生的衍射图样的中心极大区域越大。换句话说，测量粒子位置的精度越高，则测量粒子动量的精度就越低。

20.6.1 关于电子单缝衍射实验的讨论

以电子单缝衍射实验为例讨论不确定关系。

如图 20-16 所示，设有一电子束沿 oy 射入 AB 屏上的狭缝，缝宽为 a，电子动量为 $\boldsymbol{p}$，在底片 CD 可观察到电子的衍射图，φ 为第一级暗纹的角位置。则

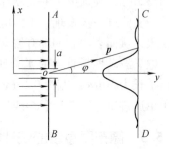

坐标的不确定度 $\quad \Delta x = a$

考虑第一级范围的电子的动量 $\quad \Delta p_x = p\sin\varphi$

对于第一级暗条纹 $\quad a\sin\varphi = \lambda$

因而 $\qquad\qquad \sin\varphi = \lambda/a = \lambda/\Delta x$

$$\Delta p_x = p\sin\varphi = p\lambda/\Delta x$$

代入公式 $\lambda = h/p$，可得出关系

图 20-16 电子单缝衍射实验

$$\Delta x \Delta p_x = h$$

20.6.2 不确定关系的数学表示与物理意义

海森伯经严格地推导后得出

$$\Delta x \Delta p_x \geqslant \hbar/2 \qquad\qquad (20\text{-}31\text{a})$$

式中，$\hbar = h/2\pi$ 也称为普朗克常量，上式称为微观粒子的不确定关系。其中 Δx 表示粒子在 x 方向上位置的不确定范围，Δp_x 表示在 x 方向上动量的不确定范围，而它们的乘积不得小于一个常数 $\hbar/2$。

对 y 方向和 z 方向上的坐标与动量也有完全类似的不确定关系

$$\Delta y \Delta p_y \geqslant \hbar/2, \qquad \Delta z \Delta p_z \geqslant \hbar/2 \qquad\qquad (20\text{-}31\text{b})$$

能量与时间之间也存在不确定关系

$$\Delta E \Delta t \geqslant \hbar/2 \qquad\qquad (20\text{-}32)$$

不确定关系表明，对微观粒子的位置和动量不可能同时进行准确的测量，粒子在某方向的坐标测量越精确（Δx 减小），则在该方向的动量的测量越不精确（Δp_x 增加），因而不能用位置和动量来描述微观粒子的运动，即"轨道"概念不存在。

不确定关系是波粒二象性的必然反映，是由微观粒子的本质所决定的，与测量仪器的精密程度没有关系，也与测量误差不同，误差是可以通过改善实验手段减小的，而不确定关系是微观粒子运动的客观规律。

【例 20-10】　一颗质量为 10g 的子弹和一个电子都具有 200m/s 的速度，动量的不确定量均为 0.01%，问在确定该子弹和电子的位置时，各有多大的不确定范围？

【解】　（1）子弹的动量为

$$p = mv = (0.01 \times 200)\text{kg} \cdot \text{m/s} = 2\text{kg} \cdot \text{m/s}$$

子弹的动量的不确定量为

$$\Delta p = p \times 0.01\% = 2 \times 10^{-4}\text{kg} \cdot \text{m/s}$$

由不确定关系可以得到子弹位置的不确定范围为

$$\Delta x = \frac{h}{\Delta p} = \frac{6.626 \times 10^{-34}}{2 \times 10^{-4}}\text{m} = 3.313 \times 10^{-30}\text{m}$$

这个不确定范围是微不足道的，可见，不确定关系对宏观物体来说，实际上是不起作用的。

（2）电子的动量为

$$p = mv = (9.1 \times 10^{-31} \times 200)\text{kg} \cdot \text{m/s} = 1.8 \times 10^{-28}\text{kg} \cdot \text{m/s}$$

电子动量的不确定量为

$$\Delta p = p \times 0.01\% = 1.8 \times 10^{-32}\text{kg} \cdot \text{m/s}$$

由不确定关系可以得到电子位置的不确定范围为

$$\Delta x = \frac{h}{\Delta p} = \frac{6.626 \times 10^{-34}}{1.8 \times 10^{-32}}\text{m} = 3.681 \times 10^{-2}\text{m}$$

我们知道，原子大小的数量级为 10^{-10}m，电子则更小。在这种情况下，电子位置的不确定范围比电子本身的大小要大几亿倍以上，因而其位置几乎是完全无法确定的。

【例 20-11】　ρ 介子的静能是 756MeV，寿命是 2.2×10^{-24}s。它的能量不确定度多大？占静能的比例多大？

【解】　由不确定关系，有

$$\Delta E = \frac{h}{4\pi\Delta t} = \frac{6.626 \times 10^{-34}}{4 \times 3.14 \times 2.2 \times 10^{-24} \times 1.6 \times 10^{-13}}\text{MeV} = 150\text{MeV}$$

$$\frac{\Delta E}{E} \times 100\% = \frac{150}{756} \times 100\% = 19.8\%$$

20.7　波函数　薛定谔方程

20.7.1　波函数　概率密度

在量子力学中，为了反映微观粒子的波动性，可以用波函数来描述它的运动状态。下面我们从机械波的表达式出发引入波函数的具体形式。

1. 机械波的波函数

一个频率为 ν、波长为 λ、沿 x 方向传播的单色平面波的表达式为

$$y(x,t) = A\cos 2\pi\left(\nu t - \frac{x}{\lambda}\right)$$

改写成复数形式为

$$y(x,t) = A\mathrm{e}^{-\mathrm{i}2\pi\left(\nu t - \frac{x}{\lambda}\right)} \tag{20-33}$$

2. 物质波的波函数

对于做一维运动的自由粒子，动量 p、能量 E 为恒量，由德布罗意假设，相应的波长和频率 $\left(\lambda = \dfrac{h}{p}, \ \nu = \dfrac{E}{h}\right)$ 也为恒量，而由不确定关系知，此时粒子的坐标 x 完全不确定，这与一个波列为无限长的平面简谐波相对应，其波函数可以写成

$$\Psi(x,t) = \Psi_0 \mathrm{e}^{-\mathrm{i}2\pi\left(\frac{E}{h}t - \frac{p}{h}x\right)} = \Psi_0 \mathrm{e}^{-\frac{\mathrm{i}}{\hbar}(Et - px)} \tag{20-34}$$

其中，Ψ_0 为波函数的振幅；$\hbar = h/2\pi$。

对在三维空间中的自由粒子，相应的波函数为

$$\Psi(x,y,z,t) = \Psi_0 \mathrm{e}^{-\frac{\mathrm{i}}{\hbar}(Et - p_x x - p_y y - p_z z)} \tag{20-35}$$

3. 波函数的统计解释

前面说过，玻恩认为，微观粒子的波动性是一种统计意义上的波，即德布罗意波的强度和微观粒子在某处附近出现的概率密度成正比。利用波函数则可以说：在某处发现一个微观粒子的概率正比于波函数的平方 $|\Psi|^2$。

在空间一个小区域 $\mathrm{d}V$ 内，波函数可视为不变，因而出现在体积元 $\mathrm{d}V$ 中的粒子概率为 $\mathrm{d}W \propto |\Psi(x,y,z,t)|^2 \mathrm{d}V$，若取比例系数为 1，则粒子出现在 $\mathrm{d}V$ 区域内的概率为

$$\mathrm{d}W = |\Psi|^2 \mathrm{d}V = \Psi \cdot \Psi^* \mathrm{d}V = |\Psi_0|^2 \mathrm{d}V \tag{20-36}$$

式中，Ψ^* 为波函数 Ψ 的共轭复数。用 $\mathrm{d}W/\mathrm{d}V$ 表示单位体积内的概率，称为概率密度，因而由上式可以看出波函数 $\Psi(x,y,z,t)$ 的物理意义：波函数模的平方代表某时刻 t 在空间某点 (x,y,z) 附近单位体积内发现粒子的概率，即 $|\Psi|^2$ 代表概率密度。可见，波函数 $\Psi(x,y,z,t)$ 本身没有直接的物理意义，也不能从实验直接测量 $\Psi(x,y,z,t)$ 本身的值，但是它的模的平方 $|\Psi_0|^2$ 有实际的物理意义，只要知道波函数 $\Psi(x,y,z,t)$ 的具体形式，就可以求出粒子的概率分布。从这个意义上说，物质波又可称为概率波。如果在空间某处 $|\Psi_0|^2$ 的值越大，粒子在该处出现的概率也越大；$|\Psi_0|^2$ 的值越小，粒子在该处出现的概率也就越小，这就是波函数的统计意义。

4. 波函数应满足的条件

（1）归一化条件　在任何时刻，某粒子必然出现在整个空间内某处，它不是在这里就是在那里，所以总的概率为 1，即

$$\int_{-\infty}^{+\infty} \Psi\Psi^* \mathrm{d}V = \int_{-\infty}^{+\infty} |\Psi_0|^2 \mathrm{d}V = 1 \tag{20-37}$$

对波函数的这个要求，称为波函数的归一化条件。归一化条件要求波函数平方可积。

（2）标准条件　由于任一时刻在空间给定区域内粒子出现的概率应该是惟一的和有限的；同时，在空间不同区域，概率应该是连续分布的，不能有跃变，所以波函数应满足单

值、有限、连续的条件。这个条件称为波函数的标准条件。

20.7.2　薛定谔方程

奥地利著名的理论物理学家薛定谔（E. Schrödinger）也是量子力学的重要奠基人之一。1926 年，薛定谔把德布罗意物质波表示成数学形式，建立了量子力学波动方程——薛定谔方程。由于薛定谔对量子力学理论的发展贡献卓著，因而于 1933 年同英国物理学家狄拉克共获诺贝尔物理学奖。

设质量为 m 的微粒在一维势场 $U = U(x)$ 中沿 x 方向运动，薛定谔给出粒子的波函数满足以下波动方程（薛定谔方程）：

$$i\hbar \frac{\partial}{\partial t} \Psi(x,t) = \left(-\frac{\hbar^2}{2m} \frac{\partial^2}{\partial x^2} + U(x) \right) \Psi(x,t) \tag{20-38}$$

推广到三维空间，设粒子在三维势场 $U(\boldsymbol{r})$ 中运动，则粒子的薛定谔方程为

$$i\hbar \frac{\partial}{\partial t} \Psi(\boldsymbol{r},t) = \left(-\frac{\hbar^2}{2m} \nabla^2 + U(\boldsymbol{r}) \right) \Psi(\boldsymbol{r},t) \tag{20-39}$$

式中，$\nabla^2 = \dfrac{\partial^2}{\partial x^2} + \dfrac{\partial^2}{\partial y^2} + \dfrac{\partial^2}{\partial z^2}$，称为拉普拉斯算符。

式（20-39）的解满足态的叠加原理：若 $\Psi_1(\boldsymbol{r},t)$ 和 $\Psi_2(\boldsymbol{r},t)$ 是薛定谔方程的解，则 $c_1\Psi_1(\boldsymbol{r},t) + c_2\Psi_2(\boldsymbol{r},t)$ 也是薛定谔方程的解，其中 c_1、c_2 是任意常数。

薛定谔方程是量子力学的最基本的方程，是量子力学的一个基本原理，它与经典力学中的牛顿运动定律的地位和作用相似，它是根据已知的波函数建立起来的，不是推导出来的。但将这个方程应用于分子、原子等微观体系所得的大量的结果都和实验相符合（在粒子运动速率远小于光速的条件下），这就说明了它的正确性。

20.7.3　定态薛定谔方程

若粒子在势场中的势能只是坐标的函数，与时间无关，即 $U = U(\boldsymbol{r})$ 不显含时间，则从薛定谔方程式（20-39）可得出它的一个特解为

$$\Psi(\boldsymbol{r},\ t) = \Psi(\boldsymbol{r})f(t) = \Psi(\boldsymbol{r}) e^{-iEt/\hbar} \tag{20-40}$$

其中，$\Psi(\boldsymbol{r})$ 与时间无关，称为定态波函数，它满足下列定态薛定谔方程：

$$\left(-\frac{\hbar^2}{2m} \nabla^2 + U \right) \Psi(\boldsymbol{r}) = E\Psi(\boldsymbol{r}) \tag{20-41}$$

式中，E 为粒子的能量，E 只有取一些特定的值（称为能量本征值）时，才能从上式求出粒子的定态波函数 $\Psi(\boldsymbol{r})$，因而也称之为能量本征波函数，定态薛定谔方程也称为能量的本征方程。

20.7.4　定态薛定谔方程应用举例

1. 一维无限深势阱问题

金属中自由电子的运动是被限制在一个有限范围内的，作为粗略近似，我们认为这些电子在一维无限深势阱中运动（见图 20-17），此时，粒子所处的势场为

$$U(x) = \begin{cases} 0 & 0 \leqslant x \leqslant a \\ \infty & x < 0, \ x > a \end{cases} \tag{20-42}$$

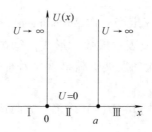

图 20-17 一维无限深势阱

粒子只能在宽为 a 的两个无限高势壁间运动。即在 $x<0$ 和 $x>a$ 处，波函数均为零，而在势阱内，波函数满足薛定谔方程

$$-\frac{\hbar^2}{2m}\frac{d^2}{dx^2}\Psi(x) = E\Psi(x)$$

或

$$\frac{d^2\Psi}{dx^2} + \frac{2mE}{\hbar^2}\Psi = 0$$

令

$$k^2 = \frac{2mE}{\hbar^2} \tag{20-43}$$

则上式写成

$$\frac{d^2\Psi}{dx^2} + k^2\Psi = 0$$

其通解为

$$\Psi(x) = A\sin kx + B\cos kx$$

其中，A、B 是积分常数，可由边界条件确定。当 $x=0$ 时，$\Psi(0)=0$，得 $B=0$，所以

$$\Psi(x) = A\sin kx$$

当 $x=a$ 时，$\Psi(a)=0$，得 $\Psi(a)=A\sin ka=0$，由于 $A\neq0$，所以有

$$ka = n\pi, \ n = 1,2,3,\cdots \ \text{或} \ k = \frac{n\pi}{a}, \ n = 1,2,3,\cdots \tag{20-44}$$

因而粒子的波函数为

$$\Psi(x) = A\sin\frac{n\pi}{a}x, \ n = 1,2,3,\cdots$$

式中的常数 A 可由归一化条件确定：

$$\int_0^a \Psi\Psi^* dx = \int_0^a |\Psi|^2 dx = A^2\int_0^a \sin^2\frac{n\pi}{a}x dx = \frac{1}{2}A^2a = 1$$

因而有 $A = \sqrt{\dfrac{2}{a}}$，所以本征波函数的表达式为

$$\Psi(x) = \sqrt{\frac{2}{a}} \sin\frac{n\pi}{a}x \qquad (20\text{-}45)$$

粒子在各处出现的概率密度为

$$|\Psi(x)|^2 = \frac{2}{a}\sin^2\frac{n\pi}{a}x \qquad (20\text{-}46)$$

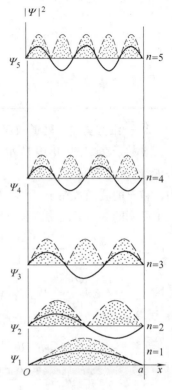

这表明粒子的概率密度随位置而发生变化（见图 20-18）。

将式（20-44）代入式（20-43）得出无限深势阱内粒子允许的能量本征值为

$$E_n = n^2\frac{h^2}{8ma^2}, \ n = 1,2,3,\cdots \qquad (20\text{-}47)$$

粒子的能量只能取分立值，这表明能量具有量子化的性质。粒子能量的量子化及粒子在势阱各处出现的概率不同，这是经典理论所无法解释的。根据经典观点，粒子在势阱内既然不受力，那么它出现在势阱内各处的概率应该相等，粒子的能量也可以取任何值。

对应原理：

在某些极限情况下，量子力学规律可以转化为经典力学规律，这就是量子力学的对应原理。

在上述一维无限深势阱中，相邻能级差为

$$\Delta E = E_n - E_{n-1} = \frac{(2n+1)h^2}{8ma^2}$$

图 20-18 一维无限深势阱
中的波函数与概率密度

当 n 很大时，能级的相对间隔为

$$\frac{\Delta E}{E} = \frac{2n+1}{n^2} = \frac{2}{n} \to 0$$

对于微观粒子，m、a 小，所以 ΔE 大，量子效应显著；而对于经典粒子，m、a 大，所以 ΔE 小，量子效应不明显，经典物理可以看成是量子物理中量子数 $n\to\infty$ 时的近似。

【例 20-12】 设有一宽度为 a 的一维无限深势阱，粒子处于第一激发态，求在 $x=0$ 至 $x=a/3$ 之间找到粒子的概率。

【解】 粒子在一维无限深势阱中的定态波函数为

$$\psi_n(x) = \sqrt{\frac{2}{a}}\sin\frac{n\pi x}{a}, \ n=1,2,3,\cdots(0\leqslant x\leqslant a)$$

当粒子处于第一激发态时，$n=2$，在 $x=0$ 至 $x=a/3$ 之间被发现的概率为

$$\int_0^{a/3}|\psi_2(x)|^2\mathrm{d}x = \int_0^{a/3}\frac{2}{a}\sin^2\frac{2\pi x}{a}\mathrm{d}x = \frac{1}{3}+\frac{\sqrt{3}}{8\pi} = 0.402$$

【例 20-13】 设粒子在宽度为 a 的一维无限深势阱运动时，其德布罗意波在阱内形成驻波，试利用这一关系导出粒子在阱中的能量计算式。

【解】 当粒子在势阱中形成稳定驻波时，势阱宽度必然为半波长的整数倍，即

$$n(\lambda/2) = a, \ n = 1,2,3,\cdots$$

根据德布罗意假设 $\lambda = h/p$，可得粒子的动量为

$$p = \frac{h}{\lambda} = \frac{nh}{2a}$$

能量为

$$E = \frac{p^2}{2m} = \frac{h^2}{8ma^2}n^2, \quad n = 1, 2, 3, \cdots$$

2. 一维方势垒　隧道效应

设粒子在如图 20-19 所示的势场 I 区中运动，并设粒子的能量 $E < U_0$。在经典力学中，若 $E < U_0$，粒子的动能为正，它只能在 I 区中运动。但在量子力学中，粒子的波函数在 I、II、III 三个区域中都有可能存在。可写出三个区间的定态薛定谔方程分别为

I 区：$\quad -\dfrac{\hbar^2}{2m}\dfrac{\mathrm{d}^2 \Psi_1(x)}{\mathrm{d}x^2} = E\Psi_1(x), \ x \leqslant 0$

II 区：$\quad -\dfrac{\hbar^2}{2m}\dfrac{\mathrm{d}^2 \Psi_2(x)}{\mathrm{d}x^2} + U_0 \Psi_2(x) = E\Psi_2(x), \ 0 \leqslant x \leqslant a$

III 区：$\quad -\dfrac{\hbar^2}{2m}\dfrac{\mathrm{d}^2 \Psi_3(x)}{\mathrm{d}x^2} = E\Psi_3(x), \ x \geqslant a$

令：$k^2 = \dfrac{2mE}{\hbar^2}, k_1^2 = \dfrac{2m(U_0 - E)}{\hbar^2}$，三个区间的定态薛定谔方程化为

I 区：$$\frac{\mathrm{d}^2 \Psi_1(x)}{\mathrm{d}x^2} + k^2 \Psi_1(x) = 0, \ x \leqslant 0$$

II 区：$$\frac{\mathrm{d}^2 \Psi_2(x)}{\mathrm{d}x^2} - k_1^2 \Psi_2(x) = 0, \ 0 \leqslant x \leqslant a$$

III 区：$$\frac{\mathrm{d}^2 \Psi_3(x)}{\mathrm{d}x^2} + k^2 \Psi_3(x) = 0, \ x \geqslant a$$

若考虑粒子是从 I 区入射，在 I 区中有入射波和反射波；粒子从 I 区经过 II 区穿过势垒到 III 区，在 III 区只有透射波。粒子在 $x = 0$ 处的概率要大于在 $x = a$ 处出现的概率。上述三式的解为

$$\Psi_1(x) = A\mathrm{e}^{\mathrm{i}kx} + R\mathrm{e}^{-\mathrm{i}kx}, \ x \leqslant 0 \tag{20-48}$$

$$\Psi_2(x) = T\mathrm{e}^{-k_1 x}, \ 0 \leqslant x \leqslant a \tag{20-49}$$

$$\Psi_3(x) = C\mathrm{e}^{\mathrm{i}kx}, \ x \geqslant a \tag{20-50}$$

解的结果如图 20-20 所示。可见，在量子力学中，粒子的确可以从 I 区穿过势垒进入 III 区，常称之为隧道效应。通常定义粒子穿过势垒的贯穿系数 P 为

$$P = \frac{|\Psi_3(a)|^2}{|\Psi_1(0)|^2} \tag{20-51a}$$

它表示粒子穿过势垒的概率，由边界条件：$\Psi_1(0) = \Psi_2(0), \Psi_2(a) = \Psi_3(a)$，有

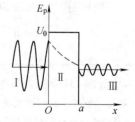

图 20-20　势垒的贯穿

$$P = \frac{|\,\Psi_2(a)\,|^2}{|\,\Psi_2(0)\,|^2} = \frac{Te^{-2k_1a}}{Te^{-2k_10}} = e^{-2k_1a} = \exp\left(-\frac{2a}{\hbar}\sqrt{2m(U_0 - E)}\right) \qquad (20\text{-}51b)$$

20.8 量子力学对氢原子的处理

氢原子是最简单的原子,核外只有一个电子绕核运动。量子力学对氢原子问题有完满的论述,能够给出氢原子系统中电子状态的描述并且自然地得出量子化的结果。通过对氢原子量子特性的讨论,能使我们对原子世界有一个较为清晰的图像。

20.8.1 氢原子的定态薛定谔方程

在氢原子中,由于原子核的质量远大于电子质量,可以认为系统的质心在原子核上。因而,氢原子可以简化为一个电子在静止核的库仑电场中运动。电子受原子核库仑电场的作用,电场的势能函数为

$$U(r) = -\frac{e^2}{4\pi\varepsilon_0 r} \qquad (20\text{-}52)$$

式中,r 是电子离原子核的距离。取核为坐标原点,则可得电子在核外运动的定态薛定谔方程为

$$\nabla^2\Psi(\boldsymbol{r}) + \frac{2m}{\hbar^2}\left(E + \frac{e^2}{4\pi\varepsilon_0 r}\right)\Psi(\boldsymbol{r}) = 0 \qquad (20\text{-}53)$$

在三维球坐标系下,该方程可以写成

$$\frac{1}{r^2}\frac{\partial}{\partial r}\left(r^2\frac{\partial\Psi}{\partial r}\right) + \frac{1}{r^2\sin\theta}\frac{\partial}{\partial\theta}\left(\sin\theta\frac{\partial\Psi}{\partial\theta}\right) + \frac{1}{r^2\sin^2\theta}\frac{\partial^2\Psi}{\partial\varphi^2} + \frac{2m}{\hbar^2}\left(E + \frac{e^2}{4\pi\varepsilon_0 r}\right)\Psi = 0 \quad (20\text{-}54)$$

分离变量,令

$$\Psi(\boldsymbol{r}) = R(r)Y(\theta,\varphi) = R(r)\Theta(\theta)\Phi(\varphi)$$

式中,$R(r)$ 称为径向波函数;$Y(\theta,\varphi)$ 称为球谐函数。可将式(20-54)分解为以下三式:

$$-\frac{1}{\Phi(\varphi)}\frac{d^2\Phi(\varphi)}{d\varphi^2} = m_l^2 \qquad (20\text{-}55a)$$

$$\frac{m_l^2}{\sin^2\theta} - \frac{1}{\Theta(\theta)\sin\theta}\frac{d}{d\theta}\left(\sin\theta\frac{d\Theta(\theta)}{d\theta}\right) = l(l+1) \qquad (20\text{-}55b)$$

$$\frac{1}{R(r)}\frac{d}{dr}\left(r^2\frac{dR(r)}{dr}\right) + \frac{2mr^2}{\hbar^2}\left(E + \frac{e^2}{4\pi\varepsilon_0 r}\right) = l(l+1) \qquad (20\text{-}55c)$$

式中,l、m_l 分别为角量子数和磁量子数,它们的取值范围见下。求解以上方程,就可以得到氢原子的波函数和能量分布特征。由于解的过程较复杂,我们略去具体的求解过程,只给出由求解结果得出的一些重要的结论。

20.8.2 氢原子的量子特性

1. 能量量子化与主量子数

在求解式(20-55c)时,由于波函数满足单值、有限和连续的条件,要求电子(或者

说整个氢原子）的能量只能是量子化的，即

$$E_n = -\frac{me^4}{(4\pi\varepsilon_0)^2 2\hbar^2}\frac{1}{n^2} = -\frac{13.6}{n^2}(\text{eV}), \quad n = 1,2,3,\cdots \quad (20\text{-}56)$$

在解薛定谔方程时得到的能量公式与前述玻尔氢原子理论的结果相同，在这里，氢原子的能量是量子化的这一结论是自然而然地得出的，并没有任何假设。

通常将式中的 n 称为主量子数。$n=1$ 的能级称为基态能级，基态能量为 $E_1 = -13.6\text{eV}$。$n=2$，3，$\cdots$的能级称为激发态能级。当 n 很大时，能级间隔消失而变为连续。$n\to\infty$ 时，$E_\infty = 0$，这时电子被电离。所以氢原子的电子电离能为

$$E_\infty - E_1 = 13.6\text{eV}$$

2. 角动量量子化与角量子数

求解薛定谔方程式（20-55b），可以得到电子绕核运动的角动量大小为

$$L = \sqrt{l(l+1)}\,\hbar, \quad l = 0,1,2,\cdots,n-1 \quad (20\text{-}57)$$

式中，l 叫作角量子数，对给定的主量子数 n，它的取值有 $0,1,2,\cdots,n-1$ 共 n 个值。上式表明氢原子的角动量也是量子化的。一般在量子力学中用小写字母 s,p,d,f,$\cdots$表示角动量的状态，如表 20-2 所示。

表 20-2 氢原子电子态、角量子数与相应的角动量

电子态	s	p	d	f	g	h
角量子数 l	0	1	2	3	4	5
角动量 L	0	$\sqrt{2}\hbar$	$\sqrt{6}\hbar$	$\sqrt{12}\hbar$	$\sqrt{20}\hbar$	$\sqrt{30}\hbar$

3. 空间量子化与磁量子数

计算结果表明，氢原子中电子绕核运动的角动量不仅大小只能取分立值，其方向也有一定的限制。取空间某一特定的方向（如外磁场 **B** 的方向）为 z 轴，则角动量 L 在这个方向的投影 L_z 只能是

$$L_z = m_l\frac{h}{2\pi}, \quad m_l = 0,\pm1,\pm2,\cdots,\pm l \quad (20\text{-}58)$$

式中，m_l 叫作磁量子数，对一给定的角量子数 l，m_l 的取值有 $0,\pm1,\pm2,\cdots,\pm l$，共 $2l+1$ 种可能的取值。角动量的这种取向特性叫作空间取向量子化。对每一个 m_l，角动量 L 与 z 轴的夹角 θ 应满足

$$\cos\theta = \frac{L_z}{L} = \frac{m_l}{\sqrt{l(l+1)}} \quad (20\text{-}59)$$

图 20-21 为氢原子轨道角动量空间量子化图示（$l=1$，$l=2$）。

4. 能级的简并

如上所述，薛定谔方程的求解需要满足上述三个量子数。每一组量子数 (n,l,m_l) 决定氢原子中电子的一个状态，用波函数 $\Psi_{n,l,m_l}(r,\theta,\varphi)$ 表示。而氢原子的能量本征值 E_n 只依赖于主量子数 n。对于某一个能级，则 n、l、m_l 三个量子数的可能组合数为

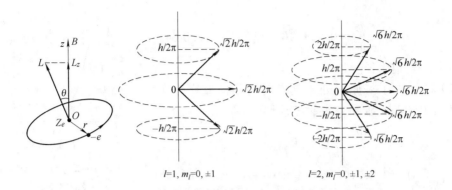

图 20-21 氢原子轨道角动量空间取向的量子化

$$\sum_{l=0}^{n-1} (2l + 1) = \frac{1 + (2n - 1)}{2}n = n^2 \tag{20-60}$$

亦即有 n^2 个波函数。它描述了电子处在同一能级 E_n 时 n^2 个不同量子状态。这种情况称为能级简并。量子态数目 n^2 称为简并度。

【例 20-14】 设氢原子处于 2p 态，求氢原子的能量、角动量大小以及角动量的空间取向。

【解】 2p 态表示 $n=2$，$l=1$。由氢原子的能级公式，可得能量

$$E_2 = -\frac{13.6}{2^2}\text{eV} = -3.40\text{eV}$$

角动量的大小：$L = \sqrt{2}\,\hbar$。当 $l=1$ 时，m_l 的可能值是 $1, 0, -1$，所以角动量方向与外磁场方向夹角的可能值有

$$\theta = \arccos\frac{m_l}{\sqrt{l(l + 1)}} = \left(\frac{\pi}{4}, \frac{\pi}{2}, \frac{3\pi}{4}\right)$$

思考：若电子处于 3d 态，则其能量、角动量大小以及角动量的空间取向又如何？

20.8.3 氢原子核外电子的概率分布

由波函数的统计解释知，氢原子电子在核外空间小体积 $dV = r^2\sin\theta dr d\theta d\varphi$ 内出现的概率为

$$W_{n,l,m_l}(r,\theta,\varphi)dV = |\Psi_{n,l,m_l}(r,\theta,\varphi)|^2 dV = [R_{n,l}(r)]^2[Y_{l,m_l}(\theta,\varphi)]^2 r^2\sin\theta dr d\theta d\varphi \tag{20-61}$$

1. 电子的径向概率分布

由上式知，在半径为 $r-r+dr$ 的球壳内找到电子的概率为

$$P_{n,l}(r)dr = [R_{n,l}(r)]^2 4\pi r^2 dr \tag{20-62}$$

例如，对于基态氢原子，主量子数 $n=1$，角量子数 $l=0$，可得出氢原子处于基态时的径向概率分布为

$$P_{1,0}(r)dr = \frac{4}{r_1^3}e^{-\frac{2r}{r_1}}r^2 dr \tag{20-63}$$

其中，

$$r_1 = \frac{\varepsilon_0 h^2}{\pi m e^2} = 0.529 \times 10^{-10} \text{m} \qquad (20\text{-}64)$$

称为玻尔第一轨道半径。

图 20-22 给出了氢原子处于基态时的径向概率分布图。将 $P_{1,0}(r)$ 对 r 求导，并令它等于零，即

$$\frac{\mathrm{d}P_{1,0}(r)}{\mathrm{d}r} = 0$$

不难得出，它有一个极大值恰好出现在 $r=r_1$（玻尔第一轨道半径）处。其他几种 n、l 取值对应的径向概率分布图如图 20-23 所示。

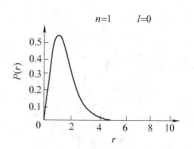

图 20-22 氢原子基态
径向概率分布

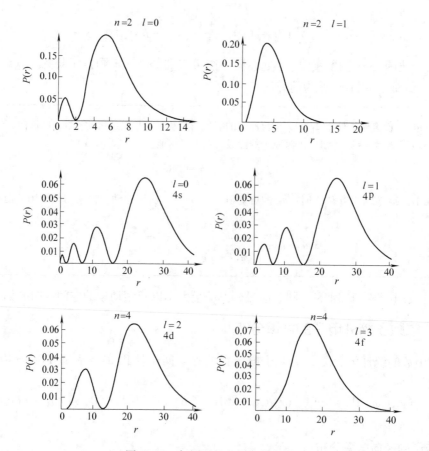

图 20-23 氢原子径向概率分布图

以上图中横坐标数值的单位为 10^{-10} m 。从图中可看出，按照量子力学的观点，氢原子核外电子可以出现在从 $r=0$ 到 $r=\infty$ 之间的任何位置，只不过在不同地方有不同的概率。在某些地方的概率最大，而这些概率最大的位置，正是玻尔氢原子理论中允许的轨道位置。

【例 20-15】　求氢原子处于基态时，电子处于玻尔第一轨道半径 r_1 的球面内的概率。

【解】　由式（20-63）可得出所求概率

$$P = \int_0^{r_1} P_{1,0}(r)\,\mathrm{d}r = \int_0^{r_1} \frac{4}{r_1^3} r^2 \mathrm{e}^{-2r/r_1}\,\mathrm{d}r = \left[\, -\mathrm{e}^{-2r/r_1}\left(1 + \frac{2r}{r_1} + \frac{2r^2}{r_1^2}\right)\,\right] \Bigg|_0^{r_1} = 1 - 5\mathrm{e}^{-2} \approx 0.32$$

2. 电子的角分布

与前类似，可求出电子在 (θ, φ) 方向的立体角 $\mathrm{d}\Omega$ 中的概率（其径向位置可取任何值）为

$$W_{l,m_l}(\theta, \varphi)\,\mathrm{d}\Omega = \left[\,Y_{l,m_l}(\theta, \varphi)\,\right]^2 \mathrm{d}\Omega \qquad (20\text{-}65)$$

图 20-24 给出了几种 l、m_l 取值时的角分布情况。

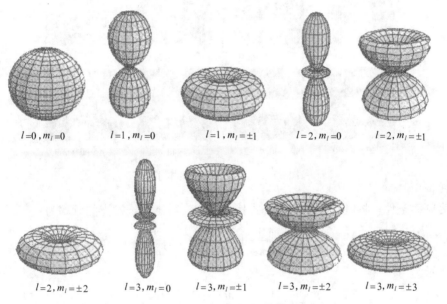

图 20-24　氢原子电子的角分布图

3. 电子云

将上面的径向概率分布与角分布结合在一起，可以想象出：按量子力学的结论，原子中的电子并不是按一定的轨道运动的，而是按一定的概率分布出现在原子核周围。人们常常形象地把这种概率分布称为"电子云"，如图 20-25 所示。

20.8.4　氢原子光谱

氢原子在与外界交换能量时，将伴随着电子运动状态在各能级之间变化。这个过程以吸收或放出光子的方式进行。吸收光子时氢原子从低能级跃迁到高能级，从高能级跃迁到低能级时则放出光子。吸收或放出的光子，其能量之差等于两个能级的能量之差。设 E_i 和 E_f 分别为高能级和低能级的能量值，则氢原子吸收或放出的光子的频率为

$$\nu = \frac{E_i - E_f}{h} \qquad (20\text{-}66)$$

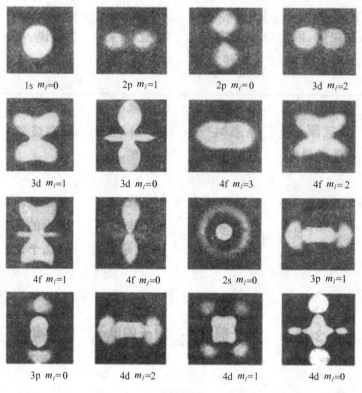

1s $m_l=0$　　2p $m_l=1$　　2p $m_l=0$　　3d $m_l=2$

3d $m_l=1$　　3d $m_l=0$　　4f $m_l=3$　　4f $m_l=2$

4f $m_l=1$　　4f $m_l=0$　　2s $m_l=0$　　3p $m_l=1$

3p $m_l=0$　　4d $m_l=2$　　4d $m_l=1$　　4d $m_l=0$

图 20-25　氢原子核外的电子云

上式称为频率条件。将氢原子的能量公式代入上式，得氢原子发光的频率为

$$\nu = \left(\frac{1}{4\pi\varepsilon_0}\right)^2 \frac{me^4}{4\pi\hbar^3}\left(\frac{1}{n_f^2} - \frac{1}{n_i^2}\right)$$

用波数表示为

$$\sigma = \frac{1}{\lambda} = \frac{\nu}{c} = \left(\frac{1}{4\pi\varepsilon_0}\right)^2 \frac{me^4}{4\pi\hbar^3 c}\left(\frac{1}{n_f^2} - \frac{1}{n_i^2}\right) = R\left(\frac{1}{n_f^2} - \frac{1}{n_i^2}\right) \tag{20-67}$$

其中，

$$R = \left(\frac{1}{4\pi\varepsilon_0}\right)^2 \frac{me^4}{4\pi\hbar^3 c} = 1.097 \times 10^7 \mathrm{m}^{-1} \tag{20-68}$$

正是玻尔氢原子理论中的里德伯常量，因而理论计算得出的结论与实验得出的光谱完全相符。

20.8.5 电子的自旋

1. 斯特恩-盖拉赫实验

1921 年，斯特恩（O. Stern）和盖拉赫（W. Gerlach）在实验中观察银原子束通过不均匀磁场的情况。银原子通过狭缝，再经过不均匀磁场后，打在照相底板上。实验发现，处于基态的银原子射线在不加磁场时，底板上呈现一条正对着狭缝的原子沉积，加上磁场后，底板上呈现两条原子沉积。这说明原子束经过不均匀磁场后分成两束。实验结论是：原子具有磁矩，在磁场力的作用下发生偏转，并且在外磁场中只有两个可能的取向，即空间取向是量子化的。

上述磁矩不可能是电子绕核做轨道运动的磁矩。因为当角量子数为 l 时，磁矩在磁场方向的投影有 $2l+1$ 个不同的值，因而在底片上的原子沉积应该有奇数条，而不可能只有两条。

2. 电子自旋的假设

历史上，电子自旋是为了解释光谱的精细结构，特别是碱金属的双线结构而引进的。

1925 年，当时年龄还不到 25 岁的两位荷兰莱顿大学的学生乌仑贝克（G. E. Uhlenbeck）和高德斯密特（S. A. Goudsmit）提出电子自旋的假设，认为与行星的运动相似，电子除了做绕核的轨道运动之外，还有自旋运动，相应地有自旋角动量和自旋磁矩，且自旋磁矩在外磁场中只有两个可能的取向（见图 20-26）。

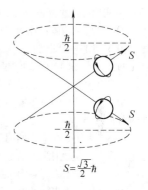

对于基态的银原子，$l = 0$，即处于轨道角动量及相应的磁矩皆为零的状态，因而只有自旋角动量和自旋磁矩，所以在非均匀磁场中，原子射线分裂成两条。

3. 量子力学结论

1）电子自旋角动量 S 的大小为

图 20-26　电子的自旋

$$S = \sqrt{s(s+1)}\,\hbar \qquad (20\text{-}69)$$

式中，s 称为自旋量子数，它只能取一个值 $s = 1/2$，从而电子自旋角动量 S 的大小 $S = \sqrt{3}\,\hbar/2$。

2）电子自旋角动量 S 在外磁场方向的投影为

$$S_z = m_s \hbar \qquad (20\text{-}70)$$

式中，m_s 称为自旋磁量子数，它只能取值 $\pm 1/2$，从而 $S_z = \pm\dfrac{1}{2}\hbar$。

4. 四个量子数

依前所述，电子的运动状态可以用四个量子数来表示，其中三个决定电子的轨道运动，一个决定电子自旋的运动状态，这四个量子数分别为

1）主量子数 n，$n = 1,2,3,\cdots$，决定原子中电子的能量。

2）角量子数 l，$l = 0,1,2,\cdots,(n-1)$，决定电子绕核运动的角动量的大小。

3）磁量子数 m_l，$m_l = 0,\pm1,\pm2,\cdots,\pm l$，决定电子绕核运动的角动量在外磁场中的取向。

4）自旋量子数 m_s，$m_s = \pm 1/2$，决定电子自旋角动量在外磁场中的取向。

当这 4 个量子数给定时，电子的状态也就确定了，因而氢原子的状态也就确定了。对于其他核外有多个电子的原子，每个电子所处的状态也同样用以上 4 个量子数来确定，而且在任何时候，都不会有 4 个量子数完全相同的两个电子，此即泡利（W. Pauli）**不相容原理**。

【例 20-16】　原子内电子的量子态由 n、l、m_l、m_s 这 4 个量子数表征，当 n、l、m_l 一定时，不同的量子态数目为多少？当 n、l 一定时，不同量子态数目为多少？当 n 一定时，不同量子态数目为多少？

【解】　当 n、l、m_l 一定时，m_s 只取两个值，所以量子态数目为 2。

当 n、l 一定时，m_l 有 $(2l+1)$ 种不同取值，所以量子态数目为 $2(2l+1)$。

当 n 一定时，l 从 0 到 $(n-1)$ 共有 n 种不同取值，量子态数目为

$$\sum_{l=0}^{n-1} 2(2l+1) = 4\sum_{l=0}^{n-1} l + 2\sum_{l=0}^{n-1} 1 = 4\frac{n(n-1)}{2} + 2n = 2n^2$$

🔗 思考题

20-1 下面的各种物体,是不是绝对黑体?(1)不辐射可见光的物体;(2)不辐射任何光线的物体;(3)不能反射可见光的物体;(4)不能反射任何光线的物体。

20-2 绝对黑体在任何温度下:(1)是否总是呈现黑色?(2)发射本领是否一样?

20-3 用一束红光和一束蓝光分别照射在两个相同的绝对黑体上,设照射前两个黑体的温度相同,两束光的强度也相同。(1)问经过相同的一段时间后,温度升高是否相同?(2)如果被照射的是两个相同的物体(非绝对黑体),温度升高又如何?

20-4 夏天在烈日下穿白衣服凉快还是穿黑衣服凉快?在室内穿白衣服凉快还是穿黑衣服凉快?设衣服的布料一样。

20-5 为什么在电灯照明下物体呈现出的光色与在白天呈现的光色稍有不同?又100W的电灯比煤油灯亮得多,而且也比较白,但与太阳光比起来却略带黄色。这些差别应如何解释?

20-6 炼钢工人凭观察炼钢炉内的颜色就可以估计炉内的温度,这是根据什么原理?

20-7 把一块表面的一半涂了煤烟的白瓷砖放到火炉内烧,高温下瓷砖的哪一半显得更亮些?

20-8 设用一束红光照射一下某种金属,不产生光电效应。如果用透镜把红光聚焦到金属上,并经历相当长的时间,能否产生光电效应?为什么?

20-9 用相同的两束紫外线分别照射到同样表面面积的两种不同的金属(例如钠和锌)上,问在单位时间内从它们表面逸出的电子数是否相同?光电子的初动能是否相同?

20-10 某种金属在一束绿光的照射下有电子逸出,在下述的两种情况中逸出的电子会发生怎样的变化?(1)再多用一束绿光照射;(2)用一束强度相同的紫光代替之。

20-11 金属的逸出功 A 为已知,能否求出其红限 ν_0?今以频率为 ν($\nu > \nu_0$)的光照射它,要使不逸出电子,可让它带电,该带什么电?电势应为多少?

20-12 对于某种金属,即使在单色光的照射下,为什么光电子初速度的大小也有差别?

20-13 用频率为 ν_1 的单色光照射某种金属,得到的饱和电流为 i_{m1};以另一频率为 ν_2 的光照射它,饱和电流为 i_{m2}。如果 $i_{m1} > i_{m2}$,是否 ν_1 也一定大于 ν_2?

20-14 电子的波动性与光的波动性有何不同?

20-15 有人认为微观粒子的波动性表示粒子运动的轨迹是一条正弦或余弦的曲线,这种看法对否?

20-16 对于运动着的宏观实物粒子,德布罗意假设 $\lambda = \dfrac{h}{mv}$ 是否适用?为什么我们不考虑它们的波动性?

20-17 电子显微镜所用电子波长常小于 0.01nm,为什么不用这么短的波长的光子来制造显微镜?

20-18 为什么说玻尔的理论是半经典半量子的?它能解释哪些问题?

20-19 试根据玻尔的能级公式说明当量子数 n 增大时,能级怎样变化?能级间的距离怎样变化?

20-20 在玻尔氢原子轨道的理论中,势能为负值,而且在数值上比动能大,这个结果有什么涵义?

20-21 薛定谔方程是通过严格的推理过程导出的吗?

20-22 什么是波函数必须满足的自然条件(或边界条件)?

📋 习 题

20-1 天狼星的温度大约是 11 000℃。试由维恩位移定律计算其辐射峰值的波长。

20-2　已知地球跟金星的大小差不多，金星的平均温度约为 773K，地球的平均温度约为 293K。若把它们看作是理想黑体，这两个星体向空间辐射的能量之比为多少？

20-3　太阳可看作是半径为 $7.0 \times 10^8 \text{m}$ 的球形黑体，试计算太阳的温度。设太阳在单位时间内射到地球单位表面上的能量为 $1.4 \times 10^3 \text{W/m}^2$，地球与太阳间的距离为 $1.5 \times 10^{11} \text{m}$。

20-4　钨的逸出功是 4.52eV，钡的逸出功是 2.50eV，分别计算钨和钡的截止频率。哪一种金属可以用作可见光范围内的光电管阴极材料？

20-5　钾的截止频率为 $4.62 \times 10^{14} \text{Hz}$，今以波长为 435.8nm 的光照射，求钾放出的光电子的最大初速度。

20-6　在康普顿效应中，入射光子的波长为 $3.0 \times 10^{-3} \text{nm}$，反冲电子的速度为光速的 60%，求散射光子的波长及散射角。

20-7　一具有 $1.0 \times 10^4 \text{eV}$ 能量的光子与一静止的自由电子相碰撞，碰撞后，光子的散射角为 60°，试问：（1）光子的波长、频率和能量各改变多少？（2）碰撞后电子的动能、动量和运动方向又如何？

20-8　波长为 0.10nm 的辐射，射在碳上，从而产生康普顿效应。从实验中测量到散射辐射的方向与入射辐射的方向相垂直。求：

（1）散射辐射的波长；

（2）反冲电子的动能和运动方向。

20-9　试求波长为下列数值的光子的能量、动量及质量：

（1）波长为 1500nm 的红外线；

（2）波长为 500nm 的可见光；

（3）波长为 20nm 的紫外线；

（4）波长为 0.15nm 的 X 射线；

（5）波长为 $1.0 \times 10^{-3} \text{nm}$ 的 γ 射线。

20-10　计算氢原子光谱中莱曼系的最短和最长波长，并指出是否为可见光。

20-11　在玻尔氢原子理论中，当电子由量子数 $n=5$ 的轨道跃迁到 $n=2$ 的轨道上时，对外辐射光的波长为多少？若再将该电子从 $n=2$ 的轨道跃迁到游离状态，外界需要提供多少能量？

20-12　如用能量为 12.6eV 的电子轰击氢原子，将产生哪些谱线？

20-13　试证在基态氢原子中，电子运动时的等效电流为 $1.05 \times 10^{-3} \text{A}$。在氢原子核处，这个电流产生的磁场的磁感应强度为多大？

20-14　已知 α 粒子的静质量为 $6.68 \times 10^{-27} \text{kg}$，求速率为 5 000km/s 的 α 粒子的德布罗意波长。

20-15　求动能为 1.0eV 的电子的德布罗意波的波长。

20-16　求温度为 27℃ 时，对应于方均根速率的氧气分子的德布罗意波的波长。

20-17　若电子和光子的波长均为 0.20nm，则它们的动量和动能各为多少？

20-18　用德布罗意波仿照弦振动的驻波公式来求解一维无限深方势阱中自由粒子的能量与动量表达式。

20-19　电子位置的不确定量为 $5.0 \times 10^{-2} \text{nm}$ 时，其速率的不确定量为多少？

20-20　铀核的线度为 $7.2 \times 10^{-5} \text{m}$。求其中一个质子的动量和速度的不确定量。

20-21　一质量为 40g 的子弹以 $1.0 \times 10^3 \text{m/s}$ 的速率飞行，求：

（1）其德布罗意波的波长；

（2）若子弹位置的不确定量为 0.10mm，求其速率的不确定量。

20-22　试证如果粒子位置的不确定量等于其德布罗意波长，则此粒子速度的不确定量大于或等于其速度。

20-23　已知一维运动粒子的波函数为 $\Psi(x) = \begin{cases} Axe^{-\lambda x} & x \geq 0, \\ 0 & x < 0 \end{cases}$，式中 $\lambda > 0$，试求：

（1）归一化常数 A 和归一化波函数；

(2) 该粒子位置坐标的概率分布函数；

(3) 在何处找到粒子的概率最大。

20-24 有一电子在宽为 0.20nm 的一维无限深方势阱中。

(1) 计算电子在最低能级的能量；

(2) 当电子处于第一激发态（$n=2$）时，在势阱中何处出现的概率最小，其值为多少？

20-25 在线度为 1.0×10^{-5} m 的细胞中有许多质量为 $m=1.0\times10^{-7}$kg 的生物粒子，若将生物粒子作为微观粒子处理，试估算该粒子的 $n=100$ 和 $n=101$ 的能级和能级差各是多大。

20-26 一电子被限制在宽度为 1.0×10^{-10} m 的一维无限深势阱中运动。

(1) 欲使电子从基态跃迁到第一激发态，需给它多少能量？

(2) 在基态时，电子处于 $x_1=0.090\times10^{-10}$m 与 $x_2=0.110\times10^{-10}$m 之间的概率为多少？

(3) 在第一激发态时，电子处于 $x_1'=0$ 与 $x_2'=0.25\times10^{-10}$m 之间的概率为多少？

20-27 在描述原子内电子状态的量子数 n、l、m_l 中，

(1) 当 $n=5$ 时，l 的可能值是多少？

(2) 当 $l=5$ 时，m_l 的可能值为多少？

(3) 当 $l=4$ 时，n 的最小可能值是多少？

(4) 当 $n=3$ 时，电子可能状态数为多少？

20-28 氢原子中的电子处于 $n=4$、$l=3$ 的状态。问：

(1) 该电子角动量 L 的值为多少？

(2) 这角动量 L 在 z 轴的分量有哪些可能的值？

(3) 角动量 L 与 z 轴的夹角的可能值为多少？

20-29 氢介子原子是由一质子和一绕质子旋转的介子组成的，求介子处于第一轨道（$n=1$）时离质子的距离。（介子的电量和电子电量相等，介子的质量为电子质量的 210 倍。）

20-30 已知氢原子基态的径向波函数为 $R(r)=(4r_1^{-3})^{1/2}e^{-r/r_1}$，其中 r_1 为玻尔第一轨道半径。求电子处于玻尔第二轨道半径（$r_2=4r_1$）和玻尔第一轨道半径处的概率密度的比值。

阅读材料

纳米科学技术与扫描隧道显微镜

纳米（nm）是一种长度单位，1纳米等于十亿分之一米，千分之一微米。纳米科学是研究纳米尺度范围内的物质所具有的特殊现象和功能的科学。纳米科学技术是指用数千个分子或原子制造新型材料或微型器件的科学技术。它以现代科学技术为基础，是现代科学（混沌物理、量子力学、介观物理学、分子生物学）和现代技术（计算机技术、微电子和扫描隧道显微镜技术、核分析技术）结合的产物。在纳米尺寸进行材料合成与控制能够以前所未有的方式得到新的材料性能和器件特性，纳米科学技术将引发一系列新的科学技术，例如纳米电子学、纳米材料科学、纳米机械学等。

纳米科学技术将使人们迈入了一个奇妙的世界。物质是由原子构成的，其性质依赖于这些原子的排列形式。如果我们将煤炭中的原子重新排列，就能得到钻石；如果向沙子中加入一些微量元素，并将其原子重新排列，就能制成电脑芯片；而土壤、水和空气的原子重新排列后就能生产出马铃薯。这绝非天方夜谭，如果你能走进纳米世界，了解纳米技术，就会知道上述目标的实现可以期待。

（一）纳米材料

纳米技术涉及的范围很广，纳米材料只是其中的一部分，但它却是纳米技术发展的基础。纳米材料又称为超微颗粒材料，由纳米粒子组成。纳米粒子也叫超微颗粒，一般是指尺寸在 1~100nm 间的粒子，是处

在原子簇和宏观物体交界的过渡区域，从通常的关于微观和宏观的观点看，这样的系统既非典型的微观系统也不是典型的宏观系统，而是一种介于二者之间的介观系统，它具有表面效应、小尺寸效应和宏观量子隧道效应。

当人们将宏观物体细分成超微颗粒（纳米级）后，它将显示出许多奇异的特性，即它的光学、热学、电学、磁学、力学以及化学方面的性质和大块固体时相比将会有显著的不同。

1. 几种典型的纳米材料

按照材料的形态，可将其分四种：纳米颗粒型材料，纳米固体材料，纳米膜材料，纳米磁性液体材料。

（1）纳米颗粒型材料　应用时直接使用纳米颗粒的形态称为纳米颗粒型材料。这种纳米颗粒型材料的表面积大大增加，表面结构发生较大的变化。与表面状态有关的吸附、催化以及扩散等物理化学性质有明显改变。纳米颗粒型材料在催化领域有很好的前景。

录音带、录像带和磁盘等都是采用磁性颗粒作为磁记录介质。磁记录密度日益提高，促使磁记录用的磁性颗粒尺寸趋于超微化。目前用金属磁粉（20nm 左右的超微磁性颗粒）制成的金属磁带、磁盘，国外已经商品化，与普通磁带相比，它具有高密度、低噪音和高信噪比等优点。

（2）纳米固体材料　纳米固体材料通常指由尺寸小于 15nm 的超微颗粒在高压力下压制成型，或再经一定热处理工序后所生成的致密型固体材料。

纳米固体材料的主要特征是具有巨大的颗粒间界面，从而使得纳米材料具有高韧性。通常陶瓷材料具有高硬度、耐磨、抗腐蚀等优点，但又具有脆性和难以加工等缺点，纳米陶瓷在一定的程度上却可增加韧性，改善脆性。

复合纳米固体材料也是一个重要的应用领域。例如含有 20% 超微颗粒的金属陶瓷是火箭喷气口的耐高温材料；金属铝中含进少量的陶瓷超微颗粒，可制成重量轻、强度高、韧性好、耐热性强的新型结构材料。超微颗粒亦有可能作为渐变（梯度）功能材料的原材料。例如，材料的耐高温表面为陶瓷，与冷却系统相接触的一面为导热性好的金属，其间为陶瓷与金属的复合体，使其间的成分缓慢连续地发生变化，这种材料可用于温差达 1 000°C 的航天飞机隔热材料、核聚变反应堆的结构材料；渐变功能材料是近年来发展起来的新型材料，预期在医学生物上可制成具有生物活性的人造牙齿；人造器官可制成复合的电磁功能材料、光学材料；等等。

（3）颗粒膜材料　颗粒膜材料是指将颗粒嵌于薄膜中所生成的复合薄膜，通常选用两种在高温互不相溶的组元制成复合靶材，在基片上生成复合膜，当两组份的比例大致相当时，就生成迷阵状的复合膜。因此，改变原始靶材中两种组分的比例可以很方便地改变颗粒膜中的颗粒大小与形态，从而控制膜的特性。对金属与非金属复合膜，改变组成比例可使膜的导电性质从金属导电型转变为绝缘体。

颗粒膜材料有诸多应用。例如，作为光的传感器，金颗粒膜从可见光到红外光的范围内，光的吸收效率与波长的依赖性甚小，从而可作为红外线传感元件；硅、磷、硼颗粒膜可以有效地将太阳能转变为电能；氧化锡颗粒膜可制成气体-湿度多功能传感器，通过改变工作温度，可以用同一种膜有选择地检测多种气体。颗粒膜传感器的优点是高灵敏度、高响应速度、高精度、低能耗和小型化，通常用作传感器的膜重量仅为 $0.5\mu g$，因此单位成本很低。

（4）纳米磁性液体材料　纳米磁性液体，是由纳米级的强磁性微粒高度弥散于某种液体之中所形成的稳定的胶体体系。它可以在外磁场作用下整体地运动，因此具有其他液体所没有的磁控特性。常用的纳米磁性液体采用铁氧体微颗粒制成，它的饱和磁化强度大致上低于 0.4T。目前研制成功的由金属磁性微粒制成的纳米磁性液体，其饱和磁化强度可比前者高 4 倍。纳米磁性液体的用途十分广泛。

2. 纳米材料的奇异特性

（1）表面效应　球形颗粒的表面积与直径的平方成正比，其体积与直径的立方成正比，故其比表面积（表面积/体积）与直径成反比。随着颗粒直径变小，比表面积将会显著增大，说明表面原子所占的百分数将会显著地增加。

直径大于 $0.1\mu m$ 的颗粒表面效应可忽略不计，当颗粒尺寸小于 $0.1\mu m$ 时，其表面原子百分数激剧增长，甚至1g超微颗粒表面积的总和可高达$100m^2$，这时的表面效应将不容忽略。超微颗粒的表面与大块物体的表面是十分不同的，利用表面活性，金属超微颗粒可望成为新一代的高效催化剂和贮气材料以及低熔点材料。

(2) 小尺寸效应 随着颗粒尺寸的量变，在一定条件下会引起颗粒性质的质变。由于颗粒尺寸变小所引起的宏观物理性质的变化称为小尺寸效应。对超微颗粒而言，尺寸变小，同时其比表面积也显著增加，从而产生如下一系列新奇的性质。

1) 特殊的光学性质：当黄金被细分到小于光波波长的尺寸时，即失去了原有的富贵光泽而呈黑色。事实上，所有的金属在超微颗粒状态都呈现为黑色。尺寸越小，颜色越黑，银白色的铂（白金）变成铂黑，金属铬变成铬黑。由此可见，金属超微颗粒对光的反射率很低，通常可低于1％，大约几微米的厚度就能完全消光。利用这个特性可以作为高效率的光热、光电等转换材料，可以高效率地将太阳能转变为热能、电能。此外又有可能应用于红外敏感元件、红外隐身技术等。

2) 特殊的热学性质：固态物质在其形态为大尺寸时，其熔点是固定的，超细微化后却发现其熔点将显著降低，当颗粒小于10nm量级时尤为显著。例如，银的常规熔点为670℃，而超微银颗粒的熔点可低于100℃。因此，超细银粉构成的导电浆料可以进行低温烧结，此时元件的基片不必采用耐高温的陶瓷材料，甚至可用塑料。采用超细银粉浆料，可使膜厚均匀，覆盖面积大，既省料又具高质量。日本川崎制铁公司采用$0.1\sim1\mu m$的铜、镍超微颗粒制成导电浆料可代替钯与银等贵金属。超微颗粒熔点下降的性质对粉末冶金工业具有一定的吸引力。例如，在钨颗粒中附加0.1％~0.5％重量比的超微镍颗粒后，可使烧结温度从3 000℃降低到1 200~1 300℃，以致可在较低的温度下烧制成大功率半导体管的基片。

3) 特殊的磁学性质：人们发现鸽子、海豚、蝴蝶、蜜蜂以及生活在水中的趋磁细菌等生物体中存在超微的磁性颗粒，使这类生物在地磁场导航下能辨别方向，具有回归的本领。磁性超微颗粒实质上是一个生物磁罗盘，生活在水中的趋磁细菌依靠它游向营养丰富的水底。通过电子显微镜的研究表明，在趋磁细菌体内通常含有直径约为$2\times10^{-2}\mu m$的磁性氧化物颗粒。小尺寸的超微颗粒磁性与大块材料显著的不同，大块的纯铁矫顽力约为80A/m，而当颗粒尺寸减小到2×10^{-2} μm以下时，其矫顽力可增加1 000倍，若进一步减小其尺寸，大约小于6×10^{-3} μm时，其矫顽力反而降低到零，呈现出超顺磁性。利用磁性超微颗粒具有高矫顽力的特性，已做成高贮存密度的磁记录磁粉，大量应用于磁带、磁盘、磁卡以及磁性钥匙等。利用超顺磁性，人们已将磁性超微颗粒制成用途广泛的磁性液体。

4) 特殊的力学性质：陶瓷材料在通常情况下呈脆性，然而由纳米超微颗粒压制成的纳米陶瓷材料却具有良好的韧性。因为纳米材料具有大的界面，界面的原子排列是相当混乱的，原子在外力变形的条件下很容易迁移，因此表现出甚佳的韧性与一定的延展性，使陶瓷材料具有新奇的力学性质。美国学者报道氟化钙纳米材料在室温下可以大幅度弯曲而不断裂。研究表明，人的牙齿之所以具有很高的强度，是因为它是由磷酸钙等纳米材料构成的。呈纳米晶粒的金属要比传统的粗晶粒金属硬3~5倍。至于金属—陶瓷等复合纳米材料则可在更大的范围内改变材料的力学性质，其应用前景十分宽广。

超微颗粒的小尺寸效应还表现在超导电性、介电性能、声学特性以及化学性能等方面。

(3) 宏观量子隧道效应 各种元素的原子具有特定的光谱线，如钠原子具有黄色的光谱线。原子模型与量子力学已用能级的概念进行了合理的解释，由无数的原子构成固体时，单独原子的能级就合成能带，由于电子数目很多，能带中能级的间距很小，因此可以看作是连续的，从能带理论出发成功地解释了大块金属、半导体、绝缘体之间的联系与区别，对介于原子、分子与大块固体之间的超微颗粒而言，大块材料中连续的能带将分裂为分立的能级；能级间的间距随颗粒尺寸减小而增大。当热能、电场能或者磁场能比平均的能级间距还小时，就会呈现一系列与宏观物体截然不同的反常特性，称之为量子尺寸效应。例如，导电的金属在超微颗粒时可以变成绝缘体，磁矩的大小和颗粒中电子是奇数还是偶数有关，比热容亦会反常变化，光谱线会产生向短波长方向的移动，这就是量子尺寸效应的宏观表现。因此，对超微颗粒在低温条件下必须考虑量子效应，原有宏观规律已不再成立。

电子具有粒子性又具有波动性，因此存在隧道效应。近年来，人们发现一些宏观物理量，如微颗粒的磁化强度、量子相干器件中的磁通量等亦显示出隧道效应，称之为宏观的量子隧道效应。量子尺寸效应、宏观量子隧道效应将会是未来微电子、光电子器件的基础，或者它确立了现存微电子器件进一步微型化的极限，当微电子器件进一步微型化时必须要考虑上述的量子效应。例如，在制造半导体集成电路时，当电路的尺寸接近电子波长时，电子就通过隧道效应而溢出器件，使器件无法正常工作，经典电路的极限尺寸大概在 $0.25\mu m$。目前研制的量子共振隧道晶体管就是利用量子效应制成的新一代器件。

（二）纳米技术的应用

纳米材料从根本上改变了材料的结构，为克服材料科学研究领域中长期未能解决的问题开辟了新途径。其应用主要体现在以下几方面：

1. 在陶瓷领域的应用

随着纳米技术的广泛应用，纳米陶瓷随之产生，希望以此来克服陶瓷材料的脆性，使陶瓷具有像金属一样的柔韧性和可加工性。许多专家认为，如能解决单相纳米陶瓷在烧结过程中抑制晶粒长大的技术问题，则它将具有高硬度、高韧性、低温超塑性、易加工等优点。

2. 在微电子学上的应用

纳米电子学立足于最新的物理理论和最先进的工艺手段，按照全新的理念来构造电子系统，并开发物质潜在的存储和处理信息的能力，实现信息采集和处理能力的革命性突破。存储容量为目前芯片上千倍的纳米材料级存储器芯片已投入生产。计算机在普遍采用纳米材料后，可以缩小成为"掌上电脑"。纳米电子学将成为信息时代的核心。

3. 在生物工程上的应用

虽然分子计算机目前只是处于设想阶段，但科学家已经考虑应用几种生物分子制造计算机的组件，其中细菌视紫红质最具前景。该生物材料具有特异的热、光、化学物理特性和很好的稳定性，并且，其奇特的光学循环特性可用于存储信息，从而起到代替当今计算机信息处理和信息存储的作用，它将使单位体积物质的存储和信息处理能力提高上百万倍。

4. 在光电领域的应用

纳米技术的发展，使微电子和光电子的结合更加紧密，在光电信息的传输、存储、处理、运算和显示等方面使光电器件的性能大大提高。将纳米技术用于现有雷达信息处理上，可使其能力提高 10 倍至几百倍，甚至可以将超高分辨率纳米孔径雷达放到卫星上进行高精度的对地侦察。

5. 在化工领域的应用

将纳米 TiO_2 粉体按一定比例加入到化妆品中，则可以有效地遮蔽紫外线。将金属纳米粒子掺杂到化纤制品或纸张中，可以大大降低静电作用。利用纳米微粒构成的海绵体状的轻烧结体，可用于气体同位素、混合稀有气体及有机化合物等的分离和浓缩。纳米微粒还可用作导电涂料和印刷油墨以及固体润滑剂等。

研究人员还发现，可以利用纳米碳管其独特的孔状结构、大的比表面积（每克纳米碳管的表面积高达几百平方米）、较高的机械强度做成纳米反应器，该反应器能够使化学反应局限于一个很小的范围内进行。

6. 在医学上的应用

使用纳米技术能使药品生产过程越来越精细，并在纳米材料的尺度上直接利用原子、分子的排布制造具有特定功能的药品。纳米材料粒子将使药物在人体内的传输更为方便，用数层纳米粒子包裹的智能药物进入人体后可主动搜索并攻击癌细胞或修补损伤组织。使用纳米技术的新型诊断仪器只需检测少量血液，就能通过其中的蛋白质和 DNA 诊断出各种疾病。研究纳米技术在生命医学上的应用，可以在纳米尺度上了解生物大分子的精细结构及其与功能的关系，获取生命信息。科学家们设想利用纳米技术制造出分子机器人，在血液中循环，对身体各部位进行检测、诊断，并实施特殊治疗。

7. 在分子组装方面的应用

如何合成具有特定尺寸，并且粒度均匀分布无团聚的纳米材料，一直是科研工作者努力解决的问题。目前，纳米技术深入到了对单原子的操纵，通过利用软化学与主客体模板化学、超分子化学相结合的技术，正在成为组装与剪裁，实现分子手术的主要手段。

8. 在传感器方面的应用

传感器是纳米技术应用的一个重要领域。随着纳米技术的进步，造价更低、功能更强的微型传感器将广泛应用在社会生活的各个方面。比如，将微型传感器装在包装箱内，可通过全球定位系统，对贵重物品的运输过程实施跟踪监督；将微型传感器装在汽车轮胎中，可制造出智能轮胎，这种轮胎会告诉司机轮胎何时需要更换或充气；还有些可承受恶劣环境的微型传感器可放在发动机汽缸内，对发动机的工作性能进行监视。在食品工业领域，这种微型传感器可用来监测食物是否变质，比如把它安装在酒瓶盖上就可判断酒的状况等。

（三）目前研究的部分纳米技术项目

1. 易燃易爆的纳米金属颗粒

金属纳米颗粒表面上的原子十分活泼。实验发现，如果将金属铜或铝做成纳米颗粒，遇到空气就会激烈燃烧，发生爆炸。因此，可用纳米颗粒的粉体做成固体火箭的燃料、催化剂。

2. 纳米金属块体

金属纳米颗粒粉体制成块状金属材料，它会变得十分结实，强度比一般金属高十几倍，同时又可以像橡胶一样富于弹性。

3. 奇妙的碳纳米管

科学家正在致力于一种新型纳米材料——碳纳米管的研究，这是一种非常奇特的材料，它是由石墨中一层或若干层碳原子卷曲而成的笼状"纤维"，内部是空的，外部直径只有几到几十纳米。这样的材料很轻，但很结实。它的密度是钢的1/6，而强度却是钢的100倍。用这样轻而柔软、又非常结实的材料做防弹背心是最好不过的了。如果用碳纳米管做绳索，是唯一可以从月球挂到地球表面，而不被自身重量所拉断的绳索。

纳米碳管的细尖极易发射电子，用于做电子枪，可做成几厘米厚的壁挂式电视屏，这是电视制造业的发展方向。

4. 刚柔并济的纳米陶瓷

纳米陶瓷粉制成的陶瓷有一定的塑性、高硬度和耐高温性，可使发动机工作在更高的温度下，汽车会跑得更快，飞机会飞得更高。

5. 美容美发护理剂

纳米氧化锌粉末无毒、无味，对皮肤无刺激性，热稳定性好，本身为白色，可以简单地予以着色。更重要的是，它具有很强的吸收紫外线的功能，对长波紫外线UVA（波长为320~400nm）和中波紫外线UVB（波长为280~320nm）均有屏蔽作用，此外还具有渗透、修复功能。因此，适用于作美容美发护理剂中的活性因子，不仅能大幅度提高护理效果，还可避免因紫外线辐射造成的对皮肤的伤害。

6. 纳米导向剂

将以纳米磁性颗粒为载体的药物注入人体后，药物在外磁场的作用下会聚集于体内的局部，从而可在对人体的整体副作用很小的情况下对病理位置进行高浓度的药物治疗。这对于癌症、结核等有固定病灶的疾病十分适合。目前，该项医疗技术在美、德等发达国家已进入临床实验，疗效显著。

7. 高智能化的纳米武器

纳米武器实现了武器系统超微型化、高智能化和武器系统集成化生产。纳米武器的出现和使用，将大大改变人们对战争力量对比的看法，产生全新的战争理念，使武器装备的研制与生产更加脱离数量规模的限制，进一步向质量智能的方向发展，从而彻底变革未来战争的面貌。

"麻雀"卫星：美国于1995年提出了纳米卫星的概念。这种卫星比麻雀略大，重量不足10kg，各种部件全部用纳米材料制造，采用最先进的微机电一体化集成技术整合，具有可重组性和再生性，成本低，质量好，可靠性强。一枚小型火箭一次就可以发射数百颗纳米卫星。若在太阳同步轨道上等间隔地布置648颗功能不同的纳米卫星，就可以保证在任何时刻对地球上任何一点进行连续监视，即使少数卫星失灵，整个卫星网络的工作也不会受影响。

"蚊子"导弹：由于纳米器件比半导体器件工作速度快得多，可以大大提高武器控制系统的信息传输、存储和处理能力，可以制造出全新原理的智能化微型导航系统，使制导武器的隐蔽性、机动性和生存能力发生质的变化。利用纳米技术制造的形如蚊子的微型导弹，可以起到神奇的战斗效能。纳米导弹直接受电波遥控，可以神不知鬼不觉地潜入目标内部，其威力足以炸毁敌方火炮、坦克、飞机、指挥部和弹药库。

"苍蝇"飞机：这是一种如同苍蝇般大小的袖珍飞行器，可携带各种探测设备，具有信息处理、导航和通信能力。其主要功能是秘密部署到敌方信息系统和武器系统的内部或附近，监视敌方情况。这些纳米飞机可以悬停、飞行，敌方雷达根本发现不了它们。据说它还适应全天候作战，可以从数百千米外将其获得的信息传回己方导弹发射基地，直接引导导弹攻击目标。

"蚂蚁士兵"：这是一种通过声波控制的微型机器人。这些机器人比蚂蚁还要小，但具有惊人的破坏力。它们可以通过各种途径钻进敌方武器装备中，长期潜伏下来。一旦启用，这些"纳米士兵"就会各显神通：有的专门破坏敌方电子设备，使其短路、毁坏；有的充当爆破手，用特种炸药引爆目标；有的施放各种化学制剂，使敌方金属变脆、油料凝结或使敌方人员神经麻痹、失去战斗力。

（四）扫描隧道显微镜及其特点

在纳米技术发展的历程中，扫描隧道显微镜功不可没。1982 年 IBM 公司苏黎世研究实验室的两位科学家宾宁和罗雷尔利用原子之间的隧道电流效应发明了扫描隧道显微镜（STM），从而使人们第一次直观地看到了原子、分子，被人们称为可以看得见原子的显微镜。由于这一卓越贡献，他二人和电子显微镜的发明者鲁斯卡分享了 1986 年度的诺贝尔物理学奖。

STM 的特点是不用光源也不用透镜，其显微部件是一枚细而尖的金属（如钨）探针。它的工作原理是量子隧道效应，其装置与原理示意图如图 20-27 所示。

根据量子力学原理，由于电子的隧道效应，金属中的电子并不完全局限于金属表面之内，电子云密度并不是在表面边界处突变为零。在金属表面以外，电子云密度呈指数衰减，衰减长度约为 1nm。用一个极细的、只有原子线度的金属针尖作为探针，将它与被研究物质（称为样品）的表面作为两个电极，当样品表面与针尖非常靠近（距离小于 1nm 时，两者的电子云略有重叠，如图 20-27 所示。若在两极间加上电压 U，在电场作用下，电子就会穿过两个电极之间的势垒，通过电子云的狭窄通道流动，从一极流向另一极，形成隧道电流 I。隧道电流 I 对针尖与样品表面之间的距离 s 极为敏感，如果 s 减小 0.1nm，隧道电流就会增加一个数量级。当针尖在样

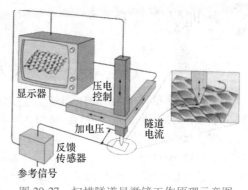

图 20-27 扫描隧道显微镜工作原理示意图

品表面上方扫描时，即使其表面只有原子尺度的起伏，也将通过其隧道电流显示出来。借助于电子仪器和计算机，在屏幕上即显示出样品的表面形貌。

与其他表面分析技术相比，STM 所具有以下独特优点。

1. 具有原子级高分辨率

STM 在平行和垂直于样品表面方向的分辨率分别可达 0.1nm 和 0.01nm，即可分辨出单个原子。

2. 可实时得到在实空间中物体的三维图像

可用于具有周期性或不具备周期性的表面结构研究。这种可实时观测的性能可用于表面扩散等动态过程的研究。

3. 可以观察单个原子层的局部表面结构

因而可以直接观察到表面缺陷、表面重构、表面吸附体的形态和位置，以及由吸附体引起的表面重构等。

4. 配合扫描隧道谱可以得到有关表面电子结构的信息

如表面不同层次的电子云密度、表面电子阱、电荷密度分布、表面势垒的变化和能隙结构等。

5. 可以在真空、大气、常温等不同环境下工作

样品甚至可以浸在水或其他液体中。工作过程不需要特别的制样技术,并且探测过程对样品无损伤。这些特点特别适用于研究生物样品和在不同实验条件下对样品表面的评价。例如对多相催化机理、超导机制、电化学反应过程中电极表面变化的监测等。

6. 利用 STM 针尖,可以对原子和分子进行操纵

图 20-28　"量子围栏"的计算机照片

1990 年,IBM 公司两位科学家用 STM 针尖移动吸附在金属镍表面上的氙原子,他们经过 22 个小时的操作,把 35 个氙原子排成了"IBM"字样。这几个字母高度约是一般印刷用字母的二百万分之一,原子间间距只有 1.3nm 左右。这是人类有目的、有规律地移动和排布单个原子的开始。

图 20-28 是 IBM 公司的科学家精心制作的"量子围栏"的计算机照片。他们在 4K 的温度下用 STM 的针尖一个个地把 48 个铁原子栽到了一块精制的铜表面上,排列成了一个称之为"量子围栏"的圆环,最近的铁原子相距 0.9nm。这些铁原子吸附在铜表面上,环中电子只能在其"围栏"内运动,图中圈内的圆形波纹就是这些电子的波动图景,形成"驻波"。它的大小及图形和量子力学的预言符合得非常好。这是世界上首次观察到的电子驻波直观图形。

后来又有人利用 STM 针尖移动原子,把原子排成了各种其他"字样"。

 # 物理学家简介

一、卢　瑟　福

卢瑟福(E. Rutherford,1871—1937),英国实验物理学家,生于新西兰纳尔逊。他 1895 年在新西兰大学毕业后,获得英国剑桥大学的奖学金进入卡文迪什实验室。1898 年,在汤姆孙的推荐下,担任加拿大麦吉尔大学的物理教授。1907 年任英国曼彻斯特大学的物理学教授,1919 年担任卡文迪许实验室主任。卢瑟福在卡文迪什实验室开始以研究无线电为主,后来接受汤姆孙的建议把研究方向转到了放射性上。

卢瑟福

卢瑟福在放射性研究上取得的一系列重大成果,确立了放射性是发自原子内部的变化。放射性能使一种原子改变成另一种原子。

卢瑟福早就有用 α 射线探索原子结构的想法。1903 年他就发现,α 射线的能量比 β 和 γ 射线的能量大 99 倍左右。1906 年他又发现,α 射线通过云母片时,出现了小角度散射现象。1908 年 6 月,盖革发现 α 射线的散射角与靶材料的原子量成正比。1909 年卢瑟福指导他的学生盖革与马斯登用 α 粒子去轰击金箔,发现了等于和大于 90°的大角度散射现象。在反复实验研究的基础上,卢瑟福于 1911 年构思出原子的核式结构模型。不久,盖革和马斯登用实验证实了带正电的原子核的存在;莫塞莱用元素特征谱线与原子序数的关系证实了核外电子环的存在。

卢瑟福获得 1908 年诺贝尔化学奖,他对此感到有些意外,风趣地说:"我竟摇身一变,成为一位化学家了。"在他的培养和指导下,他的学生和助手有十多位获得诺贝尔奖。

二、普　朗　克

普朗克(M. K. E. L. Planck,1858—1947),德国理论物理学家,量子论的奠基人,生于基尔,少年时代在慕尼黑度过。他 1874 年进入慕尼黑大学，1879 年获哲学博士学位。曾先后在慕尼黑大学和基尔大学任教。1888 他接替基尔霍夫的教学工作成为柏林大学教授。1894 年被任命为普鲁士科学院院士。1900 年他在黑体辐射研究中引入能量子，因而荣获 1918 年的诺贝尔物理学奖。

普朗克

普朗克早期从事热力学研究，对物质聚集态的变化、气体和溶液理论等进行了研究。19 世纪末，人们用经典物理学解释黑体辐射实验的时候，出现了著名的"紫外灾难"。1896 年，普朗克开始研究热辐射的能量分布问题，经过几年艰苦努力，终于利用内插法导出了与实验相符的公式——普朗克辐射公式。1900 年 12 月 14 日，他在德国物理学会做了《论正常光谱的能量分布》的报告，他认为，为了从理论上得出正确的辐射公式，必须假定物质辐射（或吸收）的能量不是连续的，而是一份一份地进行的，只能取某个最小数值的整数倍。这个最小数值就叫能量子，辐射频率是 ν 的能量的最小数值 $\varepsilon=h\nu$。其中 h 是一个普适常数，现在叫作普朗克常量，这一天成了量子论的诞生日。

普朗克一生除物理学外还喜好音乐和爬山运动，80 岁和 84 岁高龄时还登上 3 000 多米的高山。第二次世界大战期间他为受迫害的犹太籍科学家提供过尽可能多的支持与帮助。

三、薛 定 谔

薛定谔（E. Schrödinger，1887—1961），奥地利物理学家，波动力学的创始人，生于维也纳。他 1906 年进入维也纳大学物理系，1910 年获哲学博士学位，毕业后在维也纳大学第二物理研究所工作。第一次世界大战期间，他曾在一个偏僻的炮兵要塞服役。从 1921 年起薛定谔在瑞士苏黎世大学任数学物理学教授，在那里，他创立了波动力学，提出了著名的薛定谔方程，确定了波函数的变化规律。

薛定谔

薛定谔方程是量子力学中描述微观粒子运动状态的基本定律。这一定律在量子力学中的地位可与牛顿运动定律在经典力学中的地位相比拟。1926 年，薛定谔证明波动力学与海森伯等人几乎同时创立的矩阵力学在数学上是等价的。

薛定谔 1927 年接替普朗克任柏林大学理论物理学教授，1933 年到英国任牛津大学教授，同年和狄拉克一起荣获诺贝尔物理学奖。1936 年，薛定谔回到奥地利格拉茨大学任教。由于受到纳粹的迫害，1938 年他逃往爱尔兰，在都柏林高级研究所从事了 17 年研究工作，不仅进一步研究了波动力学，还长期探索统一场论、宇宙论等问题。他发表的《生命是什么》一书，用热力学、量子力学、化学理论解释生命现象本质，成为分子生物学的先驱。

1956 年，薛定谔返回维也纳大学物理研究所。奥地利政府设立了以薛定谔名字命名的国家奖金，第一次颁发的奖金于 1957 年给予薛定谔本人。

习题参考答案

第 10 章

10-1 $p-p_0=\rho_{\bar{x}}\,g2.2\text{m}-\rho_{水}\,g2.9\text{m}$

10-2   （1）$h=p/\rho g=71.3\text{cm}$；（2）$p_0=9.6\times10^4\text{Pa}$

10-3 $v_1=Q/S_1=6.7\text{m/s}$，$v_2=\sqrt{v_1^2-2gh}=2.4\text{m/s}$，$S_2=v_1S_1/v_2=4.2\text{cm}^2$

10-4 $v=\sqrt{2g\left[(\rho_1/\rho_2)h_1+h_2\right]}=9.5\text{m/s}$

10-5 $p=p_0-\rho g(h_1+h_2)\approx0.856\times10^5\text{Pa}$，$Q=vS=\sqrt{2gh_2}\,S\approx1.71\times10^{-4}\text{m}^3$

10-6   加速度 a 和液面倾斜角 θ 分别为：$a=2g(H-h)/l$，$\theta=\arctan2(H-h)/l$

10-7 $t=(\sqrt{2}-1)\dfrac{S_1}{S_2}\sqrt{\dfrac{H}{g}}=28.1\text{s}$

10-8   略

10-9 $v=\sqrt{2gh}=\sqrt{2\times9.8\times5.1}=10\text{m/s}$

10-10 $r=2.50\times10^{-5}\text{m}$

10-11 $v_{\text{m}}=\dfrac{2}{9\eta}r^2\rho g=1.43\times10^{-2}\text{m/s}$

10-12 $v_{\text{m}1}=\dfrac{2r_1^2(\rho-\rho')}{9\eta}g=1.2\times10^{-4}\text{m/s}$，$v_{\text{m}2}=3.0\times10^{-1}\text{m/s}$

第 11 章

11-1 $V_2=6.11\times10^{-5}\text{m}^3$

11-2 $n=9.5$ 天

11-3 $t=40\text{s}$

11-4 $x=25\text{cm}$

11-5   （1）$Q=2\,020\text{J}$；（2）$Q=1.30\times10^4\text{J}$

11-6   放热，$Q_{CA}=-252\text{J}$

11-7 $A=55.7\text{J}$

11-8   （1）$Q=A=2\,770\text{J}$；（2）$Q=A=2\,000\text{J}$

11-9   内能增量为零，$Q=A=560\text{J}$

11-10 $Q=\Delta E+A=7.1\times10^3\text{J}$

11-11   （1）$T_1=60T_0$，$T_2=4T_0$；（2）$Q=93\nu RT$

11-12 $\Delta T_A = \Delta T_B = 6.7\text{K}$, $Q_A = 139.3\text{J}$, $Q_B = 195.1\text{J}$

11-13 $\eta = 15\%$

11-14 （1）热机；（2）$\overline{\eta} = 12.3\%$

11-15 略

11-16 略

11-17 $W = 8.0\text{kW} \cdot \text{h}$

11-18 $\eta = \dfrac{A}{Q_{吸}} = \dfrac{A_2}{Q_{ab}} = \dfrac{A_2}{3(A_2 - A_1)}$

11-19 $\Delta T = 160\text{K}$

11-20 （1）T 不变，$\Delta S = R\ln 2$；（2）$\Delta S = \dfrac{7}{2}R\ln 2$

11-21 $A = Q_1 - Q_2 = mc_p\left(T_1 - T_2 - T_2\ln\dfrac{T_1}{T_2}\right)$

11-22 $\Delta S = R\ln 2$

11-23 $A = Q_1 - Q_2 = 4.2\text{J}$

第 12 章

12-1 $\Delta N = 1.682\times10^{18}$

12-2 （1）$n = p/(kT) = 2.44\times10^{25}\text{m}^{-3}$；（2）$\rho = 1.30\text{kg/m}^3$；

 （3）$\overline{\varepsilon_t} = 6.21\times10^{-21}\text{J}$；（4）$\overline{d} = \sqrt[3]{1/n} = 3.45\times10^{-9}\text{m}$

12-3 （1）$v_{p,\text{H}_2} = 2.0\times10^3\text{m/s}$，$v_{p,\text{O}_2} = 5.0\times10^2\text{m/s}$；（2）$T = 481\text{K}$

12-4 （1）曲线下面积表示系统分子总数 N；（2）$a = 2N/3v_0$；

 （3）$\Delta N = 7N/12$；（4）$\overline{\varepsilon_t} = \dfrac{31}{36}mv_0^2$

12-5 0.78

12-6 $f(\varepsilon)\text{d}\varepsilon = \dfrac{2}{\sqrt{\pi}}\left(\dfrac{1}{kT}\right)^{3/2}\sqrt{\varepsilon} \cdot \exp\left(-\dfrac{\varepsilon}{kT}\right) \cdot \text{d}\varepsilon$，最概然动能 $\varepsilon_p = \dfrac{kT}{2}$

12-7 （1）$\dfrac{\overline{v_1}}{\overline{v_2}} = \sqrt{\dfrac{T_1}{T_2}} = \sqrt{\dfrac{p_1}{2p_2}}$；

 （2）$(\overline{v^2})^{1/2} = (2\overline{\varepsilon_t}/m)^{1/2} = 483\text{m/s}$，$T = 2\overline{\varepsilon_k}/(3k) = 300\text{K}$

12-8 （1）$M = 0.028\text{kg/mol}$；（2）$\sqrt{\overline{v^2}} = 493\text{m/s}$

 （3）$\overline{\varepsilon_t} = \dfrac{3}{2}kT = 5.65\times10^{-21}\text{ J}$，$\overline{\varepsilon_r} = kT = 3.77\times10^{-21}\text{J}$；

 （4）$\varepsilon_t = \dfrac{p}{kT} \cdot \overline{\varepsilon_t} = 1.52\times10^2\text{J/m}^3$；（5）$E = \dfrac{m}{M}\dfrac{i}{2}RT = 1.70\times10^3\text{J}$

12-9 （1）$p = 1.35\times10^5\text{Pa}$；（2）$T = 362\text{K}$，$\overline{\varepsilon_k} = 7.5\times10^{-21}\text{J}$

12-10 $\Delta T = \dfrac{2\Delta E\mu}{5MR} = 6.7\text{K}$，$\Delta p = \dfrac{M}{\mu V}R\Delta T = 2.0\times10^4\text{Pa}$

12-11 $T=\dfrac{(i_1+i_2)T_1T_2}{i_1T_2+i_2T_1}=284.4\mathrm{K}$，$p=\dfrac{(i_1+i_2)(T_1+T_2)}{2(i_1T_2+i_2T_1)}p_0=1.0275\,p_0$

12-12 $N=\dfrac{1}{4}n\bar{v}\cdot S=1.91\times10^{28}$

12-13 （1）$\bar{\lambda}=\dfrac{3\eta}{\rho\bar{v}}=2.65\times10^{-7}\mathrm{m}$；（2）$r=0.89\times10^{-10}\mathrm{m}$

12-14 （1）$\bar{z}=\dfrac{\bar{v}}{\bar{\lambda}}=5.42\times10^{8}\mathrm{s}^{-1}$；（2）$\bar{z}'=0.71\mathrm{s}^{-1}$

12-15 $p=0.61\mathrm{Pa}$

12-16 $\bar{z}=\dfrac{1}{2}\bar{z}_0$，$\bar{\lambda}=2\bar{\lambda}_0$

第 13 章

13-1 $T=\dfrac{2\pi}{\omega}=\dfrac{4}{d}\sqrt{\dfrac{\pi m}{\rho g}}$

13-2 略

13-3 $\omega=\sqrt{\dfrac{pS}{hm}}=\sqrt{\dfrac{p_0S+mg}{hm}}$，$T=2\pi\sqrt{\dfrac{mh}{pS}}$

13-4 （1）证明略；（2）$T=5.07\times10^{3}\mathrm{s}$

13-5 $\Delta\varphi=\pi$

13-6 （1）$\nu=\dfrac{1}{2\pi}\sqrt{\dfrac{k}{m}}=\dfrac{7}{\pi}\mathrm{Hz}$；（2）$v=\dfrac{4}{5}A\omega=0.56\mathrm{m/s}$

13-7 （1）$x=0.052\mathrm{m}$，$v=-0.094\mathrm{m/s}$，$a=-0.513\mathrm{m/s}^2$；（2）$\Delta t=0.167\mathrm{s}$

13-8 （1）$A_{\mathrm{m}}=0.031\mathrm{m}$；（2）$\nu_{\mathrm{m}}=2.2\mathrm{Hz}$

13-9 （1）$T_0=2\pi\sqrt{m_1/k}$，$T=2\pi\sqrt{(m_1+m_2)/k}$；

（2）$A=\sqrt{x_0^2+(v_0/\omega')^2}=\dfrac{m_2g}{k}\sqrt{1+\dfrac{2kh}{(m_1+m_2)g}}$

13-10 （1）略；（2）$T=2\pi\sqrt{\dfrac{m+J/R^2}{k}}$；（3）$x=\dfrac{mg}{k}\cos\left(\sqrt{\dfrac{k}{m+J/R^2}}t+\pi\right)$

13-11 $x=2\times10^{-2}\cos 9.1\pi t$（SI）

13-12 下移 $2.00\mathrm{mm}$

13-13 （1）$x=\pm4.24\times10^{-2}\mathrm{m}$；（2）$t=T/8=0.75\mathrm{s}$

13-14 略

13-15 $x=0.05\cos(2\pi t+2.2)$（SI）

13-16 $A_2=\sqrt{A_1^2+A^2+2A_1A\cos\varphi}=0.1\mathrm{m}$，相位差为 $\Delta\theta=\pi/2$

13-17 $x=(1+\sqrt{2})a\cos\left(\omega t+\dfrac{\pi}{2}\right)$

13-18 （1）$A=|A_2-A_1|$；（2）$x=(A_2-A_1)\cos\left(\dfrac{2\pi}{T}t-\dfrac{\pi}{2}\right)$

13-19 （1）当 $\varphi=0°$ 时，有 $x=y$，轨迹为一直线方程；

（2）当 $\varphi=30°$ 时，有 $x^2+y^2-\sqrt{3}xy=A^2/4$，轨迹为椭圆方程；

（3）当 $\varphi=90°$ 时，有 $x^2+y^2=A^2$，轨迹为圆方程

13-20 （1）$\beta=4.81\times10^{-3}\,\mathrm{s}^{-1}$；（2）$\Delta t=144\mathrm{s}$

13-21 $\omega=20\mathrm{s}^{-1}$

第 14 章

14-1 （1）$y_0=A\cos[\omega(t+L/u)+\varphi]$；（2）$y=A\cos\{\omega[t-(x-L)/u]+\varphi\}$；

（3）$x=L\pm2k\pi u/\omega$ （$k=0,1,2,\cdots$）

14-2 （1）$y=0.1\cos4\pi(t-x/20)$（SI）；（2）$y_1=0.1\mathrm{m}$；（3）$v_2=-1.26\mathrm{m/s}$

14-3 $y=A\cos\left[\omega\left(t+\dfrac{x}{u}\right)+\pi\right]$

14-4 （1）$y_0=A\cos\left(\dfrac{\pi}{8}t-\dfrac{\pi}{2}\right)$；（2）$y=A\cos\left[\dfrac{\pi}{8}\left(t+\dfrac{x}{10}\right)-\dfrac{\pi}{2}\right]$

14-5 （1）$\lambda=1\mathrm{m}$，$\nu=2\mathrm{Hz}$，$u=2\mathrm{m/s}$；

（2）$x=k-4.4(k=0,\pm1,\pm2,\cdots)$，$x=-0.4\mathrm{m}$

14-6 （1）$y_P=A\cos[(200\pi)t-5\pi/2]$（SI）；（2）$\Delta\varphi=\pi/2$

14-7 $I_1=P/(4\pi r_1^2)=1.27\times10^{-2}\mathrm{W/m^2}$，$I_2=P/(4\pi r_2^2)=3.18\times10^{-3}\mathrm{W/m^2}$

14-8 （1）$I=8\times10^{-4}\mathrm{W/m^2}$；（2）$P=1.2\times10^{-6}\mathrm{W}$

14-9 $y=\sqrt{2}A\cos(\omega t-\pi/4)$

14-10 $4I_0$，0

14-11 $y_2=2.0\times10^{-2}\cos\left[100\pi\left(t-\dfrac{x}{20}\right)-\dfrac{4\pi}{3}\right]$

14-12 $A=\sqrt{A_1^2+A_2^2+2A_1A_2\cos\left(2\pi\dfrac{L-2r}{\lambda}\right)}$

14-13 $x=\dfrac{a^2-[(\sqrt{a^2+b^2}-b)/\lambda_1-k]^2\lambda_2^2}{2[(\sqrt{a^2+b^2}-b)/\lambda_1-k]\lambda_2}$，$k=0,1,2,\cdots$ （$x\geq0$）

14-14 （1）$y_2=A\cos\left[2\pi\left(\dfrac{x}{\lambda}-\dfrac{t}{T}\right)+\pi\right]$；

（2）$y=y_1+y_2=2A\cos\left(2\pi\dfrac{x}{\lambda}+\dfrac{\pi}{2}\right)\cos\left(2\pi\dfrac{t}{T}-\dfrac{\pi}{2}\right)$；

（3）波腹 $x=\dfrac{1}{2}\left(n+\dfrac{1}{2}\right)\lambda$，波节 $x=\dfrac{1}{2}n\lambda$，$n\in\mathbf{N}$

14-15 $y_D=\sqrt{3}A\sin2\pi\nu t$

14-16 $I_1=0.316\mathrm{W/m^2}$，$I_2=126\mathrm{W/m^2}$

14-17 $P=1.0\times10^{-4}\mathrm{W}$

14-18　（1）$I_1/I_2=9$；（2）$\Delta L_I=9.54\text{dB}$

14-19　（1）$\nu'_1=\nu\dfrac{u}{u-\nu_s}=865.6\text{Hz}$，$\nu'_2=\nu\dfrac{u}{u+\nu_s}=743.7\text{Hz}$；

　　　　（2）$\nu'_3=\nu\dfrac{u-\nu_0}{u-\nu_s}=826.2\text{Hz}$

14-20　（1）在声源的前方 $\lambda_b=0.279\text{m}$，在声源的后方 $\lambda_a=0.334\text{m}$；

　　　　（2）$\nu'_s=1.77\times10^3\text{Hz}$，$\lambda'_a=0.187\text{m}$

第 15 章

15-1　$2.65\times10^4\text{Hz}$

15-2　340pF，37.8pF

15-3　（1）$9.01\times10^5\text{Hz}$；（2）$6.79\times10^{-4}\text{A}$；

　　　（3）$W_e=6.0\times10^{-11}\cos^2\omega t$，$W_m=6.0\times10^{-11}\sin^2\omega t$；（4）略

15-4　（1）$V=100\cos2\,000\pi t$，$I=-1.57\times10^{-2}\sin2\,000\pi t$；

　　　（2）$W_e=1.25\times10^{-4}\cos^2 2\,000\pi t$，$W_m=1.25\times10^{-4}\sin^2 2\,000\pi t$；

　　　（3）70.7V，$-1.11\times10^{-2}\text{A}$，$6.25\times10^{-5}\text{J}$，$6.25\times10^{-5}\text{J}$，

　　　　　0，$-1.57\times10^{-2}\text{A}$，0，$1.25\times10^{-4}\text{J}$

15-5　$1.67\times10^{-7}\text{T}$，0.133A/m，$2.21\times10^{-8}\text{J/m}^3$，$6.7\text{J}/(\text{m}^2\cdot\text{s})$

15-6　$2.7\times10^{-7}\text{A/m}$

15-7　$4.75\times10^{10}\text{V/m}$，$1.26\times10^8\text{A/m}$

15-8　（1）$3\times10^{18}\text{Hz}$；（2）$5.09\times10^{14}\text{Hz}$；（3）$2.19\times10^8\text{Hz}$；（4）$1.07\times10^6\text{Hz}$

第 16 章

16-1　545nm，绿色

16-2　（1）24°；（2）$2.4\times10^8\text{m/s}$，$5\times10^{14}\text{Hz}$，488nm；（3）11.1cm，11.4cm

16-3　$4.5\times10^{-5}\text{m}$

16-4　600nm

16-5　1.77mm

16-6　$7.5\times10^{-4}\text{rad}$

16-7　−39°，−7.2°，22°，61°

16-8　$6.6\times10^{-3}\text{mm}$

16-9　2.88mm

16-10　（1）9μm；（2）14 条

16-11　584nm，417.1nm，324.4nm

16-12　643nm

16-13　30 条

16-14　$5.89\times10^{-3}\text{mm}$，20 条

16-15　$1.31\times10^{-4}\text{mm}$

16-16　$9.96\times10^{-5}\text{mm}$

16-17 0.111μm, 590nm(黄色)

16-18 590nm

16-19 1.21

16-20 $2(n-1)d$

16-21 534.9nm

16-22 1.000 28

第 17 章

17-1 $4.9×10^{-4}$m, 525nm

17-2 (1) $\lambda_1=2\lambda_2$; (2) $2k_1=k_2$

17-3 5.46mm

17-4 7.26μm

17-5 47°

17-6 467nm

17-7 (1) $1.9×10^{-4}$rad; (2) $4.4×10^{-3}$mm; (3) 2.3 个

17-8 8.9km

17-9 (1) $3×10^{-7}$rad; (2) 2m

17-10 12.2°

17-11 $7.5×10^{-6}$m

17-12 $3.906×10^{-6}$m

17-13 第 2 级, $6.6×10^{-5}$cm

17-14 570nm, 43.15°

17-15 (1) $6.00×10^{-4}$cm; (2) $1.5×10^{-4}$cm; (3) 15 条

17-16 1 000 条, 21′, 不变

17-17 500 条, 6 级

17-18 略

17-19 略

17-20 (1) $2.759×10^{-8}$cm; (2) $1.659×10^{-8}$cm

17-21 5.6nm

17-22 极大, $1.12×10^{-3}$rad=3.85′, 0.217rad=12.4°

第 18 章

18-1 $I_2=\dfrac{2}{3}I_1$

18-2 $I_2=\dfrac{9}{4}I_1$

18-3 (1) 32°; (2) 1.60

18-4 略

18-5 1.38

18-6　1/3，2/3

18-7　36°56′

18-8　$i = 48°10′$

18-9　略

18-10　（1）略；（2）$I_1/2$，$I_1/2$，$3I_1/16$

18-11　857nm，794nm

18-12　931nm，光轴平行于晶片表面

第 19 章

19-1　0.994c

19-2　3.7m×5m

19-3　5/3 昼夜

19-4　4.27s，3.66×10⁸m，4.07s

$$19\text{-}5\quad c，\arctan(c^2/v^2-1)^{1/2}$$

19-6　4.3×10⁻⁸s，10.3m

19-7　2.3×10⁷m/s

19-8　（1）0.93c；（2）c

19-9　（1）1.92×10¹⁵m；（2）9.1年，0.41年

$$19\text{-}10\quad l_0\frac{\sqrt{(c^2-v^2)(c^2-u^2)}}{c^2-vu}$$

19-11　0.866c

19-12　0.866c

$$19\text{-}13\quad \frac{\rho}{1-v^2/c^2}，\frac{\rho}{\sqrt{1-v^2/c^2}}$$

$$19\text{-}14\quad \frac{qEct}{\sqrt{m_0^2c^2+q^2E^2t^2}}，\frac{qEt}{m_0}$$

19-15　4.55×10⁻¹⁹J，4.55×10⁻¹⁹J，27.9×10⁻¹⁵J，18.2×10⁻¹⁵J

19-16　23.9MeV

19-17　3.6×10²⁶W

19-18　2.6×10⁸m/s，2.1×10⁸m/s，

19-19　2.57keV，2.46×10³keV

19-20　（1）6.3×10⁷J，7.0×10⁻¹⁰；（2）1.3×10¹⁶J，14%

第 20 章

20-1　波长 $\lambda = \dfrac{b}{T} = 257\text{nm}$，该波长属紫外区域。

$$20\text{-}2\quad \frac{E_1}{E_2} = \left(\frac{T_1}{T_2}\right)^4 = 48.4$$

20-3　$T = 5\ 800\text{K}$

20-4　钨的截止频率 $\nu_{01} = 1.09 \times 10^{15}\text{Hz}$，钡的截止频率 $\nu_{02} = 0.604 \times 10^{15}\text{Hz}$。钡的截止频率正好处于该范围内，而钨的截止频率大于可见光的最大频率，因而钡可以用于可见光范围内的光电管材料

20-5　$v = 5.74 \times 10^{5}\text{m/s}$

20-6　$\lambda = 4.35 \times 10^{-3}\text{nm}$，$\varphi = 63°36'$

20-7　（1）$\Delta\lambda = 1.22 \times 10^{-3}\text{nm}$，$\Delta\nu = -2.30 \times 10^{16}\text{Hz}$，$\Delta E = -1.525 \times 10^{-17}\text{J} = -95.3\text{eV}$；

　　　（2）反冲电子获得的动能 $E = 95.3\text{eV}$，电子动量 $p = 5.27 \times 10^{-24}\text{kg·m/s}$

20-8　（1）$\lambda = 0.102\ 4\text{nm}$；（2）$E_k = 4.66 \times 10^{-17}\text{J}$，方向略

20-9　（1）$E_1 = 1.33 \times 10^{-19}\text{J}$，$p_1 = 4.42 \times 10^{-28}\text{kg·m/s}$，$m_1 = 1.47 \times 10^{-36}\text{kg}$；

　　　（2）$E_2 = 3E_1$，$p_2 = 3p_1$，$m_2 = 3m_1$；（3）$E_3 = 75E_1$，$p_3 = 75p_1$，$m_3 = 75m_1$；

　　　（4）$E_4 = 10^4 E_1$，$p_4 = 10^4 p_1$，$m_4 = 10^4 m_1$；

　　　（5）$E_5 = 1.99 \times 10^{-13}\text{J}$，$p_5 = 6.63 \times 10^{-22}\text{kg·m/s}$，$m_5 = 2.21 \times 10^{-30}\text{kg}$

20-10　最长的波长 $\lambda_{\max} = 121.8\text{nm}$，最短的波长 $\lambda_{\min} = 91.4\text{nm}$。莱曼系中所有的谱线均不在可见光范围内，它们处在紫外线部分

20-11　$\lambda = 0.43\mu\text{m}$，$\Delta E = -3.4\text{eV}$，负号表示电子吸收能量

20-12　氢原子回到基态过程中的三种可能辐射，所对应的谱线波长分别为 103nm、657nm 和 122nm

20-13　$B = 11.2\text{T}$

20-14　$\lambda = 1.99 \times 10^{-5}\text{nm}$

20-15　$\lambda = 1.23\text{nm}$

20-16　$\lambda = 2.58 \times 10^{-2}\text{nm}$

20-17　$p = 3.31 \times 10^{-24}\text{kg·m/s}$，光子动能 $E_k = 6.22\text{keV}$，电子动能 $E_k = 37.6\text{keV}$

20-18　$p = \dfrac{h}{\lambda} = \dfrac{nh}{2a}\,(n = 1,2,3,\cdots)$，$E = \dfrac{p^2}{2m}$，$E = \dfrac{n^2 h^2}{8ma^2}\,(n = 1,2,3,\cdots)$

　　　从上述结果可知，此时自由粒子的动量和能量都是量子化的

20-19　$\Delta v_x = \dfrac{h}{m\Delta x} = 1.46 \times 10^7 \text{m/s}$

20-20　$\Delta p = \dfrac{h}{\Delta r} = 1.89 \times 10^{-19}\text{kg·m/s}$，$\Delta v = \dfrac{\Delta p}{m} = 1.13 \times 10^8 \text{m/s}$

20-21　（1）子弹的德布罗意波长为 $\lambda = \dfrac{h}{mv} = 1.66 \times 10^{-35}\text{m}$；

　　　（2）子弹速率的不确定量为 $\Delta v = \dfrac{\Delta p_x}{m} = \dfrac{h}{m\Delta x} = 1.66 \times 10^{-28}\text{m/s}$

　　　由计算可知，由于 h 值极小，其数量级为 10^{-34}，故不确定关系式只对微观粒子才有实际意义，对于宏观物体，其行为可以精确地预言

20-22　略

20-23　（1）由归一化条件求出 $A = 2\lambda\sqrt{\lambda}$，波函数 $\psi(x) = \begin{cases} 2\lambda\sqrt{\lambda}\,x e^{-\lambda x}, & x \geqslant 0 \\ 0, & x < 0 \end{cases}$；

（2）粒子的概率分布函数为 $|\psi(x)|^2 = \begin{cases} 4\lambda^3 x^2 e^{-2\lambda x}, & x \geq 0 \\ 0, & x < 0 \end{cases}$；

（3）在 $x = \dfrac{1}{\lambda}$ 处，$|\psi(x)|^2$ 有最大值，即粒子在该处出现的概率最大

20-24 （1）最低能级的能量为 $E_1 = \dfrac{h^2}{8ma^2} = 1.51 \times 10^{-18} J = 9.43 eV$；

（2）粒子在 $x = 0$、$x = a/2$ 和 $x = a$（即 $x = 0$、0.10nm、0.20nm）处概率最小，其值均为零

20-25 $n = 100$ 时，$E_1 = \dfrac{n^2 h^2}{8ma^2} = 5.49 \times 10^{-47} J$；$n = 101$ 时，$E_2 = \dfrac{n^2 h^2}{8ma^2} = 5.60 \times 10^{-47} J$，它们的能级差 $\Delta E = E_2 - E_1 = 1.1 \times 10^{-48} J$

20-26 （1）所需能量为 $\Delta E = E_2 - E_1 = n_2^2 \dfrac{h^2}{8ma^2} - n_1^2 \dfrac{h^2}{8ma^2} = 113 eV$；

（2）$P_1 = \displaystyle\int_{x_1}^{x_2} |\psi(x)|^2 dx \approx |\psi_1(x_c)|^2 \Delta x = \dfrac{2}{a} \sin^2\left(\dfrac{\pi}{a} \cdot \dfrac{x_1 + x_2}{2}\right)(x_2 - x_1) = 3.8 \times 10^{-3}$；

（3）$P_2 = \dfrac{2}{a} \sin^2\left(\dfrac{2\pi}{a} \cdot \dfrac{x'_1 + x'_2}{2}\right)(x'_2 - x'_1) = 0.25$

20-27 （1）$n = 5$ 时，l 的可能值为5个，它们是 $l = 0$、1、2、3、4；

（2）$l = 5$ 时，m_l 的可能值为11个，它们是 $m_l = 0$、± 1、± 2、± 3、± 4、± 5；

（3）$l = 4$ 时，因为 l 的最大可能值为 $(n-1)$，所以 n 的最小可能值为5；

（4）$n = 3$ 时，电子的可能状态数为 $2n^2 = 18$

20-28 （1）$n = 4$，$l = 3$ 时，电子角动量 $L = \sqrt{l(l+1)} \dfrac{h}{2\pi} = \sqrt{12} \dfrac{h}{2\pi}$；

（2）轨道角动量在 z 轴上的分量 $L_z = m_l \dfrac{h}{2\pi}$，对于 $n = 4$、$l = 3$ 的电子来说 L_z 的可能取值为 0、$\pm \dfrac{h}{2\pi}$、$\pm \dfrac{2h}{2\pi}$、$\pm \dfrac{3h}{2\pi}$；

（3）角动量 L 与 z 轴的夹角 $\theta = \arccos \dfrac{L_z}{L} = \arccos \dfrac{m_l}{\sqrt{l(l+1)}}$，当 m_l 分别取3、2、1、0、-1、-2、-3时，相应夹角分别为 30°、55°、73°、90°、107°、125°、150°

20-29 氢介子原子第一轨道半径 $r'_1 = \dfrac{m}{m'} r_1 = \dfrac{r_1}{210} = 2.52 \times 10^{-13} m$

20-30 $\dfrac{P_2}{P_1} = \dfrac{R^2(r_2) r_2^2}{R^2(r_1) r_1^2} = \dfrac{e^{-8r_1/r_1} 16 r_1^2}{e^{-2r_1/r_1} r_1^2} = 16 e^{-6} = 3.97 \times 10^{-2}$

参 考 文 献

[1] 马文蔚，等. 物理学 [M]. 4版. 北京：高等教育出版社. 1999.

[2] 程守洙，江之永. 普通物理学 [M]. 5版. 北京：高等教育出版社. 1999.

[3] 张三慧. 大学物理学 [M]. 2版. 北京：清华大学出版社. 2000.

[4] 吴王杰. 大学物理：网络教材-电子教案 [M]. 上海：上海科学技术出版社. 2002.

[5] 张达宋. 物理学基本教程 [M]. 北京：高等教育出版社，1989.

[6] 赵凯华，陈熙谋. 新概念物理教程：电磁学 [M]. 北京：高等教育出版社. 2003.

[7] 漆安慎，杜婵英. 普通物理学教程：力学 [M]. 北京：高等教育出版社. 1997.

[8] 李椿，章立源，钱尚武. 热学 [M]. 北京：高等教育出版社. 1978.

[9] 姚启钧. 光学教程 [M]. 3版. 北京：高等教育出版社，2002.

教学支持申请表

本书配有多媒体课件、教案、教学大纲、题解等，为了确保您及时有效地申请，请您务必完整填写如下表格，加盖系/院公章后扫描或拍照发送至下方邮箱，我们将会在 2~3 个工作日内为您处理。

请填写所需教学资源的开课信息：

采用教材			□中文版 □英文版 □双语版
作　者		出版社	
版　次		ISBN	
课程时间	始于　　年　月　日	学生专业及人数	专业：＿＿＿＿＿＿＿＿＿＿； 人数：＿＿＿＿。
	止于　　年　月　日	学生层次及学期	□专科　　□本科　　□研究生 第＿＿学期

请填写您的个人信息：

学　校			
院　系			
姓　名			
职　称	□助教　□讲师　□副教授　□教授	职　务	
手　机		电　话	
邮　箱			

系/院主任：＿＿＿＿＿＿＿（签字）

（系/院办公室章）

＿＿年＿＿月＿＿日

100037　北京市西城区百万庄大街 22 号 机械工业出版社高教分社　张金奎

电话：（010）88379722

邮箱：jinkui_zhang@163.com

网址：www.cmpedu.com